# 结构地震动力响应 Python 编程

Seismic Dynamic Response of Structures Python Programming

崔济东　易伟文　常　磊　赵　颖　编著

中国建筑工业出版社

**图书在版编目（CIP）数据**

结构地震动力响应 Python 编程 ＝ Seismic Dynamic
Response of Structures Python Programming / 崔济东
等编著. -- 北京 ：中国建筑工业出版社, 2025. 5.
ISBN 978-7-112-31172-9

Ⅰ. TU352.104

中国国家版本馆 CIP 数据核字第 2025KG5684 号

责任编辑：刘瑞霞　梁瀛元
责任校对：张惠雯

结构地震动力响应 Python 编程
**Seismic Dynamic Response of Structures Python Programming**
崔济东　易伟文　常　磊　赵　颖　编著

\*
中国建筑工业出版社出版、发行（北京海淀三里河路 9 号）
各地新华书店、建筑书店经销
国排高科（北京）人工智能科技有限公司制版
北京君升印刷有限公司印刷
\*
开本：787 毫米×1092 毫米　1/16　印张：21¾　字数：513 千字
2025 年 5 月第一版　2025 年 5 月第一次印刷
定价：**78.00** 元
ISBN 978-7-112-31172-9
（44804）

# 序

结构地震动力响应计算理论是一个多学科交叉的领域，其中涉及大量的地震工程学、结构动力学、计算机科学及数学等方面的知识，理论的复杂性和计算的烦琐常常让人望而却步，是一门理论与实践并重的学科。

本书作者均是一线结构工程师，也是国内较早从事结构动力弹塑性分析方法工程实用研究的团队主要成员，在结构抗震设计、地震动力响应计算及计算机编程方面均积累了较为丰富的实战经验。作者深知理论与实践相结合的重要性，书中不仅深入探讨了结构地震动力响应的计算原理，更通过具体的编程案例，展示了这些理论在实际应用中的具体实现。

书中的编程案例均经过精心设计，覆盖了从单自由度系统到多自由度系统，从实振型分析到复振型分析，从线性响应到非线性响应，从抗震计算到减隔震计算等常见的工程动力学问题。每一个案例都配有详细的代码注释和运行结果，使得读者不仅能够理解代码的逻辑，还能感受到实际计算的过程。这种实用性的体现，无疑会极大地提升读者的学习兴趣和应用能力。

本书的作者崔济东博士有多年的编程及复杂结构设计、分析经验，经常在他的博客分享点滴的体会，已经出版了《PERFORM-3D 原理与实例》《有限单元法——编程与软件应用》《结构地震反应分析编程与软件应用》《有限单元法 Python 编程》等多本关于结构计算理论与编程的书籍，是非常活跃的青年结构工程师。

另一作者易伟文教授级高工是来自华南理工大学建筑设计研究院的少壮派，无论是在超高层、大跨度还是在震振双控领域均有一定的理论造诣和丰富的实践经验，同时，对编程有浓厚兴趣，善于用编程解决实际的工程问题。

在智能软件日益普及的今天，工具在带来便利性的同时，也容易让工程师过度依赖软件的智能化操作，而忽视背后的计算原理和理论基础。这本著作特别强调了工程师对计算原理的理解和掌握的重要性。

我们鼓励工程师在使用智能软件的同时，深入学习其背后的原理，以确保在面对复杂问题时，能够作出更加合理和准确的判断。希望本书能给广大的技术人员带来启发和帮助。

广东省工程勘察设计行业协会会长

首届广东省工程勘察设计大师

国务院政府特殊津贴专家

广东省超限高层建筑工程抗震设防审查专家委员会副主任委员

全国超限高层建筑工程抗震设防审查专家委员会委员

2024 年 8 月

# 前　　言

结构地震反应分析是结构抗震设计的重要组成部分,也是结构工程师不可或缺的技能。笔者长期从事结构抗震设计及软件研发工作,深感掌握结构地震动力计算相关理论的重要性。然而结构地震动力计算又是一门交叉学科,涉及地震工程学、结构动力学、计算机等领域,掌握起来非常困难。为此,笔者结合自身多年的抗震设计经验及程序开发经验,从理论和编程结合的角度,对结构地震动力计算涉及的常用知识进行归纳整理并编辑成册,与读者分享,以期为广大工程技术人员提供参考。

本书包含 16 章及附录:

第 1 章为基础部分,主要对结构动力学基础及结构地震反应分析相关的知识进行梳理,使读者对地震反应分析有一个全面的认识,便于后续具体章节内容的学习。

第 2 章至第 16 章对结构地震反应分析中的常用方法按专题逐个讲解,每个专题讲解的内容包括基本理论、编程实现及软件应用。各章节之间以循序渐进的方式对结构地震反应分析进行较为系统的讲解:

(1)第 2 章作为本书主体部分的开篇,从最简单的单自由度体系入手,介绍单自由度体系的动力时程分析方法,涵盖了 Duhamel 积分及常用的逐步积分方法,具体包括分段解析法、中心差分法、Newmark-β 法、Wilson-θ 法。

(2)基于第 2 章的分析方法,在第 3 章中介绍地震波反应谱的基本原理、编程方法及软件(SPECTR)应用案例。

(3)结构的固有振型及频率是多自由度体系的固有特性,也是学习多自由度体系动力响应分析逃避不了的话题。第 4 章从多自由度体系的自由振动问题入手讨论,引出结构固有振型和固有频率的基本概念,并讲解多自由度体系模态分析的编程方法与软件应用。

(4)第 5 章、第 6 章及第 7 章,同属弹性多自由度体系地震动力分析方法专题。第 2 章的单自由度体系动力时程分析与第 4 章的多自由度体系模态分析,构成了第 5 章多自由度体系振型分解法的基础,而第 3 章的反应谱分析和第 4 章的多自由度体系模态分析则构成了第 6 章多自由度体系振型分解反应谱法的基础。第 7 章多自由度体系动力时程分析可认为是第 2 章单自由度体系动力时程分析的扩展，通过类比单自由度体系的弹性动力时程分析，讲解多自由度体系弹性动力时程分析的实现方法。

（5）第 8 章和第 9 章属于非线性动力时程分析专题。第 8 章介绍单自由度体系的非线性动力时程分析，对常用的逐步积分方法（中心差分法、Newmark-β 法、Wilson-θ 法）、非线性迭代方案（Newton-Raphson 法和修正的 Newton-Raphson 法）及非线性本构模型开发进行讲解，并给出了具体的编程代码及软件应用案例。第 9 章介绍多自由度体系的非线性动力时程分析，可视为第 8 章的扩展，通过类比单自由度体系的非线性动力时程分析，讲解多自由度体系非线性动力时程分析的实现方法。

（6）第 10 章、第 11 章在上述常规结构地震动力反应分析的基础上，进一步介绍消能减震结构、隔震结构的动力时程分析。

（7）第 12 章介绍几种经典阻尼矩阵的构造及不同阻尼模型的动力时程分析案例。由于阻尼属于结构动力分析的一个专题，不但影响结构的动力响应，对分析方法也有影响，而且在前面多个章节均有所涉及。

（8）第 13 章至第 16 章为复振型理论专题，其中第 13 章介绍了一般黏性阻尼系统的复振型理论，是阅读第 14 章至第 16 章的基础，第 14 章和第 15 章讲述了多自由度复振型分解法及其在反应谱法上的扩展，第 16 章对目前我国规范中的基础隔震结构复振型分解法进行讲解。

（9）附录给出了部分理论公式的推导证明，并汇总了部分公用 Python 程序模块的代码，包括振型分析模块、地震波数据处理模块、单轴材料本构模块、数据后处理模块等，既精简程序代码，也方便读者应用。

## ■ 本书特点

本书每个章节对应一个专题内容，均给出详细的理论讲解和公式推导，且配有完整的 Python 编程代码及算例，理论和编程实践结合。对于地震动力响应计算这类理论与实践并重的学科，这样的方式可以极大地提高学习效率及愉悦感。如果将整个地震动力响应计算理论比作一棵知识树，各章节对应的专题内容则是不断生长的茎干，各章中的公式推导、Python 编程和应用案例，则构成了茎干上的树叶与花朵，真心希望读者通过本书的学习，能够收获到丰硕的知识果实。

## ■ 编写分工

崔济东和易伟文负责确定各章内容，制定全书编写大纲；崔济东负责全书的统稿和定稿工作；崔济东和赵颖负责编写第 1 章至第 12 章的主要内容，常磊和易伟文参与了第 1 章的编写及第 8 章、第 9 章代码的校对工作。易伟文和常磊负责编写第 13 章至第 16 章，崔济东参与第 14 章及第 15 章的编写工作。

### ■ 致谢

本书编写得到了广州容柏生建筑结构设计事务所（RBS）及华南理工大学建筑设计研究院有限公司——方小丹建筑结构院两个团队的大力支持，书中很多点子也来源于团队工作经历，特别感谢广州容柏生建筑结构设计事务所（RBS）总经理李盛勇、华南理工大学建筑设计研究院有限公司副院长（副总经理）、副总工程师江毅对本书编写的支持与肯定。

广东省工程勘察设计行业协会会长、广东省工程勘察设计大师陈星教授对本书的出版提出了许多宝贵的建议，并为本书作序，在此特别感谢。

本书成稿后，中国建筑工业出版社刘瑞霞编辑团队为本书正式出版做了细致的校审工作，在此一并表示感谢。

### ■ 适用读者

本书读者对象广泛，本书除可作为一线结构工程师和相关技术人员理论学习与技术应用的参考书，也可作为相关专业本科生、研究生结构动力学和工程抗震设计等课程的学习参考书。

### ■ 批评指正

为方便读者阅读本书，在笔者的网站（www.jdcui.com）上专门为本书开设了页面（http://www.jdcui.com/?page_id=24473）。欢迎读者在阅读本书的过程中到网站交流。本书的勘误和相关更新也会及时上传到该网站上。希望通过该网站促进学习与交流。

由于时间有限，作者水平有限，书中错误和疏漏之处在所难免，欢迎读者批评指正。

作者

2025 年 4 月

# 目　　录

第 1 章

# 结构动力学与结构地震反应分析基础

## 1.1 动力学基础及运动方程

### 1.1.1 单自由度体系

#### 1.1.1.1 运动方程

考虑图 1.1-1 所示的线弹性单自由度体系，图中 $m$ 表示单自由度体系的质量，$k$ 表示水平刚度，$c$ 表示阻尼体系的线性黏性系数，$u(t)$ 表示与时间相关的体系相对地面的位移，$u_g(t)$ 表示与时间相关的地面位移，$P(t)$ 表示体系受到的与时间相关的外力。则质点受到的力有：

(1) 惯性力：$-m_i[\ddot{u}_g(t) + \ddot{u}(t)]$；

(2) 水平外力：$P(t)$；

(3) 恢复力：$-k \cdot u(t)$；

(4) 阻尼力：$-c \cdot \dot{u}(t)$。

根据 D'Alembert 原理，任意时刻作用在质点上的外力与惯性力之和为 0，则有

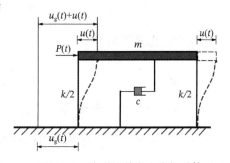

图 1.1-1 线弹性单自由度振动体系

$$P(t) - c \cdot \dot{u}(t) - k \cdot u(t) - m(\ddot{u}_g(t) + \ddot{u}(t)) = 0 \tag{1.1-1}$$

与时间相关的 $(t)$ 不计，并移项得

$$m\ddot{u} + c\dot{u} + ku = -m\ddot{u}_g + P \tag{1.1-2}$$

当仅考虑外荷载 $P(t)$ 时，线弹性单自由度体系运动方程可写为

$$m\ddot{u} + c\dot{u} + ku = P \tag{1.1-3}$$

由于此时地面位移 $u_g(t)$ 为 0，式(1.1-3)求解的 $u(t)$ 为体系的绝对位移响应。

当仅考虑地震加速度 $\ddot{u}_g(t)$ 时，线弹性单自由度体系运动方程可写为

$$m\ddot{u} + c\dot{u} + ku = -m\ddot{u}_g \tag{1.1-4}$$

对比式(1.1-4)和式(1.1-3)可知，地面位移 $u_g(t)$ 引起的结构动力响应，相当于给结构施加

了$-m\ddot{u}_\mathrm{g}(t)$的地震力，此时求解的$u(t)$为体系的相对位移响应。

当不考虑外荷载作用也不考虑地面位移时，即结构自由振动时，线弹性单自由度体系运动方程可写为

$$m\ddot{u} + c\dot{u} + ku = 0 \tag{1.1-5}$$

### 1.1.1.2  无阻尼体系自由振动

对于无阻尼体系，则式(1.1-5)变为

$$m\ddot{u} + ku = 0 \tag{1.1-6}$$

式(1.1-6)是一个二阶齐次常微分方程，可设解的形式为

$$u(t) = A\mathrm{e}^{st} \tag{1.1-7}$$

式中$s$为待定常数；$A$为常系数；e为自然常数。

用常微分方程的分析方法可得到方程的解为

$$u(t) = u(0)\cos\omega_\mathrm{n} t + \frac{\dot{u}(0)}{\omega_\mathrm{n}}\sin\omega_\mathrm{n} t \tag{1.1-8}$$

式中$u(0)$、$\dot{u}(0)$分别为体系的初始位移和初始速度；$\omega_\mathrm{n}$为**圆频率**（或角速度），且有

$$\omega_\mathrm{n} = \sqrt{\frac{k}{m}} \tag{1.1-9}$$

由式(1.1-8)可知，单自由度体系无阻尼自由振动是一个简谐运动，即运动是时间的正弦函数或余弦函数，其自振**周期**$T_\mathrm{n}$为

$$T_\mathrm{n} = \frac{2\pi}{\omega_\mathrm{n}} \tag{1.1-10}$$

则结构自振**频率**$f_\mathrm{n}$为

$$f_\mathrm{n} = \frac{1}{T_\mathrm{n}} = \frac{\omega_\mathrm{n}}{2\pi} \tag{1.1-11}$$

### 1.1.1.3  有阻尼体系自由振动

对于有阻尼单自由度体系自由振动方程，同样令$u(t) = A\mathrm{e}^{st}$，代入式(1.1-5)可得

$$s_{1,2} = -\frac{c}{2m} \pm \sqrt{\left(\frac{c}{2m}\right)^2 - \omega_\mathrm{n}^2} \tag{1.1-12}$$

上式中，当根号下的值大于 0 时，$s_1$、$s_2$是两个实数，体系不发生往复振动；当根号下的值小于 0 时，$s_1$、$s_2$是两个不同的复数，其解代表着振动；当根号下的值等于 0 时，即$\frac{c}{2m} = \omega_\mathrm{n}$，代表着上述两种运动状态的分界，此时的阻尼值称为**临界阻尼系数**，记作$c_\mathrm{cr}$，有

$$c_\mathrm{cr} = 2m\omega_\mathrm{n} = 2\sqrt{km} \tag{1.1-13}$$

结构动力分析时，常采用**阻尼比**的概念，即阻尼系数$c$与临界阻尼$c_\mathrm{cr}$的比值，记作$\zeta$，有

$$\zeta = \frac{c}{c_\mathrm{cr}} = \frac{c}{2m\omega_\mathrm{n}} \tag{1.1-14}$$

由式(1.1-14)，可将阻尼系数表示为

$$c = \zeta c_\mathrm{cr} = 2\zeta m\omega_\mathrm{n} = \frac{2\zeta k}{\omega_\mathrm{n}} \tag{1.1-15}$$

由式(1.1-15)可知，结构的阻尼系数与阻尼比、刚度成正比，与自振圆频率成反比。阻尼比$\zeta$是一个无量纲系数。

（1）当阻尼比$\zeta < 1$时为低阻尼（Under damped），相应的结构体系称为低阻尼体系。

（2）当阻尼比$\zeta = 1$时，称为临界阻尼（Critically damped）。

（3）当阻尼比$\zeta > 1$时，称为过阻尼（Over damped），相应的结构体系称为过阻尼体系。

上述三种阻尼比的单自由度结构典型自由振动时程曲线如图 1.1-2 所示。

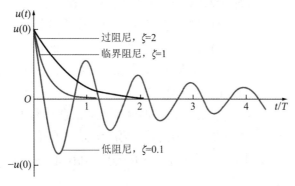

图 1.1-2　低阻尼、临界阻尼和过阻尼体系自由振动时程曲线

对于低阻尼体系，采用与无阻尼自由振动相同的分析方法，可得到自由振动方程解

$$u(t) = \mathrm{e}^{-\zeta \omega_\mathrm{n} t} \left[ u(0) \cos \omega_\mathrm{D} t + \frac{\dot{u}(0) + \zeta \omega_\mathrm{n} u(0)}{\omega_\mathrm{D}} \sin \omega_\mathrm{D} t \right] \qquad (1.1\text{-}16)$$

式中$\omega_\mathrm{D}$为有阻尼体系的**振动圆频率**，有

$$\omega_\mathrm{D} = \omega_\mathrm{n} \sqrt{1 - \zeta^2} \qquad (1.1\text{-}17)$$

则有阻尼体系的**自振周期**$T_\mathrm{D}$为

$$T_\mathrm{D} = \frac{2\pi}{\omega_\mathrm{n} \sqrt{1 - \zeta^2}} = \frac{T_\mathrm{n}}{\sqrt{1 - \zeta^2}} \qquad (1.1\text{-}18)$$

由式(1.1-18)可见，有阻尼单自由度体系结构的自振周期为无阻尼单自由度体系的$\frac{1}{\sqrt{1-\zeta^2}}$倍，阻尼的存在，使体系的自振频率减小，自振周期延长。

### 1.1.2　多自由度体系

#### 1.1.2.1　运动方程

线弹性多自由度体系的运动方程与线弹性单自由度体系类似，只是方程需要用矩阵形式表达，即

$$[M]\{\ddot{u}\} + [C]\{\dot{u}\} + [K]\{u\} = -[M]\{I\}\ddot{u}_\mathrm{g} + \{P\} \qquad (1.1\text{-}19)$$

当仅考虑地震加速度$\ddot{u}_\mathrm{g}(t)$作用时，运动方程可写为

$$[M]\{\ddot{u}\} + [C]\{\dot{u}\} + [K]\{u\} = -[M]\{I\}\ddot{u}_\mathrm{g} \qquad (1.1\text{-}20)$$

当仅考虑地震加速度$\ddot{u}_\mathrm{g}(t)$作用，且体系为无阻尼体系时，运动方程可写为

$$[M]\{\ddot{u}\} + [K]\{u\} = -[M]\{I\}\ddot{u}_g \tag{1.1-21}$$

上述式(1.1-19)～式(1.1-21)中，$[M]$、$[C]$、$[K]$分别是体系的质量矩阵、阻尼矩阵和刚度矩阵，$\{\ddot{u}\}$、$\{\dot{u}\}$、$\{u\}$分别是体系的加速度向量、速度向量和位移向量，$\{I\}$是维度与体系自由度相同的单位列向量。

由于多自由度体系阻尼矩阵$[C]$的构造是一个专门的课题，涉及不同的阻尼模型且与计算方法也有关联，因此，多自由度体系阻尼矩阵的构造放在第 12 章专门讲解，并给出相关分析实例。下面以无阻尼剪切层模型地震作用下的动力平衡方程推导为例，介绍多自由度体系质量矩阵$[M]$及刚度矩阵$[K]$的构造过程。

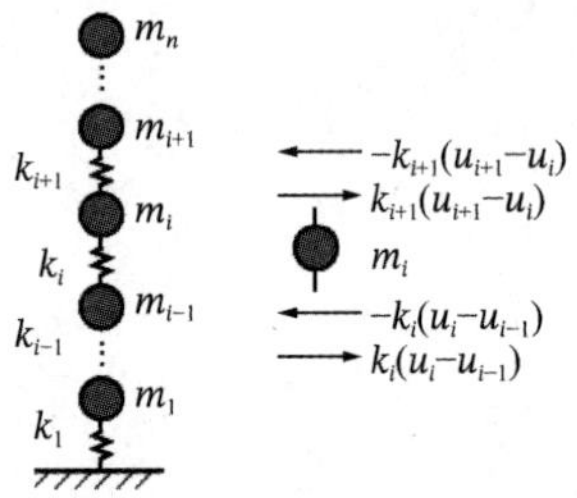

图 1.1-3　剪切层模型示意

对于剪切层模型，可作受力分析如图 1.1-3 所示。

第$i$个质点所受的惯性力：$-m_i[\ddot{u}_g(t) + \ddot{u}_i(t)]$。

第$i$个质点所受的恢复力：$-k_i \cdot [u_i(t) - u_{i-1}(t)] + k_{i+1} \cdot [u_{i+1}(t) - u_i(t)]$。

根据 D'Alembert 原理，任意时刻作用在质点上的外力与惯性力之和为 0，对于第$i$个质点，则有

$$-k_i \cdot [u_i(t) - u_{i-1}(t)] + k_{i+1} \cdot [u_{i+1}(t) - u_i(t)] - m_i[\ddot{u}_g(t) + \ddot{u}_i(t)] = 0 \tag{1.1-22}$$

整理得

$$m_i \ddot{u}_i(t) - k_i \cdot u_{i-1}(t) + (k_i + k_{i+1}) \cdot u_i(t) - k_{i+1} \cdot u_{i+1}(t) = -m_i \ddot{u}_g(t) \tag{1.1-23}$$

结构的运动方程可写为

$$\begin{cases} m_1 \ddot{u}_1(t) + (k_1 + k_2) \cdot u_1(t) - k_2 \cdot u_2(t) = -m_1 \ddot{u}_g(t) \\ m_2 \ddot{u}_2(t) - k_2 \cdot u_1(t) + (k_2 + k_3) \cdot u_2(t) - k_3 \cdot u_3(t) = -m_2 \ddot{u}_g(t) \\ \vdots \\ m_{n-1} \ddot{u}_{n-1}(t) - k_{n-1} \cdot u_{n-2}(t) + (k_{n-1} + k_n) \cdot u_{n-1}(t) - k_n \cdot u_n(t) = -m_{n-1} \ddot{u}_g(t) \\ m_n \ddot{u}_n(t) - k_n \cdot u_{n-1}(t) + k_n \cdot u_n(t) = -m_n \ddot{u}_g(t) \end{cases} \tag{1.1-24}$$

整理为矩阵的形式可得

$$\begin{bmatrix} m_1 & & & & \\ & m_2 & & & \\ & & \ddots & & \\ & & & m_{n-1} & \\ & & & & m_n \end{bmatrix} \begin{Bmatrix} \ddot{u}_1(t) \\ \ddot{u}_2(t) \\ \vdots \\ \ddot{u}_{n-1}(t) \\ \ddot{u}_n(t) \end{Bmatrix} +$$

$$\begin{bmatrix} k_1 + k_2 & -k_2 & & & \\ -k_2 & k_2 + k_3 & -k_3 & & \\ & \ddots & \ddots & \ddots & \\ & & -k_{n-1} & k_{n-1} + k_n & -k_n \\ & & & -k_n & k_n \end{bmatrix} \begin{Bmatrix} u_1(t) \\ u_2(t) \\ \vdots \\ u_{n-1}(t) \\ u_n(t) \end{Bmatrix} \tag{1.1-25}$$

$$= \begin{bmatrix} m_1 & & & & \\ & m_2 & & & \\ & & \ddots & & \\ & & & m_{n-1} & \\ & & & & m_n \end{bmatrix} \begin{Bmatrix} 1 \\ 1 \\ \vdots \\ 1 \\ 1 \end{Bmatrix} \ddot{u}_g(t)$$

式(1.1-22)与式(1.1-25)是对应的，由此可得整个结构的质量矩阵为

$$[M] = \begin{bmatrix} m_1 & & & \\ & m_2 & & \\ & & \ddots & \\ & & & m_n \end{bmatrix} \tag{1.1-26}$$

整个结构的刚度矩阵为

$$[K] = \begin{bmatrix} k_1 + k_2 & -k_2 & & & \\ -k_2 & k_2 + k_3 & -k_3 & & \\ & \ddots & \ddots & \ddots & \\ & & -k_{n-1} & k_{n-1} + k_n & -k_n \\ & & & -k_n & k_n \end{bmatrix} \tag{1.1-27}$$

### 1.1.2.2　无阻尼体系自由振动

对于无阻尼多自由度体系，当不考虑外荷载作用，即结构自由振动时，其运动方程可由式(1.1-20)改写为

$$[M]\{\ddot{u}\} + [K]\{u\} = \{0\} \tag{1.1-28}$$

设方程的解为如下简谐形式

$$\{u(t)\} = \{\phi\}\sin(\omega t + \theta) \tag{1.1-29}$$

式中$\{\phi\}$为与时间无关的$N$阶向量，$N$为体系自由度数量；$\omega$为振动圆频率；$\theta$为相位。

将式(1.1-29)带入式(1.1-28)中，可得到

$$([K] - \lambda[M])\{\phi\} = \{0\} \tag{1.1-30}$$

上式称为$N$阶广义特征值问题，式中$\lambda = \omega^2$。

根据齐次线性方程组的特性，上式有非零解的充要条件是系数行列式等于零，即

$$p(\lambda) = |[K] - \lambda[M]| = 0 \tag{1.1-31}$$

上式是一个关于$\lambda$的一元$N$次方程，称为多自由度体系的**频率方程**。求解可得$N$个特征根$\lambda_n$（$n = 1,2,\cdots,N$），将$N$个特征根$\lambda_n$分别代入式(1.1-30)，可求得相应的$N$个特征向量$\{\phi\}_n$（$n = 1,2,\cdots,N$）。特征向量$\{\phi\}_n$的意义表示结构体系的第$n$阶**振型**，特征值$\lambda_n$则等于相应的第$n$阶振动**圆频率**$\omega_n$的平方。

最后通过振型频率可求得振型的**周期**

$$T_n = 2\pi/\omega_n \tag{1.1-32}$$

结构的振型及振型对应的频率（周期）均是结构的固有属性，只与结构的质量及刚度分布有关。上述求解结构的固有振型及其频率的过程常称为模态分析，第 4 章将对模态分析进行详细介绍，并给出具体的 Python 编程代码及软件分析实例。

振型向量的一个重要特性是其关于质量矩阵和刚度矩阵的**正交性**（详细证明见第 4.3 节），即

$$\{\phi\}_i^{\mathrm{T}}[M]\{\phi\}_j = 0 \tag{1.1-33}$$

$$\{\phi\}_i^T[K]\{\phi\}_j = 0 \tag{1.1-34}$$

根据振型的正交性，线弹性多自由度体系自由振动方程的解可表示为各阶振型的组合，即

$$\{u(t)\} = \{\phi\}_1 q_1(t) + \{\phi\}_2 q_2(t) + \cdots \{\phi\}_N q_N(t) = [\Phi]\{q\} \tag{1.1-35}$$

式中[$\Phi$]为体系的振型矩阵（或模态矩阵），{$q$}为广义坐标向量，有

$$[\Phi] = [\{\phi\}_1 \quad \{\phi\}_2 \quad \cdots \quad \{\phi\}_N] \tag{1.1-36}$$

$$\{q\} = \{q_1 \quad q_2 \quad \cdots \quad q_N\}^T \tag{1.1-37}$$

则无阻尼多自由度自由振动方程(1.1-28)可记作

$$[M][\Phi]\{\ddot{q}\} + [K][\Phi]\{q\} = \{0\} \tag{1.1-38}$$

对上式两边左乘[$\Phi$]$^T$并利用振型正交性，可求得$N$个关于$q_n$的方程

$$M_n \ddot{q}_n + K_n q_n = 0 \, (n = 1,2,\cdots,N) \tag{1.1-39}$$

因此无阻尼多自由度体系自由振动方程可表示为$N$个独立的无阻尼单自由度体系的自由振动方程。其中$M_n$、$K_n$分别为第$n$阶振型的**振型质量**和**振型刚度**，且有

$$\begin{cases} \{\phi\}_n^T[M]\{\phi\}_n = M_n \\ \{\phi\}_n^T[K]\{\phi\}_n = K_n \end{cases} \tag{1.1-40}$$

对式(1.1-35)两边左乘{$\phi$}$_n^T$[$M$]并利用振型正交性，可求得广义坐标$q_n$的表达式

$$q_n(t) = \frac{\{\phi\}_n^T[M]\{u(t)\}}{\{\phi\}_n^T[M]\{\phi\}_n} = \frac{\{\phi\}_n^T[M]\{u(t)\}}{M_n} \tag{1.1-41}$$

根据 1.1.1 节中无阻尼单自由度体系自由振动分析，可得方程(1.1-39)的解为

$$q_n(t) = q_n(0) \cos \omega_n t + \frac{\dot{q}_n(0)}{\omega_n} \sin \omega_n t \, (n = 1,2,\cdots,N) \tag{1.1-42}$$

式中$q_n(0)$及$\dot{q}_n(0)$分别为广义坐标向量及其导数的初始值，与体系初始位移{$u(0)$}及初始速度{$\dot{u}(0)$}对应，通过式(1.1-43)进行计算；$\omega_n$是第$n$阶振型的**圆频率**，通过式(1.1-44)进行计算。

$$\begin{cases} q_n(0) = \dfrac{\{\phi\}_n^T[M]\{u(0)\}}{M_n} \\ \dot{q}_n(0) = \dfrac{\{\phi\}_n^T[M]\{\dot{u}(0)\}}{M_n} \end{cases} \tag{1.1-43}$$

$$K_n = \omega_n^2 M_n \tag{1.1-44}$$

将求得的各阶振型的广义坐标$q_n(t)$按(1.1-35)进行组合，可得无阻尼多自由度体系的自由振动解为

$$u(t) = \sum_{n=1}^{N} \{\phi\}_n \left( q_n(0) \cos \omega_n t + \frac{\dot{q}_n(0)}{\omega_n} \sin \omega_n t \right) \, (n = 1,2,\cdots,N) \tag{1.1-45}$$

### 1.1.2.3　有阻尼体系自由振动

对于具有黏滞阻尼的多自由度体系，当不考虑外荷载作用，即结构自由振动时，运动

方程可写为

$$[M]\{\ddot{u}\} + [C]\{\dot{u}\} + [K]\{u\} = \{0\} \tag{1.1-46}$$

### 1. 经典阻尼

对于有阻尼多自由度体系的自由振动，需考虑阻尼矩阵$[C]$的形式，当阻尼为经典阻尼时，结构的振型与无阻尼多自由度体系的振型一致，方程(1.1-46)的解也类似无阻尼体系，表示为各振型的叠加。关于经典阻尼的详细介绍见第 12 章，对于经典阻尼，阻尼矩阵$[C]$能被振型矩阵$[\varPhi]$对角化，即有

$$[\varPhi]^{\mathrm{T}}[C][\varPhi] = \begin{bmatrix} C_1 & & & \\ & C_2 & & \\ & & \ddots & \\ & & & C_n \end{bmatrix} = [C_n] \tag{1.1-47}$$

式中$[C_n]$为体系振型阻尼矩阵，$C_n$为第$n$阶振型的振型阻尼，按式(1.1-48)计算；$[\varPhi]$为无阻尼体系的振型矩阵。

$$\{\phi\}_n^{\mathrm{T}}[C]\{\phi\}_n = C_n \tag{1.1-48}$$

进一步将有阻尼体系的解表示为式(1.1-35)的形式，并代入式(1.1-46)，可将有阻尼多自由度体系自由振动方程表示为$N$个独立的与振型对应的有阻尼单自由度体系自由振动方程，即

$$M_n\ddot{q}_n + C_n\dot{q}_n + K_nq_n = 0 \ (\,n = 1,2,\cdots,N\,) \tag{1.1-49}$$

同样按有阻尼单自由度体系自由振动分析方法，可得方程(1.1-49)的解

$$q_n(t) = \mathrm{e}^{-\zeta_n\omega_n t}\left[q_n(0)\cos\omega_{\mathrm{D}}t + \frac{\dot{q}_n(0) + \zeta_n\omega_nq_n(0)}{\omega_{\mathrm{D}}}\sin\omega_{\mathrm{D}}t\right] \tag{1.1-50}$$

式中$\omega_{\mathrm{D}}$为第$n$阶振型的**振动圆频率**，有

$$\omega_{\mathrm{D}} = \omega_n\sqrt{1 - \zeta_n^2} \tag{1.1-51}$$

将$q_n(t)$按式(1.1-35)进行组合，可得有阻尼多自由度体系的自由振动解为

$$u(t) = \sum_{n=1}^{N}\{\phi\}_n\mathrm{e}^{-\zeta_n\omega_n t}\left[q_n'(0)\cos\omega_{\mathrm{D}}t + \frac{\dot{q}_n'(0) + \zeta_n\omega_nq_n'(0)}{\omega_{\mathrm{D}}}\sin\omega_{\mathrm{D}}t\right] \tag{1.1-52}$$

### 2. 非经典阻尼

当阻尼为非经典阻尼时，结构的振型不满足关于阻尼矩阵的正交条件，即$[\varPhi]^{\mathrm{T}}[C][\varPhi]$不是一个对角矩阵，采用振型坐标变换后得到的方程将成为一组耦合的运动方程，而不是前面满足阻尼正交条件时得到的非耦合的一系列单自由度的运动方程。此时，有阻尼体系的自由振动需要采用 1.2 节提到的逐步积分法或复振型分解法进行求解。

## 1.2　运动方程求解方法

运动方程的求解方法可分为解析法和数值方法。解析法仅适用于少数外部激励能被

解析描述的情况，对于像地震作用这样外部激励比较复杂的情况，一般采用数值方法进行求解。数值方法大致可分为三类：时程分析法、振型分解法和频域分析法。以下分别加以介绍。

### 1.2.1    时程分析法

时程分析法就是在时域内进行结构动力反应分析的数值分析方法，根据求解方法的原理，可分为三大类：Duhamel 积分法、逐步积分法和求解微分方程法[1]。

#### 1. Duhamel 积分法

根据 Duhamel 积分法原理，对于每个荷载时程，可以看作由一系列连续的脉冲组成，体系的总反应可用各个脉冲产生的反应叠加得到。Duhamel 积分法给出了计算线性单自由度体系在任意荷载作用下动力反应的一般解，适用于单自由度体系，又由于采用了叠加原理，因此该方法仅限于线性范围而不能用于非线性分析。

第 2 章将对 Duhamel 积分进行详细介绍，并给出具体编程代码。

#### 2. 逐步积分法

逐步积分法是最常用的时程分析方法。该类方法在每个时间增量段内建立结构的动力平衡方程，近似计算在$\Delta t$范围内的结构反应，再利用本计算时间区段终点的速度和位移作为下一时刻的初始值，进而逐步递推得到结构在整个时间段内的反应[1]。因此，逐步积分法适用于单自由度和多自由度体系，既适用于线性结构也适用于非线性结构。

常用的逐步积分方法有分段解析法、中心差分法、线性加速度法、Newmark-β 法、Wilson-θ 法等，第 2 章将对其中几种常用的逐步积分方法进行详细介绍，并给出具体编程代码。

#### 3. 求解微分方程法

对于线弹性结构，其运动方程(1.1-4)实际上是一个常微分方程，且结构反应的初始值是已知的，因此从数学上讲，求解线弹性结构的运动方程即是一个求解初始值已知的常微分方程的过程，即微分方程的初值问题，因此，可以采用数值分析中的相关方法进行求解，如 Runge-Kutta 法、状态转移矩阵法、精细积分法等[1]。该类方法适用于单自由度体系和多自由度体系，但由于求解的是常微分方程，因此该类方法要求结构是线弹性的。

### 1.2.2    振型分解法

#### 1. 实振型分解法

实振型分解法的基本概念是假定结构的阻尼为比例阻尼，利用结构的固有振型及振型正交性，将$N$个自由度的总体方程组，解耦为$N$个独立的与固有振型对应的单自由度方程，对这些方程进行解析或数值求解，得到每个振型的动力响应，然后将各振型的动力响应按一定的方式叠加，得到多自由度体系的总动力响应。

地震作用下多自由度体系运动方程为

$$[M]\{\ddot{u}\} + [C]\{\dot{u}\} + [K]\{u\} = -[M]\{I\}\ddot{u}_g \tag{1.2-1}$$

根据 1.1.2 节的介绍，将位移$\{u\}$做正则坐标变换如下

$$\{u\} = [\Phi]\{q\} \tag{1.2-2}$$

式中$[\Phi]$为体系的振型矩阵（或模态矩阵），$\{q\}$为广义坐标向量。

将式(1.2-2)代入式(1.2-1)，多自由度体系运动方程变为

$$[M][\Phi]\{\ddot{q}\} + [C][\Phi]\{\dot{q}\} + [K][\Phi]\{q\} = -[M]\{I\}\ddot{u}_g \tag{1.2-3}$$

上式两端分别左乘$[\Phi]^T$得

$$[\Phi]^T[M][\Phi]\{\ddot{q}\} + [\Phi]^T[C][\Phi]\{\dot{q}\} + [\Phi]^T[K][\Phi]\{q\} = -[\Phi]^T[M]\{I\}\ddot{u}_g \tag{1.2-4}$$

其中振型关于质量矩阵$[M]$和刚度矩阵$[K]$满足正交特性，$[\Phi]^T[M][\Phi]$和$[\Phi]^T[K][\Phi]$是对角阵，又由于假定结构的阻尼为比例阻尼，因此$[\Phi]^T[C][\Phi]$也为对角矩阵，$[\Phi]^T[M][\Phi]$、$[\Phi]^T[K][\Phi]$及$[\Phi]^T[C][\Phi]$的对角元素分别为$M_n$、$K_n$及$C_n$，按下式计算

$$\begin{cases} \{\phi\}_n^T[M]\{\phi\}_n = M_n \\ \{\phi\}_n^T[K]\{\phi\}_n = K_n \\ \{\phi\}_n^T[C]\{\phi\}_n = C_n \end{cases} \tag{1.2-5}$$

则通过上述变换，多自由度体系的运动方程(1.2-4)可解耦为$N$个独立的单自由度体系运动方程，即

$$M_n\ddot{q}_n + C_n\dot{q}_n + K_nq_n = -\{\phi\}_n^T[M]\{I\}\ddot{u}_g \quad (n = 1,2,\cdots,N) \tag{1.2-6}$$

$M_n$、$K_n$、$C_n$及$-\{\phi\}_n^T[M]\{I\}\ddot{u}_g$分别称为第$n$阶振型的振型质量、振型阻尼、振型刚度和振型荷载。

对于上述方程，可采用解析法或 1.2.1 节介绍的运动方程求解方法进行求解，将求得的单自由度体系的动力反应进行叠加，可得到结构的总反应。上述方法常称为振型分解法。由于根据式(1.1-30)表示的广义特征值问题求得的多自由度体系的特征值及特征向量，即自振频率及振型，均为实数，为区别后续介绍的复振型分解法，此处将该方法称为实振型分解法。

实振型分解法采用了叠加原理，因此只适用于线性多自由度体系。本书将在第 5 章中详细讲解实振型分解法的原理及编程。

### 2. 复振型分解法

实际工程中，许多结构体系的阻尼为非经典阻尼，$[\Phi]^T[C][\Phi]$不是对角矩阵，方程(1.2-4)存在阻尼（速度）耦联，无法解耦为$N$个独立的单自由度体系运动方程，实振型分解法不再适用，为解决这类体系中非比例阻尼解耦问题，人们发展了复振型分解法。

首先介绍状态变量。在描述体系运动的所有变量中，必存在数量最少的一组变量足以描述体系的所有运动，这一组变量称为体系的状态变量。对于一般的线性结构体系，速度和位移是该体系的状态变量。以体系的$N$个状态变量组成的$N$维空间称为状态空间，体系的任一状态都可以用状态空间中的一点来描述。由线性定常动力体系的微分方程经变量代换

可得到体系的状态方程[2]。复振型分解法首先将运动方程转换为状态方程。

已知多自由度体系运动微分方程为

$$[M]\{\ddot{u}\} + [C]\{\dot{u}\} + [K]\{u\} = -[M]\{I\}\ddot{u}_g \tag{1.2-7}$$

设状态变量$\{v\} = \begin{Bmatrix} \{u\} \\ \{\dot{u}\} \end{Bmatrix}$，则有$\{\dot{v}\} = \begin{Bmatrix} \{\dot{u}\} \\ \{\ddot{u}\} \end{Bmatrix}$。

引入辅助恒等式

$$[M]\{\dot{u}\} - [M]\{\dot{u}\} = \{0\} \tag{1.2-8}$$

将上式联立运动方程可将体系的运动微分方程转化为关于状态变量$\{v\}$的一阶微分方程

$$[M_e]\{\dot{v}\} + [K_e]\{v\} = -[M_e]\{I_e\}\ddot{u}_g \tag{1.2-9}$$

其中$[M_e] = \begin{bmatrix} [C] & [M] \\ [M] & [0] \end{bmatrix}$，$[K_e] = \begin{bmatrix} [K] & [0] \\ [0] & -[M] \end{bmatrix}$，$\{I_e\} = \begin{Bmatrix} \{0\} \\ \{I\} \end{Bmatrix}$。

方程(1.2-9)即为多自由度有阻尼体系地震作用下运动方程对应的状态方程。同理可得多自由度有阻尼体系自由振动方程对应的状态方程为

$$[M_e]\{\dot{v}\} + [K_e]\{v\} = \{0\} \tag{1.2-10}$$

方程(1.2-10)形式与无阻尼体系自由振动方程(1.1-28)完全一样。对方程(1.2-10)可同样分析其特征值和特征向量，即自振频率及振型，而其振型也满足关于$[M_e]$和$[K_e]$的正交性，可利用振型对状态方程(1.2-9)进行解耦，对解耦后得到的独立方程进行求解，然后进行振型叠加获得体系总的反应。由于方程(1.2-10)求得的自振频率及振型均是复数，因此该方法称为复振型分解法。

本书第 13 章～第 16 章对复振型理论进行了详细讨论。其中第 13 章介绍了一般黏性阻尼系统的复振型理论，是阅读第 14 章～第 16 章的基础，第 14 章和第 15 章讲述了多自由度复振型分解法及其在反应谱法上的扩展，第 16 章对目前我国规范中的基础隔震结构复振型分解法进行讲解。

### 1.2.3　频域分析法

上述介绍的时程分析法及振型分解法，处理的外荷载均为时间$t$的函数，并在时间域内（自变量为时间$t$）进行平衡方程的求解，所以均属于时域分析方法。此外动力分析还可采用频域分析方法。频域分析方法基于傅里叶（Fourier）变换，将问题从时间域（自变量为时间$t$）变换到频率域（自变量为频率$\omega$），在频率域完成频域解的求解，再采用傅里叶逆变换将频域解转化为时域解[1][2]。

傅里叶变换定义为

$$\begin{cases} 正变换： U(\omega) = \int_{-\infty}^{\infty} u(t)e^{-i\omega t}\, dt \\ 逆变换： u(t) = \dfrac{1}{2\pi} \int_{-\infty}^{\infty} U(\omega)e^{i\omega t}\, d\omega \end{cases} \tag{1.2-11}$$

式中$U(\omega)$为位移$u(t)$的傅里叶谱。

同理，速度和加速度的傅里叶变换为

$$\begin{cases} \int_{-\infty}^{\infty} \dot{u}(t)\mathrm{e}^{-i\omega t}\,\mathrm{d}t = i\omega U(\omega) \\ \int_{-\infty}^{\infty} \ddot{u}(\omega)\mathrm{e}^{-i\omega t}\,\mathrm{d}t = -\omega^2 U(\omega) \end{cases} \tag{1.2-12}$$

以单自由度体系为例，对单自由度体系运动方程

$$\ddot{u}(t) + 2\zeta\omega_n \dot{u}(t) + \omega_n^2 u(t) = P(t)/m \tag{1.2-13}$$

两边进行傅里叶正变换，可得

$$-\omega^2 U(\omega) + i2\zeta\omega_n \omega U(\omega) + \omega_n^2 U(\omega) = P(\omega)/m \tag{1.2-14}$$

其中 $U(\omega)$ 和 $P(\omega)$ 分别为 $u(t)$ 和 $P(t)$ 的傅里叶谱。此时将问题从自变量为 $t$ 的时间域变换到自变量为 $\omega$ 的频率域。对频域的运动方程(1.2-14)进行求解得到 $U(\omega)$，再利用式(1.2-11)中的傅里叶逆变换，由频率解 $U(\omega)$ 得到方程的时域解 $u(t)$。频域分析法采用了叠加原理，因此只适用于线性体系。关于频域分析法的更多介绍，感兴趣的读者可以查阅相关文献[1][2][4]进行学习，本书不作重点介绍。

## 1.3　结构地震反应分析

### 1.3.1　分析模型

为求解结构地震动力反应，首先需要把结构抽象为一个合理的力学模型。一个完整的模型包含分析所需的结构质量信息、刚度信息、阻尼信息和荷载信息，对于非弹性结构，还需给出构件或材料的本构模型。结构动力分析模型的建立过程就是对实际结构进行简化和抽象，求得上述各项结构信息，最终形成动力方程的过程。由于实际结构往往非常复杂，因此在建立力学模型时，应根据所关注的结构反应特性和分析目的，合理选取不同精度的分析模型[5]。针对同一结构，当采用不同的分析模型时，其运动方程中各项结构信息的形式也不同。从模型精细化程度的角度，可将结构分析模型大致分为如下几种。

#### 1. 单自由度体系分析模型

单自由度体系分析模型是最简单的结构动力分析模型，该模型采用集中质量模型，体系所有的振动质量集中于一点，结构刚度用一个没有质量的弹簧表示，对于非弹性结构，则需要赋予非弹性弹簧的恢复力–变形关系（图 1.3-1）。很多实际的动力问题都可以简化为单自由度体系分析模型进行分析。单自由度弹性体系是结构动力分析中最简单的体系，但其涉及了结构动力分析中的许多物理量和基本概念，也是多自由度体系动力分析的基础。

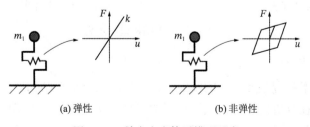

(a) 弹性　　　　　　　　　　　　(b) 非弹性

图 1.3-1　单自由度体系模型示意

## 2. 层模型

层模型以结构层为单位，假定结构质量全部集中在楼层处，并采用等效的无质量弹簧代替各层抗侧力构件，形成底部固定且在楼层处具有集中质量的串联多自由度体系，结构刚度矩阵则由各层刚度串联得到。根据结构的变形特征，层模型又可分为剪切型层模型（图 1.3-2）、弯曲型层模型、弯剪型层模型和考虑扭转影响的平–扭耦联型层模型。层模型假定楼板在自身平面内刚度无穷大，水平地震作用下各层竖向构件侧向位移相同，模型自由度较少，计算效率高，能较好地获得楼层和结构总体地震响应，如层间剪力、层间位移、基底总地震剪力、结构顶点位移等，从而较快地了解体系的宏观反应，评价体系的整体动力性能。

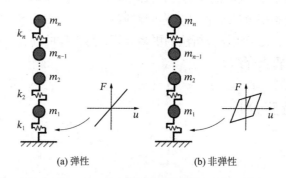

(a) 弹性  (b) 非弹性

图 1.3-2  多自由度剪切层模型示意

## 3. 平面结构模型

层模型自由度少，分析简单，但由于简化较多，只能反映层间总体受力情况，往往难以获得结构各构件的地震反应。对于质量和侧向刚度分布接近对称且楼屋盖可视为刚性隔板的结构，可采用平面结构模型进行抗震分析。平面结构模型将梁、柱、墙等简化为杆件，然后基于有限元法进行计算（图 1.3-3）。

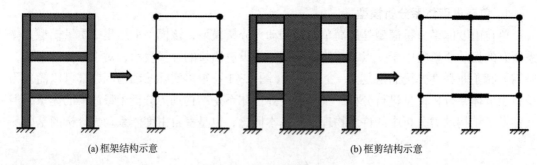

(a) 框架结构示意  (b) 框剪结构示意

图 1.3-3  平面结构模型示意

## 4. 三维有限元模型

随着计算机技术和有限元软件的发展，三维有限元分析在结构地震反应分析与设计中已得到广泛应用。在分析模型中，除了常用的三维桁架单元、三维梁单元、板壳单元，还可采用分布质量，并可采用基于材料层面的力学模型，如实体单元模型。三维有限元模型分析结果更接近实际结构情况，适用于各种复杂的结构（图 1.3-4）。

　　对于实际结构，除了质量和刚度，还需要考虑阻尼的作用。然而由于阻尼的复杂性，试图通过从结构的尺度、结构构件尺寸、结构材料阻尼的性质等方面像形成刚度矩阵或质量矩阵那样直接构造阻尼矩阵是非常困难的，在结构动力反应问题中一般采用高度理想化的方法来考虑阻尼。通常结构的阻尼矩阵可由实测的阻尼比换算得到。对于材料单一、各部分阻尼性质相同的结构，得到的阻尼矩阵一般满足正交性条件，这种阻尼称

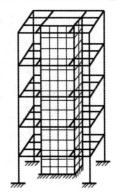

图 1.3-4　三维有限元模型示意

为比例阻尼或经典阻尼，如常用的 Rayleigh 阻尼、Caughey 阻尼等；当结构各部分阻尼存在明显差异时，经典阻尼的假定不再成立，此时需按阻尼特性对结构进行子结构划分，求得子结构的阻尼矩阵，叠加得到结构的总体阻尼矩阵[1]。关于阻尼矩阵的构造方法详见本书第 12 章的讲解。

　　在现阶段结构地震反应分析中，三维有限元模型的应用已十分普遍，而合理的简化模型不仅能减少工作量，还有助于深入理解振动现象的本质，因而仍有一定的应用空间。本书主要侧重于讲解结构动力响应计算的基本原理和编程实现，因此后续各章节中主要采用简化的层模型或单自由度体系模型进行介绍，力求用较为简单的模型将原理表达清楚，便于读者学习和理解。对于其他更精细模型的地震响应分析，原理上是相似的，读者可以参考相关章节的内容进行推广。

## 1.3.2　分析方法

### 1. 弹性结构地震反应分析

　　弹性结构地震反应分析方法主要有时程分析法、振型分解反应谱法和底部剪力法等。一般情况下，高度较小、以剪切变形为主且质量和刚度沿高度分布比较均匀的结构，以及近似于单质点体系的结构，可采用底部剪力法等简化方法。除此之外的结构，宜采用振型分解反应谱法进行地震作用分析。对于特别不规则的结构及超过规范规定高度的高层建筑，应采用时程分析法进行补充计算[6]。

　　时程分析法是在时域内进行结构动力反应分析的数值分析方法，又称为直接动力法。时程分析法通过直接输入地震动进行运动方程求解，可以同时考虑地震动的振幅、频谱和持时特性，相比振型分解反应谱法和底部剪力法，时程分析法的最大特点是能够计算结构和构件在地震动持续过程中任意时刻的变形和内力反应。时程分析法的计算结果能够更加真实地反映结构在特定地震作用下的反应，但由于地震波的差异和离散性，往往需要采用多条地震波对结构进行时程分析，取多条地震波的平均值或包络值。第 1.2.1 节介绍的各种时程分析方法均可用于结构的弹性时程分析。

　　振型分解反应谱法是应用最广泛的一种地震作用分析方法。时程分析法中不同地震作用下的计算结果具有离散性，而对工程设计最有意义的是结构最大地震反应，尤其是地震

内力的最大值。振型分解反应谱法基于设计反应谱，可以获取特定场地和震中距下结构的最大地震反应，可直接用于工程设计。振型分解反应谱法将在本书第 6 章中详细介绍。

底部剪力法是振型分解反应谱法的一种简化，该方法假定结构的地震反应可用第一振型的反应进行表征，适用于质量、刚度分布均匀，以剪切变形为主的中低层结构。在底部剪力法中，各楼层一般取一个自由度，以结构基底剪力与等效单自由度体系水平地震作用相等的原则来确定结构总地震作用。在实际应用中，当结构周期较长时，高阶振型影响不可忽略，通过在结构顶部附加地震作用的方法考虑高阶振型的影响，对于建筑物有突出屋面的小建筑而导致质量和刚度突变时，尚应考虑鞭梢效应。

**2. 弹塑性结构地震反应分析**

弹塑性结构地震反应分析方法可分为静力弹塑性分析和动力弹塑性分析。

静力弹塑性分析方法是指借助结构推覆分析结果确定结构弹塑性抗震性能或结构弹塑性地震响应的方法，也称为 Pushover 方法。该方法通过对结构逐步施加某种形式的水平荷载，用静力推覆分析计算得到结构的内力和变形，并借助地震需求谱或直接估算的目标性能需求点，近似得到结构在预期地震作用下的抗震性能状态，由此实现对结构抗震性能的评估[7]。静力弹塑性分析方法简便易行而又有一定的精度，在结构抗震设计和抗震性能评估中得到了广泛应用。对于由第一阶振型控制的结构，用静力弹塑性分析方法预测地震弹塑性响应可达到较好的效果，对高阶振型参与成分较多的复杂结构，需对静力弹塑性分析方法进行改进，如引入多模态推覆分析方法等。

动力弹塑性分析从选定合适的地震动输入出发，采用结构有限元动力计算模型建立地震动力方程，然后采用数值方法对方程进行求解。动力弹塑性分析一般采用逐步积分法，可求得地震过程中每一时刻的结构响应，分析出结构在地震作用下弹性和非弹性阶段的内力变化和构件逐步损坏的过程，获得结构的弹塑性变形和延性要求，从而判断结构的屈服机制、薄弱环节及可能的破坏类型[7]。

相对于弹性分析，结构弹塑性分析最大的不同是需要指定结构、构件或材料的弹塑性恢复力模型，如对于层模型，恢复力模型描述的是一个楼层的弹塑性行为；对于构件层次的力学模型，则需要为梁、柱、墙等不同构件设置不同的基于弯矩–转角或者力–变形关系的弹塑性恢复力模型；对于基于材料的力学模型，则需要给出材料的弹塑性本构关系。

# 1.4　小结

本章主要对结构动力学及结构地震反应分析相关的基础知识进行梳理：

（1）对弹性单自由度体系和弹性多自由度体系的运动方法及自由振动进行讲解，总结与结构地震反应分析相关的基础知识点和概念。

（2）对结构运动方程的求解方法进行分类介绍，具体包括时程分析法、振型分解法和频域分析法，对不同分析方法的适用条件及异同点进行总结。

（3）对结构地震反应分析常用的几种分析模型和分析方法进行介绍。

# 参 考 文 献

[1]　党育, 韩建平, 杜永峰. 结构动力分析的 MATLAB 实现[M]. 北京: 科学出版社, 2014.

[2]　刘晶波, 杜修力. 结构动力学[M]. 北京: 机械工业出版社, 2011.

[3]　徐斌, 高跃飞, 余龙. MATLAB 有限元结构动力学分析与工程应用[M]. 北京: 清华大学出版社, 2009.

[4]　R. 克拉夫, J. 彭津. 结构动力学[M]. 2 版. 王光远, 译. 北京: 高等教育出版社, 2006.

[5]　潘鹏, 张耀庭. 建筑结构抗震设计理论与方法[M]. 北京: 科学出版社, 2017.

[6]　中华人民共和国住房和城乡建设部. 建筑抗震设计标准: GB/T 50011—2010 (2024 年版)[S].

[7]　陆新征, 叶列平, 缪志伟. 建筑抗震弹塑性分析——原理、模型与在 ABAQUS, MSC. MARC 和 SAP2000 上的实践[M]. 北京: 中国建筑工业出版社, 2009.

# 单自由度体系弹性动力时程分析

## 2.1 动力学方程

结构动力分析中最简单的结构是单自由度体系（Single-Degree Freedom System，简称 SDOF）。根据 D'Alembert 原理，任意时刻作用在体系上的外力与惯性力之和为 0，即

$$f_{\mathrm{I}} + f_{\mathrm{D}} + f_{\mathrm{S}} + P(t) = 0 \tag{2.1-1}$$

其中

$$f_{\mathrm{I}} = -m(\ddot{u} + \ddot{u}_{\mathrm{g}}) \tag{2.1-2}$$

$$f_{\mathrm{D}} = -c\dot{u} \tag{2.1-3}$$

$$f_{\mathrm{S}} = -ku \tag{2.1-4}$$

式中 $f_{\mathrm{I}}$、$f_{\mathrm{D}}$、$f_{\mathrm{S}}$、$P(t)$ 分别为体系受到的惯性力、阻尼力、弹性恢复力和外荷载；$m$、$c$、$k$ 分别为体系的质量、阻尼系数和刚度；$u$、$\dot{u}$、$\ddot{u}$ 分别为体系相对地面的位移、速度和加速度；$u_{\mathrm{g}}$ 及 $\ddot{u}_{\mathrm{g}}$ 分别为地面的位移及加速度。

当体系只受动力荷载 $P(t)$ 时，$\ddot{u}_{\mathrm{g}} = 0$，式(2.1-1)简化为

$$m\ddot{u} + c\dot{u} + ku = P(t) \tag{2.1-5}$$

当体系的动力反应是由地震引起的结构基础的运动时，式(2.1-1)简化为

$$m\ddot{u} + c\dot{u} + ku = -m\ddot{u}_{\mathrm{g}} \tag{2.1-6}$$

式(2.1-5)即为单自由度体系受动力荷载 $P(t)$ 作用下的动力平衡方程。式(2.1-6)即为单自由度体系受地震加速度 $\ddot{u}_{\mathrm{g}}$ 作用时的动力平衡方程。对比式(2.1-5)及式(2.1-6)，可发现形式上是一样的，$-m\ddot{u}_{\mathrm{g}}$ 可理解为地基运动产生的等效荷载，大小等于结构的质量与地面加速度的乘积，方向与地面加速度方向相反。此外，当体系只受动力荷载 $P(t)$ 时，由于 $u_{\mathrm{g}}$ 及 $\ddot{u}_{\mathrm{g}}$ 为 0，此时响应的相对值与绝对值相等，式(2.1-5)中的 $u$、$\dot{u}$ 及 $\ddot{u}$ 表示的是体系的绝对位移、绝对速度及绝对加速度。当基础存在运动时，此时响应有相对值与绝对值之分，即式(2.1-6)中的 $u$、$\dot{u}$ 及 $\ddot{u}$ 表示的是体系的相对位移、相对速度及相对加速度，相对响应要加上地面响应才能得到绝对响应。

根据第 1 章 1.2 节的介绍，对于单自由度体系运动方程的求解，主要有时程分析法及频域分析法，其中时程分析法主要包括 Duhamel 积分法、逐步积分法和求解微分方程法等，Duhamel 积分法在介绍单自由度理论时运用较多，而逐步积分法则在实际数值分析时应用最多，因此，本章主要介绍这两类方法。

## 2.2　Duhamel 积分法

对于每一个荷载时程，可以看作由一系列连续的脉冲组成（图 2.2-1）。对于作用时间很短、冲量等于 1 的荷载，称为单位脉冲。体系在单位脉冲下的反应称为单位脉冲反应函数，即

无阻尼体系单位脉冲反应函数

$$h(t-\tau) = u(t) = \frac{1}{m\omega_n}\sin[\omega_n(t-\tau)] \quad , \quad t \geqslant \tau \tag{2.2-1}$$

有阻尼体系单位脉冲反应函数

$$h(t-\tau) = u(t) = \frac{1}{m\omega_D}e^{-\zeta\omega_n(t-\tau)}\sin[\omega_D(t-\tau)] \quad , \quad t \geqslant \tau \tag{2.2-2}$$

式中 $t$ 表示体系反应的时间；$\tau$ 表示单位脉冲作用的时刻；$\omega_n$ 和 $\omega_D$ 分别表示无阻尼和有阻尼体系的自振圆频率，有 $\omega_D = \omega_n\sqrt{1-\zeta^2}$；$\zeta$ 表示体系阻尼比。

则任意脉冲 $P(\tau)\,d\tau$ 下结构动力反应为

$$du(t) = P(\tau)\,d\tau \cdot h(t-\tau) \tag{2.2-3}$$

体系在任意时刻 $t$ 的反应，等于 $t$ 以前所有单位脉冲作用的反应之和，则有

$$u(t) = \int_0^t du = \int_0^t P(\tau)h(t-\tau)\,d\tau \tag{2.2-4}$$

将式(2.2-1)及式(2.2-2)分别代入式(2.2-4)，可得到无阻尼体系和有阻尼体系动力反应的 Duhamel 积分公式。

无阻尼体系动力反应的 Duhamel 积分公式

$$u(t) = \frac{1}{m\omega_n}\int_0^t P(\tau)\sin[\omega_n(t-\tau)]\,d\tau \tag{2.2-5}$$

有阻尼体系动力反应的 Duhamel 积分公式

$$u(t) = \frac{1}{m\omega_D}\int_0^t P(\tau)e^{-\zeta\omega_n(t-\tau)}\sin[\omega_D(t-\tau)]\,d\tau \tag{2.2-6}$$

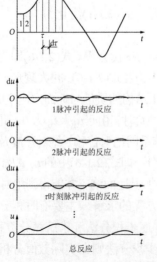

由以上分析可见，Duhamel 积分法给出了计算线性单自由度体系在任意荷载作用下动力反应的一般解，由于使用了叠加原理，因此仅适用于线弹性体系，不适用于非线性分析。如果荷载 $P(\tau)$ 是简单函数，用 Duhamel 积分法可得到封闭解（Closed-form）。如果 $P(\tau)$ 是复杂函数，式(2.2-5)及式(2.2-6)也可通过数值积分求解，其计算仅涉及简单的代数运算。但从实际应用来看，Duhamel 积分法的数值求解效率并不高，因为对于任意一个时刻 $t$ 的反应，积分都要从 0 积分到 $t$，当时间点比较多时，计算效率很低[1]。此时可采用 2.3 节介绍的逐步积分法，计算效率更高。

图 2.2-1　任意荷载离散及各个脉冲动力反应

## 2.3　逐步积分法

逐步积分法将分析时程划分为许多微小时段$\Delta t$，利用体系在$t_i$时刻的运动状态——位移$u_i$、速度$\dot{u}_i$和加速度$\ddot{u}_i$，推测时间步长$\Delta t$之后（即$t_{i+1}$时刻）的运动状态$u_{i+1}$、$\dot{u}_{i+1}$和$\ddot{u}_{i+1}$，然后逐步递推，可得到体系的完整时程反应[2]，如图 2.3-1 所示。

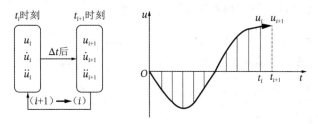

图 2.3-1　逐步积分法原理示意

以下介绍几种常用的逐步积分方法，包括分段解析法、中心差分法、Newmark-β 法及 Wilson-θ 法。

### 2.3.1　分段解析法

#### 2.3.1.1　基本公式

分段解析法又称为 Nigam-Jennings 法，最早由 Nigam 和 Jennings 于 1969 年提出[3]。在分段解析法中，对外荷载$P(t)$进行离散化处理，相当于对连续函数的采样。在采样点之间的荷载值采用线性内插法取值，分段解析法对外荷载的离散如图 2.3-2 所示。体系在每个采样点间的运动通过求解运动微分方程得到，体系的运动在连续的时间轴上均满足运动微分方程。

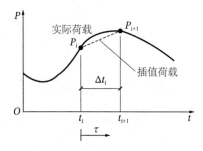

图 2.3-2　分段解析法外荷载离散

如图 2.3-2 所示，$P_i$及$P_{i+1}$分别为$t_i$及$t_{i+1}$时刻的荷载，假设在$t_i \leqslant \tau \leqslant t_{i+1}$时段内，$P(\tau) = P_i + \alpha_i \tau$，其中$\alpha_i = (P_{i+1} - P_i)/\Delta t_i$，$\tau$为局部坐标。

假定在时间段$[t_i, t_{i+1}]$内，结构是线性的，则单自由度体系运动方程为

$$m\ddot{u}(\tau) + c\dot{u}(\tau) + ku(\tau) = P(\tau) = P_i + \alpha_i \tau \tag{2.3-1}$$

取初始条件 $u(\tau)|_{\tau=0} = u_i$，$\dot{u}(\tau)|_{\tau=0} = \dot{u}_i$，可得运动方程式(2.3-1)的特解和通解。

运动方程式(2.3-1)的特解为

$$u_\text{p}(\tau) = \frac{1}{k}(P_i + \alpha_i\tau) - \frac{\alpha_i}{k^2}c \tag{2.3-2}$$

通解为

$$u_\text{c}(\tau) = \text{e}^{-\zeta\omega_\text{n}\tau}(A\cos\omega_\text{D}\tau + B\sin\omega_\text{D}\tau) \tag{2.3-3}$$

将全解代入初始条件，可求得系数 $A$ 和 $B$，得到

$$\begin{cases} u(\tau) = A_0 + A_1\tau + A_2\text{e}^{-\zeta\omega_\text{n}\tau}\cos\omega_\text{D}\tau + A_3\text{e}^{-\zeta\omega_\text{n}\tau}\sin\omega_\text{D}\tau \\ \dot{u}(\tau) = A_1 + (\omega_\text{D}A_3 - \zeta\omega_\text{n}A_2)\text{e}^{-\zeta\omega_\text{n}\tau}cos\omega_\text{D}\tau - (\omega_\text{D}A_2 - \zeta\omega_\text{n}A_3)\text{e}^{-\zeta\omega_\text{n}\tau}\sin\omega_\text{D}\tau \end{cases} \tag{2.3-4}$$

其中 $A_0 = \frac{P_i}{k} - \frac{2\zeta\alpha_i}{k\omega_\text{n}}$，$A_1 = \frac{\alpha_i}{k}$，$A_2 = u_i - A_0$，$A_3 = \frac{1}{\omega_\text{D}}(\dot{u}_i + \zeta\omega_\text{n}A_2 - A_1)$

当 $\tau = \Delta t$ 时，由式(2.3-4)得

$$\begin{cases} u_{i+1} = Au_i + B\dot{u}_i + CP_i + DP_{i+1} \\ \dot{u}_{i+1} = A'u_i + B'\dot{u}_i + C'P_i + D'P_{i+1} \end{cases} \tag{2.3-5}$$

其中系数 $A\sim D$、$A'\sim D'$ 分别为

$$A = \text{e}^{-\zeta\omega_\text{n}\Delta t}\left(\frac{\zeta}{\sqrt{1-\zeta^2}}\sin\omega_\text{D}\Delta t + \cos\omega_\text{D}\Delta t\right)$$

$$B = \text{e}^{-\zeta\omega_\text{n}\Delta t}\left(\frac{1}{\omega_\text{D}}\sin\omega_\text{D}\Delta t\right)$$

$$C = \frac{1}{k}\left\{\frac{2\zeta}{\omega_\text{n}\Delta t} + \text{e}^{-\zeta\omega_\text{n}\Delta t}\left[\left(\frac{1-2\zeta^2}{\omega_\text{D}\Delta t} - \frac{\zeta}{\sqrt{1-\zeta^2}}\right)\sin\omega_\text{D}\Delta t - \left(1 + \frac{2\zeta}{\omega_\text{n}\Delta t}\right)\cos\omega_\text{D}\Delta t\right]\right\}$$

$$D = \frac{1}{k}\left[1 - \frac{2\zeta}{\omega_\text{n}\Delta t} + \text{e}^{-\zeta\omega_\text{n}\Delta t}\left(\frac{2\zeta^2-1}{\omega_\text{D}\Delta t}\sin\omega_\text{D}\Delta t + \frac{2\zeta}{\omega_\text{n}\Delta t}\cos\omega_\text{D}\Delta t\right)\right]$$

$$A' = -\text{e}^{-\zeta\omega_\text{n}\Delta t}\left(\frac{\omega_\text{n}}{\sqrt{1-\zeta^2}}\sin\omega_\text{D}\Delta t\right)$$

$$B' = \text{e}^{-\zeta\omega_\text{n}\Delta t}\left(\cos\omega_\text{D}\Delta t - \frac{\zeta}{\sqrt{1-\zeta^2}}\sin\omega_\text{D}\Delta t\right)$$

$$C' = \frac{1}{k}\left\{-\frac{1}{\Delta t} + \text{e}^{-\zeta\omega_\text{n}\Delta t}\left[\left(\frac{\omega_\text{n}}{\sqrt{1-\zeta^2}} + \frac{\zeta}{\Delta t\sqrt{1-\zeta^2}}\right)\sin\omega_\text{D}\Delta t + \frac{1}{\Delta t}\cos\omega_\text{D}\Delta t\right]\right\}$$

$$D' = \frac{1}{k\Delta t}\left[1 - \text{e}^{-\zeta_\text{n}\Delta t}\left(\frac{\zeta}{\sqrt{1-\zeta^2}}\sin\omega_\text{D}\Delta t + \cos\omega_\text{D}\Delta t\right)\right]$$

其中，$\omega_\text{D} = \omega_\text{n}\sqrt{1-\zeta^2}$，$\omega_\text{n} = \sqrt{k/m}$，$\Delta t$ 为时间步长。

式(2.3-5)给出了分段解析法的逐步积分计算公式，根据 $t_i$ 时刻运动响应及外荷载计算 $t_{i+1}$ 时刻运动，给定初始条件，不断按上式循环，即可得到所有离散时间点的结构反应。

如果结构是线性的，并采用等时间步长，则系数 $A\sim D'$ 均为常数，分段解析法的计算效率很高。但如果在计算的不同时间段采用了不相等的时间步长，则系数 $A\sim D'$ 对应于不同的时间步长均为变量，计算效率则会大大降低。分段解析法一般适用于单自由度体系的动力

反应分析。

### 2.3.1.2　精度与稳定

分段解析法不存在稳定问题，分段解析法仅对外荷载进行了离散化处理，但对运动方程是严格满足的，体系的运动在连续时间轴上均满足运动微分方程，分段解析法的误差仅来自对外荷载采样点之间的线性假设[1]。

## 2.3.2　中心差分法

### 2.3.2.1　基本公式

中心差分法是用有限差分代替位移对时间的求导，如果采用等时间步长，则速度和加速度的中心差分近似为

$$\dot{u}_i = \frac{u_{i+1} - u_{i-1}}{2\Delta t} \tag{2.3-6}$$

$$\ddot{u}_i = \frac{u_{i+1} - 2u_i + u_{i-1}}{\Delta t^2} \tag{2.3-7}$$

将式(2.3-6)、式(2.3-7)代入式(2.1-1)整理可得递推公式为

$$\left(\frac{m}{\Delta t^2} + \frac{c}{2\Delta t}\right)u_{i+1} = P_i - \left(k - \frac{2m}{\Delta t^2}\right)u_i - \left(\frac{m}{\Delta t^2} - \frac{c}{2\Delta t}\right)u_{i-1} \tag{2.3-8}$$

由式(2.3-8)可根据$t_i$及$t_{i-1}$时刻的位移，求得$t_{i+1}$时刻的位移$u_{i+1}$，在求得$u_{i+1}$后，可根据式(2.3-6)及式(2.3-7)求得$t_i$时刻的速度和加速度，然后逐步向前递推。由式(2.3-8)可见，在计算$u_{i+1}$时，需要知道$u_i$及$u_{i-1}$，也就是说，中心差分法属于两步法。采用两步法进行计算时存在起步问题，因为仅根据已知的初始位移及速度，并不能自动进行计算，还必须给出两个相邻时刻的位移值，方可进行逐步积分计算[1]。对于地震作用下结构的反应问题和一般的零初始条件下的动力问题，可以假设初始的两个时间点（一般取$i = 0$，$-1$）的位移等于零（即$u_0 = u_{-1} = 0$）。但是对于非零初始条件或零时刻外荷载很大时，需要进行一定的分析，建立两个起步时刻（即$i = 0$，$-1$）的位移值，下面介绍一种中心差分法的起步处理方法。

假设给定的初始条件为

$$\begin{cases} u_0 = u(0) \\ \dot{u}_0 = \dot{u}(0) \end{cases} \tag{2.3-9}$$

令$i = 0$，根据式(2.3-6)、式(2.3-7)可得

$$\begin{cases} \dot{u}_0 = \dfrac{u_1 - u_{-1}}{2\Delta t} \\ \ddot{u}_0 = \dfrac{u_1 - 2u_0 + u_{-1}}{\Delta t^2} \end{cases} \tag{2.3-10}$$

由式(2.3-10)中的第一式解得$u_1$，并代入第二式可得

$$u_{-1} = u_0 - \Delta t\dot{u}_0 + \frac{\Delta t^2}{2}\ddot{u}_0 \tag{2.3-11}$$

其中初始位移$u_0$及初始速度$\dot{u}_0$是已知的，而零时刻的加速度值$\ddot{u}_0$可由 0 时刻的运动方程按式(2.3-12)确定

$$\ddot{u}_0 = \frac{1}{m}(P_0 - c\dot{u}_0 - ku_0) \tag{2.3-12}$$

#### 2.3.2.2　精度与稳定

中心差分法的逐步计算公式具有 2 阶精度，即误差$\varepsilon \propto O(\Delta t^2)$；且是有条件稳定的，其稳定条件为[1][4]

$$\Delta t \leqslant \frac{2}{\omega_n} = \frac{T_n}{\pi} \tag{2.3-13}$$

式中$\Delta t$为时间步长；$T_n$为结构的自振周期，对于多自由度体系则为结构最小周期。

### 2.3.3　Newmark-β 法

#### 2.3.3.1　基本公式

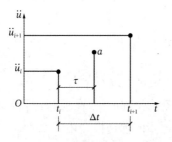

Newmark-β 法同样将时间离散化，运动方程仅在离散的时间点上满足，该方法通过$t_i$至$t_{i+1}$时段内加速度变化规律的假设，以$t_i$时刻的运动量为初始值，通过积分方法得到计算$t_{i+1}$时刻的运动公式。

图 2.3-3　Newmark-β 法离散时间点及加速度假设

如图 2.3-3 所示，Newmark-β 法假设在$t_i$至$t_{i+1}$之间的加速度值是介于$\ddot{u}_i$及$\ddot{u}_{i+1}$之间的某一常量，记为$a$，用控制参数$\gamma$和$\beta$表示为

$$a = (1-\gamma)\ddot{u}_i + \gamma\ddot{u}_{i+1} \quad (0 \leqslant \gamma \leqslant 1) \tag{2.3-14}$$

$$a = (1-2\beta)\ddot{u}_i + 2\beta\ddot{u}_{i+1} \quad (0 \leqslant \beta \leqslant 1/2) \tag{2.3-15}$$

通过在$t_i$至$t_{i+1}$时间段上对加速度$a$积分，可得$t_{i+1}$时刻的速度和位移

$$\dot{u}_{i+1} = \dot{u}_i + \Delta t a \tag{2.3-16}$$

$$u_{i+1} = u_i + \Delta t \dot{u}_i + \frac{1}{2}\Delta t^2 a \tag{2.3-17}$$

分别将式(2.3-14)代入式(2.3-16)和将式(2.3-15)代入式(2.3-17)可得 Newmark-β 法的两个基本递推公式

$$\begin{cases} \dot{u}_{i+1} = \dot{u}_i + (1-\gamma)\Delta t \ddot{u}_i + \gamma \Delta t \ddot{u}_{i+1} \\ u_{i+1} = u_i + \Delta t \dot{u}_i + \left(\frac{1}{2}-\beta\right)\Delta t^2 \ddot{u}_i + \beta \Delta t^2 \ddot{u}_{i+1} \end{cases} \tag{2.3-18}$$

由式(2.3-18)可进一步解得$t_{i+1}$的加速度和速度的计算公式

$$\begin{cases} \ddot{u}_{i+1} = \dfrac{1}{\beta \Delta t^2}(u_{i+1} - u_i) - \dfrac{1}{\beta \Delta t}\dot{u}_i - \left(\dfrac{1}{2\beta}-1\right)\ddot{u}_i \\ \dot{u}_{i+1} = \dfrac{\gamma}{\beta \Delta t}(u_{i+1} - u_i) + \left(1-\dfrac{\gamma}{\beta}\right)\dot{u}_i + \left(1-\dfrac{\gamma}{2\beta}\right)\ddot{u}_i\Delta t \end{cases} \tag{2.3-19}$$

式(2.3-19)满足$t_{i+1}$时刻的运动平衡方程

$$m\ddot{u}_{i+1} + c\dot{u}_{i+1} + ku_{i+1} = P_{i+1} \tag{2.3-20}$$

将式(2.3-19)代入式(2.3-20)可得$t_{i+1}$时刻的位移$u_{i+1}$的计算公式

$$u_{i+1} = \hat{P}_{i+1}/\hat{k} \tag{2.3-21}$$

其中

$$\hat{k} = k + \frac{1}{\beta \Delta t^2}m + \frac{\gamma}{\beta \Delta t}c$$

$$\hat{P}_{i+1} = P_{i+1} + \left[\frac{1}{\beta \Delta t^2}u_i + \frac{1}{\beta \Delta t}\dot{u}_i + \left(\frac{1}{2\beta} - 1\right)\ddot{u}_i\right]m + \left[\frac{\gamma}{\beta \Delta t}u_i + \left(\frac{\gamma}{\beta} - 1\right)\dot{u}_i + \frac{\Delta t}{2}\left(\frac{\gamma}{\beta} - 2\right)\ddot{u}_i\right]c$$

为方便列式，可记$a_0 = \frac{1}{\beta \Delta t^2}$，$a_1 = \frac{\gamma}{\beta \Delta t}$，$a_2 = \frac{1}{\beta \Delta t}$，$a_3 = \frac{1}{2\beta} - 1$，$a_4 = \frac{\gamma}{\beta} - 1$，$a_5 = \frac{\Delta t}{2}\left(\frac{\gamma}{\beta} - 2\right)$，$a_6 = \Delta t(1 - \gamma)$，$a_7 = \gamma \Delta t$，递推公式(2.3-19)可进一步表示为

$$\begin{cases} \ddot{u}_{i+1} = a_0(u_{i+1} - u_i) - a_2\dot{u}_i - a_3\ddot{u}_i \\ \dot{u}_{i+1} = \dot{u}_i + a_6\ddot{u}_i + a_7\ddot{u}_{i+1} \end{cases} \tag{2.3-22}$$

式(2.3-21)及式(2.3-22)构成了 Newmark-β 法逐步积分的计算公式。由上述公式可见，Newmark-β 法为单步法，即体系每一时刻运动的计算仅与上一时刻的运动有关，不需要额外处理计算的"起步"问题。

#### 2.3.3.2　精度与稳定

在 Newmark-β 法中，控制参数$\beta$和$\gamma$的取值影响算法的精度和稳定性[1][4]。可以证明，只有当$\gamma = 1/2$时，方法才具有二阶精度，因此一般取$\gamma = 1/2$，$0 \leqslant \beta \leqslant 1/4$。

Newmark-β 法的稳定条件为

$$\Delta t \leqslant \frac{1}{\pi\sqrt{2}}\frac{1}{\sqrt{\gamma - 2\beta}}T_n \tag{2.3-23}$$

可见当$\gamma = 1/2$、$\beta = 1/4$时，稳定条件为$\Delta t \leqslant \infty$，此时算法成为无条件稳定。

### 2.3.4　Wilson-θ 法

#### 2.3.4.1　基本公式

Wilson-θ 法的基本思路是假设加速度在时间段$[t_i, t_i + \theta\Delta t]$内线性变化，首先采用线性加速度法计算体系在$t_i + \theta\Delta t$时刻的运动，其中参数$\theta \geqslant 1$，然后再利用内插法，计算体系$t_i + \Delta t$时刻的运动。原理示意如图 2.3-4 所示。

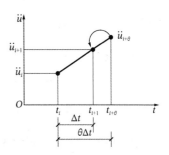

图 2.3-4　Wilson-θ 法原理示意

根据线性加速度假设，加速度$a$在区间$[t_i, t_i + \theta\Delta t]$的取值可表示为

$$a(\tau) = \ddot{u}(t_i) + \frac{\tau}{\theta\Delta t}[\ddot{u}(t_i + \theta\Delta t) - \ddot{u}(t_i)] \tag{2.3-24}$$

其中 $\tau$ 为局部坐标，坐标原点位于 $t_i$。

对式(2.3-24)积分，可得到速度和位移

$$\dot{u}(t_i + \tau) = \dot{u}(t_i) + \tau\ddot{u}(t_i) + \frac{\tau^2}{2\theta\Delta t}[\ddot{u}(t_i + \theta\Delta t) - \ddot{u}(t_i)] \tag{2.3-25}$$

$$u(t_i + \tau) = u(t_i) + \tau\dot{u}(t_i) + \frac{\tau^2}{2}\ddot{u}(t_i) + \frac{\tau^3}{6\theta\Delta t}[\ddot{u}(t_i + \theta\Delta t) - \ddot{u}(t_i)] \tag{2.3-26}$$

当 $\tau = \theta\Delta t$ 时，由式(2.3-25)、式(2.3-26)可得

$$\dot{u}(t_i + \theta\Delta t) = \dot{u}(t_i) + \theta\Delta t\ddot{u}(t_i) + \frac{\theta\Delta t}{2}[\ddot{u}(t_i + \theta\Delta t) - \ddot{u}(t_i)] \tag{2.3-27}$$

$$u(t_i + \theta\Delta t) = u(t_i) + \theta\Delta t\dot{u}(t_i) + \frac{(\theta\Delta t)^2}{6}[\ddot{u}(t_i + \theta\Delta t) + 2\ddot{u}(t_i)] \tag{2.3-28}$$

由式(2.3-27)、式(2.3-28)可解得用 $u(t_i + \theta\Delta t)$ 表示的 $\dot{u}(t_i + \theta\Delta t)$ 和 $\ddot{u}(t_i + \theta\Delta t)$，即

$$\ddot{u}(t_i + \theta\Delta t) = \frac{6}{(\theta\Delta t)^2}[u(t_i + \theta\Delta t) - u(t_i)] - \frac{6}{\theta\Delta t}\dot{u}(t_i) - 2\ddot{u}(t_i) \tag{2.3-29}$$

$$\dot{u}(t_i + \theta\Delta t) = \frac{3}{\theta\Delta t}[u(t_i + \theta\Delta t) - u(t_i)] - 2\dot{u}(t_i) - \frac{\theta\Delta t}{2}\ddot{u}(t_i) \tag{2.3-30}$$

在 $t_i + \theta\Delta t$ 时刻，体系的运动应满足运动微分方程

$$m\ddot{u}(t_i + \theta\Delta t) + c\dot{u}(t_i + \theta\Delta t) + ku(t_i + \theta\Delta t) = P(t_i + \theta\Delta t) \tag{2.3-31}$$

其中外荷载 $P(t_i + \theta\Delta t)$ 可用线性外推得到

$$P(t_i + \theta\Delta t) = P(t_i) + \theta[P(t_i + \Delta t) - P(t_i)] \tag{2.3-32}$$

将式(2.3-27)、式(2.3-28)、式(2.3-32)代入式(2.3-31)，可得

$$\hat{k}u(t_i + \theta\Delta t) = \hat{P}(t_i + \theta\Delta t) \tag{2.3-33}$$

其中

$$\hat{k} = k + \frac{6}{(\theta\Delta t)^2}m + \frac{3}{\theta\Delta t}c$$

$$\hat{P}(t_i + \theta\Delta t) = P_i + \theta(P_{i+1} - P_i) + \left[\frac{6}{(\theta\Delta t)^2}u_i + \frac{6}{\theta\Delta t}\dot{u}_i + 2\ddot{u}_i\right]m + \left(\frac{3}{\theta\Delta t}u_i + 2\dot{u}_i + \frac{\theta\Delta t}{2}\ddot{u}_i\right)c$$

由式(2.3-33)可见，基于 $t_i$ 时刻的响应，可求得 $t_i + \theta\Delta t$ 时刻的位移 $u(t_i + \theta\Delta t)$。

另外，取 $\tau = \Delta t$，由式(2.3-24)可得 $t + \Delta t$ 时刻的加速度

$$\ddot{u}(t_i + \Delta t) = \ddot{u}_{i+1} = \ddot{u}_i + \frac{1}{\theta}[\ddot{u}(t_i + \theta\Delta t) - \ddot{u}_i] \tag{2.3-34}$$

将式(2.3-29)代入式(2.3-34)可得采用 $t + \Delta t$ 时刻的加速度 $\ddot{u}_{i+1}$

$$\ddot{u}_{i+1} = \frac{6}{\theta^3\Delta t^2}[u(t_i + \theta\Delta t) - u_i] - \frac{6}{\theta^2\Delta t}\dot{u}_i + \left(1 - \frac{3}{\theta}\right)\ddot{u}_i \tag{2.3-35}$$

再令式(2.3-25)、式(2.3-26)中的 $\theta = 1$，并取 $\tau = \Delta t$，可得到 $t + \Delta t$ 时刻的速度和位移为

$$\dot{u}_{i+1} = \dot{u}_i + \frac{\Delta t}{2}(\ddot{u}_{i+1} + \ddot{u}_i) \tag{2.3-36}$$

$$u_{i+1} = \dot{u}_i + \Delta t \dot{u}_i + \frac{\Delta t^2}{6}(\ddot{u}_{i+1} + 2\ddot{u}_i) \tag{2.3-37}$$

式(2.3-33)～式(2.3-37)构成了 Wilson-θ 法逐步积分的计算公式。由上述公式可见，Wilson-θ 法是通过外插的方式，在 $t_i + \theta\Delta t$ 时刻建立平衡方程，求得 $t_i + \theta\Delta t$ 时刻的位移 $u(t_i + \theta\Delta t)$，并进而求解 $t + \Delta t$ 时刻的响应量。

### 2.3.4.2 精度与稳定

Wilson-θ 法的动力平衡方程是在 $t_i + \theta\Delta t$ 时保持成立。当 $\theta = 1$ 时，与 Newmark-β 法（$\beta = 1/6$，线性加速度法）一致。可以证明，当 $\theta > 1.37$ 时，Wilson-θ 法是无条件稳定的。θ 值的大小对积分结果的精度有影响，实际分析一般取 $\theta = 1.4$。

## 2.4 实例 1：简谐荷载作用下单自由度体系动力时程分析

如图 2.4-1 所示，质点质量 $m$ 为 1kg，受周期 $T$ 为 1s 的外力 $P(t) = \sin\left(\frac{2\pi}{T}t\right)$ 作用，体系的刚度 $k$ 为 100N/m、阻尼比 $\zeta$ 为 0.05，在 Python 中分别采用 Duhamel 积分、分段解析法、中心差分法、Newmark-β 法、Wilson-θ 法编程求解体系的动力反应 $u(t)$、$\dot{u}(t)$、$\ddot{u}(t)$，并将结果与 SAP2000、midas Gen 的计算结果进行对比。

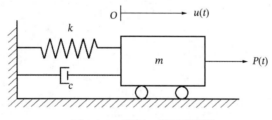

图 2.4-1 实例 1 模型示意图

## 2.4.1 Duhamel 积分

### 2.4.1.1 Python 编程

```
# --------------------------------
# File: SDOF_Duhamel.py
# Program: SDOF_Duhamel
# Website: www.jdcui.com
# Author: cuijidong, xieyiyuan
# Date: 20230628
# 简谐荷载单自由度动力时程分析(Duhamel 积分)
# --------------------------------
# 导入库
import math
import matplotlib.pyplot as plt
from NDOFCommonFun import gen_sin_force
```

```python
# --------主程序-------------
# 结构参数
# m:质量;k:刚度;ζ:阻尼比
m = 1
k = 100
ζ = 0.05
# 无阻尼结构圆频率
wn = (k / m) ** 0.5
# 有阻尼结构圆频率
wD = wn * (1 - ζ ** 2) ** 0.5
# 荷载参数
# 荷载幅值;荷载周期;时间增量;荷载点数
pmax = 1
T = 1
dt = 0.02
step1 = 500
# 生成离散荷载点和时间点
forcelist1 = []
timelist1 = []
gen_sin_force(forcelist1, timelist1, dt, step1, pmax, T)
## 绘制荷载时程
# plt.plot(timelist1, forcelist1)
# plt.xlabel('time')
# plt.ylabel('force')
# plt.show()
# 积分步数
step2 = 1000
forcelist2 = []
timelist2 = []
ulist = []
# 遍历荷载步进行,计算位移时程
for i in range(step2):
    t = i * dt
    timelist2.append(t)
    force = 0.0
    if i < len(forcelist1):
        force = forcelist1[i]
    else:
        force = 0.0
    forcelist2.append(force)
    # 计算定积分,采用梯形法
    tempsum = 0.0
    for j in range(i + 1):
        tao = j * dt
        if j == 0 or j == i:
            tempsum += 0.5 * forcelist2[j] * math.exp(-ζ * wn * (t - tao)) * math.sin(wD * (t - tao))
        else:
            tempsum += forcelist2[j] * math.exp(-ζ * wn * (t - tao)) * math.sin(wD * (t - tao))
    ulist.append(tempsum * dt / m / wD)
# 求解速度时程
vlist = []
for i in range(len(timelist2)):
    if i == 0:
        # 初始时速度是已知的, 对于本例为0
        vlist.append(0)
    else:
        vlist.append((ulist[i] - ulist[i - 1]) * 2.0 / dt - vlist[i - 1])
```

```
# 求解加速度时程
alist = []
for i in range(len(timelist2)):
    u = ulist[i]
    v = vlist[i]
    p = forcelist2[i]
    # ma+cv+ku=p
    # ma+2*m*ζ*wn*v+ku=p
    a = (p - k * u - 2 * m * ζ * wn * v) / m
    alist.append(a)

# 求解响应极值
umax = max(ulist)
umin = min(ulist)
vmax = max(vlist)
vmin = min(vlist)
amax = max(alist)
amin = min(alist)
# 输出响应极值
print('位移极值')
print('max: ' + str(umax) + '; min: ' + str(umin))
print('速度极值')
print('max: ' + str(vmax) + '; min: ' + str(vmin))
print('加速度极值')
print('max: ' + str(amax) + '; min: ' + str(amin))
# 绘制图形
# 实际加载的力时程
plt.figure('Force')
plt.plot(timelist2, forcelist2)
plt.xlabel('Time (s)')
plt.ylabel('Force (N)')
plt.tight_layout()
#plt.show()
# 绘制位移
plt.figure('Displacement')
plt.plot(timelist2, ulist)
plt.xlabel('Time (s)')
plt.ylabel('Displacement (m)')
plt.tight_layout()
#plt.show()
# 绘制速度
plt.figure('Velocity')
plt.plot(timelist2, vlist)
plt.xlabel('Time (s)')
plt.ylabel('Velocity (m/s)')
plt.tight_layout()
#plt.show()
# 绘制加速度
plt.figure('Acceleration')
plt.plot(timelist2, alist)
plt.xlabel('Time (s)')
plt.ylabel('Acceleration (m/s^2)')
plt.tight_layout()
plt.show()
```

#### 2.4.1.2　程序运行结果

程序运行输出以下结果（图 2.4-2～图 2.4-4）：

位移极值
max: 0.018849197564213327; min: -0.023174755169922113
速度极值
max: 0.16162856381739776; min: -0.15970331832951407
加速度极值
max: 1.3395319845491875; min: -1.070777547962273

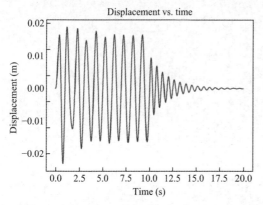

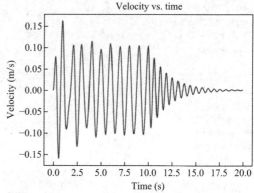

图 2.4-2　实例 1 位移时程图（Duhamel 积分）　　　图 2.4-3　实例 1 速度时程图（Duhamel 积分）

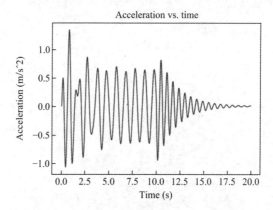

图 2.4-4　实例 1 加速度时程图（Duhamel 积分）

## 2.4.2　分段解析法

### 2.4.2.1　Python 编程

```
# --------------------------------
# File: SDOF_TIME_STEPPING.py
# Program: SDOF_TIME_STEPPING
# Website: www.jdcui.com
# Author: cuijidong, xieyiyuan
# Date: 20230628
# Description:
# 简谐荷载单自由度动力时程分析(分段解析法)
# --------------------------------
# 导入库
import math
import matplotlib.pyplot as plt
from NDOFCommonFun import gen_sin_force
from NDOFCommonFun import gen_force
```

```
# --------主程序------------
# Structural parameters
# m:质量;k:刚度;ζ:阻尼比
m = 1
k = 100
ζ = 0.05

# Natural frequency of structure withouth damping
wn = (k / m) ** 0.5
# Natural frequency of structure with damping
wD = wn * (1 - ζ ** 2) ** 0.5

# Load parameters
pmax = 1
T = 1
dt = 0.02
loadstep = 500
# Generate discrete load points and time points
forcelist1 = []
timelist1 = []
gen_sin_force(forcelist1, timelist1, dt, loadstep, pmax, T)

# integral constant
wDdt = wD * dt
e = math.exp(-ζ * wn * dt)
A = e * ((ζ / ((1 - ζ ** 2) ** 0.5)) * math.sin(wDdt) + math.cos(wDdt))
B = e * math.sin(wDdt) / wD
C = 1 / k * ((2 * ζ / (wn * dt)) + e * (((1 - 2 * ζ ** 2) / (wD * dt) - ζ / (1 - ζ ** 2) ** 0.5) * math.sin(wD * dt) - (
    1 + 2 * ζ / (wn * dt)) * math.cos(wD * dt)))
D = 1 / k * (1 - 2 * ζ / (wn * dt) + e * (
    (2 * ζ ** 2 - 1) / (wD * dt) * math.sin(wD * dt) + 2 * ζ / (wn * dt) * math.cos(wD * dt)))
A1 = -e * (wn / ((1 - ζ ** 2) ** 0.5) * math.sin(wDdt))
B1 = e * (math.cos(wDdt) - ζ / ((1 - ζ ** 2) ** 0.5) * math.sin(wDdt))
C1 = 1 / k * (-1 / dt + e * ((wn / ((1 - ζ ** 2) ** 0.5) + ζ / (dt * (1 - ζ ** 2) ** 0.5)) * math.sin(wD * dt) + 1 / dt * math.cos(wD * dt)))
D1 = 1 / (k * dt) * (1 - e * ((ζ / (1 - ζ ** 2) ** 0.5) * math.sin(wD * dt) + math.cos(wD * dt)))

# 积分步数
step2 = 1000
forcelist2 = []
timelist2 = []
# 获得实际加载的力时程
gen_force(forcelist1, forcelist2, step2)
# 定义数据存储变量
ulist = []  # 定义位移
vlist = []  # 定义速度
alist = []  # 定义加速度
# 设置初始位移和初始速度
ulist.append(0.0)
vlist.append(0.0)
# 根据过平衡方程，反算初始加速度
# ma+2*m*ζ*wn*v+ku=p
a0 = (forcelist2[0] - 2.0 * ζ * wn * vlist[0] - k * ulist[0]) / m
alist.append(a0)
timelist2.append(0.0)
# print(a[0])
# 遍历荷载步，逐步递推求解结构响应
for i in range(1, len(forcelist2)):
    t = i * dt
    timelist2.append(t)
    ui = A * ulist[i - 1] + B * vlist[i - 1] + C * forcelist2[i - 1] + D * forcelist2[i]
```

```
        vi = A1 * ulist[i - 1] + B1 * vlist[i - 1] + C1 * forcelist2[i - 1] + D1 * forcelist2[i]
        ulist.append(ui)
        vlist.append(vi)
        # 根据过平衡方程，反算初始加速度
        ai = (forcelist2[i] - 2.0 * ζ * wn * vlist[i] - k * ulist[i]) / m
        alist.append(ai)
# 求解响应极值
umax = max(ulist)
umin = min(ulist)
vmax = max(vlist)
vmin = min(vlist)
amax = max(alist)
amin = min(alist)
# 输出响应极值
print('位移极值')
print('max: ' + str(umax) + '; min: ' + str(umin))
print('速度极值')
print('max: ' + str(vmax) + '; min: ' + str(vmin))
print('加速度极值')
print('max: ' + str(amax) + '; min: ' + str(amin))


# 绘制图形
# 实际加载的力时程
plt.figure('Force')
plt.plot(timelist2, forcelist2)
plt.xlabel('Time (s)')
plt.ylabel('Force (N)')
plt.title('Force vs. time')
plt.tight_layout()
# plt.show()
# 绘制位移
plt.figure('Displacement')
plt.plot(timelist2, ulist)
plt.xlabel('Time (s)')
plt.ylabel('Displacement (m)')
plt.title('Displacement vs. time')
plt.tight_layout()
# plt.show()
# 绘制速度
plt.figure('Velocity')
plt.plot(timelist2, vlist)
plt.xlabel('Time (s)')
plt.ylabel('Velocity (m/s)')
plt.title('Velocity vs. time')
plt.tight_layout()
# plt.show()
# 绘制加速度
plt.figure('Acceleration')
plt.plot(timelist2, alist)
plt.xlabel('Time (s)')
plt.ylabel('Acceleration (m/s^2)')
plt.title('Acceleration vs. time')
plt.tight_layout()
plt.show()
```

### 2.4.2.2　程序运行结果

程序运行输出以下结果（图 2.4-5～图 2.4-7）：

位移极值
max: 0.018849783261513358; min: -0.023162842484408037
速度极值
max: 0.16175216493275205; min: -0.15953337238082582
加速度极值
max: 1.3376567033431734; min: -1.0676733158184006

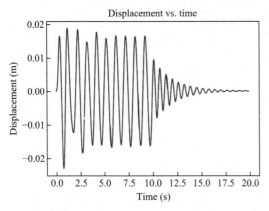 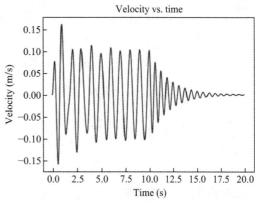

图 2.4-5　实例 1 位移时程图（分段解析法）　　图 2.4-6　实例 1 速度时程图（分段解析法）

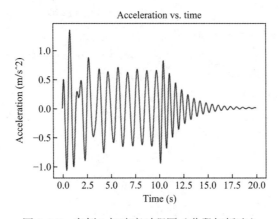

图 2.4-7　实例 1 加速度时程图（分段解析法）

## 2.4.3　中心差分法

### 2.4.3.1　Python 编程

```
# -------------------------------
# File: SDOF_CENTRAL_DIFFERENCE.py
# Program: SDOF_CENTRAL_DIFFERENCE
# Website: www.jdcui.com
# Author: cuijidong, xieyiyuan
# Date: 20230704
# 简谐荷载单自由度动力时程分析(中心差分法)
# -------------------------------

import math
import matplotlib.pyplot as plt
from NDOFCommonFun import gen_sin_force
from NDOFCommonFun import gen_force
```

```python
# --------主程序-----------
# 结构参数
# m:质量;k:刚度;ζ:阻尼比
m = 1
k = 100
ζ = 0.05
# 求解结构自振频率与阻尼系数
wn = (k / m) ** 0.5
c = 2 * ζ * m * wn

# 荷载参数
# 荷载幅值;荷载周期;时间增量;荷载点数
pmax = 1
T = 1
dt = 0.02
step1 = 500

if dt >= 2.0 / wn:
    print('时间间隔过大，算法不稳定')

# 生成离散荷载点和时间点
forcelist1 = []
timelist1 = []
gen_sin_force(forcelist1, timelist1, dt, step1, pmax, T)

# 计算积分常数
kk = m / (dt ** 2) + c / (2 * dt)
aa = k - 2 * m / (dt ** 2)
bb = m / (dt ** 2) - c / (2 * dt)

# 积分步数
step2 = 1000
forcelist2 = []
timelist2 = []
# 获得实际加载的力时程
gen_force(forcelist1, forcelist2, step2)

# 定义数据存储变量
ulist = []  # 位移
vlist = []  # 速度
alist = []  # 加速度

# 初始运动条件
u0 = 0  # 初始位移
v0 = 0  # 初始速度
# 求解结构反应（中心差分法是两步法，前两步都在循环外面求）
# 第0步
timelist2.append(0)
ulist.append(u0)
vlist.append(v0)
# 初始加速度
a0 = (forcelist2[0] - 2.0 * ζ * wn * vlist[0] - k * ulist[0]) / m
alist.append(a0)
#-1 步的位移结果
u_1 = ulist[0] - vlist[0] * dt + 0.5 * alist[0] * dt ** 2
# 第1步
```

```
timelist2.append(dt)
pp = forcelist2[0] - aa * ulist[0] - bb * u_1
# 等效外力/等效刚度
u1 = pp / kk
ulist.append(u1)
# 遍历荷载步，逐步递推求解结构响应，从第 2 步开始循环
for j in range(2, len(forcelist2)):
    timelist2.append(j * dt)
    pp = forcelist2[j - 1] - aa * ulist[j - 1] - bb * ulist[j - 2]
    ulist.append(pp / kk)
    # j-1 时刻的速度与加速度
    vlist.append((ulist[j] - ulist[j - 2]) / (2 * dt))
    alist.append((ulist[j] - 2 * ulist[j - 1] + ulist[j - 2]) / (dt ** 2))


# 求解响应极值
umax = max(ulist)
umin = min(ulist)
vmax = max(vlist)
vmin = min(vlist)
amax = max(alist)
amin = min(alist)
# 输出响应极值
print('位移极值')
print('max: ' + str(umax) + '; min: ' + str(umin))
print('速度极值')
print('max: ' + str(vmax) + '; min: ' + str(vmin))
print('加速度极值')
print('max: ' + str(amax) + '; min: ' + str(amin))
# 绘制图形
# 实际加载的力时程
plt.figure('Force')
plt.plot(timelist2, forcelist2)
plt.xlabel('Time (s)')
plt.ylabel('Force (N)')
plt.title('Force vs. time')
plt.tight_layout()
# plt.show()
# 绘制位移
plt.figure('Displacement')
plt.plot(timelist2, ulist)
plt.xlabel('Time (s)')
plt.ylabel('Displacement (m)')
plt.title('Displacement vs. time')
plt.tight_layout()
# plt.show()
# 绘制速度
plt.figure('Velocity')
plt.plot(timelist2[0:len(vlist)], vlist)
plt.xlabel('Time (s)')
plt.ylabel('Velocity (m/s)')
plt.title('Velocity vs. time')
plt.tight_layout()
# plt.show()
# 绘制加速度
plt.figure('Acceleration')
plt.plot(timelist2[0:len(alist)], alist)
plt.xlabel('Time (s)')
plt.ylabel('Acceleration (m/s^2)')
plt.title('Acceleration vs. time')
```

```
plt.tight_layout()
plt.show()
```

### 2.4.3.2　程序运行结果

程序运行输出以下结果（图 2.4-8～图 2.4-10）：

```
位移极值
max: 0.018780855698181054; min: -0.023211620380689024
速度极值
max: 0.16114556471124722; min: -0.15948268625038955
加速度极值
max: 1.3415677992122554; min: -1.0730866822859786
```

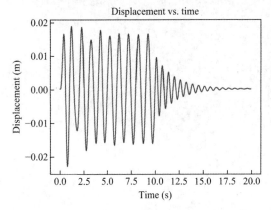

图 2.4-8　实例 1 位移时程图（中心差分法）

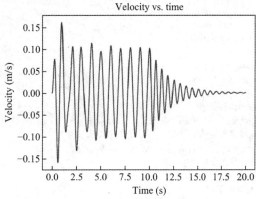

图 2.4-9　实例 1 速度时程图（中心差分法）

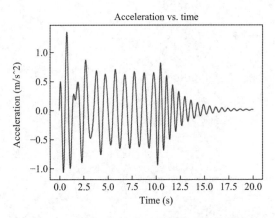

图 2.4-10　实例 1 加速度时程图（中心差分法）

## 2.4.4　Newmark-β 法

### 2.4.4.1　Python 编程

```
# ---------------------------------
# File: SDOF_Newmark.py
# Program: SDOF_Newmark
# Website: www.jdcui.com
# Author: cuijidong, xieyiyuan
```

```python
# Date: 20230702
# 简谐荷载单自由度动力时程分析(Newmark-β)
# --------------------------------
import matplotlib.pyplot as plt
from NDOFCommonFun import gen_sin_force
from NDOFCommonFun import gen_force

# --------主程序-------------
# 结构参数
# m:质量;k:刚度;ζ:阻尼比
m = 1
k = 100
ζ = 0.05
# 求解结构自振频率与阻尼系数
wn = (k / m) ** 0.5
c = 2 * ζ * m * wn
# 荷载参数
# 荷载幅值;荷载周期;时间增量;荷载点数
pmax = 1
T = 1
dt = 0.02
step1 = 500
# 生成离散荷载点和时间点
forcelist1 = []
timelist1 = []
gen_sin_force(forcelist1, timelist1, dt, step1, pmax, T)

# 积分常数
gama = 0.5
beta = 0.25
a0 = 1.0 / (beta * dt ** 2)
a1 = gama / (beta * dt)
a2 = 1 / (beta * dt)
a3 = 1 / (2 * beta) - 1
a4 = gama / beta - 1
a5 = dt / 2 * (gama / beta - 2)
a6 = dt * (1 - gama)
a7 = gama * dt
kk = k + a0 * m + a1 * c
#print(a0, a1, a2, a3, a4, a5, a6, a7, kk)
# 积分步数
step2 = 1000
forcelist2 = []
timelist2 = []
# 获得实际加载的力时程
gen_force(forcelist1, forcelist2, step2)
# 定义数据存储变量
ulist = []  # 位移
vlist = []  # 速度
alist = []  # 加速度
# 初始运动条件
u0 = 0  # 初始位移
v0 = 0  # 初始速度
# 第 0 步
timelist2.append(0)
ulist.append(u0)
vlist.append(v0)
# 初始加速度
alist.append((forcelist2[0] - c * vlist[0] - k * ulist[0]) / m)
```

```python
# 遍历荷载步，逐步递推求解结构响应
for i in range(1, len(forcelist2)):
    t = i * dt
    timelist2.append(t)
    # 计算等效荷载
    PPi = forcelist2[i] + m * (a0 * ulist[i - 1] + a2 * vlist[i - 1] + a3 * alist[i - 1]) + c * (a1 * ulist[i - 1] + a4 * vlist[i - 1] + a5 * alist[i - 1])
    ui = PPi / kk
    ulist.append(ui)
    aai = a0 * (ulist[i] - ulist[i - 1]) - a2 * vlist[i - 1] - a3 * alist[i - 1]
    alist.append(aai)
    vi = vlist[i - 1] + a6 * alist[i - 1] + a7 * alist[i]
    vlist.append(vi)
# 求解响应极值
umax = max(ulist)
umin = min(ulist)
vmax = max(vlist)
vmin = min(vlist)
amax = max(alist)
amin = min(alist)
# 输出响应极值
print('位移极值')
print('max: ' + str(umax) + '; min: ' + str(umin))
print('速度极值')
print('max: ' + str(vmax) + '; min: ' + str(vmin))
print('加速度极值')
print('max: ' + str(amax) + '; min: ' + str(amin))
# 绘制图形
# 实际加载的力时程
plt.figure('Force')
plt.plot(timelist2, forcelist2)
plt.xlabel('Time (s)')
plt.ylabel('Force (N)')
plt.title('Force vs. time')
plt.tight_layout()
# plt.show()
# 绘制位移
plt.figure('Displacement')
plt.plot(timelist2, ulist)
plt.xlabel('Time (s)')
plt.ylabel('Displacement (m)')
plt.title('Displacement vs. time')
plt.tight_layout()
# plt.show()
# 绘制速度
plt.figure('Velocity')
plt.plot(timelist2, vlist)
plt.xlabel('Time (s)')
plt.ylabel('Velocity (m/s)')
plt.title('Velocity vs. time')
plt.tight_layout()
# plt.show()
# 绘制加速度
plt.figure('Acceleration')
plt.plot(timelist2, alist)
plt.xlabel('Time (s)')
plt.ylabel('Acceleration (m/s^2)')
plt.title('Acceleration vs. time')
plt.tight_layout()
plt.show()
```

### 2.4.4.2 程序运行结果

程序运行输出以下结果（图 2.4-11～图 2.4-13）：

```
位移极值
max: 0.01909584770000626; min: -0.02322481171206991
速度极值
max: 0.16321906986802823; min: -0.15982953933704616
加速度极值
max: 1.3457377466951603; min: -1.0703774319604415
```

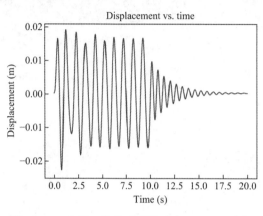 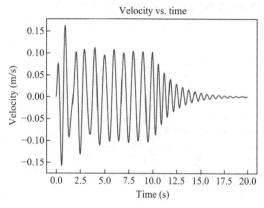

图 2.4-11 实例 1 位移时程图（Newmark-β 法） 图 2.4-12 实例 1 速度时程图（Newmark-β 法）

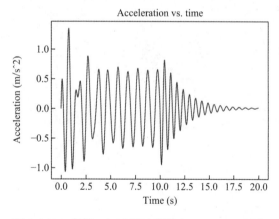

图 2.4-13 实例 1 加速度时程图（Newmark-β 法）

## 2.4.5 Wilson-θ 法

### 2.4.5.1 Python 编程

```
# -------------------------------
# File: SDOF_Newmark.py
# Program: SDOF_Newmark
# Website: www.jdcui.com
# Author: cuijidong, xieyiyuan
# Date: 20230702
# 简谐荷载单自由度动力时程分析(Wilson-θ 法)
# -------------------------------
```

```python
import math
import matplotlib.pyplot as plt
from NDOFCommonFun import gen_sin_force
from NDOFCommonFun import gen_force


# --------主程序------------
# 结构参数
# m:质量;k:刚度;ζ:阻尼比
m = 1
k = 100
ζ = 0.05
# 求解结构自振频率与阻尼系数
wn = (k / m) ** 0.5
c = 2 * ζ * m * wn
# 荷载参数
# 荷载幅值;荷载周期;时间增量;荷载点数
pmax = 1
T = 1
dt = 0.02
step1 = 500
# 生成离散荷载点和时间点
forcelist1 = []
timelist1 = []
gen_sin_force(forcelist1, timelist1, dt, step1, pmax, T)


# 设置θ值
sita = 1.42
# 计算等效刚度
kk = k + 6 * m / (sita * dt) ** 2 + 3 * c / (sita * dt)
# print(kk)


# 积分步数
step2 = 1000
forcelist2 = []
timelist2 = []
# 获得实际加载的力时程
gen_force(forcelist1, forcelist2, step2)


# 求解
# 定义数据存储变量
ulist = []  # 位移
vlist = []  # 速度
alist = []  # 加速度
# 初始运动条件
u0 = 0  # 初始位移
v0 = 0  # 初始速度
# 第0步
timelist2.append(0)
ulist.append(u0)
vlist.append(v0)
# 初始加速度
alist.append((forcelist2[0] - c * vlist[0] - k * ulist[0]) / m)


# 遍历荷载步，逐步递推求解结构响应
for i in range(1, len(forcelist2)):
    t = i * dt
    timelist2.append(t)
    # 计算t+θdt 时刻的等效荷载
```

```
    PPi = forcelist2[i - 1] + sita * (forcelist2[i] - forcelist2[i - 1]) + m * (6.0 * ulist[i - 1] / (sita * dt) ** 2 + 6 * vlist[i - 1] / (sita * dt) + 2
* alist[i - 1]) + c * (3.0 * ulist[i - 1] / (sita * dt) + 2 * vlist[i - 1] + sita * dt * alist[i - 1] / 2)
    # 计算 t+θdt 时刻的位移
    uui = PPi / kk
    # 计算 t 时刻的加速度
    ai = 6 / (sita ** 3 * dt ** 2) * (uui - ulist[i - 1]) - 6 / (sita ** 2 * dt) * vlist[i - 1] + (1 - 3 / sita) * \
        alist[i - 1]
    alist.append(ai)
    # 计算速度与位移
    vi = vlist[i - 1] + 0.5 * dt * (alist[i] + alist[i - 1])
    vlist.append(vi)
    ui = ulist[i - 1] + dt * vlist[i - 1] + dt ** 2 / 6 * (alist[i] + 2 * alist[i - 1])
    ulist.append(ui)
# 求解响应极值
umax = max(ulist)
umin = min(ulist)
vmax = max(vlist)
vmin = min(vlist)
amax = max(alist)
amin = min(alist)
# 输出响应极值
print('位移极值')
print('max: ' + str(umax) + '; min: ' + str(umin))
print('速度极值')
print('max: ' + str(vmax) + '; min: ' + str(vmin))
print('加速度极值')
print('max: ' + str(amax) + '; min: ' + str(amin))
# 绘制图形
# 实际加载的力时程
plt.figure('Force')
plt.plot(timelist2, forcelist2)
plt.xlabel('Time (s)')
plt.ylabel('Force (N)')
plt.title('Force vs. time')
plt.tight_layout()
# plt.show()
# 绘制位移
plt.figure('Displacement')
plt.plot(timelist2, ulist)
plt.xlabel('Time (s)')
plt.ylabel('Displacement (m)')
plt.title('Displacement vs. time')
plt.tight_layout()
# plt.show()
# 绘制速度
plt.figure('Velocity')
plt.plot(timelist2, vlist)
plt.xlabel('Time (s)')
plt.ylabel('Velocity (m/s)')
plt.title('Velocity vs. time')
plt.tight_layout()
# plt.show()
# 绘制加速度
plt.figure('Acceleration')
plt.plot(timelist2, alist)
plt.xlabel('Time (s)')
plt.ylabel('Acceleration (m/s^2)')
plt.title('Acceleration vs. time')
```

```
plt.tight_layout()
plt.show()
```

#### 2.4.5.2　程序运行结果

程序运行输出以下结果（图 2.4-14～图 2.4-16）：

```
位移极值
max: 0.0194654033787978; min: -0.023381639998171305
速度极值
max: 0.16481028253837915; min: -0.16003193732458806
加速度极值
max: 1.3478493538251175; min: -1.0681239235009818
```

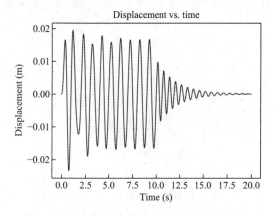

图 2.4-14　实例 1 位移时程图（Wilson-θ 法）

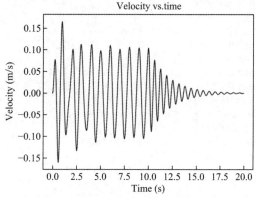

图 2.4-15　实例 1 速度时程图（Wilson -θ 法）

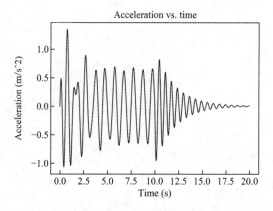

图 2.4-16　实例 1 加速度时程图（Wilson -θ 法）

### 2.4.6　SAP2000 分析

#### 2.4.6.1　建立模型

（1）添加模型

根据图 2.4-1 中的算例参数，可将算例抽象为一个单自由度体系的剪切层模型，在 SAP2000 中用 2 节点 Link 单元模拟弹簧，用质点模拟质量块。

首先设置 SAP2000 单位系统为 "N, m"，此时对应的质量单位为 kg。点击【定义】-【截面属性】-【连接/支座属性】，添加新的连接/支座属性，类型为 Linear，激活 U2 方向（默认对应整体坐标X向）自由度，指定 U2 方向刚度值为 100，如图 2.4-17 所示。

添加 2 个节点，指定上节点 U1 方向（默认对应整体坐标X向）质量为 1，指定下节点约束为嵌固，点击【绘图】-【绘制 2 节点连接】，添加上述定义的连接/支座单元，如图 2.4-18 所示。

由于本例中质点受到的是简谐荷载，因此需要为节点 2 添加一个节点荷载，大小为 1，方向为全局坐标X方向，荷载样式可采用默认的荷载样式"DEAD"，也可自定义其他荷载样式，用于后续简谐荷载时程工况的定义，如图 2.4-19 所示。

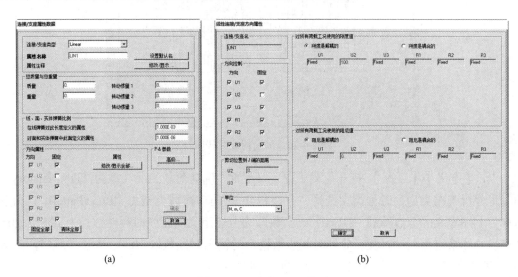

(a)　　　　　　　　　　　　　(b)

图 2.4-17　定义 Link 单元

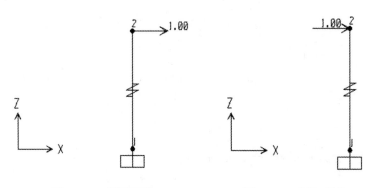

图 2.4-18　模型示意　　　　图 2.4-19　添加荷载

（2）定义分析工况。

定义时程分析工况之前，首先需要添加时程函数。点击【定义】-【函数】-【时程】，打开时程函数定义界面，选择函数类型为"Sine"，添加正弦函数。本例简谐荷载的周期是 1s，与 Python 分析参数相对应，取时间步为 0.02s，因此每个周期的时间步数为 50，则 500 分析步需有 10 个加载周期。输入参数后，"时间-值"数据一列自动更新，如图 2.4-20 所示。

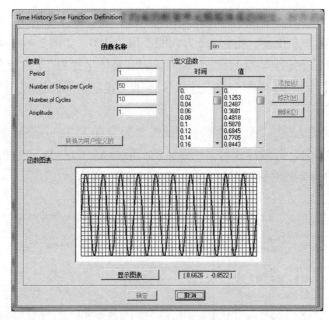

图 2.4-20　简谐荷载时程图

点击【定义】-【工况】，打开荷载工况定义界面。选择荷载工况类型为"Time History"，即时程分析工况类型，时程类型选择"直接积分"；施加荷载类型为"Load Pattern"，荷载名称为上述定义的节点荷载"DEAD"，函数即为上述定义的正弦时程函数；为了查看加载结束后的体系自由振动过程，此处时间步数据中的输出时段数取 1000，大于加载时间步数500，输出时段长度与时间步长度 0.02 相同，如图 2.4-21 所示。

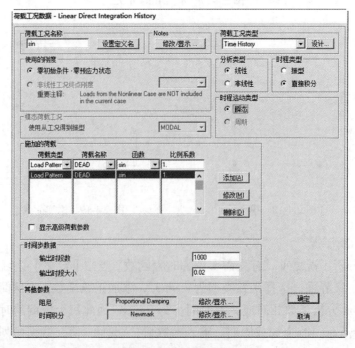

图 2.4-21　定义时程分析工况

在其他参数中的"阻尼"项中点击【修改/显示】，与 Python 对应，由于体系自振频率 $f = 1.59155s$，阻尼比 $\zeta = 0.05$，则质量比例阻尼系数为 $A_0 = 2\zeta\omega = 2 \times 0.05 \times (2\pi f) = 1$，刚度比例阻尼系数为 0。如图 2.4-22 所示。

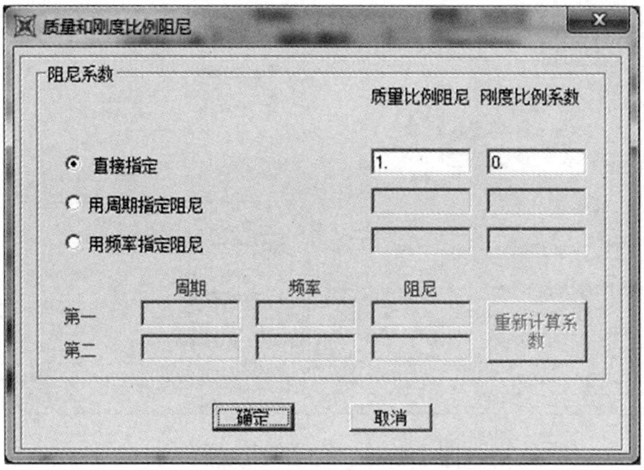

图 2.4-22　定义阻尼

在其他参数中的"时间积分"项中点击【修改/显示】，选择"Newmark"方法（即 Newmark-β 法），指定 Gamma 值为 0.5，Beta 值为 0.25，与 Python 中 Newmark-β 分析方法参数一致，如图 2.4-23 所示。

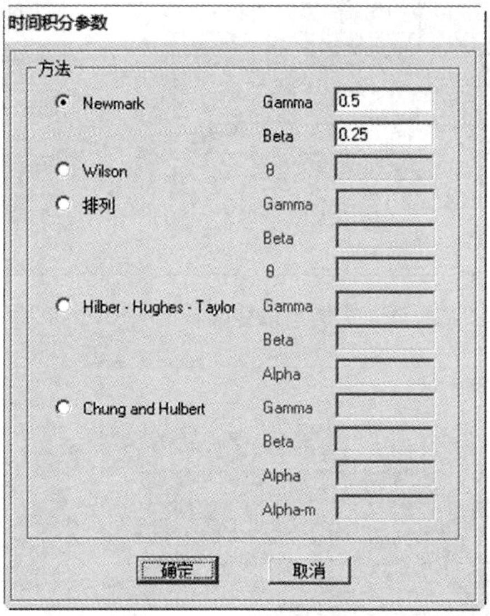

图 2.4-23　定义时间积分参数

### 2.4.6.2　计算结果

软件分析完毕后，点击菜单【显示】-【显示绘图函数】，选择所绘曲线的水平轴为 TIME（时间），竖直轴分别为节点相对位移、节点相对速度、节点绝对加速度，可以绘制相关时程曲线，定义界面如图 2.4-24 所示，时程曲线分别如图 2.4-25～图 2.4-27 所示。

图 2.4-24　定义绘图函数

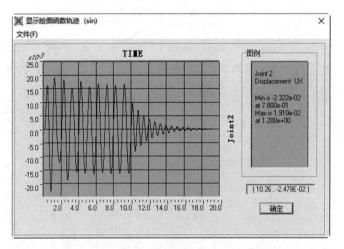

图 2.4-25　实例 1 位移时程图（SAP2000）

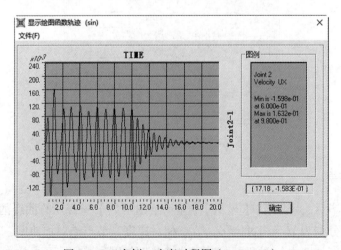

图 2.4-26　实例 1 速度时程图（SAP2000）

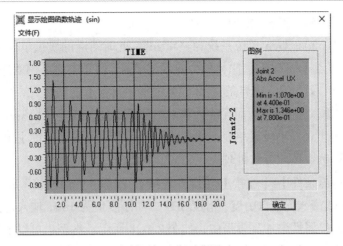

图 2.4-27　实例 1 加速度时程图（SAP2000）

表 2.4-1 是 Python 中不同分析方法得到的体系各项指标与 SAP2000 分析结果的对比，由表可以看出，几种分析方法得到的结果与 SAP2000 分析结果相差不大，其中 Newmark-β 法计算结果与 SAP2000 分析结果最为接近，因为两者采用的分析方法及其控制参数都是相同的。

实例 1 计算结果对比　　　　　　　　　　　表 2.4-1

| 计算方法 | 位移最大值（m） | 位移最小值（m） | 速度最大值（m/s） | 速度最小值（m/s） | 加速度最大值（m/s²） | 加速度最小值（m/s²） |
|---|---|---|---|---|---|---|
| SAP2000 | 0.019096 | −0.023225 | 0.163200 | −0.159800 | 1.345740 | −1.070380 |
| Duhamel 积分 | 0.018800 | −0.023200 | 0.161600 | −0.159600 | 1.337700 | −1.067700 |
| 与 SAP2000相对偏差（%） | −1.550063 | −0.107643 | −0.980392 | −0.125156 | −0.597441 | −0.250378 |
| 分段解析法 | 0.018850 | −0.023163 | 0.161752 | −0.159533 | 1.337657 | −1.067673 |
| 与 SAP2000相对偏差（%） | −1.289363 | −0.267632 | −0.887154 | −0.166851 | −0.600658 | −0.252871 |
| 中心差分法 | 0.018781 | −0.023212 | 0.161146 | −0.159483 | 1.341568 | −1.073087 |
| 与 SAP2000相对偏差（%） | −1.650316 | −0.057609 | −1.258845 | −0.198569 | −0.310030 | 0.252871 |
| Newmark-β 法 | 0.019096 | −0.023225 | 0.163219 | −0.159830 | 1.345738 | −1.070377 |
| 与 SAP2000相对偏差（%） | −0.000798 | −0.000811 | 0.011685 | 0.018485 | −0.000167 | −0.000240 |
| Wilson-θ 法 | 0.019465 | −0.023382 | 0.164810 | −0.160032 | 1.347849 | −1.068124 |
| 与 SAP2000相对偏差（%） | 1.934454 | 0.674446 | 0.986693 | 0.145142 | 0.156743 | −0.210773 |

## 2.4.7　midas Gen 分析

### 2.4.7.1　建立模型

采用 midas Gen 对上述例子进行模拟分析，在 midas Gen 中用 2 节点【弹性连接】或

【一般连接】模拟弹簧，用质点模拟质量块。

（1）首先设置 midas Gen 单位系统为"N, m"，此时对应的质量单位为 kg。点击【节点/单元】-【建立节点】，通过输入坐标的方式新建节点。由于本例采用的连接单元位于【边界】菜单下，属于广义上的"边界条件"，如果模型中只含有连接单元，则在计算的时候会提示"[错误]没有输入单元"，从而无法计算。本例的处理方式是在模型嵌固端附近新建一个节点，两点之间建立一小段梁单元，梁截面尺寸和材料可在【特性】菜单下添加定义。本书后续章节的算例也按此方法处理。

（2）点击【边界条件】-【连接】-【弹性连接】，添加"弹性连接"属性，激活 SDz 方向（默认对应整体坐标 X 向）自由度，指定 SDz 方向刚度值为 100，输入连接单元的两个节点编号，将弹性连接属性添加到模型中，如图 2.4-28 所示。本例也可以采用"一般连接"模拟，此时需要定义一般连接特性值，再添加一般连接，图 2.4-29 所示。

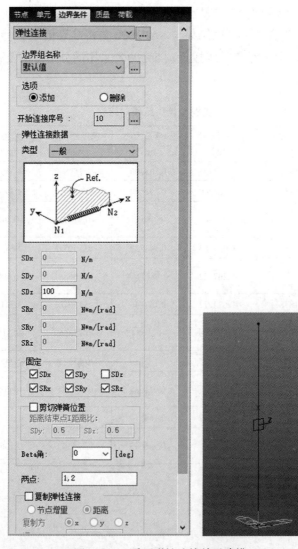

图 2.4-28　采用弹性连接单元建模

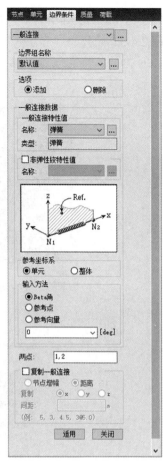

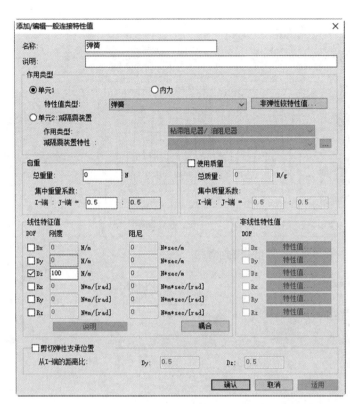

图 2.4-29 采用一般连接单元建模

（3）点击【边界】-【一般支承】，选择模型底部两个节点，约束节点所有自由度。点击【荷载】，选择荷载类型为"静力荷载"，在【结构荷载/质量】中选择"节点质量"，输入 mX 方向质量为 100N/g。在【荷载】-【静力荷载工况】中选择"静力荷载工况"，新建一个荷载工况 DL；在【结构荷载/质量】中选择"节点荷载"，选择模型顶部节点，指定荷载工况名称为上述定义的 DL，为模型节点添加单位荷载。定义好的模型如图 2.4-30 所示。

（4）定义分析工况。首先添加时程函数，点击【荷载】-【地震作用】-【时程函数】，打开时程函数定义界面，添加正弦函数。本例简谐荷载的设置与上述 SAP2000 一致，周期是 1s，时间步为 0.02s，每个周期的时间步数为 50，共 10 个加载周期，如图 2.4-31 所示。

定义荷载工况。点击【荷载】-【荷载工况】，选择分析类型为"线性"，分析方法采用"直接积分法"，分析时间为 20s，分析时间步长为 0.02s，输出时间步长为 1。在阻尼一栏中输入质

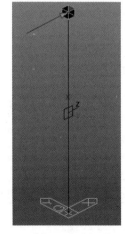

图 2.4-30 定义节点约束、质量与荷载

量因子为 1，刚度因子为 0。时间积分参数选择常加速度法（Gamma = 0.5，Beta = 0.25），如图 2.4-32 所示。

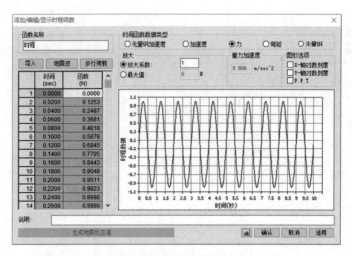

图 2.4-31　简谐荷载时程图

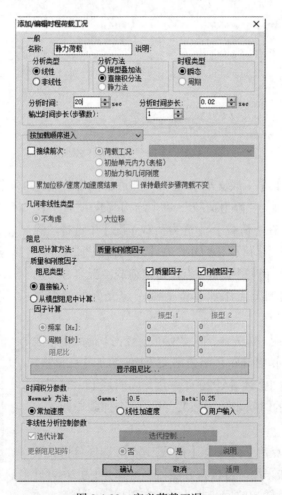

图 2.4-32　定义荷载工况

　　添加动力荷载。由于本例施加的是节点动力时程，因此需在【荷载】-【动力】下为模型质点添加动力时程，选择需要加载的质点，指定荷载工况名称和时程函数，点击适用加载完成，如图 2.4-33 所示。

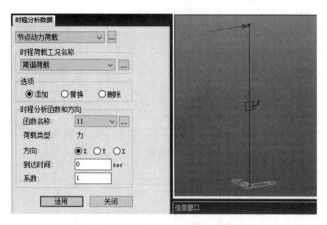

图 2.4-33　添加动力时程荷载

### 2.4.7.2　计算结果

　　软件分析完毕后，在菜单【结果】-【时程】下可查看时程结果，在【时程图表/文本】下可以自定义绘图函数，从而绘制相应的结果曲线。本例需要查看顶点的相对位移、相对速度和绝对加速度，定义界面如图 2.4-34 所示，相应的时程曲线分别如图 2.4-35～图 2.4-37 所示。

图 2.4-34　定义绘图函数

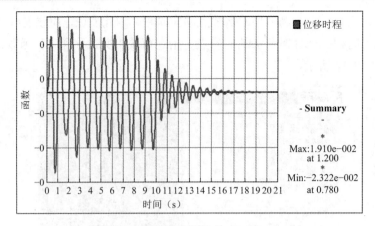

图 2.4-35    位移时程图（midas Gen）

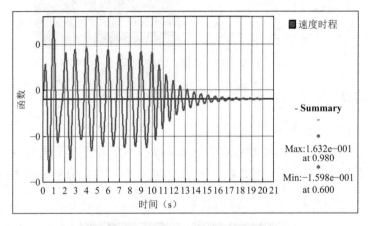

图 2.4-36    速度时程图（midas Gen）

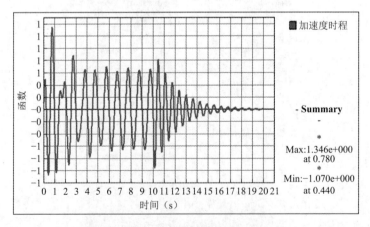

图 2.4-37    加速度时程图（midas Gen）

表 2.4-2 是 Python 中不同分析方法得到的体系各项指标与 midas Gen 分析结果的对比，由表可以看出，几种分析方法得到的结果与 midas Gen 分析结果相差不大，其中 Newmark-β 法计算结果与 midas Gen 分析结果最为接近，因为两者采用的分析方法及其控制参数都是相同的。

实例 1 计算结果对比　　　　　　　　　　表 2.4-2

| 计算方法 | 位移最大值（m） | 位移最小值（m） | 速度最大值（m/s） | 速度最小值（m/s） | 加速度最大值（m/s²） | 加速度最小值（m/s²） |
|---|---|---|---|---|---|---|
| midas Gen | 0.019100 | −0.023220 | 0.163200 | −0.159800 | 1.346000 | −1.070000 |
| Duhamel 积分 | 0.018800 | −0.023200 | 0.161600 | −0.159600 | 1.337700 | −1.067700 |
| 与 midas Gen 相对偏差（%） | −1.570681 | −0.086133 | −0.980392 | −0.125156 | −0.616642 | −0.214953 |
| 分段解析法 | 0.018850 | −0.023163 | 0.161752 | −0.159533 | 1.337657 | −1.067673 |
| 与 midas Gen 相对偏差（%） | −1.310035 | −0.246156 | −0.887154 | −0.166851 | −0.619859 | −0.217447 |
| 中心差分法 | 0.018781 | −0.023212 | 0.161146 | −0.159483 | 1.341568 | −1.073087 |
| 与 midas Gen 相对偏差（%） | −1.670913 | −0.036088 | −1.258845 | −0.198569 | −0.329287 | 0.288475 |
| Newmark-β 法 | 0.019096 | −0.023225 | 0.163219 | −0.159830 | 1.345738 | −1.070377 |
| 与 midas Gen 相对偏差（%） | −0.021740 | 0.020722 | 0.011685 | 0.018485 | −0.019484 | 0.035274 |
| Wilson-θ 法 | 0.019465 | −0.023382 | 0.164810 | −0.160032 | 1.347849 | −1.068124 |
| 与 midas Gen 相对偏差（%） | 1.913107 | 0.696124 | 0.986693 | 0.145142 | 0.137396 | −0.175334 |

## 2.5　实例 2：地震作用下单自由度体系动力时程分析

本节实例模型与实例 1 相同，但外荷载形式不同，本节实例考虑承受地面加速度$\ddot{u}_g(t)$激励，分别采用分段解析法、中心差分法、Newmark-β 法、Wilson-θ 法求解体系的动力反应$u(t)$、$\dot{u}(t)$、$\ddot{u}(t)$，并将结果与 SAP2000、midas Gen 计算结果进行对比。地震加速度激励$\ddot{u}_g(t)$时程曲线如图 2.5-1 所示。

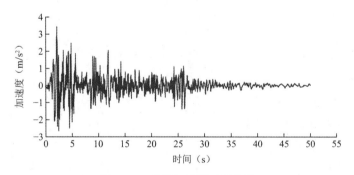

图 2.5-1　地震加速度时程曲线

## 2.5.1　Duhamel 积分

### 2.5.1.1　Python 编程

```
# ----------------------------------
# File: SDOF_Duhamel_E.py
```

```python
# Program: SDOF_Duhamel_E
# Website: www.jdcui.com
# Author: cuijidong, xieyiyuan
# Date: 20230703
# 单自由度结构 地震动力时程分析(Duhamel 积分)
# -------------------------------
# 导入库

import math
import matplotlib.pyplot as plt
from GMDataProcess import ReadGroundMotion

# --------主程序------------
# 结构参数
# m:质量;k:刚度;ζ:阻尼比
m = 1
k = 100
ζ = 0.05
# 无阻尼结构圆频率
wn = (k / m) ** 0.5
# 有阻尼结构圆频率
wD = wn * (1 - ζ ** 2) ** 0.5
# 读取地震波加速度时程
timelist1 = []
acclist = []
ReadGroundMotion('elcentro.csv', timelist1, acclist,1.0)
# 计算时间间隔
dt = timelist1[1] - timelist1[0]
# print(dt)
# 绘制加速度时程
plt.plot(timelist1, acclist)
plt.xlabel('Time (s)')
plt.ylabel('Ground Accleration (m/s^2)')
plt.show()
# 积分步数
step2 = len(acclist) + 100
# 等效荷载列表
forcelist2 = []
timelist2 = []
ulist = []
# 遍历荷载步进行,计算位移时程
for i in range(step2):
    t = i * dt
    timelist2.append(t)
    if i < len(acclist):
        forcelist2.append(-m * acclist[i])  # 等效荷载
    else:
        forcelist2.append(0.0)
    # 计算定积分,采用梯形法
    tempsum = 0.0
    for j in range(i + 1):
        tao = j * dt
        if j == 0 or j == i:
            tempsum += 0.5 * forcelist2[j] * math.exp(-ζ * wn * (t - tao)) * math.sin(wD * (t - tao))
        else:
            tempsum += forcelist2[j] * math.exp(-ζ * wn * (t - tao)) * math.sin(wD * (t - tao))
    ulist.append(tempsum * dt / m / wD)
# 求解速度时程
```

```
vlist = []

# 位移差除以 dt 计算
for i in range(len(timelist2)):
    if i == 0:
        # 初始时速度是已知的，对于本例为 0
        vlist.append(0)
    else:
        vlist.append((ulist[i] - ulist[i - 1]) / dt)
# 求解加速度时程和绝对加速度
alist = []
aalist = []
for i in range(len(timelist2)):
    u = ulist[i]
    v = vlist[i]
    p = forcelist2[i]
    # ma+cv+ku=p
    # ma+2*m*ζ*wn*v+ku=p
    a = (p - k * u - 2 * m * ζ * wn * v) / m
    alist.append(a)
    if i < len(acclist):
        aalist.append(a + acclist[i])
    else:
        aalist.append(a)

# 求解响应极值
umax = max(ulist)
umin = min(ulist)
vmax = max(vlist)
vmin = min(vlist)
amax = max(alist)
amin = min(alist)
aamax = max(aalist)
aamin = min(aalist)
# 输出响应极值
print('位移极值')
print('max: ' + str(umax) + '; min: ' + str(umin))
print('速度极值')
print('max: ' + str(vmax) + '; min: ' + str(vmin))
print('加速度极值')
print('max: ' + str(amax) + '; min: ' + str(amin))
print('绝对加速度极值')
print('max: ' + str(aamax) + '; min: ' + str(aamin))
# 绘制图形
# 等效力时程
# plt.figure('Force')
# plt.plot(timelist2, forcelist2)
# plt.xlabel('Time (s)')
# plt.ylabel('Force (N)')
# plt.show()
# 绘制位移
plt.figure('Displacement')
plt.plot(timelist2, ulist)
plt.xlabel('Time (s)')
plt.ylabel('Displacement (m)')
plt.title('Displacement vs. time')
plt.tight_layout()
# plt.show()
# 绘制速度
```

```
plt.figure('Velocity')
plt.plot(timelist2, vlist)
plt.xlabel('Time (s)')
plt.ylabel('Velocity (m/s)')
plt.title('Velocity vs. time')
plt.tight_layout()
# plt.show()
# 绘制加速度
plt.figure('Acceleration')
plt.plot(timelist2, alist)
plt.xlabel('Time (s)')
plt.ylabel('Acceleration (m/s^2)')
plt.title('Acceleration vs. time')
plt.tight_layout()
# plt.show()
# 绘制绝对加速度
plt.figure('Absolute acceleration')
plt.plot(timelist2, aalist)
plt.xlabel('Time (s)')
plt.ylabel('Absolute Acceleration (m/s^2)')
plt.title('Absolute Acceleration vs. time')
plt.tight_layout()
plt.show()
```

其中，程序中使用了 GMDataProcess 库的 ReadGroundMotion 函数，读取逗号分隔的地震波加速度时程。GMDataProcess 库的代码详见附录。

### 2.5.1.2 程序运行结果

程序运行输出以下结果（图 2.5-2～图 2.5-5）：

```
位移极值
max: 0.06859155778104656; min: -0.07743260367950525
速度极值
max: 0.7122590783214641; min: -0.6713196049291601
加速度极值
max: 10.129043335664528; min: -7.234487659897885
绝对加速度极值
max: 7.930247513271504; min: -6.997487659897885
```

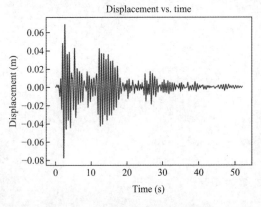

图 2.5-2  实例 2 相对位移时程图
（Duhamel 积分）

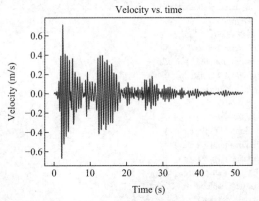

图 2.5-3  实例 2 相对速度时程图
（Duhamel 积分）

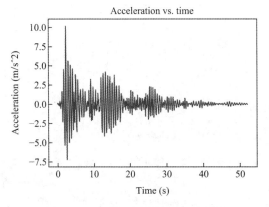

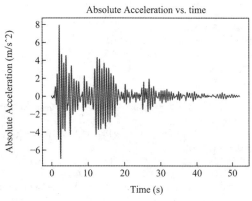

图 2.5-4 实例 2 相对加速度时程图　　　图 2.5-5 实例 2 绝对加速度时程图
（Duhamel 积分）　　　　　　　　（Duhamel 积分）

## 2.5.2 分段解析法

### 2.5.2.1 Python 编程

```
# --------------------------------
# File: SDOF_TIME_STEPPING_E.py
# Program: SDOF_TIME_STEPPING_E
# Website: www.jdcui.com
# Author: cuijidong, xieyiyuan
# Date: 20230628
# 单自由度结构 地震动力时程分析(分段解析法)
# --------------------------------
# 导入库
import math
import matplotlib.pyplot as plt
from GMDataProcess import ReadGroundMotion
from NDOFCommonFun import gen_Effectiveforce


# --------主程序------------
# 结构参数
# m:质量;k:刚度;ζ:阻尼比
m = 1
k = 100
ζ = 0.05
# 无阻尼结构圆频率
wn = (k / m) ** 0.5
# 有阻尼结构圆频率
wD = wn * (1 - ζ ** 2) ** 0.5

# 读取地震波加速度时程
timelist1 = []
acclist = []
ReadGroundMotion('elcentro.csv', timelist1, acclist, 1.0)
# 计算时间间隔
dt = timelist1[1] - timelist1[0]
# print(dt)
# 绘制加速度时程
plt.figure('Ground Motion')
```

```python
plt.plot(timelist1, acclist)
plt.xlabel('Time (s)')
plt.ylabel('Ground Accleration (m/s^2)')
plt.show()
# 计算积分常数
wDdt = wD * dt
e = math.exp(-ζ * wn * dt)
A = e * ((ζ / ((1 - ζ ** 2) ** 0.5)) * math.sin(wDdt) + math.cos(wDdt))
B = e * math.sin(wDdt) / wD
C = 1 / k * ((2 * ζ / (wn * dt)) + e * (((1 - 2 * ζ ** 2) / (wD * dt) - ζ / (1 - ζ ** 2) ** 0.5) * math.sin(wD * dt) - (1 + 2 * ζ / (wn * dt)) * math.cos(wD * dt)))
D = 1 / k * (1 - 2 * ζ / (wn * dt) + e * ((2 * ζ ** 2 - 1) / (wD * dt) * math.sin(wD * dt) + 2 * ζ / (wn * dt) * math.cos(wD * dt)))
A1 = -e * (wn / ((1 - ζ ** 2) ** 0.5) * math.sin(wDdt))
B1 = e * (math.cos(wDdt) - ζ / ((1 - ζ ** 2) ** 0.5) * math.sin(wDdt))
C1 = 1 / k * (-1 / dt + e * ((wn / ((1 - ζ ** 2) ** 0.5) + ζ / (dt * (1 - ζ ** 2) ** 0.5)) * math.sin(wD * dt) + 1 / dt * math.cos(wD * dt)))
D1 = 1 / (k * dt) * (1 - e * ((ζ / (1 - ζ ** 2) ** 0.5) * math.sin(wD * dt) + math.cos(wD * dt)))

# 积分步数
step2 = len(acclist) + 100
# 等效荷载列表
forcelist2 = []
timelist2 = []
# 获得等效力时程
gen_Effectiveforce(m, acclist, forcelist2, step2)
# 定义数据存储变量
ulist = []  # 定义位移
vlist = []  # 定义速度
alist = []  # 定义加速度
aalist = []  # 定义绝对加速度
# 初始时刻
timelist2.append(0.0)
# 设置初始位移和初始速度
ulist.append(0.0)
vlist.append(0.0)
# 根据过平衡方程，反算初始加速度
# ma+cv+ku=p
# ma+2*m*ζ*wn*v+ku=p
a0 = (forcelist2[0] - 2.0 * ζ * wn * vlist[0] - k * ulist[0]) / m
alist.append(a0)
aalist.append(a0 + acclist[0])  # 绝对加速度

# print(a[0])
# 遍历荷载步，逐步递推求解结构响应
for i in range(1, len(forcelist2)):
    t = i * dt
    timelist2.append(t)
    ui = A * ulist[i - 1] + B * vlist[i - 1] + C * forcelist2[i - 1] + D * forcelist2[i]
    vi = A1 * ulist[i - 1] + B1 * vlist[i - 1] + C1 * forcelist2[i - 1] + D1 * forcelist2[i]
    ulist.append(ui)
    vlist.append(vi)
    # 根据过平衡方程，反算初始加速度
    ai = (forcelist2[i] - 2.0 * ζ * wn * vlist[i] - k * ulist[i]) / m
    alist.append(ai)
    # 计算绝对加速度
    if i < len(acclist):
        aalist.append(ai + acclist[i])
    else:
        aalist.append(ai)

# 求解响应极值
umax = max(ulist)
```

```
umin = min(ulist)
vmax = max(vlist)
vmin = min(vlist)
amax = max(alist)
amin = min(alist)
aamax = max(aalist)
aamin = min(aalist)
# 输出响应极值
print('位移极值')
print('max: ' + str(umax) + '; min: ' + str(umin))
print('速度极值')
print('max: ' + str(vmax) + '; min: ' + str(vmin))
print('加速度极值')
print('max: ' + str(amax) + '; min: ' + str(amin))
print('绝对加速度极值')
print('max: ' + str(aamax) + '; min: ' + str(aamin))
# 绘制图形
# 等效力时程
# plt.figure('Force')
# plt.plot(timelist2, forcelist2)
# plt.xlabel('Time (s)')
# plt.ylabel('Force (N)')
# plt.show()
# 绘制位移
plt.figure('Displacement')
plt.plot(timelist2, ulist)
plt.xlabel('Time (s)')
plt.ylabel('Displacement (m)')
plt.title('Displacement vs. time')
plt.tight_layout()
# plt.show()
# 绘制速度
plt.figure('Velocity')
plt.plot(timelist2, vlist)
plt.xlabel('Time (s)')
plt.ylabel('Velocity (m/s)')
plt.title('Velocity vs. time')
plt.tight_layout()
# plt.show()
# 绘制加速度
plt.figure('Acceleration')
plt.plot(timelist2, alist)
plt.xlabel('Time (s)')
plt.ylabel('Acceleration (m/s^2)')
plt.title('Acceleration vs. time')
plt.tight_layout()
# plt.show()
# 绘制绝对加速度
plt.figure('Absolute acceleration')
plt.plot(timelist2, aalist)
plt.xlabel('Time (s)')
plt.ylabel('Absolute Acceleration (m/s^2)')
plt.title('Absolute Acceleration vs. time')
plt.tight_layout()
plt.show()
```

其中，程序中使用了 GMDataProcess 库的 ReadGroundMotion 函数读取逗号分隔的地震波加速度时程，使用了 NDOFCommonFun 库的 gen_Effectiveforce 函数生成等效荷载，GMDataProcess 库和 NDOFCommonFun 库的代码详见附录。

### 2.5.2.2　程序运行结果

程序运行输出以下结果（图 2.5-6～图 2.5-9）：

```
位移极值
max: 0.06834522771097729; min: -0.07706264221863603
速度极值
max: 0.7137067004226773; min: -0.6718572776219451
加速度极值
max: 9.9885056517491; min: -7.138455092463642
绝对加速度极值
max: 7.798856599787334; min: -6.9014550924636415
```

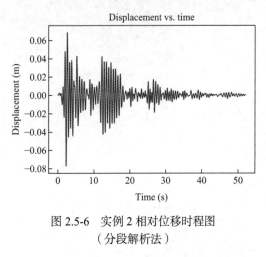

图 2.5-6　实例 2 相对位移时程图
（分段解析法）

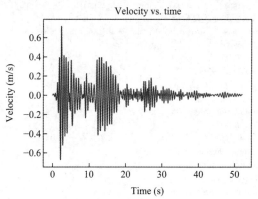

图 2.5-7　实例 2 相对速度时程图
（分段解析法）

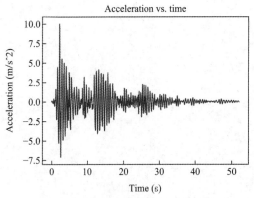

图 2.5-8　实例 2 相对加速度时程图
（分段解析法）

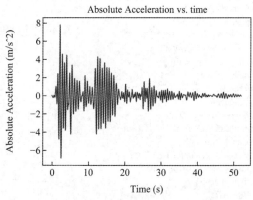

图 2.5-9　实例 2 绝对加速度时程图
（分段解析法）

## 2.5.3　中心差分法

### 2.5.3.1　Python 编程

```
# ---------------------------------
# File: SDOF_CENTRAL_DIFFERENCE_E.py
# Program: SDOF_CENTRAL_DIFFERENCE_E
# Website: www.jdcui.com
# Author: cuijidong, xieyiyuan
```

```
# Date: 20230628
# 单自由度结构 地震动力时程分析(中心差分法)
# ---------------------------------

import matplotlib.pyplot as plt
from GMDataProcess import ReadGroundMotion
from NDOFCommonFun import gen_Effectiveforce


# --------主程序------------
# 结构参数
# m:质量;k:刚度;ζ:阻尼比
m = 1
k = 100
ζ = 0.05
# 求解结构自振频率与阻尼系数
wn = (k / m) ** 0.5
c = 2 * ζ * m * wn

# 读取地震波加速度时程序
timelist1 = []
acclist = []
ReadGroundMotion('elcentro.csv', timelist1, acclist, 1.0)
# 计算时间间隔
dt = timelist1[1] - timelist1[0]
# 绘制加速度时程
plt.figure('Ground Motion')
plt.plot(timelist1, acclist)
plt.xlabel('Time (s)')
plt.ylabel('Ground Accleration (m/s^2)')
plt.show()
# 稳定判断
if dt >= 2.0/wn:
    print('时间间隔过大，算法不稳定')

# 计算积分常数
kk = m / (dt ** 2) + c / (2 * dt)
aa = k - 2 * m / (dt ** 2)
bb = m / (dt ** 2) - c / (2 * dt)

# 积分步数
step2 = len(acclist) + 100
# 等效荷载列表
forcelist2 = []
timelist2 = []
# 获得等效力时程
gen_Effectiveforce(m, acclist, forcelist2, step2)

# 定义数据存储变量
ulist = []  # 位移
vlist = []  # 速度
alist = []  # 加速度
aalist = []  # 定义绝对加速度

# 初始运动条件
u0 = 0  # 初始位移
v0 = 0  # 初始速度
# 求解结构反应（中心差分法是两步法，前两步都在循环外面求）
# 第0步
timelist2.append(0)
ulist.append(u0)
```

```
vlist.append(v0)
# 初始加速度
a0 = (forcelist2[0] - 2.0 * ζ * wn * vlist[0] - k * ulist[0]) / m
alist.append(a0)
aalist.append(a0 + acclist[0])  # 绝对加速度
# -1 步的位移结果
u_1 = ulist[0] - vlist[0] * dt + 0.5 * alist[0] * dt ** 2
# 第 1 步
timelist2.append(dt)
pp = forcelist2[0] - aa * ulist[0] - bb * u_1
# 等效外力/等效刚度
u1 = pp / kk
ulist.append(u1)
# 遍历荷载步，逐步递推求解结构响应，从第 2 步开始循环
for j in range(2, len(forcelist2)):
    timelist2.append(j * dt)
    pp = forcelist2[j-1] - aa * ulist[j-1] - bb * ulist[j-2]
    ulist.append(pp / kk)
    # j-1 时刻的速度、加速度与绝对加速度
    vlist.append((ulist[j] - ulist[j - 2]) / (2 * dt))
    atemp = (ulist[j] - 2 * ulist[j - 1] + ulist[j - 2]) / (dt ** 2)
    alist.append(atemp)
    # 计算绝对加速度
    if (j) < len(acclist):
        aalist.append(atemp + acclist[j-1])
    else:
        aalist.append(atemp)


# 求解响应极值
umax = max(ulist)
umin = min(ulist)
vmax = max(vlist)
vmin = min(vlist)
amax = max(alist)
amin = min(alist)
aamax = max(aalist)
aamin = min(aalist)
# 输出响应极值
print('位移极值')
print('max: ' + str(umax) + '; min: ' + str(umin))
print('速度极值')
print('max: ' + str(vmax) + '; min: ' + str(vmin))
print('加速度极值')
print('max: ' + str(amax) + '; min: ' + str(amin))
print('绝对加速度极值')
print('max: ' + str(aamax) + '; min: ' + str(aamin))
# 绘制图形
# 等效力时程
# plt.figure('Force')
# plt.plot(timelist2, forcelist2)
# plt.xlabel('Time (s)')
# plt.ylabel('Force (N)')
# plt.show()
# 绘制位移
plt.figure('Displacement')
plt.plot(timelist2, ulist)
plt.xlabel('Time (s)')
plt.ylabel('Displacement (m)')
plt.title('Displacement vs. time')
plt.tight_layout()
# plt.show()
```

```
# 绘制速度
plt.figure('Velocity')
plt.plot(timelist2[0:len(vlist)], vlist)
plt.xlabel('Time (s)')
plt.ylabel('Velocity (m/s)')
plt.title('Velocity vs. time')
plt.tight_layout()
# plt.show()
# 绘制加速度
plt.figure('Acceleration')
plt.plot(timelist2[0:len(alist)], alist)
plt.xlabel('Time (s)')
plt.ylabel('Acceleration (m/s^2)')
plt.title('Acceleration vs. time')
plt.tight_layout()
# plt.show()
# 绘制绝对加速度
plt.figure('Absolute acceleration')
plt.plot(timelist2[0:len(aalist)], aalist)
plt.xlabel('Time (s)')
plt.ylabel('Absolute Acceleration (m/s^2)')
plt.title('Absolute Acceleration vs. time')
plt.tight_layout()
plt.show()
```

其中，程序中使用了 GMDataProcess 库的 ReadGroundMotion 函数读取逗号分隔的地震波加速度时程，使用了 NDOFCommonFun 库的 gen_Effectiveforce 函数生成等效荷载，GMDataProcess 库和 NDOFCommonFun 库的代码详见附录。

#### 2.5.3.2　程序运行结果

程序运行显示以下结果（图 2.5-10～图 2.5-13）：

```
位移极值
max: 0.0690915940814657; min: -0.07801553954244124
速度极值
max: 0.7187392367876067; min: -0.6734541729456376
加速度极值
max: 10.09168447974433; min: -7.2058668662559535
绝对加速度极值
max: 7.890039874793422; min: -6.968866866255953
```

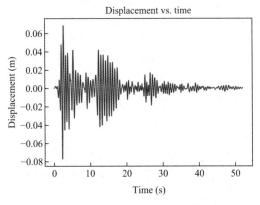

图 2.5-10　实例 2 相对位移时程图
（中心差分法）

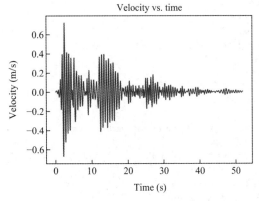

图 2.5-11　实例 2 相对速度时程图
（中心差分法）

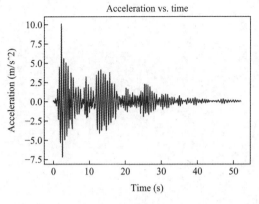

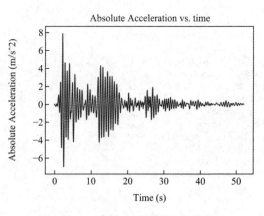

图 2.5-12　实例 2 相对加速度时程图　　　图 2.5-13　实例 2 绝对加速度时程图
（中心差分法）　　　　　　　　（中心差分法）

## 2.5.4　Newmark-β 法

### 2.5.4.1　Python 编程

```
# --------------------------------
# File: SDOF_Newmark.py
# Program: SDOF_Newmark
# Website: www.jdcui.com
# Author: cuijidong, xieyiyuan
# Date: 20230704
# 单自由度结构 地震动力时程分析(Newmark- β 法)
# --------------------------------

import matplotlib.pyplot as plt
from GMDataProcess import ReadGroundMotion
from NDOFCommonFun import gen_Effectiveforce


# --------主程序------------
# 程序主函数
# 结构参数
# m:质量;k:刚度;ζ:阻尼比
m = 1
k = 100
ζ = 0.05
# 求解结构自振频率与阻尼系数
wn = (k / m) ** 0.5
c = 2 * ζ * m * wn
# 读取地震波加速度时程
timelist1 = []
acclist = []
ReadGroundMotion('elcentro.csv', timelist1, acclist, 1.0)
# 计算时间间隔
dt = timelist1[1] - timelist1[0]
# 绘制加速度时程
plt.figure('Ground Motion')
plt.plot(timelist1, acclist)
plt.xlabel('Time (s)')
plt.ylabel('Ground Accleration (m/s^2)')
```

```
plt.show()

# 积分常数
gama = 0.5
beta = 0.25
a0 = 1.0 / (beta * dt ** 2)
a1 = gama / (beta * dt)
a2 = 1 / (beta * dt)
a3 = 1 / (2 * beta) - 1
a4 = gama / beta - 1
a5 = dt / 2 * (gama / beta - 2)
a6 = dt * (1 - gama)
a7 = gama * dt
kk = k + a0 * m + a1 * c
# print(a0, a1, a2, a3, a4, a5, a6, a7, kk)

# 积分步数
step2 = len(acclist) + 100
# 等效荷载列表
forcelist2 = []
timelist2 = []
# 获得等效力时程
gen_Effectiveforce(m, acclist, forcelist2, step2)

# 定义数据存储变量
ulist = []  # 位移
vlist = []  # 速度
alist = []  # 加速度
aalist = []  # 定义绝对加速度
# 初始运动条件
u0 = 0  # 初始位移
v0 = 0  # 初始速度
# 第 0 步
timelist2.append(0)
ulist.append(u0)
vlist.append(v0)
# 初始加速度
a00 = (forcelist2[0] - c * vlist[0] - k * ulist[0]) / m
alist.append(a00)
aalist.append(a00+acclist[0])
# 遍历荷载步，逐步递推求解结构响应
for i in range(1, len(forcelist2)):
    t = i * dt
    timelist2.append(t)
    # 计算等效荷载
    PPi = forcelist2[i] + m * (a0 * ulist[i - 1] + a2 * vlist[i - 1] + a3 * alist[i - 1]) + c * (a1 * ulist[i - 1] + a4 * vlist[i - 1] + a5 * alist[i - 1])
    ui = PPi / kk
    ulist.append(ui)
    # 加速度
    aai = a0 * (ulist[i] - ulist[i - 1]) - a2 * vlist[i - 1] - a3 * alist[i - 1]
    alist.append(aai)
    # 速度
    vi = vlist[i - 1] + a6 * alist[i - 1] + a7 * alist[i]
    vlist.append(vi)
    # 绝对加速度
    if i < len(acclist):
        aalist.append(aai + acclist[i])
    else:
        aalist.append(aai)
# 求解响应极值
umax = max(ulist)
```

```python
umin = min(ulist)
vmax = max(vlist)
vmin = min(vlist)
amax = max(alist)
amin = min(alist)
aamax = max(aalist)
aamin = min(aalist)
# 输出响应极值
print('位移极值')
print('max: ' + str(umax) + '; min: ' + str(umin))
print('速度极值')
print('max: ' + str(vmax) + '; min: ' + str(vmin))
print('加速度极值')
print('max: ' + str(amax) + '; min: ' + str(amin))
print('绝对加速度极值')
print('max: ' + str(aamax) + '; min: ' + str(aamin))
# 绘制图形
# 等效力时程
# plt.figure('Force')
# plt.plot(timelist2, forcelist2)
# plt.xlabel('Time (s)')
# plt.ylabel('Force (N)')
# plt.show()
# 绘制位移
plt.figure('Displacement')
plt.plot(timelist2, ulist)
plt.xlabel('Time (s)')
plt.ylabel('Displacement (m)')
plt.title('Displacement vs. time')
plt.tight_layout()
# plt.show()
# 绘制速度
plt.figure('Velocity')
plt.plot(timelist2, vlist)
plt.xlabel('Time (s)')
plt.ylabel('Velocity (m/s)')
plt.title('Velocity vs. time')
plt.tight_layout()
# plt.show()
# 绘制加速度
plt.figure('Acceleration')
plt.plot(timelist2, alist)
plt.xlabel('Time (s)')
plt.ylabel('Acceleration (m/s^2)')
plt.title('Acceleration vs. time')
plt.tight_layout()
# plt.show()
# 绘制绝对加速度
plt.figure('Absolute acceleration')
plt.plot(timelist2, aalist)
plt.xlabel('Time (s)')
plt.ylabel('Absolute Acceleration (m/s^2)')
plt.title('Absolute Acceleration vs. time')
plt.tight_layout()
plt.show()
```

其中，程序中使用了 GMDataProcess 库的 ReadGroundMotion 函数读取逗号分隔的地震波加速度时程，使用了 NDOFCommonFun 库的 gen_Effectiveforce 函数生成等效荷载，GMDataProcess 库和 NDOFCommonFun 库的代码详见附录。

### 2.5.4.2　程序运行结果

程序运行输出以下结果（图 2.5-14～图 2.5-17）：

```
位移极值
max: 0.06810081772910351; min: -0.07641389613692935
速度极值
max: 0.7053916358508084; min: -0.6698917332616614
加速度极值
max: 9.895786427005385; min: -7.096865894569708
绝对加速度极值
max: 7.727107079646273; min: -6.859865894569708
```

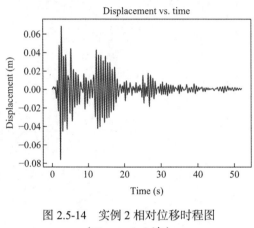

图 2.5-14　实例 2 相对位移时程图
（Newmark-β 法）

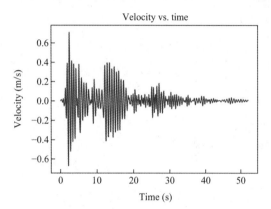

图 2.5-15　实例 2 相对速度时程图
（Newmark-β 法）

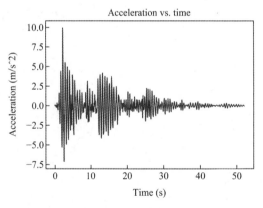

图 2.5-16　实例 2 相对加速度时程图
（Newmark-β 法）

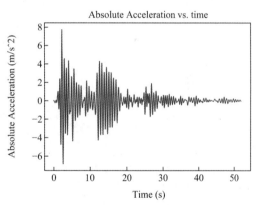

图 2.5-17　实例 2 绝对加速度时程图
（Newmark-β 法）

## 2.5.5　Wilson-θ 法

### 2.5.5.1　Python 编程

```
# ---------------------------------
# File: SDOF_Wilson_E.py
# Program: SDOF_Wilson_E
# Website: www.jdcui.com
# Author: cuijidong, xieyiyuan
```

```python
# Date: 20230702
# 单自由度结构 地震动力时程分析(Wilson-θ 法)
# ----------------------------------

import matplotlib.pyplot as plt
from GMDataProcess import ReadGroundMotion
from NDOFCommonFun import gen_AccList


# -------- 主程序------------
# 结构参数
# m:质量;k:刚度;ζ:阻尼比
m = 1
k = 100
ζ = 0.05
# 求解结构自振频率与阻尼系数
wn = (k / m) ** 0.5
c = 2 * ζ * m * wn

# 读取地震波加速度时程
timelist1 = []
acclist = []
ReadGroundMotion('elcentro.csv', timelist1, acclist, 1.0)
# 计算时间间隔
dt = timelist1[1] - timelist1[0]
# print(dt)
# 绘制加速度时程
plt.figure('Ground Motion')
plt.plot(timelist1, acclist)
plt.xlabel('Time (s)')
plt.ylabel('Ground Accleration (m/s^2)')
plt.show()

# 设置 θ 值
sita = 1.42
# 计算等效刚度
kk = k + 6 * m / (sita * dt) ** 2 + 3 * c / (sita * dt)
# print(kk)

# 积分步数
step2 = len(acclist)+100
acclist2 = []
timelist2 = []
# 获得实际加载加速度列表
gen_AccList(acclist, acclist2, step2)

# 求解
# 定义数据存储变量
ulist = []  # 位移
vlist = []  # 速度
alist = []  # 加速度
aalist = []  # 定义绝对加速度
# 初始运动条件
u0 = 0  # 初始位移
v0 = 0  # 初始速度
# 第0 步
timelist2.append(0)
ulist.append(u0)
```

```
vlist.append(v0)
# 初始加速度
a0 = (-m*acclist2[0] - c * vlist[0] - k * ulist[0]) / m
alist.append(a0)
aalist.append(a0+acclist2[0])

# 遍历荷载步，逐步递推求解结构响应
for i in range(1, len(acclist2)):
    t = i * dt
    timelist2.append(t)
    # 计算t+θdt 时刻的等效荷载

    PPi = -m*acclist2[i - 1] + sita * (-m)*(acclist2[i] - acclist2[i - 1]) + m * (6.0 * ulist[i - 1] / (sita * dt) ** 2 + 6 * vlist[i - 1] / (sita * dt)
+ 2 * alist[i - 1]) + c * (3.0 * ulist[i - 1] / (sita * dt) + 2 * vlist[i - 1] + sita * dt * alist[i - 1] / 2)
    # 计算t+θdt 时刻的位移
    uui = PPi / kk
    # 计算t 时刻的加速度
    ai = 6 / (sita ** 3 * dt ** 2) * (uui - ulist[i - 1]) - 6 / (sita ** 2 * dt) * vlist[i - 1] + (1 - 3 / sita) * alist[i - 1]
    alist.append(ai)
    # 计算绝对加速度
    aalist.append(ai + acclist2[i])
    # 计算速度与位移
    vi = vlist[i - 1] + 0.5 * dt * (alist[i] + alist[i - 1])
    vlist.append(vi)
    ui = ulist[i - 1] + dt * vlist[i - 1] + dt ** 2 / 6 * (alist[i] + 2 * alist[i - 1])
    ulist.append(ui)
# 求解响应极值
umax = max(ulist)
umin = min(ulist)
vmax = max(vlist)
vmin = min(vlist)
amax = max(alist)
amin = min(alist)
aamax = max(aalist)
aamin = min(aalist)
# 输出响应极值
print('位移极值')
print('max: ' + str(umax) + '; min: ' + str(umin))
print('速度极值')
print('max: ' + str(vmax) + '; min: ' + str(vmin))
print('加速度极值')
print('max: ' + str(amax) + '; min: ' + str(amin))
print('绝对加速度极值')
print('max: ' + str(aamax) + '; min: ' + str(aamin))
# 绘制图形
# 实际加载的加速度时程
#plt.figure('Force')
#plt.plot(timelist2, acclist2)
#plt.xlabel('Time (s)')
#plt.ylabel('Force (N)')
#plt.show()
# 绘制位移
plt.figure('Displacement')
plt.plot(timelist2, ulist)
plt.xlabel('Time (s)')
plt.ylabel('Displacement (m)')
plt.title('Displacement vs. time')
plt.tight_layout()
#plt.show()
# 绘制速度
plt.figure('Velocity')
```

```
plt.plot(timelist2, vlist)
plt.xlabel('Time (s)')
plt.ylabel('Velocity (m/s)')
plt.title('Velocity vs. time')
plt.tight_layout()
# plt.show()
# 绘制加速度
plt.figure('Acceleration')
plt.plot(timelist2, alist)
plt.xlabel('Time (s)')
plt.ylabel('Acceleration (m/s^2)')
plt.title('Acceleration vs. time')
plt.tight_layout()
# plt.show()
# 绘制绝对加速度
plt.figure('Absolute acceleration')
plt.plot(timelist2, aalist)
plt.xlabel('Time (s)')
plt.ylabel('Absolute Acceleration (m/s^2)')
plt.title('Absolute Acceleration vs. time')
plt.tight_layout()
plt.show()
```

其中，程序中使用了 GMDataProcess 库的 ReadGroundMotion 函数读取逗号分隔的地震波加速度时程，使用了 NDOFCommonFun 库的 gen_AccList 生成扩充加速度时程，GMDataProcess 库和 NDOFCommonFun 库的代码详见附录。

### 2.5.5.2 程序运行结果

程序运行输出以下结果（图 2.5-18～图 2.5-21）：

```
位移极值
max: 0.06805811127793278; min: -0.07622261328810043
速度极值
max: 0.6934415984549713; min: -0.6662833829554232
加速度极值
max: 9.730433322659215; min: -6.994049956658728
绝对加速度极值
max: 7.584829105373337; min: -6.757049956658728
```

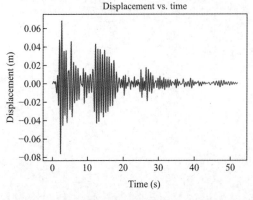

图 2.5-18　实例 2 相对位移时程图
（Wilson-θ 法）

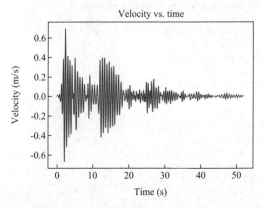

图 2.5-19　实例 2 相对速度时程图
（Wilson-θ 法）

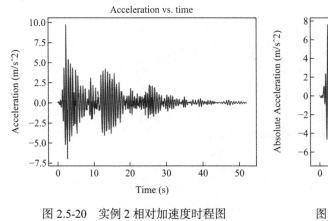

图 2.5-20　实例 2 相对加速度时程图
（Wilson-θ 法）

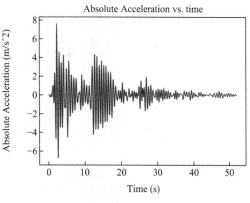

图 2.5-21　实例 2 绝对加时程图
（Wilson-θ 法）

### 2.5.6　SAP2000 分析

#### 2.5.6.1　建立模型

本算例模型与实例 1 相同。由于本例进行地震加速度作用下的时程分析，因此不需为质点施加荷载，但时程函数定义略有不同，需要在时程函数定义界面，选择函数类型为"From File"，导入地震加速度时程数据，如图 2.5-22 所示。

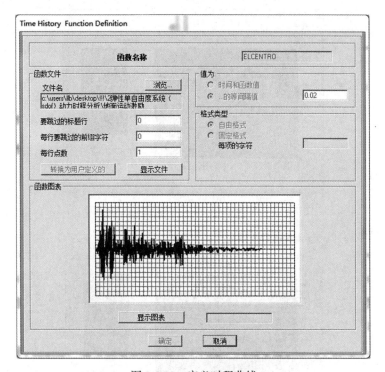

图 2.5-22　定义时程曲线

时程分析工况设置如图 2.5-23 所示，此时需选择荷载类型为"Accel"，即加速度，函数则为上述定义的地震加速度时程函数。其余参数定义与实例 1 相同。

图 2.5-23 定义荷载工况

### 2.5.6.2 计算结果

本例节点相对位移、节点相对速度、节点绝对加速度时程曲线查看方法与实例 1 相同，此处直接给出相关曲线，分别如图 2.5-24～图 2.5-26 所示。

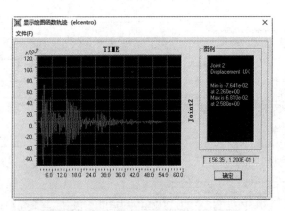

图 2.5-24 实例 2 相对位移时程图（SAP2000）

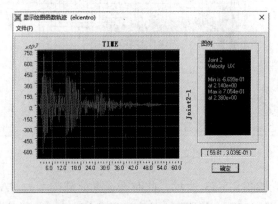

图 2.5-25 实例 2 相对速度时程图（SAP2000）

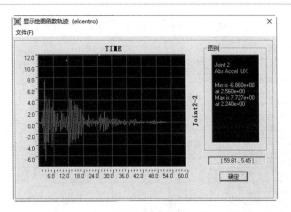

图 2.5-26 实例 2 绝对加速度时程图（SAP2000）

表 2.5-1 是 Python 中不同分析方法得到的体系各项指标与 SAP2000 分析结果的对比，由表可以看出，几种分析方法得到的结果与 SAP2000 分析结果相差不大，其中 Newmark-β 法计算结果与 SAP2000 分析结果最为接近，因为两者采用的分析方法及其控制参数都是相同的。

实例 2 计算结果对比　　　　　　　　表 2.5-1

| 计算方法 | 相对位移最大值（m） | 相对位移最小值（m） | 相对速度最大值（m/s） | 相对速度最小值（m/s） | 绝对加速度最大值（m/s²） | 绝对加速度最小值（m/s²） |
|---|---|---|---|---|---|---|
| SAP2000 | 0.068101 | −0.076414 | 0.705400 | −0.669900 | 7.727110 | −6.859870 |
| Duhamel 积分 | 0.068600 | −0.077400 | 0.712300 | −0.671300 | 7.798900 | −6.901500 |
| 与 SAP2000 相对偏差（%） | 0.732735 | 1.290339 | 0.978168 | 0.208986 | 0.929067 | 0.606863 |
| 分段解析法 | 0.068345 | −0.077063 | 0.713707 | −0.671857 | 7.798857 | −6.901455 |
| 与 SAP2000 相对偏差（%） | 0.358626 | 0.848853 | 1.177587 | 0.292175 | 0.928505 | 0.606208 |
| 中心差分法 | 0.069092 | −0.078016 | 0.718739 | −0.673454 | 7.890040 | −6.968867 |
| 与 SAP2000 相对偏差（%） | 1.454596 | 2.095872 | 1.891017 | 0.530553 | 2.108549 | 1.588906 |
| Newmark-β 法 | 0.068101 | −0.076414 | 0.705392 | −0.669892 | 7.727107 | −6.859866 |
| 与 SAP2000 相对偏差（%） | −0.000268 | −0.000136 | −0.001186 | −0.001234 | −0.000038 | −0.000060 |
| Wilson-θ 法 | 0.068058 | −0.076223 | 0.693442 | −0.666283 | 7.584829 | −6.757050 |
| 与 SAP2000 相对偏差（%） | −0.062978 | −0.250460 | −1.695265 | −0.539874 | −1.841321 | −1.498863 |

## 2.5.7 midas Gen 分析

### 2.5.7.1 建立模型

本算例模型与实例 1 相同，这里只给出时程函数与荷载工况的定义。在【荷载】下，选择荷载类型为"地震作用",点击【时程函数】添加时程函数,时程函数类型需选择"加速度",如图 2.5-27 所示。

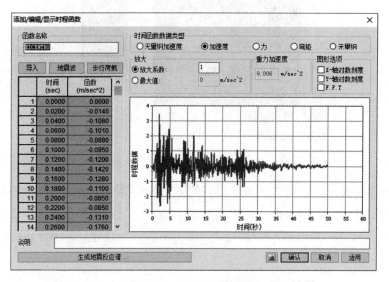

图 2.5-27　定义时程曲线

荷载工况定义与实例 1 类似,这里仅需按地震波数据输入分析步长和分析时间即可,如图 2.5-28 所示。

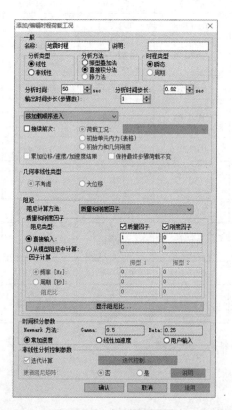

图 2.5-28　定义荷载工况

### 2.5.7.2　计算结果

　　节点相对位移、节点相对速度、节点绝对加速度时程曲线查看方法与实例 1 相同，此处直接给出相关曲线，分别如图 2.5-29～图 2.5-31 所示。

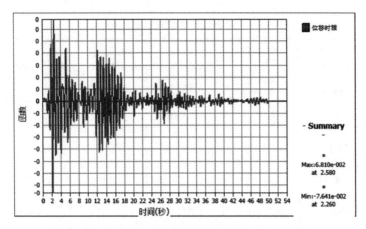

图 2.5-29　实例 2 相对位移时程图（midas Gen）

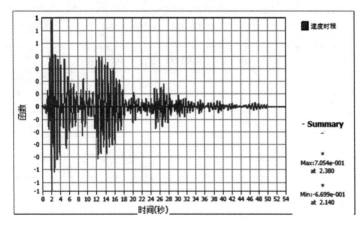

图 2.5-30　实例 2 相对速度时程图（midas Gen）

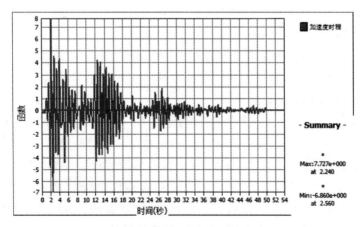

图 2.5-31　实例 2 绝对加速度时程图（midas Gen）

表 2.5-2 是 Python 中不同分析方法得到的体系各项指标与 midas Gen 分析结果的对比，由表可以看出，几种分析方法得到的结果与 midas Gen 分析结果相差不大，其中 Newmark-β 法计算结果与 midas Gen 分析结果最为接近，因为两者采用的分析方法及其控制参数都是相同的。

实例 2 计算结果对比　　　　　　　　　表 2.5-2

| 计算方法 | 相对位移最大值（m） | 相对位移最小值（m） | 相对速度最大值（m/s） | 相对速度最小值（m/s） | 绝对加速度最大值（m/s²） | 绝对加速度最小值（m/s²） |
|---|---|---|---|---|---|---|
| midas Gen | 0.068100 | −0.076410 | 0.705400 | −0.669900 | 7.727000 | −6.860000 |
| Duhamel 积分 | 0.068600 | −0.077400 | 0.712300 | −0.671300 | 7.798900 | −6.901500 |
| 与 midas Gen 相对偏差（%） | 0.734214 | 1.295642 | 0.978168 | 0.208986 | 0.930503 | 0.604956 |
| 分段解析法 | 0.068345 | −0.077063 | 0.713707 | −0.671857 | 7.798857 | −6.901455 |
| 与 midas Gen 相对偏差（%） | 0.360099 | 0.854132 | 1.177587 | 0.292175 | 0.929942 | 0.604302 |
| 中心差分法 | 0.069092 | −0.078016 | 0.718739 | −0.673454 | 7.890040 | −6.968867 |
| 与 midas Gen 相对偏差（%） | 1.456085 | 2.101217 | 1.891017 | 0.530553 | 2.110002 | 1.586981 |
| Newmark-β 法 | 0.068101 | −0.076414 | 0.705392 | −0.669892 | 7.727107 | −6.859866 |
| 与 midas Gen 相对偏差（%） | 0.001201 | 0.005099 | −0.001186 | −0.001234 | 0.001386 | −0.001955 |
| Wilson-θ 法 | 0.068058 | −0.076223 | 0.693442 | −0.666283 | 7.584829 | −6.757050 |
| 与 midas Gen 相对偏差（%） | −0.061511 | −0.245238 | −1.695265 | −0.539874 | −1.839924 | −1.500729 |

## 2.6　小结

（1）推导了单自由度体系的动力平衡方程，并讨论了仅受动力荷载及仅受地震作用时单自由度体系动力平衡方程的异同。

（2）对求解单自由度体系动力平衡方程的 Duhamel 积分法及逐步积分法进行讲解，并给出了各方法的详细公式推导。其中逐步积分法着重讨论了分段解析法、中心差分法、Newmark-β 法和 Wilson-θ 法。

（3）通过 Python 编程实现了基于中心差分法、Newmark-β 法、Wilson-θ 法的剪切层模型弹性地震动力时程分析，并与 SAP2000、midas Gen 软件分析结果进行对比验证。

（4）在 Python 中分别采用 Duhamel 积分法、分段解析法、中心差分法、Newmark-β 法、Wilson-θ 法编程计算了体系在简谐荷载和地震加速度激励下的动力反应，并与 SAP2000、midas Gen 软件分析结果进行对比验证，结果显示，Python 编程计算结果正确。

（5）虽然单自由度弹性体系是结构动力分析中最简单的体系，但其涉及了结构动力分析中的许多物理量和基本概念，本章介绍的逐步积分法，也很容易应用到多自由度体系的动力分析。

# 参 考 文 献

[1]　刘晶波, 杜修力. 结构动力学[M]. 北京: 机械工业出版社, 2011.

[2]　柴田明德. 结构抗震分析[M]. 曲哲, 译. 北京: 中国建筑工业出版社, 2020.

[3]　NIGAM N C, JENNINGS P C. Calculation of response spectra from strong-motion earthquake records[J]. Bulletin of Seismological Society of America, 1969, 59(2): 909-922.

[4]　CHOPRA A K. 结构动力学: 理论及其在地震工程中的应用[M]. 4 版. 谢礼立, 吕大刚, 等, 译. 北京: 高等教育出版社, 2016.

# 第 **3** 章

# 弹性地震反应谱的概念与计算

采用第 2 章介绍的动力时程分析方法，可求出单自由度结构在地震过程中任意时刻的结构反应。对于工程结构的抗震设计，最大地震反应具有重要意义，而反应谱则给出了地震动作用下，不同周期的单自由度结构地震反应的最大值。本章主要介绍弹性地震反应谱的概念和计算原理，通过 Python 编程给出地震加速度时程的反应谱计算实例，并与 SPECTR 反应谱分析软件计算结果进行相互验证。

## 3.1 弹性反应谱基本概念

**反应谱**是在给定的地震加速度作用下，单质点结构体系的最大位移反应、速度反应和加速度反应随质点自振周期变化的曲线。

如图 3.1-1 所示，单自由度体系地震作用下的动力方程为

$$m(\ddot{u}_g + \ddot{u}_r) + c\dot{u}_r + ku_r = 0 \tag{3.1-1}$$

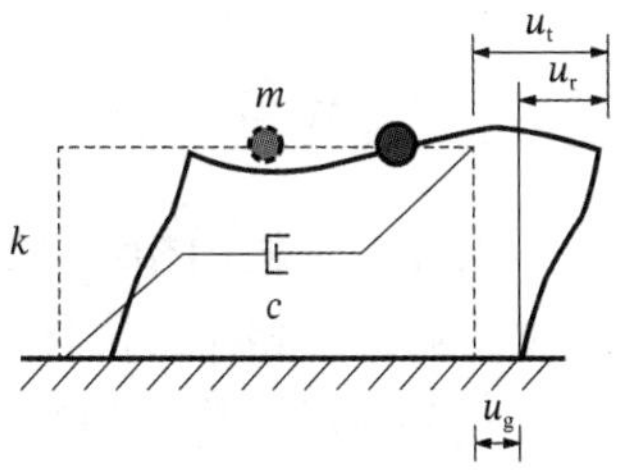

移项得

图 3.1-1　单自由度系统

$$m\ddot{u}_r + c\dot{u}_r + ku_r = -m\ddot{u}_g \tag{3.1-2}$$

两边同时除以 $m$

$$\ddot{u}_r + \frac{c}{m}\dot{u}_r + \frac{k}{m}u_r = -\ddot{u}_g \tag{3.1-3}$$

令

$$\zeta = \frac{c}{2m\omega_n} , \quad \omega_n = \sqrt{\frac{k}{m}} \tag{3.1-4}$$

将式(3.1-4)代入式(3.1-3)得

$$\ddot{u}_r + 2\zeta\omega_n\dot{u}_r + \omega_n^2 u_r = -\ddot{u}_g \tag{3.1-5}$$

式中 $m$ 为单自由度体系质量；$\ddot{u}_g$ 为地面加速度；$\ddot{u}_r$ 为结构的相对加速度；$\ddot{u}_t = (\ddot{u}_g + \ddot{u}_r)$，为结构的绝对加速度；$\dot{u}_r$ 结构的相对速度；$u_r$ 为结构的相对位移；$c$ 为结构的阻尼系数；$k$ 为单自由度体系的刚度；$\zeta$ 为结构的阻尼比；$\omega_n$ 为单自由度体系的自振圆频率，$\omega_n = 2\pi/T = 2\pi f$，$T$ 和 $f$ 分别是结构自振周期和频率。

由式(3.1-5)可知，结构的地震动响应只与以下 3 个变量有关：地震加速度$\ddot{u}_g$、结构的阻尼比$\zeta$和单自由度体系的自振圆频率$\omega_n$（自振周期$T$）。因此对于一个给定的地震动，结构地震反应是自振圆频率$\omega_n$（自振周期$T$）和阻尼比$\zeta$的函数。根据反应谱的概念，对于特定的地震波，只要选定阻尼比$\zeta$，结构的最大响应（速度、位移和加速度）为自振圆频率$\omega_n$（自振周期$T$）的函数。将特定的地震波分别输入多个自振圆频率（自振周期$T$）不同的结构进行弹性动力时程分析，获得各结构的地震反应最大值作为纵坐标，相应结构的圆频率（周期）作为横坐标，绘图得到该地震波的反应谱曲线，如图 3.1-2 所示。

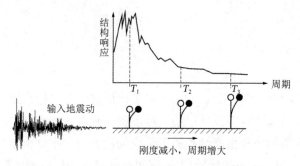

图 3.1-2　单自由度体系地震动反应谱示意图

## 3.2　反应谱与伪反应谱

### 3.2.1　反应谱

工程中一般用相对位移、相对速度和绝对加速度来反映结构在地震作用下的反应，因此常用的是（相对）位移反应谱、（相对）速度反应谱和（绝对）加速度反应谱。当最大响应分别取相对位移、相对速度、绝对加速度时，我们可获得以下反应谱[1]：

相对位移反应谱

$$SD(\zeta, \omega_n) = \max|u_r| \tag{3.2-1}$$

相对速度反应谱

$$SV(\zeta, \omega_n) = \max|\dot{u}_r| \tag{3.2-2}$$

绝对加速度反应谱

$$SA(\zeta, \omega_n) = \max|\ddot{u}_t| = \max|\ddot{u}_g + \ddot{u}_r| \tag{3.2-3}$$

### 3.2.2　伪反应谱

工程中还常用到伪反应谱。所谓伪反应谱是指当获得相对位移反应谱$SD(\zeta, \omega_n)$后，通过以下公式获得伪速度反应谱、伪加速度反应谱[1]。

伪速度反应谱

$$PSV(\zeta, \omega_n) = \omega_n SD(\zeta, \omega_n) \tag{3.2-4}$$

伪加速度反应谱

$$PSA(\zeta, \omega_n) = \omega_n^2 SD(\zeta, \omega_n) \tag{3.2-5}$$

伪速度反应谱，对应的是单自由度体系的最大应变能，如下式所示

$$\frac{1}{2}m\text{PSV}(\zeta,\omega_{\text{n}})^2 = \frac{1}{2}m[\omega_{\text{n}}\text{SD}(\zeta,\omega_{\text{n}})]^2$$

$$= \frac{1}{2}m\left[\sqrt{\frac{k}{m}}\text{SD}(\zeta,\omega_{\text{n}})\right]^2 = \frac{1}{2}k\text{SD}(\zeta,\omega_{\text{n}})^2 \tag{3.2-6}$$

$$= \frac{1}{2}F_{\max}\text{SD}(\zeta,\omega_{\text{n}}) = E_{\text{strain}}$$

伪加速度反应谱，对应的是单自由度体系的最大抗力，如下式所示

$$m\text{PSV}(\zeta,\omega_{\text{n}}) = m\left(\sqrt{\frac{k}{m}}\right)^2\text{SD}(\zeta,\omega_{\text{n}}) = k\text{SD}(\zeta,\omega_{\text{n}}) = F_{\max} \tag{3.2-7}$$

在基于承载力的抗震设计方法中，常用的是伪加速度反应谱$\text{PSA}(\zeta,\omega_{\text{n}})$，而不是绝对加速度反应谱$\text{SA}(\zeta,\omega_{\text{n}})$，因为伪加速度反应谱与结构的地震抗力相对应，可直接基于地震抗力对结构或构件进行承载力设计。

### 3.2.3　反应谱和伪反应谱的关系

根据第 2 章的介绍，任意荷载作用下单自由度体系的响应可以用 Duhamel 积分来表示

$$u(t) = \frac{1}{m\omega_{\text{D}}}\int_0^t P(\tau)\text{e}^{-\zeta\omega_{\text{n}}(t-\tau)}\sin[\omega_{\text{D}}(t-\tau)]\,\text{d}\tau \tag{3.2-8}$$

将外荷载$P(\tau)$用$-m\ddot{u}_{\text{g}}(\tau)$替换、$u(t)$ 用$u_{\text{r}}(t)$ 替换，可得地震作用下单自由度体系的位移响应

$$u_{\text{r}}(t) = -\frac{1}{\omega_{\text{D}}}\int_0^t \ddot{u}_{\text{g}}(\tau)\text{e}^{-\zeta\omega_{\text{n}}(t-\tau)}\sin[\omega_{\text{D}}(t-\tau)]\,\text{d}\tau \tag{3.2-9}$$

则位移反应谱和加速度反应谱可表示为

$$\text{SD}(\zeta,\omega_{\text{n}}) = \max|u_{\text{r}}| = -\frac{1}{\omega_{\text{D}}}\max|S(t)| \tag{3.2-10}$$

$$\text{SA}(\zeta,\omega_{\text{n}}) = \max|\ddot{u}_{\text{t}}| = \max|\omega_{\text{n}}^2(1-2\zeta^2)u_{\text{r}}(t) + 2\zeta\omega_{\text{n}}C(t)| \tag{3.2-11}$$

其中

$S(t) = \int_0^t \ddot{u}_{\text{g}}(\tau)\text{e}^{-\zeta\omega_{\text{n}}(t-\tau)}\sin[\omega_{\text{D}}(t-\tau)]\,\text{d}\tau$，

$C(t) = \int_0^t \ddot{u}_{\text{g}}(\tau)\text{e}^{-\zeta\omega_{\text{n}}(t-\tau)}\cos[\omega_{\text{D}}(t-\tau)]\,\text{d}\tau$，

$\omega_{\text{D}} = \omega_{\text{n}}\sqrt{1-\zeta^2}$，为有阻尼单自由度结构的自振频率。

由式(3.2-11)可知，当阻尼比$\zeta = 0$时，绝对加速度反应谱有以下关系

$$\text{SA}(\zeta,\omega_{\text{n}}) = \max|\omega_{\text{n}}^2 u_{\text{r}}(t)| = \omega_{\text{n}}^2\text{SD}(\zeta,\omega_{\text{n}}) = \text{PSV}(\zeta,\omega_{\text{n}}) \tag{3.2-12}$$

式(3.2-12)表明，当不考虑阻尼时，加速度反应谱与伪加速度反应谱相等。当考虑阻尼时，阻尼比越大，两者差异越大[2]。具体某个地震波下，反应谱与伪反应谱的差异及对比分析详见 3.4 节。

## 3.3　弹性反应谱的求解步骤

（1）给定地面加速度时程$\ddot{u}_{\text{g}}(t)$。

（2）选择单自由度结构体系的阻尼比$\zeta$和需要计算的周期点。周期范围可根据实际情况选取，比如取$T_{\mathrm{n,min}} = 0.01\mathrm{s}$，$T_{\mathrm{n,max}} = 6.0\mathrm{s}$，周期增量可取$\Delta T_{\mathrm{n}} = 0.01\mathrm{s}$。

（3）选取当前周期值$T_{\mathrm{n}}^{i}$，并选取合适的时程分析方法（如第 2 章介绍的方法）计算周期为$T_{\mathrm{n}}^{i}$的单自由度体系在地面加速度$\ddot{u}_{\mathrm{g}}(t)$作用下的反应，包括位移、速度、加速度等。考虑到效率及计算精度，通常分段解析法是计算弹性反应谱较好的方法。

（4）按式(3.2-1)~式(3.2-5)计算周期点$T_{\mathrm{n}}^{i}$对应的反应谱及伪反应谱值。

（5）选择新的自振周期$T_{\mathrm{n}}^{i+1} = T_{\mathrm{n}}^{i} + \Delta T_{\mathrm{n}}$，重复（3）~（4）步。

（6）将上述得到的一系列地震反应（竖轴）及相应的结构周期（横轴）用图形表示，即可得到地面加速度时程$\ddot{u}_{\mathrm{g}}(t)$在结构阻尼比为$\zeta$时的各种反应谱。

## 3.4　Python 反应谱编程

本节以一实际地震波为例，通过 Python 编程计算该地震波的相对位移反应谱、相对速度反应谱、绝对加速度反应谱、伪速度反应谱、伪加速度反应谱，帮助读者掌握反应谱计算的编程方法。

### 3.4.1　地震加速度时程

地震波取自 1999 年 9 月 21 日（北京时间）中国台湾集集地震记录的一条地面加速度时程，地震波数据自 PEER 强震数据库中下载，地震波加速度峰值为 0.361$g$，地震波信息如下：

The Chi-Chi (Taiwan,China) earthquake of September 21, 1999.

Source: PEER Strong Motion database

Recording station: TCU045

Frequency range: 0.02~50.0 Hz

Maximum Absolute Acceleration: 0.361$g$

地震波加速度时程如图 3.4-1（a）所示，图 3.4-1（b）、（c）所示为根据加速度时程积分得到的速度时程和位移时程。

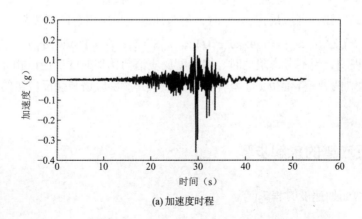

(a) 加速度时程

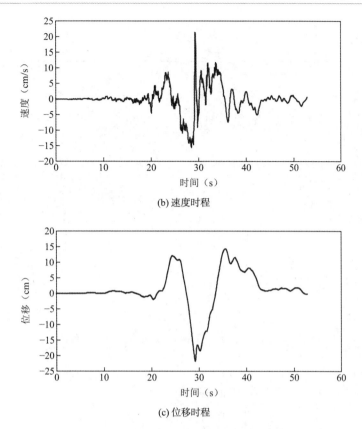

(b) 速度时程

(c) 位移时程

图 3.4-1 地震加速度、速度、位移时程

## 3.4.2 积分算法

反应谱计算需要对多个不同周期的单自由度体系进行弹性时程分析，因此需要选择弹性时程分析的算法。本算例 Python 编程采用分段解析法求解单自由度体系的地震反应。根据第 2 章的介绍，在分段解析法中，除假定地震加速度$\ddot{u}_g$在离散时间间隔$\Delta t$内是线性变化外，其在各个离散时间点上的计算结果均是通过求解微分方程得到的，包含了齐次通解和特解，没有引入任何近似计算和截断误差，分段解析法的精度仅取决于离散的时间点与真实地震加速度时程之间的差异。当加速度离散点采样较密时，采用该方法进行时程分析可以认为是精确的。但是应该注意，虽然方法是精确的，但是在计算反应谱时却不一定是精确的，因为结果的最大响应不一定刚好出现在离散的时间点上，而是出现在$\Delta t$区间内。因此为了确保反应谱计算的精度，地震加速度$\ddot{u}_g$记录的采样需满足[3]

$$\lambda_h = \Delta t/T_h \leqslant 0.1 \tag{3.4-1}$$

式中$\Delta t$为采样时间间隔；$T_h = 1/F_h$，$F_h$为校正加速度记录$\ddot{u}_g$带通滤波的高频截止频率。

同时还要求在计算单自由度时程分析时满足[3]

$$\lambda_0 = \Delta t/T_n \leqslant 0.1 \tag{3.4-2}$$

式中$\Delta t$为时程分析的时间步；$T_n$为单自由度体系的自振周期。

本实例计算中，取$\lambda_0 = \Delta t/T_0 \leqslant 0.02$。

## 3.4.3　编程代码

```
# ---------------------------------
# File: SPECTRUM.py
# Program: SPECTRUM
# Website: www.jdcui.com
# Author: cuijidong, xieyiyuan
# Date: 20230725
# Description:
# 地震反应谱计算程序，动力时程分析算法采用分段解析法
# ---------------------------------

import numpy as np
from scipy import interpolate
import math
import GMDataProcess
import CommonFun
import matplotlib
matplotlib.use('TkAgg')
import matplotlib.pyplot as plt
import NDOFCommonFun

# GetResponse: 进行单自由度体系动力时程分析，获得位移、速度、加速度及绝对加速度响应
# acclist: 等时间间距加速度列
# dt: 时间间隔
# ζ, k, m: 单自由度结构阻尼比、刚度、质量
# ulist, vlist, alist, aalist: 位移、速度、加速度及绝对加速度响应
def GetResponse(acclist, dt, ζ, k, m, ulist, vlist, alist, aalist):
    # 无阻尼结构圆频率
    wn = (k / m) ** 0.5
    # 有阻尼结构圆频率
    wD = wn * (1 - ζ ** 2) ** 0.5
    # 计算积分常数
    wDdt = wD * dt
    e = math.exp(-ζ * wn * dt)
    A = e * ((ζ / ((1 - ζ ** 2) ** 0.5)) * math.sin(wDdt) + math.cos(wDdt))
    B = e * math.sin(wDdt) / wD
    C = 1 / k * ((2 * ζ / (wn * dt)) + e * (
        ((1 - 2 * ζ ** 2) / (wD * dt) - ζ / (1 - ζ ** 2) ** 0.5) * math.sin(wD * dt) - (1 + 2 * ζ / (wn * dt)) * math.cos(wD * dt)))
    D = 1 / k * (1 - 2 * ζ / (wn * dt) + e * ((2 * ζ ** 2 - 1) / (wD * dt) * math.sin(wD * dt) + 2 * ζ / (wn * dt) * math.cos(wD * dt)))
    A1 = -e * (wn / ((1 - ζ ** 2) ** 0.5) * math.sin(wDdt))
    B1 = e * (math.cos(wDdt) - ζ / ((1 - ζ ** 2) ** 0.5) * math.sin(wDdt))
    C1 = 1 / k * (-1 / dt + e * ((wn / ((1 - ζ ** 2) ** 0.5) + ζ / (dt * (1 - ζ ** 2) ** 0.5)) * math.sin(
        wD * dt) + 1 / dt * math.cos(wD * dt)))
    D1 = 1 / (k * dt) * (1 - e * ((ζ / (1 - ζ ** 2) ** 0.5) * math.sin(wD * dt) + math.cos(wD * dt)))

    # 等效荷载列表
    forcelist2 = []
    # timelist2 = []
    # 获得等效力时程
    NDOFCommonFun.gen_Effectiveforce2(m, acclist, forcelist2)
    # 初始时刻
    # timelist2.append(0.0)
    # 设置初始位移和初始速度
    ulist.append(0.0)
    vlist.append(0.0)
    # 根据过平衡方程(ma+2*m*ζ*wn*v+ku=p)，反算初始加速度
    a0 = (forcelist2[0] - 2.0 * ζ * wn * vlist[0] - k * ulist[0]) / m
    alist.append(a0)
```

```
        aalist.append(a0 + acclist[0]) # 绝对加速度
        #print(a[0])
        # 遍历荷载步，逐步递推求解结构响应
        for i in range(1, len(forcelist2)):
            # t = i * dt
            # timelist2.append(t)
            ui = A * ulist[i - 1] + B * vlist[i - 1] + C * forcelist2[i - 1] + D * forcelist2[i]
            vi = A1 * ulist[i - 1] + B1 * vlist[i - 1] + C1 * forcelist2[i - 1] + D1 * forcelist2[i]
            ulist.append(ui)
            vlist.append(vi)
            # 根据过平衡方程，反算初始加速度
            ai = (forcelist2[i] - 2.0 * ζ * wn * vlist[i] - k * ulist[i]) / m
            alist.append(ai)
            # 计算绝对加速度
            if i < len(acclist):
                aalist.append(ai + acclist[i])
            else:
                aalist.append(ai)


# 主程序 ------------------------
# 读取地震波加速度时程
print('Import ground motion')
print()
timelist1 = []
acclist1 = []
g = 9.8 # 重力加速度
skipline = 5 # 标题行
GMDataProcess.ReadGroundMotion2('ChiChi.dat', timelist1, acclist1, g, skipline)
# 计算时间间隔
dt = timelist1[1] - timelist1[0]
print('Time step of ground moiton:')
print(str(dt) + ' sec')
print()
# 绘制加速度时程
plt.figure('Ground Motion')
plt.plot(timelist1, acclist1)
plt.xlabel('Time (s)')
plt.ylabel('Ground Accleration (m/s^2)')
plt.show()

# 反应谱分析输入参数
ζ = 0.05 # 阻尼比
minT = 0.01 # 最小周期
maxT = 6.0 # 最大周期
dT = 0.01 # 周期间隔
# dt2T 最小值
dt2Tlimit = 0.02
print('Damping Ratio:')
print(ζ)
print('Min. Period:')
print(str(minT) + ' sec')
print('Max. Period:')
print(str(maxT) + ' sec')
print('Period Step:')
print(str(dT) + ' sec')
print('dt2Tlimit:')
print(dt2Tlimit)
# 插值获得周期列表
Tlist = np.arange(minT, maxT, dT) # 周期列表

#print(Tlist);
Sulist = [] # 位移谱
Svlist = [] # 速度谱
Salist = [] # 加速度谱
```

```python
Saalist = []  # 绝对加速度谱
PSvlist = []  # 伪速度谱
PSalist = []  # 伪加速度谱

print('Beginning Spectrum Analysis')

# 循环所有周期点计算反应谱
for T in Tlist:
    # 计算单自由度体系结构参数
    m = 1
    wn = 2 * math.pi / T
    k = wn * wn * m
    #
    ulist = []  # 定义位移
    vlist = []  # 定义速度
    alist = []  # 定义加速度
    aalist = []  # 定义绝对加速度
    # 插值后的加速度
    dtnew = dt2Tlimit * T
    acclist2 = []
    if (dtnew < dt):
        timelist2 = []
        newnum = math.ceil(dt / dtnew)  # 取整数
        dtnew = dt / newnum
        maxtime = max(timelist1)
        ct = 0
        while (ct < maxtime):
            timelist2.append(ct)
            ct = ct + dtnew
        # 创建插值函数
        f1 = interpolate.interp1d(timelist1, acclist1, kind='linear')
        # 通过插值获得新的加速度列表
        acclist2 = f1(timelist2)
    else:
        dtnew = dt
        acclist2 = acclist1
    # 计算弹性时程分析
    GetResponse(acclist2, dtnew, ζ, k, m, ulist, vlist, alist, aalist)
    # 求极值
    umax = max(abs(max(ulist)), abs(min(ulist)))
    vmax = max(abs(max(vlist)), abs(min(vlist)))
    amax = max(abs(max(alist)), abs(min(alist)))
    aamax = max(abs(max(aalist)), abs(min(aalist)))
    # 添加进内存
    Sulist.append(umax)
    Svlist.append(vmax)
    Salist.append(amax)
    Saalist.append(aamax)
    PSvlist.append(umax * wn)
    PSalist.append(umax * wn * wn)

print('End of Spectrum Analysis')
print()
print('Beginning Plotting')
print('......')
# 位移谱
# plt.figure('Displacement')
plt.plot(Tlist, CommonFun.ScaleValueList(Sulist, 100))  # 以 cm 为单位
plt.xlabel('Period (s)')
plt.ylabel('Displacement (cm)')
plt.title('Displacement')
plt.tight_layout()
plt.show()
# 速度谱
```

```
# plt.figure('Velocity')
plt.plot(Tlist, CommonFun.ScaleValueList(Svlist, 100))
plt.xlabel('Period (s)')
plt.ylabel('Velocity (cm/s)')
plt.title('Velocity')
plt.tight_layout()
plt.show()
# 加速度谱
# plt.figure('Acceleration')
plt.plot(Tlist, CommonFun.ScaleValueList(Salist, 1.0 / g))
plt.xlabel('Period (s)')
plt.ylabel('Acceleration (g)')
plt.title('Acceleration')
plt.tight_layout()
plt.show()
# 绝对加速度谱
# plt.figure('Absolute acceleration')
plt.plot(Tlist, CommonFun.ScaleValueList(Saalist, 1.0 / g))
plt.xlabel('Period (s)')
plt.ylabel('Absolute acceleration (g)')
plt.title('Absolute acceleration')
plt.tight_layout()
plt.show()
# 伪速度谱
# plt.figure('Pseudo Velocity')
plt.plot(Tlist, CommonFun.ScaleValueList(PSvlist, 100))
plt.xlabel('Period (s)')
plt.ylabel('Pseudo velocity (cm/s)')
plt.title('Pseudo velocity')
plt.tight_layout()
plt.show()
# 伪加速度谱
# plt.figure('Pseudo acceleration')
plt.plot(Tlist, CommonFun.ScaleValueList(PSalist, 1.0 / g))
plt.xlabel('Period (s)')
plt.ylabel('Pseudo acceleration (g)')
plt.title('Pseudo acceleration')
plt.tight_layout()
plt.show()
print('End of Plotting')
```

## 3.4.4　程序运行结果

程序运行输出以下结果：

```
Import ground motion
Time step of ground moiton:
0.01 sec
Damping Ratio:
0.05
Min. Period:
0.01 sec
Max. Period:
6.0 sec
Period Step:
0.01 sec
dt2Tlimit:
0.02
Beginning Spectrum Analysis
End of Spectrum Analysis
```

Beginning Plotting
End of Plotting

图 3.4-2～图 3.4-6 分别是采用 Python 编程计算得到的实例中地震波的相对位移反应谱、相对速度反应谱、绝对加速度反应谱、伪速度反应谱和伪加速度反应谱，其中阻尼比取的是 5%。

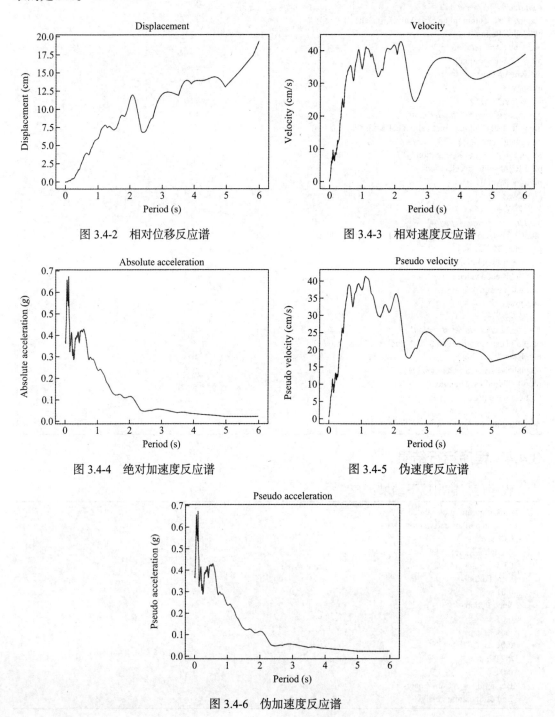

图 3.4-2　相对位移反应谱　　　　　　　图 3.4-3　相对速度反应谱

图 3.4-4　绝对加速度反应谱　　　　　　图 3.4-5　伪速度反应谱

图 3.4-6　伪加速度反应谱

　　图 3.4-7 是不同阻尼比时的加速度反应谱，由图可见，总体上随着阻尼比的增大，反应谱值逐渐减小。

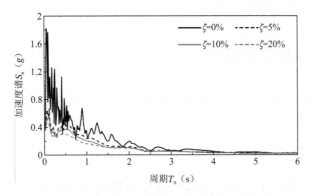

图 3.4-7　不同阻尼比时的加速度反应谱曲线

　　图 3.4-8 是不同阻尼比时相对速度反应谱与伪速度反应谱对比，由图可见，相对速度反应谱（SV）与伪速度反应谱（PSV）在阻尼比$\zeta$和自振周期$T_n$较小时比较吻合，随着阻尼比$\zeta$和自振周期$T_n$的增大，其差别也逐渐增大。

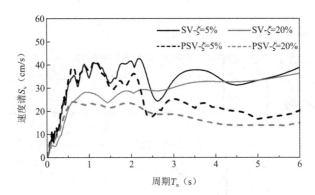

图 3.4-8　相对速度反应谱与伪速度反应谱

　　图 3.4-9 是不同阻尼比时绝对加速度反应谱与伪加速度反应谱对比，由图可见，绝对加速度反应谱（SA）与伪加速度反应谱（PSA）在阻尼比$\zeta$较小时比较吻合。

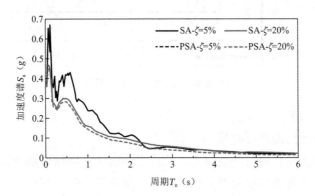

图 3.4-9　绝对加速度反应谱与伪加速度反应谱

由图 3.4-8 和图 3.4-9 可以看出，与相对速度反应谱和伪速度反应谱之间的关系相比，在同样阻尼比的情况下，绝对加速度反应谱和伪加速度反应谱之间的差异远小于相对速度反应谱和伪速度反应谱之间的差异。

## 3.5　SPECTR 反应谱计算

本节采用作者开发的 SPECTR[4]软件计算 3.4 节中地震波的反应谱，并与 Python 计算结果进行对比。

### 3.5.1　SPECTR 简介

SPECTR 是由崔济东博士开发的一款反应谱分析软件，该软件可以根据地震加速度时程，积分生成相应的速度时程、位移时程，并可以计算相应的加速度反应谱、速度反应谱、位移反应谱、伪加速度反应谱和伪速度反应谱，同时可将分析结果批量导出文本报告。软件界面如图 3.5-1 所示。

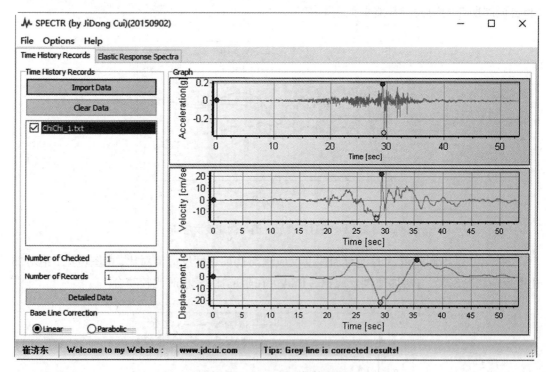

图 3.5-1　SPECTR 软件界面

SPECTR 具有以下几个特点：
（1）可以批量导入加速度时程。
（2）可对加速度时程进行基线修正，软件提供线性和抛物线基线修正方法。
（3）支持以下几种弹性反应谱的分析：相对位移反应谱、相对速度反应谱、绝对加速度反应谱、伪速度反应谱和伪加速度反应谱。

（4）可以选择多达 9 个阻尼比进行反应谱分析，可设置反应谱分析的周期间隔、最大周期、最小周期等参数。

（5）支持图形形式和表格形式查看时程数据、反应谱数据。表格数据支持复制操作，可通过快捷键将数据粘贴至 Excel 快速绘图。

（6）可自由选择坐标轴进行谱曲线绘制，方便谱曲线结果的对比。

（7）支持批量进行加速度时程的积分和反应谱分析，并支持批量导出分析结果。方便数据的后处理。

（8）SPECTR 软件内部的单自由度体系时程分析支持分段解析法及 Newmark-β 法两种方法，默认采用分段解析法。

### 3.5.2　SPECTR 反应谱分析

（1）准备加速度时程数据文件。图 3.5-2 是数据文件的格式，导入数据时需根据数据格式设置参数。

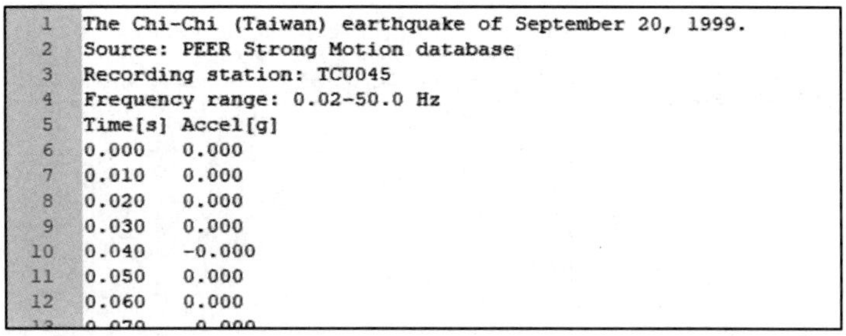

```
1   The Chi-Chi (Taiwan) earthquake of September 20, 1999.
2   Source: PEER Strong Motion database
3   Recording station: TCU045
4   Frequency range: 0.02-50.0 Hz
5   Time[s]  Accel[g]
6   0.000    0.000
7   0.010    0.000
8   0.020    0.000
9   0.030    0.000
10  0.040   -0.000
11  0.050    0.000
12  0.060    0.000
13  0.070    0.000
```

图 3.5-2　地震波数据（部分）

（2）打开 SPECTR，设置导入格式参数，包括时间步长、缩放系数、需跳过的非加速度时程数据的行数以及数据间隔符号等，如图 3.5-3 所示，格式参数需与加速度时程文件对应。

（3）选择需要导入的加速度时程文件。在"Time History Records"界面下，软件自动对导入的加速度时程进行积分计算获得速度和位移，如图 3.5-4 所示。用户可选择是否对加速度时程进行基线修正，修正后，反应谱会基于修正的加速度时程进行计算。

（4）进入"Elastic Response Spectra"界面下，勾选需要进行反应谱分析的加速度时程，选择 $Y$ 轴为"Acceleration"，即绘制加速度反应谱，指定一个阻尼比为 5%，点击【Analyze and Refresh】，绘制加速度时程的加速度反应谱，如图 3.5-5 所示。

图 3.5-6 分别是 SPECTR 中绘制的速度反应谱、位移反应谱、伪加速度反应谱和伪速度反应谱。

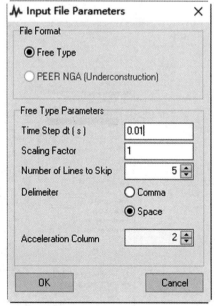

图 3.5-3　设置导入格式参数

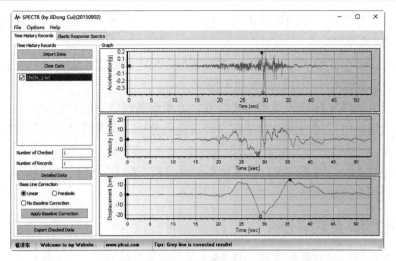

图 3.5-4　加速度时程曲线及其相应的速度时程、位移时程

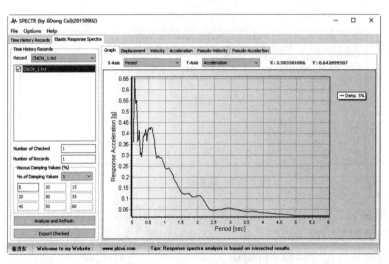

图 3.5-5　加速度反应谱

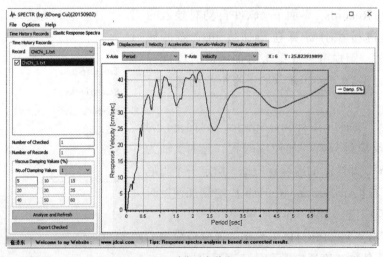

(a) 速度反应谱

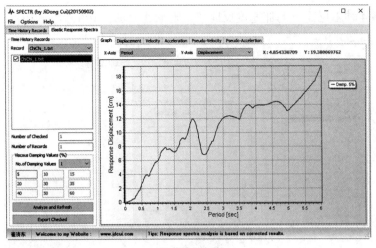

(b) 位移反应谱

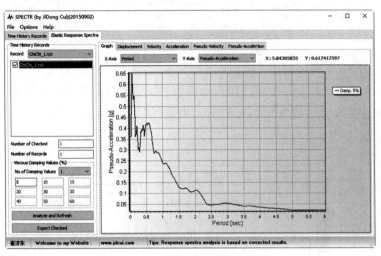

(c) 伪加速度反应谱

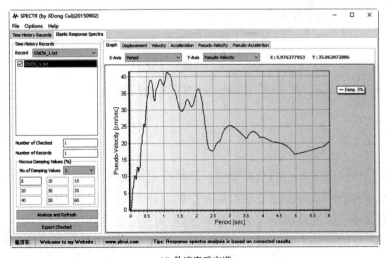

(d) 伪速度反应谱

图 3.5-6　SPECTR 中绘制的反应谱曲线

选择绘制 4 种阻尼比下的加速度反应谱，阻尼比分别为 0%、5%、10%、20%，绘图如图 3.5-7 所示。

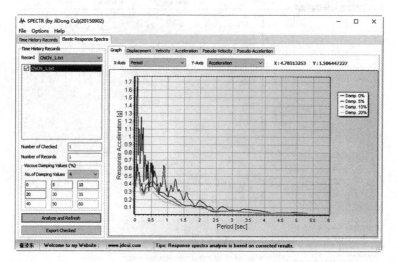

图 3.5-7  不同阻尼比的加速度反应谱曲线

点击【Export Checked】，可将已勾选地震波的反应谱数据导出。将 Python 计算的不同阻尼比下的加速度反应谱与 SPECTR 计算结果进行对比，如图 3.5-8 所示，由图可见，两者计算结果一致。

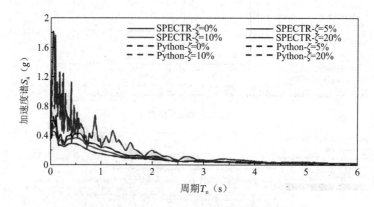

图 3.5-8  Python 与 SPECTR 计算结果对比

## 3.6  小结

反应谱是结构抗震设计中的重要概念，理解反应谱的概念及计算原理对学习结构抗震设计十分必要。理解本章内容也是学习第 6 章振型分解反应谱法的基础。

（1）详细介绍了弹性地震反应谱的基本原理，对反应谱与伪反应谱的关系进行了讲解。

（2）总结了反应谱的求解步骤，通过 Python 编程实现基于分段解析法的地震波反应谱计算。

（3）对作者编制的反应谱分析软件 SPECTR 进行了介绍，并通过具体地震波的反应谱分析演示软件的具体应用，将 Python 编程结果与 SPECTR 软件的分析结果进行对比，相互验证。

# 参 考 文 献

[1]　CHOPRA A K. 结构动力学理论及其在地震工程中的应用[M]. 4 版. 谢礼立，吕大刚，等，译. 北京: 高等教育出版社，2016.

[2]　张敦元，白羽，高静. 对我国现行抗震规范反应谱若干概念的探讨[J]. 建筑结构学报，2016, 37(4): 110-118.

[3]　张晓志，谢礼立，于海英. 地震动反应谱的数值计算精度和相关问题[J]. 地震工程与工程振动，2004, 24(6): 15-20.

[4]　崔济东. [软件][工具] SPECTR (v1.0) - A program for Response Spectra Analysis [SPECTR 地震波反应谱计算程序] [EB/OL]. http://www.jdcui.com/?p=1875.

参考文献

# 第 **4** 章

## 多自由度体系模态分析

模态是结构的固有振动特性，每个模态具有特定的固有频率、阻尼比和模态振型，称为模态参数。求解结构模态参数的过程称为模态分析，模态分析可通过计算或试验方法进行，分别称为计算模态分析和试验模态分析，其中计算模态分析是指通过对结构整体平衡方程组进行解耦的方法，获取结构各阶模态参数。

本章首先从多自由度体系的自由振动问题入手讨论，引出结构固有振型和固有频率的基本概念，以及固有振型的求解方法，并着重讨论了振型向量的正交特性，在此基础上，采用 Python 编程进行多自由度剪切层模型的模态分析。

## 4.1 模态分析原理

将第 2 章中单自由度体系运动方程推广到多自由度体系，则有

$$\{f_{\mathrm{I}}(t)\} + \{f_{\mathrm{D}}(t)\} + \{f_{\mathrm{S}}(t)\} + \{P(t)\} = \{0\} \tag{4.1-1}$$

其中

$$\{f_{\mathrm{I}}(t)\} = -[M](\{\ddot{u}(t)\} + \ddot{u}_{\mathrm{g}}(t)\{I\}) \tag{4.1-2}$$

$$\{f_{\mathrm{D}}(t)\} = -[C]\{\dot{u}(t)\} \tag{4.1-3}$$

$$\{f_{\mathrm{S}}(t)\} = -[K]\{u(t)\} \tag{4.1-4}$$

综合式(4.1-2)～式(4.1-4)并略去式(4.1-1)中的阻尼项和外力项，可得到无阻尼多自由度**体系自由振动方程**：

$$[M]\{\ddot{u}(t)\} + [K]\{u(t)\} = \{0\} \tag{4.1-5}$$

设方程的解为如下简谐振动形式

$$\{u(t)\} = \{\phi\}\sin(\omega t + \theta) \tag{4.1-6}$$

式中$\{\phi\}$是与时间无关的$N$阶向量，$N$是体系自由度数量；$\omega$是振动圆频率；$\theta$是相位。

对式(4.1-6)求二阶导数，可得到结构的加速度

$$\{\ddot{u}(t)\} = -\omega^2\{\phi\}\sin(\omega t + \theta) = -\omega^2\{u(t)\} \tag{4.1-7}$$

将式(4.1-6)和式(4.1-7)代入式(4.1-5)中，可得到

$$[K]\{\phi\} - \lambda[M]\{\phi\} = \{0\} \tag{4.1-8}$$

式(4.1-8)称为$N$阶广义特征值问题，式中$\lambda = \omega^2$，刚度矩阵$[K]$和质量矩阵$[M]$是$N$阶正定或半正定的对称矩阵。式(4.1-8)还可以写为

$$([K] - \lambda[M])\{\phi\} = \{0\} \tag{4.1-9}$$

根据齐次线性方程组的特性，上式有非零解的充要条件是系数行列式等于零，即

$$p(\lambda) = |[K] - \lambda[M]| = 0 \tag{4.1-10}$$

式(4.1-10)是一个关于$\lambda$的一元$N$次方程，称为多自由度体系的频率方程。求解可得$N$个特征根$\lambda_i$（$i = 1,2,\cdots,N$）。将$N$个特征根$\lambda_i$分别代入式(4.1-9)，可求得相应的$N$个特征向量$\{\phi\}_i$（$i = 1,2,\cdots,N$）。将特征值$\lambda_i$由小到大排列

$$0 \leqslant \lambda_1 \leqslant \lambda_2 \leqslant \cdots \leqslant \lambda_{N-1} \leqslant \lambda_N \tag{4.1-11}$$

特征向量$\{\phi\}_i$的意义表示体系第$i$阶可能的振动模态，特征值$\lambda_i$则等于相应的第$i$阶振动圆频率$\omega_i$的平方，$(\lambda_i,\{\phi\}_i)$则称为体系的第$i$个特征对，满足以下关系

$$[K]\{\phi\}_i - \lambda_i[M]\{\phi\}_i = \{0\} \tag{4.1-12}$$

式(4.1-12)可以进一步写成

$$[K][\Phi] = [M][\Phi][\Lambda] \tag{4.1-13}$$

式中

$$[\Phi] = [\{\phi\}_1 \quad \{\phi\}_2 \quad \cdots \quad \{\phi\}_N] \tag{4.1-14}$$

$$[\Lambda] = \begin{bmatrix} \omega_1^2 & & & \\ & \omega_2^2 & & \\ & & \ddots & \\ & & & \omega_N^2 \end{bmatrix} \tag{4.1-15}$$

其中$[\Phi]$称为体系的振型矩阵，$[\Lambda]$称为体系的特征值矩阵（或谱矩阵）[1]。
最后求得各阶模态的周期

$$T_i = \frac{2\pi}{\omega_i} \tag{4.1-16}$$

## 4.2　特征值问题求解方法

式(4.1-8)在数学上称为广义特征值问题，一般写成以下形式

$$[K]\{\phi\} = \omega^2[M]\{\phi\} \tag{4.2-1}$$

通常有两种方法求解方程：一是按求广义特征值问题的相应方法求解，例如广义雅克比法、子空间迭代法；二是先将式(4.2-1)变换为标准特征值问题，再按相应的方法求解。
标准特征值问题的公式如下

$$[A]\{\phi\} = \lambda\{\phi\} \tag{4.2-2}$$

若$[M]^{-1}$存在，则式(4.2-1)变为

$$[M]^{-1}[K]\{\phi\} = \omega^2\{\phi\} \tag{4.2-3}$$

此时$[A] = [M]^{-1}[K]$，$\lambda = \omega^2$。
若$[K]^{-1}$存在，则式(4.2-1)变为

$$[K]^{-1}[M]\{\delta_0\} = \frac{1}{\omega^2}\{\delta_0\} \qquad (4.2\text{-}4)$$

即$[A] = [K]^{-1}[M]$, $\lambda = \frac{1}{\omega^2}$。

求得特征值$\lambda$后, 可代入式(4.2-1)求得相应的特征向量。

## 4.3　振型向量的正交性

由式(4.1-12)只能得到特征向量$\{\phi\}_i$中各元素的相对值, 无法确定它们的绝对数值。为了确定$\{\phi\}_i$中各元素的大小, 可令特征向量$\{\phi\}_i$满足归一化条件

$$\{\phi\}_i^{\mathrm{T}}[M]\{\phi\}_i = 1 \qquad (4.3\text{-}1)$$

式中$i = 1,2,\cdots,N$, 这样定义的体系固有振型又称为正则振型。

取不同的特征对$(\lambda_i,\{\phi\}_i)$和$(\lambda_j,\{\phi\}_j)$代入式(4.1-12), 可得

$$([K] - \lambda_i[M])\{\phi\}_i = \{0\} \qquad (4.3\text{-}2)$$

$$([K] - \lambda_j[M])\{\phi\}_j = \{0\} \qquad (4.3\text{-}3)$$

分别用$\{\phi\}_j^{\mathrm{T}}$和$\{\phi\}_i^{\mathrm{T}}$左乘式(4.3-2)与式(4.3-3), 则有

$$\{\phi\}_j^{\mathrm{T}}([K] - \lambda_i[M])\{\phi\}_i = 0 \qquad (4.3\text{-}4)$$

$$\{\phi\}_i^{\mathrm{T}}([K] - \lambda_j[M])\{\phi\}_j = 0 \qquad (4.3\text{-}5)$$

由于矩阵运算$(AB)^{\mathrm{T}} = B^{\mathrm{T}}A^{\mathrm{T}}$, 对式(4.3-4)进行转置, 有

$$\{\phi\}_i^{\mathrm{T}}([K]^{\mathrm{T}} - \lambda_i[M]^{\mathrm{T}})\{\phi\}_j = 0 \qquad (4.3\text{-}6)$$

若刚度矩阵$[K]$和质量矩阵$[M]$为对称矩阵, 则有

$$[K]^{\mathrm{T}} = [K], \ \ [M]^{\mathrm{T}} = [M] \qquad (4.3\text{-}7)$$

则式(4.3-6)可记作

$$\{\phi\}_i^{\mathrm{T}}([K] - \lambda_i[M])\{\phi\}_j = 0 \qquad (4.3\text{-}8)$$

再用式(4.3-5)减去式(4.3-8), 可得到

$$(\lambda_i - \lambda_j)\{\phi\}_i^{\mathrm{T}}[M]\{\phi\}_j = 0 \qquad (4.3\text{-}9)$$

由于各振型的频率各不相同, 即$\lambda_i - \lambda_j \neq 0$, 则对于任意两个不同的振型$i$和振型$j$有

$$\{\phi\}_i^{\mathrm{T}}[M]\{\phi\}_j = 0 \qquad (4.3\text{-}10)$$

将式(4.3-10)代入式(4.3-5)中, 可得

$$\{\phi\}_i^{\mathrm{T}}[K]\{\phi\}_j = 0 \qquad (4.3\text{-}11)$$

式(4.3-10)及式(4.3-11)表明, 结构的固有振型关于质量矩阵及刚度矩阵正交。

## 4.4　Python 编程

　　算例模型及结构参数如图 4.4-1 所示，算例为一榀平面框架，考虑楼盖无限刚性，各层质量集中于楼层处，假设结构仅发生剪切变形，计算采用剪切层模型。采用 Python 编程对结构进行模态分析。

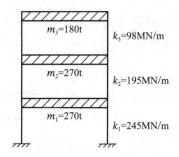

图 4.4-1　结构模型及参数

　　根据第 1 章 1.1.2.1 节的推导，本例结构的质量矩阵为：

$$[M] = \begin{bmatrix} m_1 & & \\ & m_2 & \\ & & m_3 \end{bmatrix} = 10^3 \times \begin{bmatrix} 270 & & \\ & 270 & \\ & & 180 \end{bmatrix} \tag{4.4-1}$$

　　刚度矩阵为：

$$[K] = \begin{bmatrix} k_1+k_2 & -k_2 & \\ -k_2 & k_2+k_3 & -k_3 \\ & -k_3 & k_3 \end{bmatrix} = 10^6 \times \begin{bmatrix} 440 & -195 & \\ -195 & 293 & -98 \\ & -98 & 98 \end{bmatrix} \tag{4.4-2}$$

### 4.4.1　编程代码

```
# -------------------------------
# File: MODALANALYSIS.py
# Program: MODALANALYSIS
# Website: www.jdcui.com
# Author: cuijidong, xieyiyuan
# Date: 20230725
# -------------------------------
import math
import numpy as np
import matplotlib.pyplot as plt
# -------------------------------
def ModalMatixNormalize(freedom,eig_vec, eig_vecNormalize):
    for i in range(0, freedom):
        for j in range(0, freedom):
        eig_vecNormalize[i,j] = eig_vec[i,j]/eig_vec[freedom-1,j]
# -------------------------------
# Input mass and stiffness
m=[270000,270000,180000]
k=[245*1e6,195*1e6,98*1e6]
# Degrees of freedom
freedom=len(m)
```

```
print('Freedom:')
print(freedom)
# Create Mass Matrix
M=np.zeros((freedom,freedom))
# Assembly Mass Matrix
for i in range(0,freedom):
    M[i,i] = m[i]
print('Mass Matrix:')
print(M)
# Create Stiffness Matrix
K=np.zeros((freedom,freedom))
# Assembly Stiffness Matrix
for i in range(0,freedom):
    # Obtain the degrees of freedom of story
    num1 = i-1;
    num2 = num1+1;
    if num1>=0:
        K[num1][num1] += k[i]
        K[num1][num2] -= k[i]
        K[num2][num1] -= k[i]
    K[num2][num2] += k[i]
print('Stiffness Matrix:')
print(K)
# Mass Matrix inversion
M_1=np.linalg.inv(M)
# Square matrix [A] = M_1*K
A=np.dot(M_1,K)
# Solve standard eigenvalue problem
eig_val,eig_vec=np.linalg.eig(A)
# print(eig_val)
# print(eig_vec)
# Sort eigenvalues
x = eig_val.argsort()
print('Eigenvalues:')
print(x)
# Get natural frequencies
w = np.sqrt(eig_val[x])
print('Natural Frequencies:')
print(w)
# Calculate Periods
T=[]
for i in range(0,freedom):
    T.append(2.0*math.pi/w[i])
print('Periods:')
print(T)
# 获得排序后的振型向量，按列储存，存放于 eig_vec_new
eig_vec_new = eig_vec.T[x].T
print('Modal Matrix:')
print(eig_vec_new)
# Normalize Modal Matrix
eig_vecNormalize = np.zeros((freedom,freedom))
ModalMatixNormalize(freedom,eig_vec_new,eig_vecNormalize)
print('Normalize Modal Matrix:')
print(eig_vecNormalize)
# 创建用于绘图的楼层列表
floors = np.arange(0,freedom+1)
# 循环所有振型，绘制振型形状
for i in range(0,freedom):
    modevec = eig_vecNormalize[:,i]
    modevec = np.insert(modevec,0,0) # 增加 0 用于绘制支座
```

```
# print(modevec)
plt.figure()
plt.title('Mode' + str(i+1) +', Period: ' + "{:.5f}".format(T[i]))
plt.plot(modevec, floors,marker='o')
plt.xlabel('Mode Disp')
plt.ylabel('Floor')
plt.show()
```

## 4.4.2　程序运行结果

根据 4.4.1 节中的代码运行得到的自振频率向量及其对应的振型矩阵如下：

```
Freedom:
3
Mass Matrix:
[[270000.    0.      0.]
 [   0.  270000.    0.]
 [   0.      0.  180000.]]
Stiffness Matrix:
[[ 4.40e+08 -1.95e+08  0.00e+00]
 [-1.95e+08  2.93e+08 -9.80e+07]
 [ 0.00e+00 -9.80e+07  9.80e+07]]
Eigenvalues:
[2 1 0]
Natural Frequencies:
[13.45895927 30.1232038  46.59086034]
Periods:
[0.466840353894954, 0.20858290333578575, 0.13485875257948038]
Modal Matrix:
[[ 0.2667281  -0.48507125 -0.78466082]
 [ 0.53494882 -0.48507125  0.58785675]
 [ 0.80167692  0.72760688 -0.19680407]]
Normalize Modal Matrix:
[[ 0.33271271 -0.66666667  3.98701518]
 [ 0.66728729 -0.66666667 -2.98701518]
 [ 1.          1.          1.        ]]
```

根据计算结果，绘制各阶振型图如图 4.4-2 所示。

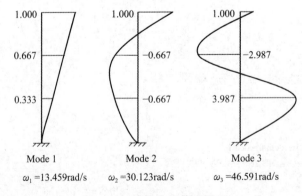

图 4.4-2　多自由度体系振型

## 4.4.3　振型正交性验证

已知结构刚度矩阵为

$$[K] = \begin{bmatrix} 440e6 & -195e6 & 0 \\ -195e6 & 293e6 & -98e6 \\ 0 & -98e6 & 98e6 \end{bmatrix}$$

结构质量矩阵为

$$[M] = \begin{bmatrix} 270e3 & 0 & 0 \\ 0 & 270e3 & 0 \\ 0 & 0 & 180e3 \end{bmatrix}$$

已知第一阶振型向量 $\{\phi\}_1 = \{0.3327127 \quad 0.6672873 \quad 1.000\}^T$，第二阶振型向量 $\{\phi\}_2 = \{-0.6666667 \quad -0.6666667 \quad 1.000\}^T$，第三阶振型向量 $\{\phi\}_3 = \{3.987015 \quad -2.987015 \quad 1.000\}^T$，则有

$$
\begin{aligned}
\{\phi\}_1^T [M] \{\phi\}_2 &= \{0.3327127 \quad 0.6672873 \quad 1.000\} \begin{bmatrix} 270e3 & 0 & 0 \\ 0 & 270e3 & 0 \\ 0 & 0 & 180e3 \end{bmatrix} \begin{Bmatrix} -0.6666667 \\ -0.6666667 \\ 1.000 \end{Bmatrix} \\
&= \{89.83243e3 \quad 180.16757e3 \quad 180e3\} \begin{Bmatrix} -0.6666667 \\ -0.6666667 \\ 1.000 \end{Bmatrix} \\
&= (-59.88829 - 120.11172 + 180)e3 \\
&= 0
\end{aligned}
$$

同理不难计算 $\{\phi\}_2^T [M] \{\phi\}_3 = 0$，$\{\phi\}_3^T [M] \{\phi\}_1 = 0$。

同理有

$$
\begin{aligned}
\{\phi\}_1^T [M] \{\phi\}_2 &= \{0.3327127 \quad 0.6672873 \quad 1.000\} \begin{bmatrix} 440e6 & -195e6 & 0 \\ -195e6 & 293e6 & -98e6 \\ 0 & -98e6 & 98e6 \end{bmatrix} \begin{Bmatrix} -0.6666667 \\ -0.6666667 \\ 1.000 \end{Bmatrix} \\
&= \{16.2726e6 \quad 32.6362e6 \quad 32.6058e6\} \begin{Bmatrix} -0.6666667 \\ -0.6666667 \\ 1.000 \end{Bmatrix} \\
&= (-10.8484 - 21.7575 + 32.6058)e6 \\
&= 0
\end{aligned}
$$

同理不难计算 $\{\phi\}_2^T [K] \{\phi\}_3 = 0$，$\{\phi\}_3^T [K] \{\phi\}_1 = 0$。

## 4.5　小结

本章主要包括以下内容：

（1）对多自由度体系的模态分析原理进行讲解，给出了具体公式。

（2）讨论了振型向量的正交性，并给出公式证明。

（3）通过 Python 编程实现剪切层模型的模态分析，并对振型正交性进行验证。

## 参 考 文 献

[1] 张雄, 王天舒. 计算动力学[M]. 北京: 清华大学出版社, 2007.

第 **5** 章

# 多自由度体系动力反应的振型分解法

　　振型分解法（又称振型叠加法）是用于求解多自由度弹性体系动力响应的基本方法，该方法的基本概念是，在对运动方程进行积分前，利用结构的固有振型及振型正交性，将 $N$ 个自由度的总体方程组，解耦为 $N$ 个独立的与固有振型对应的单自由度方程，然后对这些方程进行解析或数值求解，得到每个振型的动力响应，然后将各振型的动力响应按一定的方式叠加，得到多自由度体系的总动力响应[1]。

　　本章对多自由度体系振型分解法的基本原理及求解步骤进行详细介绍，并通过 Python 编程实现剪切层模型基于振型分解法的弹性地震动力时程分析。

## 5.1　振型分解法原理

　　地震作用下多自由度体系运动方程为

$$[M]\{\ddot{u}\} + [C]\{\dot{u}\} + [K]\{u\} = -[M]\{I\}\ddot{u}_g \tag{5.1-1}$$

式中 $[M]$、$[C]$、$[K]$ 分别是体系的质量矩阵、阻尼矩阵和刚度矩阵；$\{\ddot{u}\}$、$\{\dot{u}\}$、$\{u\}$ 分别是体系的加速度向量、速度向量和位移向量；$\{I\}$ 是维度与体系自由度相同的单位列向量。

　　将位移 $\{u\}$ 作正则坐标变换如下

$$\{u\} = [\Phi]\{q\} = \sum_{n=1}^{N}(\{\phi\}_n q_n) \tag{5.1-2}$$

式中 $[\Phi]$ 是体系的振型矩阵（或模态矩阵），$\{q\}$ 是广义坐标向量，有

$$[\Phi] = [\{\phi\}_1 \quad \{\phi\}_2 \quad \cdots \quad \{\phi\}_N] \tag{5.1-3}$$

$$\{q\} = \{q_1 \quad q_2 \quad \cdots \quad q_N\}^T \tag{5.1-4}$$

将式(5.1-2)代入式(5.1-1)有

$$[M][\Phi]\{\ddot{q}\} + [C][\Phi]\{\dot{q}\} + [K][\Phi]\{q\} = -[M]\{I\}\ddot{u}_g \tag{5.1-5}$$

上式两端分别前乘 $[\Phi]^T$ 得

$$[\Phi]^T[M][\Phi]\{\ddot{q}\} + [\Phi]^T[C][\Phi]\{\dot{q}\} + [\Phi]^T[K][\Phi]\{q\} = -[\Phi]^T[M]\{I\}\ddot{u}_g \tag{5.1-6}$$

根据振型正交性原理，可知 $[\Phi]^T[M][\Phi]$ 和 $[\Phi]^T[K][\Phi]$ 为对角矩阵，对角元素分别为 $M_n$ 和 $K_n$

$$\begin{cases} \{\phi\}_n^{\mathrm{T}}[M]\{\phi\}_n = M_n \\ \{\phi\}_n^{\mathrm{T}}[K]\{\phi\}_n = K_n \end{cases} \tag{5.1-7}$$

振型分解法进一步假定$[\Phi]^{\mathrm{T}}[C][\Phi]$为对角矩阵（能够被振型矩阵$[\Phi]$对角化的阻尼称为比例阻尼或经典阻尼，关于阻尼矩阵的更多介绍，可详见第 12 章），即

$$[\Phi]^{\mathrm{T}}[C][\Phi] = \begin{bmatrix} C_1 & & & \\ & C_2 & & \\ & & \ddots & \\ & & & C_n \end{bmatrix} \tag{5.1-8}$$

式(5.1-8)中的主对角元素为

$$\{\phi\}_n^{\mathrm{T}}[C]\{\phi\}_n = C_n \tag{5.1-9}$$

则式(5.1-6)表示的$n$个自由度的方程组解耦为$n$个与振型对应的单自由度体系的运动方程

$$M_n\ddot{q}_n + C_n\dot{q}_n + K_n q_n = -\{\phi\}_n^{\mathrm{T}}[M]\{I\}\ddot{u}_{\mathrm{g}}(n = 1,2,\cdots,N) \tag{5.1-10}$$

式中$M_n$、$C_n$、$K_n$及$-\{\phi\}_n^{\mathrm{T}}[M]\{I\}\ddot{u}_{\mathrm{g}}$分别称为第$n$阶振型的振型质量、振型阻尼、振型刚度和振型荷载。

参考有阻尼单自由度体系的相关理论，令$\zeta_n$为第$n$阶振型的阻尼比，$\omega_n$为第$n$阶振型的圆频率，则有

$$\begin{cases} C_n = 2\zeta_n\omega_n M_n \\ K_n = \omega_n^2 M_n \end{cases} \tag{5.1-11}$$

再令

$$\gamma_n = \frac{\{\phi\}_n^{\mathrm{T}}[M]\{I\}}{M_n} \tag{5.1-12}$$

式(5.1-10)两边同时除以$M_n$，可得

$$\ddot{q}_n + 2\zeta_n\omega_n\dot{q}_n + \omega_n^2 q_n = -\gamma_n\ddot{u}_{\mathrm{g}} \ (n = 1,2,\cdots,N) \tag{5.1-13}$$

式(5.1-13)为有阻尼单自由度体系在外荷载$-\gamma_n\ddot{u}_{\mathrm{g}}$作用下的运动方程，其中$\gamma_n$为第$n$阶振型的振型参与系数。令

$$q_n = \gamma_n q_{n0} \tag{5.1-14}$$

则式(5.1-13)可进一步写为

$$\ddot{q}_{n0} + 2\zeta_n\omega_n\dot{q}_{n0} + \omega_n^2 q_{n0} = -\ddot{u}_{\mathrm{g}} \ (n = 1,2,\cdots,N) \tag{5.1-15}$$

式(5.1-15)表示的是频率为$\omega_n$、阻尼比为$\zeta_n$的单自由度体系在地震加速度$\ddot{u}_{\mathrm{g}}$作用下的动力平衡方程。可利用第 2 章介绍的单自由度动力分析方法进行求解，获得与第$n$阶振型对应的位移响应$q_{n0}(t)$、速度响应$\dot{q}_{n0}(t)$和加速度响应$\ddot{q}_{n0}(t)$，进而由以下公式，将$N$阶振型的响应组合得到多自由度体系总的地震响应。

$$\begin{cases} \{u(t)\} = [\Phi]\{q\} = \sum_{n=1}^{N} \gamma_n q_{n0}(t)\{\phi\}_n \\ \{\dot{u}(t)\} = [\Phi]\{\dot{q}\} = \sum_{n=1}^{N} \gamma_n \dot{q}_{n0}(t)\{\phi\}_n \quad (n = 1,2,\cdots,N) \\ \{\ddot{u}(t)\} = [\Phi]\{\ddot{q}\} = \sum_{n=1}^{N} \gamma_n \ddot{q}_{n0}(t)\{\phi\}_n \end{cases} \tag{5.1-16}$$

求得结构的位移响应历程后，可根据结构的刚度，获得结构的恢复力时程[2]

$$\{F(u)\} = [K]\{u(t)\} = \sum_{n=1}^{N} \gamma_n q_{n0}(t)[K]\{\phi\}_n \quad (n = 1, 2, \cdots, N) \tag{5.1-17}$$

振型分解法的原理可通过图 5.1-1 加以理解。

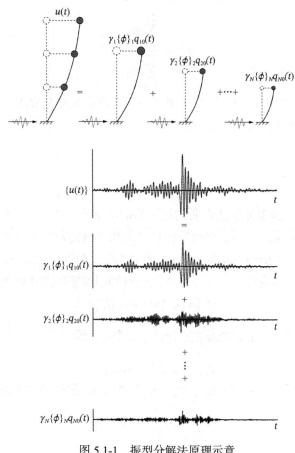

图 5.1-1　振型分解法原理示意

## 5.2　振型参与质量系数

对于地震响应分析，高阶振型通常对系统的响应贡献很小，因此，在实际分析中，利用振型叠加法常常只需考虑小部分模态的叠加就可以很好地近似系统的实际响应，同时可以提高计算效率。我国《建筑抗震设计标准》GB/T 50011—2010（2024 年版）[3]要求参与叠加的振型个数一般取振型参与质量达到总质量 90%所需的振型数，即振型参与质量系数不小于 0.9。

以剪切层模型为例，当仅考虑 $x$ 方向地震时，第 $j$ 振型第 $i$ 层的参与质量[4]定义为

$$m_{Eji} = \gamma_j \phi_{ji} m_i \tag{5.2-1}$$

式中 $m_i$ 是第 $i$ 个自由度的质量。

则第 $j$ 振型各楼层的总参与质量为

$$m_{\mathrm{E}j} = \sum_{i=1}^{N} \gamma_j \phi_{ji} m_i = \frac{\left(\sum\limits_{i=1}^{N} \phi_{ji} m_i\right)^2}{\sum\limits_{i=1}^{N} \phi_{ji}^2 m_i} \tag{5.2-2}$$

则前 $M$ 个振型参与质量与总参与质量之比定义为振型参与质量系数

$$r^M = \frac{\sum\limits_{i=1}^{M} m_{\mathrm{E}i}}{\sum\limits_{i=1}^{N} m_{\mathrm{E}i}} \tag{5.2-3}$$

当 $r^M$ 不小于 0.9 时，取前 $M$ 个振型结果参与组合可满足规范要求。

振型参与质量系数相关的证明详见附录 1。

## 5.3    振型的阻尼比

由式(5.1-15)可知，振型分解法需要指定振型的阻尼比，即振型的阻尼比为输入量。确定振型阻尼比的方法有很多，可直接指定，也可使用某种阻尼模型或假定间接指定。以下介绍通过瑞利阻尼模型（Rayleigh damping）指定各阶振型阻尼比的方法。

瑞利阻尼模型假定结构的阻尼矩阵是质量矩阵和刚度矩阵的线性组合，即

$$[C] = a_0[M] + a_1[K] \tag{5.3-1}$$

利用振型的正交性，将上式两端左乘 $\{\phi\}_n^{\mathrm{T}}$、右乘 $\{\phi\}_n$ 得

$$C_n = a_0 M_n + a_1 K_n \tag{5.3-2}$$

其中 $\{\phi\}_n$ 是第 $n$ 阶振型的振型向量；$C_n$、$M_n$、$K_n$ 分别是第 $n$ 阶振型的阻尼系数、振型质量和振型刚度。有

$$\begin{cases} C_n = 2\zeta_n \omega_n M_n \\ \omega_n^2 = K_n / M_n \end{cases} \tag{5.3-3}$$

其中 $\zeta_n$ 是第 $n$ 阶振型的阻尼比。

将式(5.3-3)代入式(5.3-2)可得

$$\zeta_n = \frac{a_0}{2\omega_n} + \frac{a_1 \omega_n}{2} \tag{5.3-4}$$

由式(5.3-4)可知，瑞利阻尼第 $n$ 阶振型的阻尼比与系数 $a_0$ 和 $a_1$ 及振型的自振频率 $\omega_n$ 有关。系数 $a_0$ 和 $a_1$ 是未知的，可通过给定某两个振型（圆频率 $\omega_i$、$\omega_j$，$i < j$）的阻尼比 $\zeta_i$、$\zeta_j$，联立以下方程组求解

$$\frac{1}{2} \begin{pmatrix} \dfrac{1}{\omega_i} & \omega_i \\ \dfrac{1}{\omega_j} & \omega_j \end{pmatrix} \begin{Bmatrix} a_0 \\ a_1 \end{Bmatrix} = \begin{Bmatrix} \zeta_i \\ \zeta_j \end{Bmatrix} \tag{5.3-5}$$

解方程可得待定系数 $a_0$ 和 $a_1$

$$\begin{Bmatrix} a_0 \\ a_1 \end{Bmatrix} = \frac{2\omega_i\omega_j}{\omega_j^2 - \omega_i^2} \begin{pmatrix} \omega_j & -\omega_i \\ -\dfrac{1}{\omega_j} & \dfrac{1}{\omega_i} \end{pmatrix} \begin{Bmatrix} \zeta_i \\ \zeta_j \end{Bmatrix} \tag{5.3-6}$$

当 $\zeta_i = \zeta_j = \zeta$ 时，上式简化为

$$\begin{Bmatrix} a_0 \\ a_1 \end{Bmatrix} = \frac{2\zeta}{\omega_i + \omega_j} \begin{Bmatrix} \omega_i\omega_j \\ 1 \end{Bmatrix} \tag{5.3-7}$$

将 $a_0$ 和 $a_1$ 代入式(5.3-1)可求得结构的瑞利阻尼矩阵 $[C]$，代入式(5.3-2)可求得第 $n$ 阶振型的阻尼系数 $C_n$，代入式(5.3-4)可求得结构的第 $n$ 阶振型的阻尼比。

必须指出的是，虽然上述过程讲到了阻尼矩阵的构造，但振型分解法并不需要构造整体阻尼矩阵，只需要获得振型的阻尼比 $\zeta_n$，这点从式(5.1-10)~式(5.1-15)可以看出。阻尼矩阵主要用于直接积分法求解动力时程分析，关于阻尼矩阵的构造详见第 12 章。

## 5.4　振型分解法求解步骤

（1）根据结构参数求得结构质量矩阵 $[M]$、刚度矩阵 $[K]$，利用第 4 章的模态分析方法，求解式(4.1-8)表示的广义特征值问题，获得结构的各阶振型及相应的固有频率。

（2）选定参与组合的 $N$ 个振型，并指定振型的阻尼比，求解式(5.1-15)表示的与振型对应的 $N$ 个单自由度体系的地震动力方程，获得 $q_{n0}$、$\dot{q}_{n0}$ 及 $\ddot{q}_{n0}$。单自由度体系地震动力方程的求解可采用第 2 章介绍的分析方法。

（3）将第（2）步求得的单自由度体系地震反应按式(5.1-16)进行叠加，获得系统的总的响应。

（4）根据式(5.1-17)求得多自由度体系的地震恢复力。

## 5.5　Python 编程

本节采用振型分解法对图 5.5-1 所示的三层框架结构（实例模型与第 4 章相同）进行地震动力时程分析，各模态对应的单自由度体系的地震动力反应采用 Newmark-β 法逐步积分求解。结构各阶振型的阻尼比通过瑞利阻尼(Rayleigh damping)模型确定。分析采用的地震加速度时程如图 5.5-2 所示。

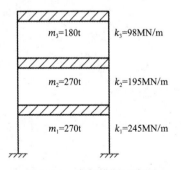

图 5.5-1　实例模型示意图

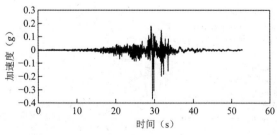

图 5.5-2　加速度时程

## 5.5.1　编程代码

```python
# -------------------------------
# File: MODESUPERPOSITIONANALYSIS.py
# Program: MODESUPERPOSITIONANALYSIS
# Website: www.jdcui.com
# Author: cuijidong, xieyiyuan
# Date: 20230803
# Description: 多自由度体系动力反应的振型分解法
# -------------------------------
import math
import numpy as np
import matplotlib.pyplot as plt
import GMDataProcess
import CommonFun


# 计算振型的阻尼比(瑞利阻尼模型)
def getdampingratio(A, wn):
    # a0 = A[0]
    # a1 = A[1]
    return (0.5 * A[0] / wn + 0.5 * A[1] * wn)


# 输入质量矩阵和刚度矩阵，求振型和频率
def getModes(M, K, ws, modalMatrix):
    # 计算自由度数
    # 质量矩阵求逆
    M_1 = np.linalg.inv(M)
    # 获得方阵[A] = M_1*K
    M_1K = np.dot(M_1, K)
    # 求解标准特征值问题
    eig_val, eig_vec = np.linalg.eig(M_1K)
    # print(eig_val)
    # print(eig_vec)
    # 对特征值按从小到大排序
    x = eig_val.argsort()
    # print(eig_val)
    # print(x)
    # 获得排序后的圆频率
    ws_temp = np.sqrt(eig_val[x])
    for i in range(0, freedom):
        ws.append(ws_temp[i])
    # 获得排序后的特征向量，存放于 eig_vec_new
    # 转置的原因是 numpy 默认索引操作是针对行操作，而振型向量是按列储存
    eig_vec_new_temp = eig_vec.T[x].T
    for i in range(0, freedom):
        modalMatrix[:, i] = eig_vec_new_temp[:, i]


# -------------------------------
# 输入楼层质量和楼层刚度
m = [270000, 270000, 180000]
k = [245 * 1e6, 195 * 1e6, 98 * 1e6]
# 自由度数
freedom = len(m)
print('Degrees of freedom:')
print(freedom)
# 创建质量矩阵
M = np.zeros((freedom, freedom))
# 组装质量矩阵
for i in range(0, freedom):
    M[i, i] = m[i]
print('Mass Matrix:')
```

```python
print(M)
# Create Stiffness Matrix
K = np.zeros((freedom, freedom))
# Assembly Stiffness Matrix
for i in range(0, freedom):
    # Obtain the degrees of freedom of story
    num1 = i - 1
    num2 = num1 + 1
    if num1 >= 0:
        K[num1][num1] += k[i]
        K[num1][num2] -= k[i]
        K[num2][num1] -= k[i]
    K[num2][num2] += k[i]
print('Stiffness Matrix:')
print(K)
# 周期 频率 振型矩阵
Ts = []
ws = []
modalMatrix = np.zeros((freedom, freedom))
# 求解模态
getModes(M, K, ws, modalMatrix)
# 根据圆频率计算周期
for i in range(0, freedom):
    Ts.append(2.0 * math.pi / ws[i])
print('Modal Matrix:')
print(modalMatrix)
print('Frequency:')
print(ws)
print('Period:')
print(Ts)
# -------------------------------
# Rayleigh Damping Matrix
ζ = 0.05  # 阻尼比
A0 = np.array([ws[0] * ws[1], 1])
A = 2 * ζ / (ws[0] + ws[1]) * A0
print('Rayleigh Damping Coeff:')
print(A)
print('Import Ground Motion')
timelist = []
acclist = []
g = 9.8  # 重力加速度
skipline = 5  # 标题行
GMDataProcess.ReadGroundMotion2('ChiChi.dat', timelist, acclist, g, skipline)
# 计算时间间隔
dt = timelist[1] - timelist[0]
print('Time step of ground moiton:')
print(str(dt) + ' sec')
print()
# 绘制加速度时程曲线
plt.figure('Ground Motion')
plt.xlabel('Time (s)')
plt.ylabel('Ground Accleration (m/s^2)')
plt.title('Ground Motion')
plt.plot(timelist, acclist)
plt.tight_layout()
plt.show()
# 定义积分常数 Newmark-beta
gama = 0.5
beta = 0.25
a0 = 1.0 / (beta * dt ** 2)
a1 = gama / (beta * dt)
a2 = 1 / (beta * dt)
a3 = 1 / (2 * beta) - 1
```

```
a4 = gama / beta - 1
a5 = dt / 2 * (gama / beta - 2)
a6 = dt * (1 - gama)
a7 = gama * dt
# 定义数据存储变量
steps = len(acclist)
# 广义坐标序列 (模态 X 时间步)
q = np.zeros((freedom, steps))
qdot = np.zeros((freedom, steps))
qdotdot = np.zeros((freedom, steps))
# 结构位移、速度、加速度序列(自由度 X 时间步)
usum = np.zeros((freedom, steps))
vsum = np.zeros((freedom, steps))
asum = np.zeros((freedom, steps))
# 基底剪力序列
forcesum = np.zeros((1, steps))
# 单位荷载指示向量
I = [1] * freedom
print('Beginning MODESUPERPOSITION ANALYSIS')
# 循环各振型，计算地震响应
for i in range(0, freedom):
    print('Mode ' + str(i+1))
    # 频率
    wi = ws[i]
    # 振型向量 ϕ
    ϕi = modalMatrix[:, i]
    # 振型质量、刚度、阻尼
    Mi = ϕi.T @ M @ ϕi
    Ki = wi * wi * Mi
    # 振型阻尼系数
    Ci = 2.0 * getdampingratio(A, wi) * wi * Mi
    # 振型参与系数
    γiMi = ϕi.T @ M @ I
    # print(γiMi.shape)
    γi = γiMi / Mi
    # print(γi)
    # print(Mi)
    # 等效刚度
    kk = Ki + a0 * Mi + a1 * Ci
    # 广义加速度
    qdotdot[i, 0] = (-γiMi * acclist[0] - Ci * qdot[i, 0] - Ki * q[i, 0]) / Mi
    for j in range(1, steps):
        # 计算等效荷载
        PPj = -γiMi * acclist[j] + Mi * (a0 * q[i, j - 1] + a2 * qdot[i, j - 1] + a3 * qdotdot[i, j - 1]) + Ci * (a1 * q[i, j - 1] + a4 * qdot[i, j - 1]
+ a5 * qdotdot[i, j - 1])
        # 广义位移
        q[i, j] = PPj / kk
        # 广义加速度
        qdotdot[i, j] = a0 * (q[i, j] - q[i, j - 1]) - a2 * qdot[i, j - 1] - a3 * qdotdot[i, j - 1]
        # 广义速度
        qdot[i, j] = qdot[i, j - 1] + a6 * qdotdot[i, j - 1] + a7 * qdotdot[i, j]

    # 振型叠加
    # 位移
    utemp = np.zeros((freedom, steps))
    #
    for k in range(0, freedom):  # 循环楼层
        umodei = ϕi[k] * q[i, :]
        # print((usum[k, :] + umodei).shape)
        utemp[k, :] = umodei
        usum[k, :] += umodei
        # 绘图
        mytitle = 'Mode ' + str(i + 1) + ' - Floor' + str(k + 1) + ' Displacement'
```

```
        xlabel = 'Time (s)'
        ylabel = 'Displacement (m)'
        CommonFun.PlotShow(plt, timelist, umodei, mytitle, xlabel, ylabel)

        # 基底剪力
        # print(K.shape)
        # print(utemp.shape)
        Forcetemp = K @ utemp
        Forcetemp = np.sum(Forcetemp, axis=0)  # 数组按列相加
        # print(Forcetemp.shape)
        # 绘制基底剪力
        mytitle = 'Mode ' + str(i + 1) + ' - Base Shear Force'
        xlabel = 'Time (s)'
        ylabel = 'Base Shear Force (N)'
        CommonFun.PlotShow(plt, timelist, Forcetemp, mytitle, xlabel, ylabel)
        # 叠加基底剪力
        forcesum += Forcetemp

        # 速度
        for k in range(0, freedom):
            vmodei = φi[k] * qdot[i, :]
            vsum[k, :] += vmodei
            # 绘图
            mytitle = 'Mode ' + str(i + 1) + ' - Floor' + str(k + 1) + ' Velocity'
            xlabel = 'Time (s)'
            ylabel = 'Velocity (m/s)'
            CommonFun.PlotShow(plt, timelist, vmodei, mytitle, xlabel, ylabel)
        # 加速度
        for k in range(0, freedom):
            amodei = φi[k] * qdotdot[i, :]
            asum[k, :] += amodei
            # 绘图
            mytitle = 'Mode ' + str(i + 1) + ' - Floor' + str(k + 1) + ' Accleration'
            xlabel = 'Time (s)'
            ylabel = 'Accleration (m/s^2)'
            CommonFun.PlotShow(plt, timelist, amodei, mytitle, xlabel, ylabel)

print('End of MODESUPERPOSITION ANALYSIS')
print()
print('Beginning Plotting')
print('......')
# 位移
for k in range(0, freedom):
    mytitle = 'Floor' + str(k + 1) + ' Displacement'
    plt.show()
    xlabel = 'Time (s)'
    ylabel = 'Displacement (m)'
    CommonFun.PlotShow(plt, timelist, usum[k, :], mytitle, xlabel, ylabel)

# 速度
for k in range(0, freedom):
    # 绘图
    mytitle = 'Floor' + str(k + 1) + ' Velocity'
    xlabel = 'Time (s)'
    ylabel = 'Velocity (m/s)'
    CommonFun.PlotShow(plt, timelist, vsum[k, :], mytitle, xlabel, ylabel)
# 加速度
for k in range(0, freedom):
    # 绘图
    mytitle = 'Floor' + str(k + 1) + ' Accleration'
    xlabel = 'Time (s)'
    ylabel = 'Accleration (m/s^2)'
    CommonFun.PlotShow(plt, timelist, asum[k, :], mytitle, xlabel, ylabel)
# 基底剪力
```

```
mytitle = 'Base Shear Force'
CommonFun.PlotShow(plt, timelist, forcesum.T, mytitle, 'Time (s)', 'Base Shear Force (N)')
print('End of Plotting')
```

### 5.5.2  程序运行结果

程序运行输出以下结果：

```
Degrees of freedom:
3
Mass Matrix:
[[270000.    0.     0.]
 [   0. 270000.    0.]
 [   0.    0. 180000.]]
Stiffness Matrix:
[[ 4.40e+08 -1.95e+08  0.00e+00]
 [-1.95e+08  2.93e+08 -9.80e+07]
 [ 0.00e+00 -9.80e+07  9.80e+07]]
Modal Matrix:
[[ 0.2667281  -0.48507125 -0.78466082]
 [ 0.53494882 -0.48507125  0.58785675]
 [ 0.80167692  0.72760688 -0.19680407]]
Frequency:
[13.458959266819072, 30.123203803835466, 46.590860340907625]
Period:
[0.466840353894954, 0.20858290333578575, 0.13485875257948038]
Rayleigh Damping Coeff:
[0.93025895 0.00229452]
Import Ground Motion
Time step of ground moiton:
0.01 sec
Beginning MODESUPERPOSITION ANALYSIS
Mode 1
Mode 2
Mode 3
End of MODESUPERPOSITION ANALYSIS
Beginning Plotting
End of Plotting
```

运行 5.5.1 节中的 Python 代码，可得到各阶振型下的结构响应及结构总响应，如图 5.5-3～图 5.5-10 所示。

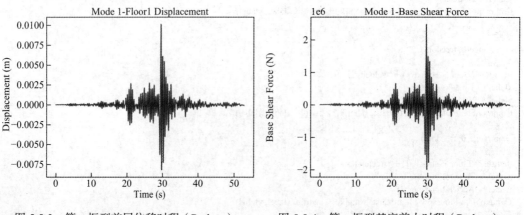

图 5.5-3　第一振型首层位移时程（Python）　　　图 5.5-4　第一振型基底剪力时程（Python）

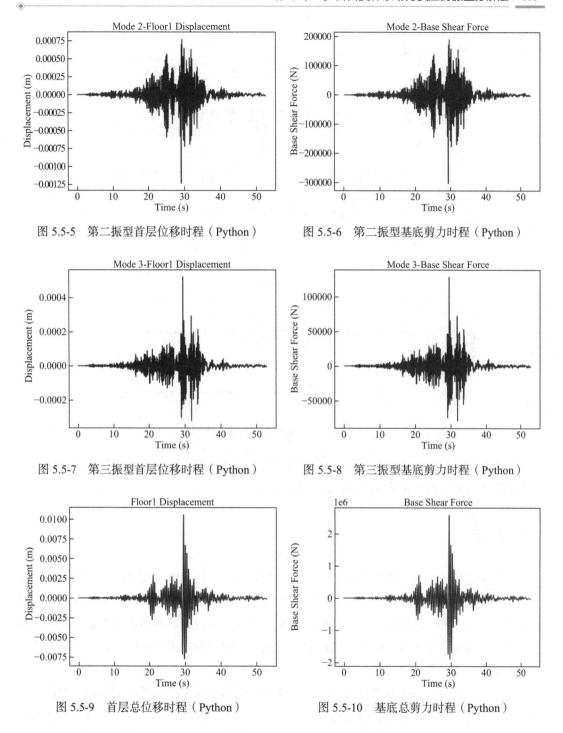

图 5.5-5　第二振型首层位移时程（Python）　　图 5.5-6　第二振型基底剪力时程（Python）

图 5.5-7　第三振型首层位移时程（Python）　　图 5.5-8　第三振型基底剪力时程（Python）

图 5.5-9　首层总位移时程（Python）　　图 5.5-10　基底总剪力时程（Python）

## 5.6　结果对比

本小节中主要针对首层质点的位移时程响应以及基底剪力时程进行对比，结果如图 5.6-1 和图 5.6-2 所示。

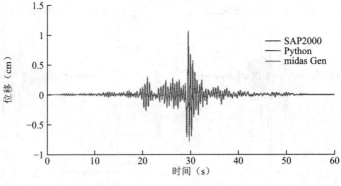

图 5.6-1　首层总位移时程对比

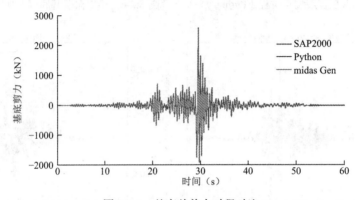

图 5.6-2　基底总剪力时程对比

由图 5.6-1 和图 5.6-2 可以看出，无论是首层总位移时程图还是基底总剪力时程图，三者计算结果基本吻合，证明 Python 编程的正确性。

## 5.7　小结

（1）振型分解法的基本思路是，在积分运动方程前，利用结构的固有振型及振型正交性，将 $n$ 个自由度的总体方程组，解耦为 $n$ 个独立的与固有振型对应的单自由度方程，然后对这些方程进行解析或数值求解，得到每个振型的动力响应，然后将各振型的动力响应按一定的方式叠加，得到多自由度体系的总动力响应。由于使用了叠加原理，因此该方法只适用于线弹性体系。

（2）在采用固有振型对整体方程进行解耦时，利用了振型关于阻尼矩阵的正交性，引出了比例阻尼、非比例阻尼、阻尼矩阵构造等概念。书中虽然讨论了阻尼矩阵，但必须理解振型分解法的整个求解过程并不需要形成整体的阻尼矩阵，只需指定各振型的阻尼比。书中引入瑞利阻尼只是用于求解振型的阻尼比。

（3）对振型参与质量系数进行讲解，并给出相关公式推导。

（4）总结了振型分解法的步骤，并通过 Python 编程实现剪切层模型基于振型分解法的弹性地震动力时程分析。

# 参 考 文 献

[1]　张雄, 王天舒. 计算动力学[M]. 北京: 清华大学出版社, 2007.

[2]　潘鹏, 张耀庭. 建筑结构抗震设计理论与方法[M]. 北京: 科学出版社, 2017.

[3]　中华人民共和国住房和城乡建设部. 建筑抗震设计标准: GB/T 50011—2010 (2024 年版)[S].

[4]　张敏. 建筑结构抗震分析与减震控制[M]. 成都: 西南交通大学出版社, 2007.

# 第 6 章

# 多自由度体系动力反应的振型分解反应谱法

第 5 章中介绍的振型分解法，可求得结构在地震作用下全时程的结构动力反应。但工程中最为关心的是结构的最大动力反应，因此实际结构的抗震设计中，工程师们常采用的是振型分解反应谱法。振型分解反应谱法与振型分解法的思路是类似的，相同的地方是均利用结构的固有振型将 N 个自由度的整体多自由度动力平衡方程解耦为 N 个互不耦合的单自由度动力平衡方程，然后通过对单自由度响应的叠加求得多自由度体系的总响应，不同的地方在于对解耦的单自由度动力平衡方程的处理上，振型分解法对解耦后的单自由度平衡方程进行解析或数值积分，获得的是地震反应时程，而振型分解反应谱法通过引入反应谱，获得对应单自由度体系的地震反应最大值。本章对振型分解反应谱法的原理进行介绍，着重讨论等效地震力、设计反应谱、振型组合等概念，并给出振型分解反应谱法的具体求解步骤，最后通过 Python 给出剪切层模型振型分解反应谱法的编程实现。

## 6.1 基本原理

### 6.1.1 等效地震力

结构地震反应是地震动通过结构惯性引起的，地震作用是间接作用，并非直接作用在结构上的荷载，而且地震作用是动力时程作用，但工程中为应用方便，有时将地震作用等效为某种形式的静力荷载施加在结构上，使结构产生的响应与结构在地震作用下的实际响应相等，这个静力荷载称为等效地震荷载或等效地震力[1]。

以单自由度体系为例，首先可以认为，结构在等效地震力 $f$ 作用下产生的相对变形 $u$ 与地震作用下结构的实际相对变形相等，则等效地震力可表示为

$$f = ku \tag{6.1-1}$$

也可以认为等效地震力 $f$ 等于体系的惯性力，即

$$f = -m(\ddot{u}_g + \ddot{u}) \tag{6.1-2}$$

式中 $(\ddot{u}_g + \ddot{u})$ 是体系绝对加速度。

上述两种等效地震力的表达方式，分别从体系相对变形和绝对加速度角度出发，虽各有侧重，但在一定条件下是等效的。

由单自由度体系地震动力方程

$$m(\ddot{u} + \ddot{u}_g) + c\dot{u} + ku = 0 \tag{6.1-3}$$

移项可得

$$ku = -m(\ddot{u}_g + \ddot{u}) + c\dot{u} \tag{6.1-4}$$

当体系阻尼系数 $c$ 为 0 时，

$$ku = -m(\ddot{u}_g + \ddot{u}) \tag{6.1-5}$$

从中可以看出，当忽略阻尼影响时，式(6.1-1)及式(6.1-2)表示的两种等效地震力是相等的。

由于抗震设计中最为关心的是结构的最大地震反应，因此需要获取等效地震力的最大值，下面分别以单自由度体系和多自由度体系为例，给出根据反应谱（相对位移谱、绝对加速度谱）求解最大等效地震力的方法。

### 6.1.2　单自由度体系最大等效地震力

（1）根据伪加速度反应谱（相对位移反应谱）求解最大等效地震力

当考虑等效地震力作用下产生的相对变形与地震作用下结构的实际相对变形相等时，单自由度体系质点在任意时刻的等效地震力可表示为

$$f(t) = ku(t) \tag{6.1-6}$$

则最大等效地震力为

$$f_{max} = k|u|_{max} \tag{6.1-7}$$

式中 $|u|_{max}$ 是体系在地震作用下的最大相对位移，可通过相对位移反应谱求得，如果单自由度体系的自振圆频率为 $\omega$，阻尼比为 $\zeta$，则有 $|u|_{max} = \mathrm{SD}(\zeta, \omega)$。

根据相对位移反应谱与伪加速度反应谱的换算关系

$$\mathrm{PSA}(\zeta, \omega) = \omega^2 \cdot \mathrm{SD}(\zeta, \omega) \tag{6.1-8}$$

以及刚度、质量及圆频率之间的关系

$$k = m\omega^2 \tag{6.1-9}$$

式(6.1-7)又可变为以下形式

$$f_{max} = m \cdot \mathrm{PSA}(\zeta, \omega) \tag{6.1-10}$$

（2）根据绝对加速度反应谱求解最大等效地震力[2]

当考虑等效地震力等于体系的惯性力时，单自由度体系质点在任意时刻的等效地震力为

$$f(t) = -m[\ddot{u}(t) + \ddot{u}_g(t)] \tag{6.1-11}$$

则最大等效地震力为

$$f_{max} = m|\ddot{u} + \ddot{u}_g|_{max} \tag{6.1-12}$$

式中 $|\ddot{u} + \ddot{u}_g|_{max}$ 为绝对加速度的最大值，可根据结构的自振圆频率为 $\omega$、阻尼比为 $\zeta$，由绝对加速度反应谱求解，即有 $|\ddot{u} + \ddot{u}_g|_{max} = \mathrm{SA}(\zeta, \omega)$。

式(6.1-12)可改写为

$$f_{\max} = m \cdot \mathrm{SA}(\zeta, \omega) \tag{6.1-13}$$

对比式(6.1-10)和式(6.1-13)可以看出，两种最大等效地震力的计算公式具有相同的形式，不同的是前者的加速度项是伪加速度反应谱$\mathrm{PSA}(\zeta, \omega)$，后者的加速度项是绝对加速度反应谱$\mathrm{SA}(\zeta, \omega)$。两者出发点与侧重点略有不同，采用伪加速度反应谱求得的等效地震力等于体系在实际地震中产生的最大弹性恢复力，采用绝对加速度反应谱求得的等效地震力实际上是结构在地震作用下的惯性力。由第 3 章的知识可知，当结构的阻尼比较小时，$\mathrm{PSA}(\zeta, \omega)$与$\mathrm{SA}(\zeta, \omega)$差异很小，上述两种方式定义的等效地震力最大值差异很小。由于常规建筑结构的阻尼比一般较小，比如钢结构为 2%，混凝土结构为 5%，因此采用上述两种方法求得的等效地震力大小近似相等。但必须注意的是，两种定义方法本质是不同的，在基于承载力的抗震设计方法中，基于伪加速度反应谱定义的等效地震力更加符合概念，因为结构或构件所受的弹性力与结构或构件的变形直接相关，与变形对应的力可直接用于承载力设计。

### 6.1.3　多自由度体系最大等效地震力

（1）根据伪加速度反应谱（相对位移反应谱）求解最大等效地震力

同样，对于多自由度体系，当考虑等效地震力作用下产生的结构相对变形与地震作用下结构的实际相对变形相等时，多自由度体系的等效地震力可表示为

$$\{F(t)\} = [K]\{u(t)\} = \sum_{n=1}^{N} \gamma_n q_{n0}(t)[K]\{\phi\}_n \quad (n = 1, 2, \cdots, N) \tag{6.1-14}$$

式中$[K]$是多自由度体系的刚度矩阵；$\{u(t)\}$是体系的位移向量；$\gamma_n$是第$n$阶振型参与系数；$\{\phi\}_n$是第$n$阶振型向量；$q_{n0}(t)$是与第$n$阶振型对应的单自由度体系的位移。

则对于第$n$阶振型，其等效地震力向量为

$$\{F(t)\}_n = \gamma_n q_{n0}(t)[K]\{\phi\}_n \tag{6.1-15}$$

进一步有

$$\{F\}_{n,\max} = \gamma_n |q_{n0}|_{\max}[K]\{\phi\}_n \tag{6.1-16}$$

式中$|q_{n0}|_{\max}$是第$n$阶振型对应的单自由度体系的位移峰值，即位移反应谱值。

由于

$$\begin{cases} [K]\{\phi\}_n = \omega_n^2 [M]\{\phi\}_n \\ |q_{n0}|_{\max} = \mathrm{SD}(\zeta_n, \omega_n) = \mathrm{PSA}(\zeta_n, \omega_n)/\omega_n^2 \end{cases} \tag{6.1-17}$$

式中$\zeta_n$、$\omega_n$分别是第$n$阶振型的阻尼比和圆频率；$\mathrm{PSA}(\zeta_n, \omega_n)$及$\mathrm{SD}(\zeta_n, \omega_n)$分别是第$n$阶振型对应的伪加速度反应谱值及位移反应谱值。

将式(6.1-17)带入式(6.1-16)，可得

$$\begin{aligned} \{F\}_{n,\max} &= \gamma_n |q_{n0}|_{\max}[K]\{\phi\}_n \\ &= \gamma_n \cdot \frac{\mathrm{PSA}(\zeta_n, \omega_n)}{\omega_n^2} \cdot \omega_n^2 [M]\{\phi\}_n \\ &= \mathrm{PSA}(\zeta_n, \omega_n) \cdot \gamma_n [M]\{\phi\}_n \end{aligned} \tag{6.1-18}$$

（2）根据绝对加速度反应谱求解最大等效地震力

当考虑等效地震力等于结构的惯性力时，多自由度体系等效地震力可表示为

$$\{F(t)\} = -[M]\big(\{\ddot{u}(t)\} + \{I\}\ddot{u}_g(t)\big) \tag{6.1-19}$$

根据振型关于质量矩阵的正交性可得：

$$\sum_{n=1}^{N} \gamma_n\{\phi\}_n = \{I\} \tag{6.1-20}$$

即所有振型参与系数与振型向量乘积的和为单位列向量，具体证明详见附录 2。

将上式左乘以地震加速度$\ddot{u}_g(t)$则有

$$\{I\}\ddot{u}_g(t) = \ddot{u}_g(t)\sum_{n=1}^{N}\gamma_n\{\phi\}_n \tag{6.1-21}$$

将式(6.1-21)代入式(6.1-19)，同时利用第 5 章式(5.1-16)，将$\{\ddot{u}(t)\}$表示为振型叠加的形式，可得多自由度体系在地震作用下的惯性力为

$$\{F(t)\} = -[M]\big(\{\ddot{u}(t)\} + \{I\}\ddot{u}_g(t)\big) = -[M]\left(\sum_{n=1}^{N}\gamma_n\{\phi\}_n\ddot{q}_{n0}(t) + \sum_{n=1}^{N}\gamma_n\{\phi\}_n\ddot{u}_g(t)\right) \tag{6.1-22}$$

则第$n$振型惯性力为

$$\{F(t)\}_n = -[M]\gamma_n\{\phi\}_n\big(\ddot{q}_{n0}(t) + \ddot{u}_g(t)\big) \tag{6.1-23}$$

进而有第$n$振型的最大惯性力为

$$\{F\}_{n,\max} = [M]\gamma_n\{\phi\}_n\big|\ddot{q}_{n0} + \ddot{u}_g\big|_{\max} \tag{6.1-24}$$

式中$\big|\ddot{q}_{n0} + \ddot{u}_g\big|_{\max}$项是具有自振频率$\omega_n$和阻尼比$\zeta_n$的单自由度弹性体系的最大绝对加速度响应，即$\mathrm{SA}(\zeta_n, \omega_n)$，则有

$$\{F\}_{n,\max} = \mathrm{SA}(\zeta_n, \omega_n) \cdot \gamma_n[M]\{\phi\}_n \tag{6.1-25}$$

同样，对比式(6.1-18)和式(6.1-25)可发现，两式形式上是一样的，多自由度体系各振型等效地震力也可以表示为两种形式，两者之间的联系和区别与单自由度体系是相同的，不同的是求解多自由度体系各振型等效地震力时，除了质量项和加速度项（伪加速度或绝对加速度），还需要振型向量$\{\phi\}_n$和振型参与系数$\gamma_n$参与计算。

## 6.1.4　设计反应谱

前面等效地震力计算过程中用到的$\mathrm{SA}(\zeta_n, \omega_n)$或$\mathrm{PSA}(\zeta_n, \omega_n)$均是某个具体地震波的反应谱。由于每条地震动记录都可以计算出反应谱，且形状各异。因此无法直接用于抗震设计。实际结构抗震设计中采用的反应谱是规范给出的设计反应谱。设计反应谱可以理解为根据大量强震记录统计得到的具有平均意义的用于指导抗震设计的反应谱曲线[3]。因此，实际工程抗震设计求解等效地震力（设计地震力）时，需用设计反应谱代替上面公式中的反应谱。

我国《建筑抗震设计标准》GB/T　50011—2010（2024 年版）（以下简称《抗震标准》）[4]中的设计反应谱以地震影响系数$\alpha(T)$的形式给出，如图 6.1-1 所示。其中横坐标为周期$T$，

纵坐标为地震影响系数$\alpha$。

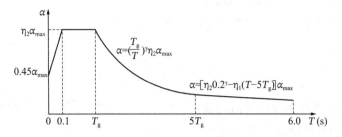

$\alpha$—地震影响系数；$\alpha_{\max}$—地震影响系数最大值；$\eta_1$—直线下降段的下降斜率调整系数；$\gamma$—衰减指数；
$T_g$—特征周期；$\eta_2$—阻尼调整系数；$T$—结构自振周期

图 6.1-1　地震影响系数曲线

地震影响系数$\alpha(T)$的定义为

$$\alpha(T) = SA(\zeta, T)/g \tag{6.1-26}$$

式中$SA(\zeta, T)$为绝对加速度反应谱；$g$为重力加速度。

即地震影响系数$\alpha$可以理解为以重力加速度为单位的绝对加速度反应谱。

### 6.1.5　单个振型下结构地震反应

按上面章节中的方法求得各振型最大等效地震力后，即可按静力分析的方法进一步求得各振型下结构的最大位移、楼层剪力、构件的变形、内力等结构反应。

比如可通过如下静力平衡方程求解各振型的最大位移

$$\{F\}_{n,\max} = [K]\{u\}_{n,\max} \tag{6.1-27}$$

对于剪切层模型，可通过下式求解各层剪力$V_{in}$

$$V_{in,\max} = \sum_{j=1}^{n} F_{jn,\max} \tag{6.1-28}$$

式中$F_{jn,\max}$是第$n$阶振型第$j$层的等效地震力；$N$是总楼层数。

可见，在单振型下，结构的地震外力与结构的层剪力满足静力平衡。

由于结构的各类反应均是根据等效地震力以静力分析的方式求得，因此振型分解反应谱法是一种拟静力方法。

### 6.1.6　振型组合

上述章节基于振型分解和反应谱求得的地震响应实际上是单个振型下结构或构件的最大地震反应，但是各振型下的最大地震反应不一定出现在同一时刻，因此在计算总的最大地震反应时，不能简单地将各振型的最大地震反应线性叠加，而如何根据各振型最大地震反应求得总的最大地震反应，是振型组合需要解决的问题。

对于水平地震作用效应，《抗震标准》给出的振型组合方式有 SRSS（完全平方根法）和 CQC（完全二次项平方根法）两种。

（1）完全平方根法 SRSS（Square Root of Sum-square Method）

该方法适用于振型比较稀疏，振型间耦联性较小的情况，常用于平面振动的多质点弹性体系。在《抗震标准》中的适用条件为"相邻振型的周期比小于 0.85"。其组合方式为将各振型的地震作用效应求平方和再开方，具体公式如下

$$S_{\mathrm{Ek}} = \sqrt{\sum_{i=1}^{m} S_i^2} \tag{6.1-29}$$

式中 $S_i$ 为第 $i$ 阶振型地震作用标准值的效应；$S_{\mathrm{Ek}}$ 为组合后的地震作用标准值的效应；$m$ 为计算时所考虑的前 $m$ 阶振型。

（2）完全二次式法 CQC（Complete Quadratic Combination Method）

该方法适用于振型比较密集、振型间耦联比较明显的情况，常用于考虑平-扭耦联振动的多质点弹性体系（相邻周期比大于等于 0.85）。其组合方式为先求出每两个振型间的耦联系数，再乘以这两个振型下地震作用标准值的效应，最后求和并开方，其公式如下所示

$$S_{\mathrm{Ek}} = \sqrt{\sum_{i=1}^{m} \sum_{k=1}^{m} \rho_{ik} S_i S_k} \tag{6.1-30}$$

$$\rho_{ik} = \frac{8\sqrt{\zeta_i \zeta_k}(\zeta_i + \lambda_{\mathrm{T}} \zeta_k)\lambda_{\mathrm{T}}^{1.5}}{\left(1 - \lambda_{\mathrm{T}}^2\right)^2 + 4\zeta_i \zeta_k (1 + \lambda_{\mathrm{T}}^2)\lambda_{\mathrm{T}} + 4(\zeta_i^2 + \zeta_k^2)\lambda_{\mathrm{T}}^2} \tag{6.1-31}$$

式中 $S_i$、$S_k$ 分别为第 $i$ 阶和第 $k$ 阶振型地震作用标准值的效应；$S_{\mathrm{Ek}}$ 为组合后的地震作用标准值的扭转效应；$\zeta_i$、$\zeta_k$ 分别为第 $i$ 阶和第 $k$ 阶振型的阻尼比；$\rho_{ik}$ 为第 $i$ 阶和第 $k$ 阶振型的耦联系数；$\lambda_{\mathrm{T}}$ 为第 $k$ 阶振型与第 $i$ 阶振型的自振周期比。

参与组合的振型数 $m$ 一般可以取振型参与质量达到总质量的 90% 所需的振型数（振型参与质量系数的讨论详见第 5 章 5.2 节）。

### 6.1.7　振型分解反应谱法求解步骤

综上，振型分解反应谱法求解步骤如下：

（1）根据结构参数求得结构质量矩阵、刚度矩阵。

（2）对结构进行模态分析（振型分解），求得各阶振型及相应的周期，求得各阶振型参与系数，将多自由度体系联立方程组转化为一系列单自由度体系运动方程。其中，模态分析及振型参与系数求解分别详见 4.1 节、5.1 节。

（3）根据式(6.1-18)或式(6.1-25)求得结构各振型的等效地震力。当依据《抗震标准》进行结构抗震设计时，反应谱值应取为《抗震标准》中的设计反应谱值。

（4）根据等效地震力，以静力分析的方式求得各振型下的结构反应，参见式(6.1-27)和式(6.1-28)。

（5）采用 SRSS 或 CQC 法对第（4）步求得的各振型的地震响应进行组合，求得结构总的地震响应，详见式(6.1-29)～式(6.1-31)。参与组合的振型个数一般可以取振型参与质量达到总质量的 90% 所需的振型数。

## 6.2　Python 编程

本节基于 Python 编程对图 5.5-1 所示的三层框架结构进行振型分解反应谱法分析，采用的反应谱为《抗震标准》中的设计反应谱。如前所述，我国《抗震标准》中的设计反应谱曲线以地震影响系数曲线的形式给出，因此，结构的等效地震力公式表示为

$$\{F\}_{n,\max} = \alpha(\zeta_n, \omega_n) \cdot g \cdot \gamma_n [M] \{\phi\}_n \tag{6.2-1}$$

式中 $\alpha(\zeta_n, \omega_n)$ 是地震影响系数，$g$ 是重力加速度。

### 6.2.1　编程代码

```
# ------------------------------
# File: ModalResponseSpectrumAnalysis.py
# Program: ModalResponseSpectrumAnalysis
# Website: www.jdcui.com
# Author: cuijidong, xieyiyuan
# Date: 20230805
# ------------------------------
import numpy as np
import math

# 根据《建筑抗震设计标准》GB/T 50011—2010（2024 年版）计算反应谱影响系数
# T:周期; dampratio:阻尼比; Tg 场地特征周期; alphamax:影响系数最大值
def function_alpha(T, dampratio, Tg, alphamax):
    # 曲线下降段衰减指数
    r = 0.9 + (0.05 - dampratio) / (0.3 + 6 * dampratio)
    # 直线下降段的下降斜率调整系数
    n1 = 0.02 + (0.05 - dampratio) / (4 + 32 * dampratio)
    # 阻尼调整系数
    n2 = 1 + (0.05 - dampratio) / (0.08 + 1.6 * dampratio)
    if n1 < 0:
        n1 = 0
    if n2 < 0.55:
        n2 = 0.55
    # calculate the value of alpha
    if T < 0.1:
        alpha = 0.45 * alphamax + T * (n2 - 0.45) * alphamax / 0.1
    elif T < Tg:
        alpha = n2 * alphamax
    elif T < 5 * Tg:
        alpha = ((Tg / T) ** r) * n2 * alphamax
    else:
        alpha = (n2 * 0.2 ** r - n1 * (T - 5 * Tg)) * alphamax
    return (alpha)

# 计算振型的阻尼比(瑞利阻尼模型)
def getdampingratio(A, wn):
    # a0 = A[0]
    # a1 = A[1]
    return (0.5 * A[0] / wn + 0.5 * A[1] * wn)

# 输入质量矩阵和刚度矩阵，求振型和频率
def getModes(M, K, ws, modalMatrix):
    # 计算自由度数
```

```python
    # 质量矩阵求逆
    M_1 = np.linalg.inv(M)
    # 获得方阵[A] = M_1*K
    M_1K = np.dot(M_1, K)
    # 求解标准特征值问题
    eig_val, eig_vec = np.linalg.eig(M_1K)
    # print(eig_val)
    # print(eig_vec)
    # 对特征值按从小到大排序
    x = eig_val.argsort()
    # print(eig_val)
    # print(x)
    # 获得排序后的圆频率
    ws_temp = np.sqrt(eig_val[x])
    for i in range(0, freedom):
        ws.append(ws_temp[i])
    # 获得排序后的特征向量，存放于 eig_vec_new
    # 转置的原因是 numpy 默认索引操作是针对行操作，而振型向量是按列储存
    eig_vec_new_temp = eig_vec.T[x].T
    for i in range(0, freedom):
        modalMatrix[:, i] = eig_vec_new_temp[:, i]


# 求 CQC 振型耦联系数
# λT: 周期比; ζi,ζk: i、j 振型阻尼比
def getrhoik(λT, ζi, ζk):
    rhoik = 8 * math.sqrt(ζi * ζk) * (ζi + λT * ζk) * (λT ** 1.5) / (
        (1 - λT ** 2.0) ** 2 + 4.0 * ζi * ζk * (1 + λT ** 2.0) * λT + 4.0 * (ζi * ζi + ζk * ζk) * λT * λT)
    return rhoik


# --------------------------------
# 输入楼层质量和楼层刚度
m = [270000, 270000, 180000]
k = [245 * 1e6, 195 * 1e6, 98 * 1e6]
g = 9.8  # 重力加速度9.8m/s²
# 指定设计反应谱特征周期和地震影响系数最大值
Tg = 0.35
alphamax = 0.08
# 自由度数
freedom = len(m)
print(freedom)
# 创建质量矩阵
M = np.zeros((freedom, freedom))
# 组装质量矩阵
for i in range(0, freedom):
    M[i, i] = m[i]
print('Mass Matrix:')
print(M)
# 创建刚度矩阵
K = np.zeros((freedom, freedom))
# 将单元刚度采用"对号入座"的方式叠加到整体刚度
for i in range(0, freedom):
    # 获得单元两端的自由度编号
    num1 = i - 1
    num2 = num1 + 1
    if (num1 >= 0):
        K[num1][num1] += k[i]
        K[num1][num2] -= k[i]
        K[num2][num1] -= k[i]
    K[num2][num2] += k[i]
print('Stiffness Matrix:')
```

```
print(K)
# 周期、频率、振型矩阵
Ts = []
ws = []
modalMatrix = np.zeros((freedom, freedom))
# 求解模态
getModes(M, K, ws, modalMatrix)
# 根据圆频率计算周期
for i in range(0, freedom):
    Ts.append(2.0 * math.pi / ws[i])
print('Modal Matrix:')
print(modalMatrix)
print('Frequency:')
print(ws)
print('Period:')
print(Ts)
# 计算阻尼系数(假定振型 1、2 的阻尼比为 5%)
ζ = 0.05  # 阻尼比
A = 2 * ζ / (ws[0] + ws[1]) * np.array([ws[0] * ws[1], 1])
print('RAYLEIGH DAMPING Coeff:')
print(A)
# 单位荷载指示向量
I = [1] * freedom
# 振型参与系数数组 γs
γs = np.zeros((1, freedom))
# 各振型的地震影响系数
alphas = np.zeros((1, freedom))
# 各振型的位移谱
SDs = np.zeros((1, freedom))
# 各振型的阻尼比
dampingratios = np.zeros((1, freedom))
# 各振型的位移、地震力、楼层剪力
D = np.zeros((freedom, freedom))  # Horizontal Displacement of each floor
F = np.zeros((freedom, freedom))  # Horizontal seismic force acting on each mass
V = np.zeros((freedom, freedom))  # Shear force acting on each connected element
# 振型组合后位移、地震力、楼层剪力
Dsrss = np.zeros((1, freedom))
Dcqc = np.zeros((1, freedom))
Fsrss = np.zeros((1, freedom))
Fcqc = np.zeros((1, freedom))
Vsrss = np.zeros((1, freedom))
Vcqc = np.zeros((1, freedom))
# 循环所有振型，计算各振型地震响应
for i in range(0, freedom):
    # 频率
    wi = ws[i]
    # 振型向量 φ
    φi = modalMatrix[:, i]
    # 阻尼比
    dampingratios[0, i] = getdampingratio(A, wi)
    # 振型质量
    Mi = φi.T @ M @ φi
    # 振型参与系数
    γiMi = φi.T @ M @ I
    #print(γiMi.shape)
    γi = γiMi / Mi
    γs[0, i] = γi
    # 振型对应的影响系数
    alphas[0, i] = function_alpha(Ts[i], dampingratios[0, i], Tg, alphamax)
    # 振型对应的位移谱
```

```python
        SDs[0, i] = alphas[0, i] * g / (wi * wi)
        # 振型地震位移
        D[:, i] = γi * SDs[0, i] * φi
        # print(D[:, i])
        # print(D[:, i].shape)
        # 振型地震力
        F[:, i] = alphas[0, i] * g * γi * M @ φi
        # F[:, i] = γi * SDs[0, i] * K @φi
        # 振型地震剪力(采用有限单元法的思路,循环所有楼层,通过楼层节点位移及刚度反算楼层剪力)
        for j in range(0, freedom):
            if (j == 0):
                V[j, i] = D[j, i] * k[j]
            else:
                deltaD = D[j, i] - D[j - 1, i]
                V[j, i] = deltaD * k[j]
# 振型组合效应计算
# SRSS
# i 楼层循环
for i in range(0, freedom):
    Dsrss[0, i] = math.sqrt(sum((D[i, :]) ** 2))
    Fsrss[0, i] = math.sqrt(sum((F[i, :]) ** 2))
    Vsrss[0, i] = math.sqrt(sum((V[i, :]) ** 2))
print('SRSS 振型组合')
print('楼层位移')
print(Dsrss)
print('楼层力')
print(Fsrss)
print('楼层剪力')
print(Vsrss)
# CQC
# i 振型循环; j 振型循环
for i in range(0, freedom):
    for k in range(0, freedom):
        # 振型周期比
        λT = Ts[k] / Ts[i]
        # 阻尼比
        ζi = dampingratios[0, i]
        ζk = dampingratios[0, k]
        # 振型耦联系数
        rhoik = getrhoik(λT, ζi, ζk)
        # 平方和
        Dcqc = Dcqc + rhoik * D[:, i] * D[:, k]
        Fcqc = Fcqc + rhoik * F[:, i] * F[:, k]
        Vcqc = Vcqc + rhoik * V[:, i] * V[:, k]
# 对平方和进行开方
Dcqc = np.sqrt(Dcqc)
Fcqc = np.sqrt(Fcqc)
Vcqc = np.sqrt(Vcqc)
print('CQC 振型组合')
print('楼层位移')
print(Dcqc)
print('楼层力')
print(Fcqc)
print('楼层剪力')
print(Vcqc)
```

## 6.2.2　程序运行结果

程序运行输出以下结果:

```
Degrees of freedom:
3
Mass Matrix:
[[270000.    0.    0.]
 [   0. 270000.    0.]
 [   0.    0. 180000.]]
Stiffness Matrix:
[[ 4.40e+08 −1.95e+08  0.00e+00]
 [-1.95e+08  2.93e+08 −9.80e+07]
 [ 0.00e+00 −9.80e+07  9.80e+07]]
Modal Matrix:
[[ 0.2667281  −0.48507125 −0.78466082]
 [ 0.53494882 −0.48507125  0.58785675]
 [ 0.80167692  0.72760688 −0.19680407]]
Frequency:
[13.45895926681907, 30.123203803835462, 46.59086034090761]
Period:
[0.4668403538949541, 0.20858290333578577, 0.1348587525794804]
RAYLEIGH DAMPING Coeff:
[0.93025895 0.00229452]
SRSS 振型组合
楼层位移
[[0.00153715 0.00304857 0.00456763]]
楼层力
[[108433.97383135 164921.91791423 160515.27370692]]
楼层剪力
[[376601.37709857 298502.80326985 160515.27370692]]
CQC 振型组合
楼层位移
[[0.00154169 0.00305116 0.00456274]]
楼层力
[[110836.21397068 164622.63045221 159623.76294445]]
楼层剪力
[[377713.51475136 298335.59715202 159623.76294445]]
```

整理分析结果，可得各振型下结构等效地震力和楼层剪力分别如图 6.2-1、图 6.2-2 所示，由图可以看出，单个振型下楼层剪力与等效地震力满足静力平衡关系，且楼层剪力存在正负。采用 SRSS 法和 CQC 法组合后的楼层等效地震力和楼层剪力结果分别如图 6.2-3、图 6.2-4 所示，由图可以看出，经振型组合后，楼层等效地震力及楼层剪力均为正值，组合后的楼层剪力与等效地震力不再满足静力平衡关系；不同振型组合方法的楼层地震剪力效应有差异。

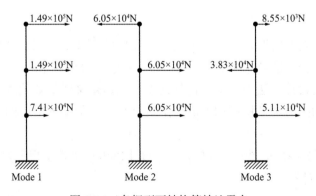

图 6.2-1　各振型下结构等效地震力

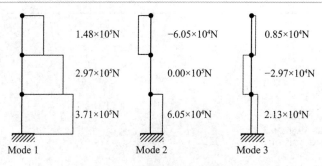

图 6.2-2　各振型下楼层剪力

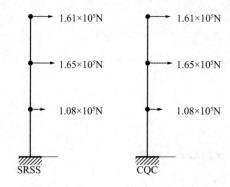

图 6.2-3　不同组合方法下的楼层等效地震力

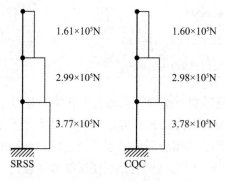

图 6.2-4　不同组合方法下的楼层剪力

## 6.3　小结

（1）从等效地震力出发，给出基于伪加速度反应谱及绝对加速度反应谱两种方式表示的等效地震力的公式推导。两种方式定义的等效地震力形式相同，但物理意义不同，在基于承载力的抗震设计方法中，基于伪加速度反应谱定义的等效地震力更加符合概念，因为结构或构件的抗力与结构或构件的变形直接相关，与变形对应的力可直接用于承载力设计。

（2）总结振型分解反应谱法的求解步骤，通过 Python 编程实现了剪切层模型振型分解反应谱法地震反应计算。

（3）振型分解反应谱法是结构地震反应分析的重要方法，与《抗震标准》给出的设计反应谱相结合, 可以得到一个工程场地结构地震反应的最大值, 是目前结构抗震设计中最常用的设计方法之一。

## 参 考 文 献

[1] CHOPRA A K. 结构动力学理论及其在地震工程中的应用[M]. 4 版. 谢礼立, 吕大刚, 等, 译. 北京: 高等教育出版社, 2016.

[2] 沈聚敏, 周锡元, 高小旺, 等. 抗震工程学[M]. 北京: 中国建筑工业出版社, 2000.

[3] 李国强, 李杰, 陈素文, 等. 建筑结构抗震设计[M]. 4 版. 北京: 中国建筑工业出版社, 2014.

[4] 中华人民共和国住房和城乡建设部. 建筑抗震设计标准: GB/T 50011—2010 (2024 年版)[S].

第 $7$ 章

# 多自由度体系动力反应的逐步积分法

第 5 章介绍多自由度体系的振型分解法时提到，尽管振型分解法效率高，但也有其局限，由于使用了叠加法，因此仅适用于线弹性体系，难以考虑通用的材料非线性及几何非线性。逐步积分法则是更加通用的时程分析方法，既适用于线性体系也适用于非线性体系。第 2 章在介绍单自由度体系动力时程分析时，给出了几种常用的逐步积分法，如分段解析法、中心差分法、Newmark-β 法、Wilson-θ 法等。其中分段解析法一般仅适用于单自由度体系，在第 2 章中已有介绍并给出分析实例，其余几种逐步积分法均适用于多自由度体系，因此，本章主要介绍中心差分法、Newmark-β 法和 Wilson-θ 法在多自由度体系地震动力分析中的应用与编程实现。

## 7.1 动力学方程

本章以简化的剪切层模型为例讨论弹性多自由度体系的动力时程分析，体系示意如图 7.1-1 所示。

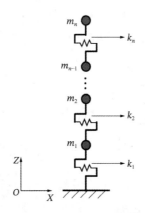

图 7.1-1 弹性多自由度体系示意

将单自由度体系运动方程扩展到多自由度体系，有

$$\{f_{\mathrm{I}}\} + \{f_{\mathrm{D}}\} + \{f_{\mathrm{S}}\} + \{P\} = \{0\} \tag{7.1-1}$$

$$\{f_I\} = -[M](\{\ddot{u}\} + \{I\}\ddot{u}_g) \tag{7.1-2}$$

$$\{f_D\} = -[C]\{\dot{u}\} \tag{7.1-3}$$

$$\{f_S\} = -[K]\{u\} \tag{7.1-4}$$

式中$\{f_I\}$、$\{f_D\}$、$\{f_S\}$、$\{P\}$分别为体系受到的惯性力、阻尼力、弹性恢复力和外荷载向量；$[M]$、$[C]$、$[K]$分别为体系的质量矩阵、阻尼矩阵和刚度矩阵；$\{u\}$、$\{\dot{u}\}$、$\{\ddot{u}\}$分别为体系相对地面的位移、速度和加速度向量；$\ddot{u}_g$为地面加速度；$\{I\}$为单位列向量。

则当体系只受动力荷载$\{P\}$时，动力平衡方程表示为

$$[M]\{\ddot{u}\} + [C]\{\dot{u}\} + [K]\{u\} = \{P\} \tag{7.1-5}$$

当体系的动力反应不是由直接作用在体系上的动力引起，而是由地震作用引起时，动力平衡方程表示为

$$[M]\{\ddot{u}\} + [C]\{\dot{u}\} + [K]\{u\} = -[M]\{I\}\ddot{u}_g \tag{7.1-6}$$

## 7.2　逐步积分法

### 7.2.1　中心差分法

第 2 章中给出了单自由度体系时程分析中中心差分法的详细推导过程，对于多自由度体系，只需将单自由度公式推广到多自由度的矩阵形式即可。即递推公式[1]变为

$$\left(\frac{[M]}{\Delta t^2} + \frac{[C]}{2\Delta t}\right)\{u\}_{i+1} = \{P\}_i - \left([K] - \frac{2[M]}{\Delta t^2}\right)\{u\}_i - \left(\frac{[M]}{\Delta t^2} - \frac{[C]}{2\Delta t}\right)\{u\}_{i-1} \tag{7.2-1}$$

其余求解过程与第 2 章类似。

### 7.2.2　Newmark-β 法

第 2 章中给出了单自由度体系时程分析中 Newmark-β 法的详细推导过程，对于多自由度体系，只需将单自由度公式推广到多自由度的向量和矩阵的形式即可[1]。此时，$t_{i+1}$时刻的运动控制方程变为

$$[\hat{K}]\{u\}_{i+1} = \{\hat{P}\}_{i+1} \tag{7.2-2}$$

式中$[\hat{K}]$是体系的等效刚度矩阵；$\{u\}_{i+1}$是$t_{i+1}$时刻的节点位移向量；$\{\hat{P}\}_{i+1}$是$t_{i+1}$时刻的等效荷载向量。

$[\hat{K}]$、$\{\hat{P}\}_{i+1}$可通过下式求得

$$\begin{cases} [\hat{K}] = [K] + \dfrac{1}{\beta\Delta t^2}[M] + \dfrac{\gamma}{\beta\Delta t}[C] \\ \{\hat{P}\}_{i+1} = \{P\}_{i+1} + [M]\left[\dfrac{1}{\beta\Delta t^2}\{u\}_i + \dfrac{1}{\beta\Delta t}\{\dot{u}\}_i + \left(\dfrac{1}{2\beta} - 1\right)\{\ddot{u}\}_i\right] + \\ \qquad\qquad [C]\left[\dfrac{\gamma}{\beta\Delta t}\{u\}_i + \left(\dfrac{\gamma}{\beta} - 1\right)\{\dot{u}\}_i + \dfrac{\Delta t}{2}\left(\dfrac{\gamma}{\beta} - 2\right)\{\ddot{u}\}_i\right] \end{cases} \tag{7.2-3}$$

则$t_{i+1}$时刻的速度和加速度公式为

$$\begin{cases} \{\dot{u}\}_{i+1} = \dfrac{\gamma}{\beta\Delta t}(\{u\}_{i+1} - \{u\}_i) + \left(1 - \dfrac{\gamma}{\beta}\right)\{\dot{u}\}_i + \left(1 - \dfrac{\gamma}{2\beta}\right)\Delta t\{\ddot{u}\}_i \\ \{\ddot{u}\}_{i+1} = \dfrac{1}{\beta\Delta t^2}(\{u\}_{i+1} - \{u\}_i) - \dfrac{1}{\beta\Delta t}\{\dot{u}\}_i - \left(\dfrac{1}{2\beta} - 1\right)\{\ddot{u}\}_i \end{cases} \tag{7.2-4}$$

### 7.2.3　Wilson-θ 法

第 2 章中给出了单自由度体系时程分析中 Wilson-θ 法的详细推导过程，对于多自由度体系，只需将单自由度公式推广到多自由度的矩阵形式即可[1]。即 $t + \theta\Delta t$ 时刻的运动控制方程变为

$$[\hat{K}] \cdot \{u(t_i + \theta\Delta t)\} = \{\hat{P}(t_i + \theta\Delta t)\} \tag{7.2-5}$$

式中 $[\hat{K}]$ 是体系等效刚度矩阵；$\{u(t_i + \theta\Delta t)\}$ 是 $t_i + \theta\Delta t$ 时刻的节点位移向量；$\{\hat{P}(t_i + \theta\Delta t)\}$ 是 $t_i + \theta\Delta t$ 时刻的等效荷载向量。

$[\hat{K}]$、$\{\hat{P}(t_i + \theta\Delta t)\}$ 可通过下式求得

$$\begin{cases} [\hat{K}] = [K] + \dfrac{6}{(\theta\Delta t)^2}[M] + \dfrac{3}{\theta\Delta t}[C] \\[2mm] \{\hat{P}(t + \theta\Delta t)\} = \{P\}_i + \theta(\{P\}_{i+1} - \{P\}_i) + [M]\left(\dfrac{6}{(\theta\Delta t)^2}\{u\}_i + \dfrac{6}{\theta\Delta t}\{\dot{u}\}_i + 2\{\ddot{u}\}_i\right) + \\[2mm] \qquad [C]\left(\dfrac{3}{\theta\Delta t}\{u\}_i + 2\{\dot{u}\}_i + \dfrac{\theta\Delta t}{2}\{\ddot{u}\}_i\right) \end{cases} \tag{7.2-6}$$

求得 $\{u(t_i + \theta\Delta t)\}$ 后，进而求得 $t_{i+1}$ 时刻的加速度、速度、位移

$$\begin{cases} \{\ddot{u}\}_{i+1} = \dfrac{6}{\theta^3\Delta t^2}(\{u(t_i + \theta\Delta t)\} - \{u\}_i) - \dfrac{6}{\theta^2\Delta t}\{\dot{u}\}_i + \left(1 - \dfrac{3}{\theta}\right)\{\ddot{u}\}_i \\[2mm] \{\dot{u}\}_{i+1} = \{\dot{u}\}_i + \dfrac{\Delta t}{2}(\{\ddot{u}\}_{i+1} + \{\ddot{u}\}_i) \\[2mm] \{u\}_{i+1} = \{u\}_i + \Delta t\{\dot{u}\}_i + \dfrac{\Delta t^2}{6}(\{\ddot{u}\}_{i+1} + 2\{\ddot{u}\}_i) \end{cases} \tag{7.2-7}$$

## 7.3　Python 编程

本节分别采用中心差法、Newmark-β 法和 Wilson-θ 法对图 7.3-1 所示的三层框架结构（实例模型与第 4 章相同）进行地震动力时程分析。结构采用剪切层模型，结构阻尼比为 0.05，采用瑞利阻尼模型，瑞利阻尼模型的阻尼系数通过指定结构前两阶振型的阻尼比为 0.05 进行计算。分析采用的地震加速度时程如图 7.3-2 所示。

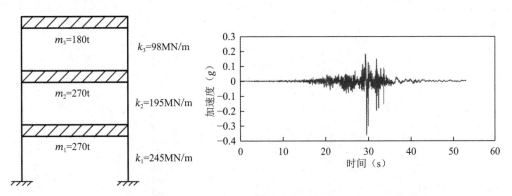

图 7.3-1　结构模型及参数　　　　　　　　图 7.3-2　地震加速度时程曲线

## 7.3.1　中心差分法

### 7.3.1.1　编程代码

```python
# -------------------------------
# File: MDOF_CENTRAL_DIFFERENCE_E.py
# Program: MDOF_CENTRAL_DIFFERENCE_E
# Website: www.jdcui.com
# Author: cuijidong, xieyiyuan
# Date: 20240520
# -------------------------------
import numpy as np
import pandas as pd
import matplotlib.pyplot as plt
import math
import codecs


# -------------------------------
# 读取逗号分隔的地震波数据
def readgroundmotion(filename, timelist, acclist, accfactor):
    f = codecs.open(filename, mode='r', encoding='utf-8')
    line = f.readline()
    while line:
        strs = line.split(',')
        t = strs[0]
        acc = strs[1]
        timelist.append(float(t))
        acclist.append(float(acc) * accfactor)
        # print(t, acc)
        line = f.readline()
    f.close()


# -------------------------------
# Input mass and stiffness
m = [270000, 270000, 180000]
k = [245 * 1e6, 195 * 1e6, 98 * 1e6]
# Damping ratio
dampingratio = 0.05
# Degrees of freedom
freedom = len(m)
print('Degrees of freedom:')
print(freedom)
print()
# Create Mass Matrix
M = np.zeros((freedom, freedom))
# Assembly Mass Matrix
for i in range(0, freedom):
    M[i, i] = m[i]
print('Mass Matrix:')
print(M)
print()
# Create Stiffness Matrix
K = np.zeros((freedom, freedom))
# Assembly Stiffness Matrix
for i in range(0, freedom):
    # Obtain the degrees of freedom of story
    num1 = i - 1
    num2 = num1 + 1
    if num1 >= 0:
        K[num1][num1] += k[i]
        K[num1][num2] -= k[i]
```

```python
        K[num2][num1] -= k[i]
        K[num2][num2] += k[i]
print('Stiffness Matrix:')
print(K)
print()
# Mass Matrix inversion
M_1 = np.linalg.inv(M)
# Square matrix[A] = M_1*K
A = np.dot(M_1, K)
# Solve standard eigenvalue problem
eig_val, eig_vec = np.linalg.eig(A)
# print(eig_val)
# print(eig_vec)
# Sort eigenvalues
x = eig_val.argsort()
print('Eigenvalues:')
print(x)
print()
# Get natural frequencies
w = np.sqrt(eig_val[x])
print('Natural Frequencies:')
print(w)
print()
# Calculate Structural Periods
T = []
for i in range(0, freedom):
    T.append(2.0 * math.pi / w[i])
print('Periods:')
print(T)
print()
# Rayleigh Damping Matrix
A0 = np.array([w[0] * w[1], 1])
# print(A0)
A = 2 * dampingratio / (w[0] + w[1]) * A0
print('Rayleigh Damping Factor:')
print(A)
print()
# Create Damping Matrix
C = A[0] * M + A[1] * K
# 读取地震波加速度时程序
print('Import ground motion')
print()
timelist1 = []
uglist = []
readgroundmotion('ChiChi.csv', timelist1, uglist, 9.8)
# Time step
dt = timelist1[1] - timelist1[0]
print('Analysis Time step:')
print(str(dt) + ' sec')
print()
# 绘制加速度时程
plt.figure()
plt.plot(timelist1, uglist)
plt.xlabel('Time (s)')
plt.ylabel('Ground Accleration (m/s^2)')
plt.title('Ground Motion Record')
plt.show()
###
# 积分步
n2 = len(uglist) + 500
print('Number of steps:')
print(n2)
print()
# Integral constant
```

```python
A = K - (2 / (dt ** 2)) * M
B = (1 / (dt ** 2)) * M - (1 / (2 * dt)) * C
# Calculate the equivalent stiffness matrix
KK = M / (dt ** 2) + C / (2 * dt)
# Initial motion conditions Vector
u0 = np.zeros(freedom)
v0 = np.zeros(freedom)
# Unit Vector
I = np.ones(freedom)
# Create storage objects
umatrix = np.zeros((freedom, n2))
vmatrix = np.zeros((freedom, n2))
amatrix = np.zeros((freedom, n2))
# Time history list
timelist2 = [0]
# 记录初始状态
umatrix[:, 0] = u0
vmatrix[:, 0] = v0
# 求解结构反应（中心差分法是两步法，前两步都在循环外面求）
# Step 0 加速度
P0 = -uglist[0] * M @ I
amatrix[:, 0] = np.linalg.solve(M, P0 - np.dot(C, vmatrix[:, 0]) - np.dot(K, umatrix[:, 0]))
# Step -1 位移
u_1 = umatrix[:, 0] - vmatrix[:, 0] * dt + 0.5 * dt ** 2 * amatrix[:, 0]
# Step 1
timelist2.append(dt)
PP1 = P0 - A @ umatrix[:, 0] - B @ u_1
# u1
umatrix[:, 1] = np.linalg.solve(KK, PP1)
# 遍历荷载步，逐步递推求解结构响应，从第 2 步开始循环
print('Beginning Dynamic Time Analysis')
print('......')
for i in range(2, n2):
    timelist2.append(i * dt)
    # 计算外荷载
    Pi_1 = np.zeros(freedom)
    if (i - 1) < len(uglist):
        Pi_1 = -uglist[i - 1] * M @ I
    # 计算等效荷载列向量
    PPi = Pi_1 - A @ umatrix[:, i - 1] - B @ umatrix[:, i - 2]
    umatrix[:, i] = np.linalg.solve(KK, PPi)
    # i-1 时刻的速度、加速度
    vmatrix[:, i - 1] = (umatrix[:, i] - umatrix[:, i - 2]) / (2 * dt)
    amatrix[:, i - 1] = (umatrix[:, i] - 2 * umatrix[:, i - 1] + umatrix[:, i - 2]) / (dt ** 2)

print('End of Dynamic Time Analysis')
print()
print('Beginning Plotting')
print('......')

# 绘制各层位移
for i in range(0, freedom):
    plt.figure()
    plt.plot(timelist2, umatrix[i, :])
    plt.xlabel('Time (s)')
    plt.ylabel('Displacement (m)')
    plt.title('Displacement story ' + str(i + 1))
    plt.tight_layout()
    plt.show()
    print('Displacement story ' + str(i + 1))
    umax = max(umatrix[i, :])
    umin = min(umatrix[i, :])
    print('max: ' + str(umax) + '; min: ' + str(umin) )
# 绘制各层速度
```

```
for i in range(0, freedom):
    plt.figure()
    plt.plot(timelist2[:-1], vmatrix[i, :-1])
    plt.xlabel('Time (s)')
    plt.ylabel('Velocity (m/s)')
    plt.title('Velocity story ' + str(i + 1))
    plt.tight_layout()
    plt.show()
    print('Velocity story ' + str(i + 1))
    vmax = max(vmatrix[i, :])
    vmin = min(vmatrix[i, :])
    print('max: ' + str(vmax) + '; min: ' + str(vmin) )
# 绘制各层加速度
for i in range(0, freedom):
    plt.figure()
    plt.plot(timelist2[:-1], amatrix[i, :-1])
    plt.xlabel('Time (s)')
    plt.ylabel('Acceleration (m/s^2)')
    plt.title('Acceleration story ' + str(i + 1))
    plt.tight_layout()
    plt.show()
    print('Acceleration story ' + str(i + 1))
    amax = max(amatrix[i, :])
    amin = min(amatrix[i, :])
    print('max: ' + str(amax) + '; min: ' + str(amin))

print('End of Plotting')
```

## 7.3.1.2 程序运行结果

程序运行输出以下结果：

```
Degrees of freedom:
3

Mass Matrix:
[[270000.      0.      0.]
 [     0. 270000.      0.]
 [     0.      0. 180000.]]

Stiffness Matrix:
[[ 4.40e+08 -1.95e+08  0.00e+00]
 [-1.95e+08  2.93e+08 -9.80e+07]
 [ 0.00e+00 -9.80e+07  9.80e+07]]

Eigenvalues:
[2 1 0]

Natural Frequencies:
[13.45895927 30.1232038  46.59086034]

Periods:
[0.466840353894954, 0.20858290333578575, 0.13485875257948038]

Rayleigh Damping Factor:
[0.93025895 0.00229452]

Import ground motion

Analysis Time step:
0.01 sec

Number of steps:
5779
```

```
Beginning Dynamic Time Analysis
......
End of Dynamic Time Analysis

Beginning Plotting
......
Displacement story 1
max: 0.010586297656229244; min: -0.007935101960729607
Displacement story 2
max: 0.021073110797471758; min: -0.016101655044664525
Displacement story 3
max: 0.029507111492129465; min: -0.025218631700259952
Velocity story 1
max: 0.14021037384190266; min: -0.12343199877141879
Velocity story 2
max: 0.22287183425889634; min: -0.24227937811256792
Velocity story 3
max: 0.31175235496769904; min: -0.39430597215016366
Acceleration story 1
max: 4.314712352090321; min: -2.207713411519856
Acceleration story 2
max: 5.418501008074873; min: -4.045403935997137
Acceleration story 3
max: 7.615900142012993; min: -4.721228972893246
End of Plotting
```

Python 程序生成以下图片。

楼层位移时程曲线见图 7.3-3。

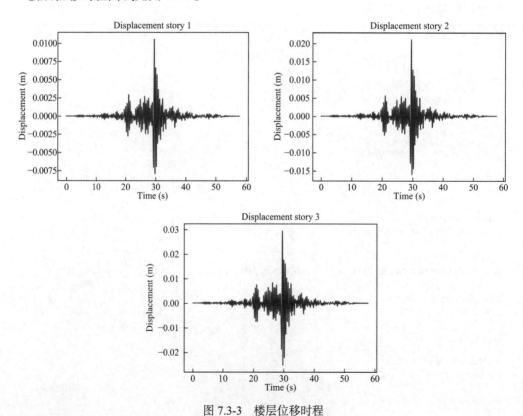

图 7.3-3　楼层位移时程

楼层速度时程曲线见图 7.3-4。

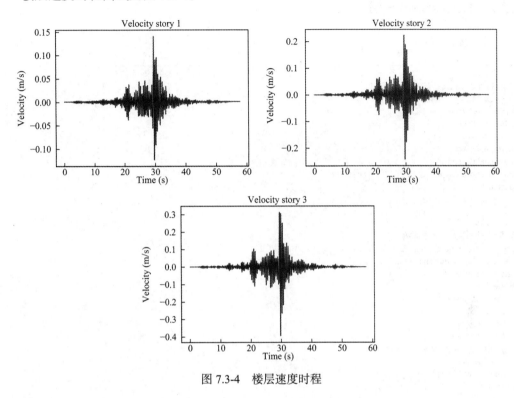

图 7.3-4　楼层速度时程

楼层加速度时程曲线见图 7.3-5。

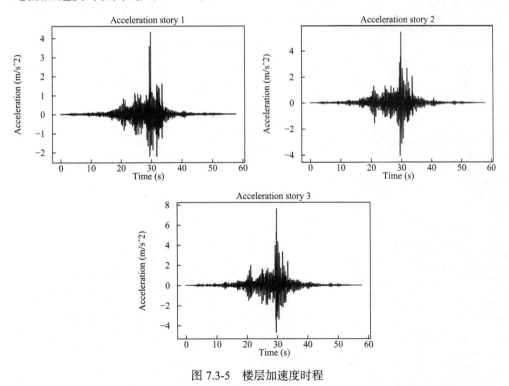

图 7.3-5　楼层加速度时程

## 7.3.2　Newmark-β 法

### 7.3.2.1　编程代码

```python
# -------------------------------
# File: MDOF_Newmark_E.py
# Program: MDOF_Newmark_E
# Author: cuijidong, xieyiyuan
# Date: 20240523
# -------------------------------
import numpy as np
import pandas as pd
import matplotlib.pyplot as plt
import math
import codecs


# -------------------------------
# 读取逗号分隔的地震波数据
def readgroundmotion(filename, timelist, acclist, accfactor):
    f = codecs.open(filename, mode='r', encoding='utf-8')
    line = f.readline()
    while line:
        strs = line.split(',')
        t = strs[0]
        acc = strs[1]
        timelist.append(float(t))
        acclist.append(float(acc) * accfactor)
        # print(t, acc)
        line = f.readline()
    f.close()


# -------------------------------
# Input mass and stiffness
m = [270000, 270000, 180000]
k = [245 * 1e6, 195 * 1e6, 98 * 1e6]
# Damping ratio
dampingratio = 0.05
# Degrees of freedom
freedom = len(m)
print('Degrees of freedom:')
print(freedom)
print()
# Create Mass Matrix
M = np.zeros((freedom, freedom))
# Assembly Mass Matrix
for i in range(0, freedom):
    M[i, i] = m[i]
print('Mass Matrix:')
print(M)
print()
# Create Stiffness Matrix
K = np.zeros((freedom, freedom))
# Assembly Stiffness Matrix
for i in range(0, freedom):
    # Obtain the degrees of freedom of story
    num1 = i - 1
    num2 = num1 + 1
    if num1 >= 0:
        K[num1][num1] += k[i]
        K[num1][num2] -= k[i]
        K[num2][num1] -= k[i]
    K[num2][num2] += k[i]
print('Stiffness Matrix:')
```

```python
print(K)
print()
# Mass Matrix inversion
M_1 = np.linalg.inv(M)
# Square matrix[A] = M_1*K
A = np.dot(M_1, K)
# Solve standard eigenvalue problem
eig_val, eig_vec = np.linalg.eig(A)
# print(eig_val)
# print(eig_vec)
# Sort eigenvalues
x = eig_val.argsort()
print('Eigenvalues:')
print(x)
print()
# Get natural frequencies
w = np.sqrt(eig_val[x])
print('Natural Frequencies:')
print(w)
print()
# Calculate Structural Periods
T = []
for i in range(0, freedom):
    T.append(2.0 * math.pi / w[i])
print('Periods:')
print(T)
print()
# Rayleigh Damping Matrix
A0 = np.array([w[0] * w[1], 1])
# print(A0)
A = 2 * dampingratio / (w[0] + w[1]) * A0
print('Rayleigh Damping Factor:')
print(A)
print()
# Create Damping Matrix
C = A[0] * M + A[1] * K
# 读取地震波加速度时程
print('Import ground motion')
print()
timelist1 = []
uglist = []
readgroundmotion('ChiChi.csv', timelist1, uglist, 9.8)
# Time step
dt = timelist1[1] - timelist1[0]
print('Analysis Time step:')
print(str(dt) + ' sec')
print()
# 绘制加速度时程
plt.figure()
plt.plot(timelist1, uglist)
plt.xlabel('Time (s)')
plt.ylabel('Ground Accleration (m/s^2)')
plt.title('Ground Motion Record')
plt.show()

# 积分步
n2 = len(uglist) + 500
print('Number of steps:')
print(n2)
print()
# 积分常数
gama = 0.5
beta = 0.25
a0 = 1 / (beta * dt ** 2)
a1 = gama / (beta * dt)
```

```
a2 = 1 / (beta * dt)
a3 = 1 / (2 * beta) - 1
a4 = gama / beta - 1
a5 = dt / 2 * (gama / beta - 2)
a6 = dt * (1 - gama)
a7 = gama * dt
# Initial motion conditions
# u0 = np.zeros((freedom, 1))
# v0 = np.zeros((freedom, 1))
u0 = np.zeros(freedom)
v0 = np.zeros(freedom)
# Unit Vector
I = np.ones(freedom)
# Create storage objects
umatrix = np.zeros((freedom, n2))
vmatrix = np.zeros((freedom, n2))
amatrix = np.zeros((freedom, n2))
# 计算等效刚度矩阵
KK = K + a0 * M + a1 * C
# 记录初始状态
umatrix[:, 0] = u0
vmatrix[:, 0] = v0
# 通过平衡方程求解初始加速度 a0
P0 = -uglist[0] * M @ I
amatrix[:, 0] = np.linalg.solve(M, P0 - np.dot(C, vmatrix[:, 0]) - np.dot(K, umatrix[:, 0]))
#
timelist2 = [0]
print('Beginning Dynamic Time Analysis')
print('......')
# 遍历积分步骤，逐步递推求解结构响应
for i in range(1, n2):
    t = i * dt
    timelist2.append(t)
    # 计算外荷载
    Pi = np.zeros(freedom)
    if i < len(uglist):
        Pi = -uglist[i] * M @ I
    # 计算等效荷载列向量
    PPi = Pi + M @ (a0 * umatrix[:, i - 1] + a2 * vmatrix[:, i - 1] + a3 * amatrix[:, i - 1]) + \
        C @ (a1 * umatrix[:, i - 1] + a4 * vmatrix[:, i - 1] + a5 * amatrix[:, i - 1])
    umatrix[:, i] = np.linalg.solve(KK, PPi)
    amatrix[:, i] = a0 * (umatrix[:, i] - umatrix[:, i - 1]) - a2 * vmatrix[:, i - 1] - a3 * amatrix[:, i - 1]
    vmatrix[:, i] = vmatrix[:, i - 1] + a6 * amatrix[:, i - 1] + a7 * amatrix[:, i]
print('End of Dynamic Time Analysis')
print()
print('Beginning Plotting')
print('......')
# 绘制各层位移
for i in range(0, freedom):
    plt.figure()
    plt.plot(timelist2, umatrix[i, :])
    plt.xlabel('Time (s)')
    plt.ylabel('Displacement (m)')
    plt.title('Displacement story ' + str(i + 1))
    plt.tight_layout()
    plt.show()
    umax = max(umatrix[i, :])
    umin = min(umatrix[i, :])
print('max: ' + str(umax) + '; min: ' + str(umin))
# 绘制各层速度
for i in range(0, freedom):
    plt.figure()
    plt.plot(timelist2, vmatrix[i, :])
    plt.xlabel('Time (s)')
    plt.ylabel('Velocity (m/s)')
```

```
  plt.title('Velocity story ' + str(i + 1))
  plt.tight_layout()
  plt.show()
  vmax = max(vmatrix[i, :])
  vmin = min(vmatrix[i, :])
print('max: ' + str(vmax) + '; min: ' + str(vmin))
# 绘制各层加速度
for i in range(0, freedom):
  plt.figure()
  plt.plot(timelist2, amatrix[i, :])
  plt.xlabel('Time (s)')
  plt.ylabel('Acceleration (m/s^2)')
  plt.title('Acceleration story ' + str(i + 1))
  plt.tight_layout()
  plt.show()
  amax = max(amatrix[i, :])
  amin = min(amatrix[i, :])
  print('max: ' + str(amax) + '; min: ' + str(amin))
print('End of Plotting')
```

## 7.3.2.2　程序运行结果

程序运行输出以下结果：

```
Degrees of freedom:
3
Mass Matrix:

[[270000.    0.    0.]
 [   0. 270000.    0.]
 [   0.    0. 180000.]]

Stiffness Matrix:
[[ 4.40e+08 -1.95e+08  0.00e+00]
 [-1.95e+08  2.93e+08 -9.80e+07]
 [ 0.00e+00 -9.80e+07  9.80e+07]]

Eigenvalues:
[2 1 0]

Natural Frequencies:
[13.45895927 30.1232038  46.59086034]

Periods:
[0.466840353894954, 0.20858290333578575, 0.13485875257948038]

Rayleigh Damping Factor:
[0.93025895 0.00229452]

Import ground motion

Analysis Time step:
0.01 sec

Number of steps:
5779

Beginning Dynamic Time Analysis
......
End of Dynamic Time Analysis

Beginning Plotting
......
max: 0.010569187115013265; min: -0.007725225458997875
max: 0.02105130073312166; min: -0.016035682331514717
```

max: 0.02948652787876714; min: -0.025245638352740973
max: 0.1377098226802689; min: -0.1270718296166606
max: 0.22018624964534017; min: -0.24202527996651194
max: 0.3177702404986686; min: -0.3935872977244717
max: 4.066379183261459; min: -2.195857622111083
max: 5.432574677414477; min: -3.926094217394098
max: 7.7231198213968835; min: -4.5884024664036165
End of Plotting

Python 生成以下图片。

楼层位移时程曲线见图 7.3-6。

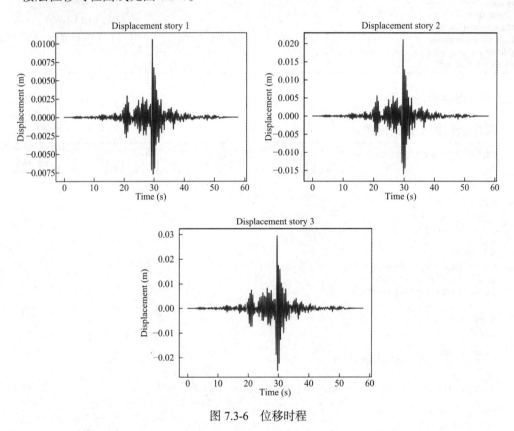

图 7.3-6　位移时程

楼层速度时程曲线见图 7.3-7。

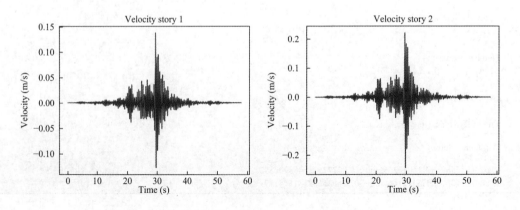

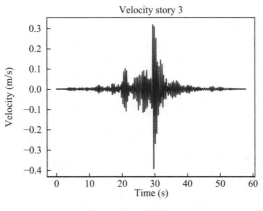

图 7.3-7　速度时程

楼层加速度时程曲线见图 7.3-8。

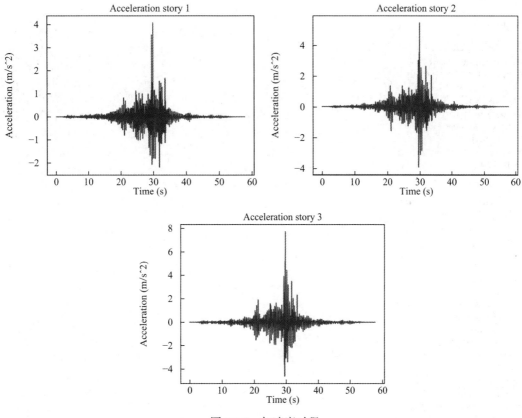

图 7.3-8　加速度时程

## 7.3.3　Wilson-θ 法

### 7.3.3.1　编程代码

```
# ----------------------------------
# File: MDOF_Wilson_E.py
# Program: MDOF_Wilson_E
```

```
# Website: www.jdcui.com
# Author: cuijidong
# Date: 20240524
# --------------------------------
import numpy as np
import matplotlib.pyplot as plt
import math
import codecs


# --------------------------------
# 读取逗号分隔的地震波数据
def readgroundmotion(filename, timelist, acclist, accfactor):
    f = codecs.open(filename, mode='r', encoding='utf-8')
    line = f.readline()
    while line:
        strs = line.split(',')
        t = strs[0]
        acc = strs[1]
        timelist.append(float(t))
        acclist.append(float(acc) * accfactor)
        # print(t, acc)
        line = f.readline()
    f.close()


# --------------------------------
# Input mass and stiffness
m = [270000, 270000, 180000]
k = [245 * 1e6, 195 * 1e6, 98 * 1e6]
# Damping ratio
dampingratio = 0.05
# Degrees of freedom
freedom = len(m)
print('Degrees of freedom:')
print(freedom)
print()
# Create Mass Matrix
M = np.zeros((freedom, freedom))
# Assembly Mass Matrix
for i in range(0, freedom):
    M[i, i] = m[i]
print('Mass Matrix:')
print(M)
print()
# Create Stiffness Matrix
K = np.zeros((freedom, freedom))
# Assembly Stiffness Matrix
for i in range(0, freedom):
    # Obtain the degrees of freedom of story
    num1 = i - 1
    num2 = num1 + 1
    if num1 >= 0:
        K[num1][num1] += k[i]
        K[num1][num2] -= k[i]
        K[num2][num1] -= k[i]
    K[num2][num2] += k[i]
print('Stiffness Matrix:')
print(K)
print()
# Mass Matrix inversion
M_1 = np.linalg.inv(M)
# Square matrix[A] = M_1*K
A = np.dot(M_1, K)
# Solve standard eigenvalue problem
eig_val, eig_vec = np.linalg.eig(A)
```

```python
#print(eig_val)
#print(eig_vec)
# Sort eigenvalues
x = eig_val.argsort()
print('Eigenvalues:')
print(x)
print()
# Get natural frequencies
w = np.sqrt(eig_val[x])
print('Natural Frequencies:')
print(w)
print()
# Calculate Structural Periods
T = []
for i in range(0, freedom):
    T.append(2.0 * math.pi / w[i])
print('Periods:')
print(T)
print()
# Rayleigh Damping Matrix
A0 = np.array([w[0] * w[1], 1])
#print(A0)
A = 2 * dampingratio / (w[0] + w[1]) * A0
print('Rayleigh Damping Factor:')
print(A)
print()
# Create Damping Matrix
C = A[0] * M + A[1] * K
# 读取地震波加速度时程序
print('Import ground motion')
print()
timelist1 = []
uglist = []
readgroundmotion('ChiChi.csv', timelist1, uglist, 9.8)
# Time step
dt = timelist1[1] - timelist1[0]
print('Analysis Time step:')
print(str(dt) + ' sec')
print()
# 绘制加速度时程
plt.figure()
plt.plot(timelist1, uglist)
plt.xlabel('Time (s)')
plt.ylabel('Ground Accleration (m/s^2)')
plt.title('Ground Motion Record')
plt.show()
# 积分步
n2 = len(uglist) + 500
print('Number of steps:')
print(n2)
print()
# Integral constant
sita = 1.4
a0 = 6 / ((sita * dt) ** 2)
a1 = 3 / (sita * dt)
a2 = 6 / (sita * dt)
a3 = sita * dt / 2
a4 = a0 / sita
a5 = -a2 / sita
a6 = 1 - 3 / sita
a7 = dt / 2
a8 = (dt ** 2) / 6
# Initial motion conditions Vector
u0 = np.zeros(freedom)
```

```python
v0 = np.zeros(freedom)
# Unit Vector
I = np.ones(freedom)
# Create storage objects
umatrix = np.zeros((freedom, n2))
vmatrix = np.zeros((freedom, n2))
amatrix = np.zeros((freedom, n2))
# 计算等效刚度矩阵
KK = K + a0 * M + a1 * C
# 记录初始状态
umatrix[:, 0] = u0
vmatrix[:, 0] = v0
# 通过平衡方程求解初始加速度 a0
P0 = -uglist[0] * M @ I
amatrix[:, 0] = np.linalg.solve(M, P0 - np.dot(C, vmatrix[:, 0]) - np.dot(K, umatrix[:, 0]))
# Time list storage
timelist2 = [0]
print('Beginning Dynamic Time Analysis')
print('......')
# 遍历积分步骤，逐步递推求解结构响应
for i in range(1, n2):
    timelist2.append(i * dt)
    # 计算外荷载向量
    Pi_1 = np.zeros(freedom)
    if (i - 1) < len(uglist):
        Pi_1 = -uglist[i - 1] * M @ I
    Pi = np.zeros(freedom)
    if i < len(uglist):
        Pi = -uglist[i] * M @ I
    # 计算 t+θdt 时刻的外荷载
    Psita = Pi_1 + sita * (Pi - Pi_1)
    # 计算 t+θdt 时刻的等效荷载
    PM = M @ (a0 * umatrix[:, i - 1] + a2 * vmatrix[:, i - 1] + 2 * amatrix[:, i - 1])
    PC = C @ (a1 * umatrix[:, i - 1] + 2 * vmatrix[:, i - 1] + a3 * amatrix[:, i - 1])
    PPsita = Psita + PM + PC
    # 计算 t+θdt 时刻的位移
    usita = np.linalg.solve(KK, PPsita)
    # 计算 t 时刻的加速度、速度、位移
    amatrix[:, i] = a4 * (usita - umatrix[:, i - 1]) + a5 * vmatrix[:, i - 1] + a6 * amatrix[:, i - 1]
    vmatrix[:, i] = vmatrix[:, i - 1] + a7 * (amatrix[:, i] + amatrix[:, i - 1])
    umatrix[:, i] = umatrix[:, i - 1] + dt * vmatrix[:, i - 1] + a8 * (amatrix[:, i] + 2 * amatrix[:, i - 1])
print('End of Dynamic Time Analysis')
print()
print('Beginning Plotting')
print('......')
# 绘制各层位移
for i in range(0, freedom):
    plt.figure()
    plt.plot(timelist2, umatrix[i, :])
    plt.xlabel('Time (s)')
    plt.ylabel('Displacement (m)')
    plt.title('Displacement story ' + str(i + 1))
    plt.tight_layout()
    plt.show()
    umax = max(umatrix[i, :])
    umin = min(umatrix[i, :])
    print('max: ' + str(umax) + '; min: ' + str(umin))

# 绘制各层速度
for i in range(0, freedom):
    plt.figure()
    plt.plot(timelist2, vmatrix[i, :])
    plt.xlabel('Time (s)')
```

```
    plt.ylabel('Velocity (m/s)')
    plt.title('Velocity story ' + str(i + 1))
    plt.tight_layout()
    plt.show()
    vmax = max(vmatrix[i, :])
    vmin = min(vmatrix[i, :])
    print('max: ' + str(vmax) + '; min: ' + str(vmin))

# 绘制各层加速度
for i in range(0, freedom):
    plt.figure()
    plt.plot(timelist2, amatrix[i, :])
    plt.xlabel('Time (s)')
    plt.ylabel('Acceleration (m/s^2)')
    plt.title('Acceleration story ' + str(i + 1))
    plt.tight_layout()
    plt.show()
    amax = max(amatrix[i, :])
    amin = min(amatrix[i, :])
    print('max: ' + str(amax) + '; min: ' + str(amin))

print('End of Plotting')
```

## 7.3.3.2　程序运行结果

程序运行输出以下结果：

```
Degrees of freedom:
3

Mass Matrix:
[[270000.     0.     0.]
 [    0. 270000.     0.]
 [    0.     0. 180000.]]

Stiffness Matrix:
[[ 4.40e+08 -1.95e+08  0.00e+00]
 [-1.95e+08  2.93e+08 -9.80e+07]
 [ 0.00e+00 -9.80e+07  9.80e+07]]
Eigenvalues:
[2 1 0]
Natural Frequencies:
[13.45895927 30.1232038  46.59086034]
Periods:
[0.466840353894954, 0.20858290333578575, 0.13485875257948038]

Rayleigh Damping Factor:
[0.93025895 0.00229452]
Import ground motion
Analysis Time step:
0.01 sec
Number of steps:
5779
Beginning Dynamic Time Analysis
......
End of Dynamic Time Analysis

Beginning Plotting
......
max: 0.010607792220948237; min: -0.007678003287434763
max: 0.021118534194377498; min: -0.01612982097975108
```

```
max: 0.029620709403147205; min: -0.025428222946650515
max: 0.1357081656429454; min: -0.12889129598499818
max: 0.21898441366560595; min: -0.24278352270413547
max: 0.3217096254210918; min: -0.39232221721376287
max: 3.8599193361990847; min: -2.171326885603709
max: 5.481990776670325; min: -3.8654384119186402
max: 7.772317566887276; min: -4.491305487525462
End of Plotting
```

Python 生成以下图片。

楼层位移时程曲线见图 7.3-9。

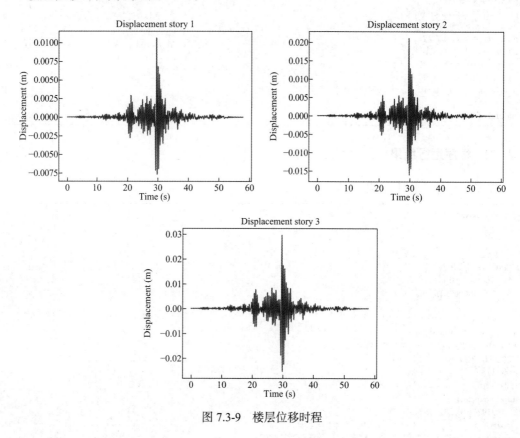

图 7.3-9　楼层位移时程

楼层速度时程曲线见图 7.3-10。

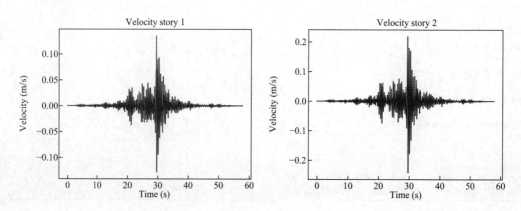

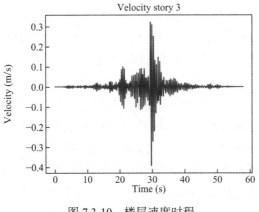

图 7.3-10　楼层速度时程

楼层加速度时程曲线见图 7.3-11。

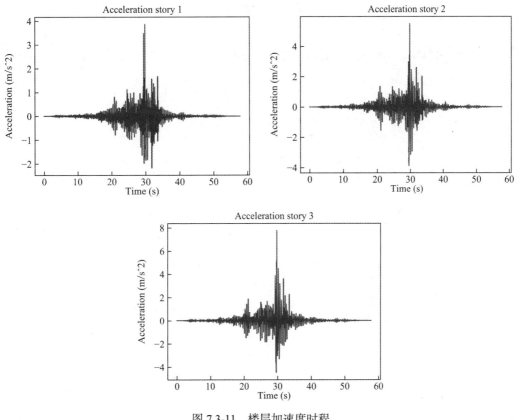

图 7.3-11　楼层加速度时程

## 7.4　小结

（1）介绍了几种常用的求解弹性多自由度体系运动方程的逐步积分方法，包括中心差分法、Newmark-β 法和 Wilson-θ 法，并给出了详细的推导公式，并通过 Python 编程实现了基于中心差分法、Newmark-β 法和 Wilson-θ 法的剪切层模型弹性地震动力时程分析。

（2）与第 5 章介绍的多自由度体系的振型分解法相比，逐步积分法不对运动方程进行任何变换，直接对运动方程进行积分。振型分解法在积分运动方程前，利用结构的固有振型及振型正交性，将 $n$ 个自由度的总体方程组，解耦为 $n$ 个独立的与固有振型对应的单自由度方程，然后对这些方程进行解析或数值求解，得到每个振型的动力响应，然后将各振型的动力响应按一定的方式叠加，得到多自由度体系的总动力响应。振型分解法的优点是，当自由度较大时，计算效率比逐步积分法高，但缺点是由于使用了叠加原理，很难考虑通用的非线性因素，而逐步积分法可直接考虑非线性因素。

（3）振型分解法在对整体方程组进行解耦的过程中，假设阻尼矩阵关于振型矩阵正交，相当于假定阻尼模型为比例阻尼，而逐步积分法对阻尼模型没有限制，只要形成阻尼矩阵，任何阻尼模型都可进行分析。

# 参 考 文 献

[1]　刘晶波，杜修力. 结构动力学[M]. 北京: 机械工业出版社, 2011.

# 第 8 章

# 单自由度体系非线性动力时程分析

当结构承受较大荷载或作用时，比如强地震作用，结构构件可能发生弹塑性变形，结构进入弹塑性状态。结构地震动力非线性分析是结构地震动力分析的重要内容，本章主要介绍考虑材料非线性的单自由度体系的地震动力时程分析。

## 8.1 运动方程

图 8.1-1 为本章讨论的非弹性单自由度体系模型示意图。与弹性体系不同，非弹性单自由度体系的力–变形本构关系不总是保持弹性，而是弹塑性关系。

当结构（或构件）进入弹塑性后，结构的恢复力（又可称为抗力）不再与位移呈线性关系，如图 8.1-2 所示，此时结构恢复力 $f_S$ 不再等于 $k_0 u$，$f_S$-$u$ 关系需要用更加复杂的非线性函数或分段函数进行表达[1]，即式(8.1-1)。

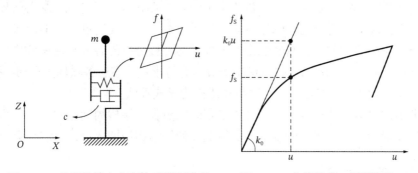

图 8.1-1 非弹性单自由度体系模型示意　　　图 8.1-2 非线性力–变形关系

$$\begin{cases} f_S \neq -ku \\ f_S = f_S(u) \end{cases} \tag{8.1-1}$$

相应的单自由度体系在动力荷载 $P(t)$ 作用下运动方程为

$$m\ddot{u} + c\dot{u} + f_S(u) = P(t) \tag{8.1-2}$$

当体系的动力反应由地震导致的结构基础的运动引起时，单自由度体系的运动方程为

$$m\ddot{u} + c\dot{u} + f_S(u) = -m\ddot{u}_g \tag{8.1-3}$$

第 2 章介绍的弹性单自由度体系运动方程除分段解析法外的其他几种逐步积分法，如中心差分法、Newmark-β 法、Wilson-θ 法，对于式(8.1-2)及式(8.1-3)表示的非弹性体系的运动方程的求解也适用，只是需要对原弹性时域逐步积分计算过程中与体系刚度及抗力相关的部分进行调整。以下将对分段解析法、中心差分法、Newmark-β 法、Wilson-θ 法在非线性分析中的扩展进行介绍。

## 8.2    逐步积分法

### 8.2.1    分段解析法

根据上述章节的讲解，在分段解析法的求解过程中，需要计算递推公式中的系数$A \sim D$和$A' \sim D'$，如果结构是线性的，并采用等时间步长，则上述系数均为常数。对于非弹性结构体系，结构的刚度是变化的，所以上述系数中基于刚度计算的系数也是变化的，非弹性体系的动力时程响应需根据当前时刻的位移响应$u_i$计算当前时刻的结构刚度$k_i$，再计算系数$A \sim D$和$A' \sim D'$，进而递推下一时刻的响应。由于每一步都要更新递推公式中的相关系数，分段解析法计算非弹性体系时的计算效率相对于弹性体系大为降低。

### 8.2.2    中心差分法

由于中心差分法是基于位移的有限差分，其非弹性响应计算只需要在弹性计算的$u_{i+1}$递推公式中将结构刚度相关项$ku_i$直接用恢复力$f_S(u_i)$进行替换即可，如式(8.2-1)所示。

$$\left(\frac{m}{\Delta t^2} + \frac{c}{2\Delta t}\right)u_{i+1} = P_i - f_S(u_i) + \left(\frac{2m}{\Delta t^2}\right)u_i - \left(\frac{m}{\Delta t^2} - \frac{c}{2\Delta t}\right)u_{i-1} \tag{8.2-1}$$

在弹性分析中，$f_S(u_i)$等于$ku_i$，可直接得出。在非弹性分析中，$f_S(u_i)$需要以结构的非弹性恢复力特性为基础，根据上一分析步中的恢复力$f_S(u_{i-1})$、变形$u_{i-1}$及当前分析步的变形$u_i$等参数进行确定，这个过程称为结构或单元的本构状态确定过程。本构状态确定是材料非线性分析中共有的问题，自然也是非弹性动力时程分析的各种直接积分法中共有的问题，详细介绍详见 8.2.5 节。式(8.2-1)左边的$u_{i+1}$为待求量，右边各项均为第$i$步或第$i-1$步的已知量，即求解$u_{i+1}$不需要迭代，这类算法称为显式算法。

中心差分法是有条件稳定的，其临界稳定时间步长与结构周期相关，而非弹性体系在进入弹塑性阶段后一般会出现刚度退化的情况，使得结构周期变长，稳定性会变得更好。

### 8.2.3    Newmark-β 法

#### 8.2.3.1    基本公式

采用 Newmark-β 法进行非弹性结构动力分析时，可以通过"增量形式"的 Newmark-β 法进行求解[2]，方法推导如下。

已知$t_i$时刻和$t_{i+1}$时刻的运动方程

$$\begin{cases} m\ddot{u}_i + c\dot{u}_i + (f_S)_i = P_i \\ m\ddot{u}_{i+1} + c\dot{u}_{i+1} + (f_S)_{i+1} = P_{i+1} \end{cases} \tag{8.2-2}$$

上式相减得到体系运动增量平衡方程

$$m\Delta\ddot{u}_i + c\Delta\dot{u}_i + (\Delta f_S)_i = \Delta P_i \tag{8.2-3}$$

当时间步长$\Delta t$足够小时，可认为在$[t_i, t_{i+1}]$时段内结构本构关系是线性的，即

$$(\Delta f_S)_i = k_i^s \Delta u_i \tag{8.2-4}$$

式中$k_i^s$是结构本构曲线上$i$点与$i+1$点之间的割线刚度。

由于$u_{i+1}$是待求未知量，因此割线刚度$k_i^s$也是未知的。如果用$i$点的切线刚度$k_i$近似代替$k_i^s$，则有

$$(\Delta f_S)_i \approx k_i \Delta u_i \tag{8.2-5}$$

则增量平衡方程可以表示为

$$m\Delta\ddot{u}_i + c\Delta\dot{u}_i + k_i\Delta u_i = \Delta P_i \tag{8.2-6}$$

此时增量平衡方程是一个线性运动方程的形式，且系数$m$、$c$、$k_i$、$\Delta P_i$都是已知的，$\Delta P_i$是外荷载增量，$k_i$则根据结构本构关系求得。为此，若想求解$\Delta u_i$，必须想办法将$\Delta\ddot{u}_i$及$\Delta\dot{u}_i$表示为$\Delta u_i$及$i$时刻已知变量的函数。

根据 Newmark-β 法全量法递推公式

$$\begin{cases} \ddot{u}_{i+1} = \dfrac{1}{\beta\Delta t^2}(u_{i+1} - u_i) - \dfrac{1}{\beta\Delta t}\dot{u}_i - \left(\dfrac{1}{2\beta} - 1\right)\ddot{u}_i \\[2mm] \dot{u}_{i+1} = \dfrac{\gamma}{\beta\Delta t}(u_{i+1} - u_i) + \left(1 - \dfrac{\gamma}{\beta}\right)\dot{u}_i + \left(1 - \dfrac{\gamma}{2\beta}\right)\ddot{u}_i\Delta t \end{cases} \tag{8.2-7}$$

可得

$$\begin{aligned} \Delta\ddot{u}_i = \ddot{u}_{i+1} - \ddot{u}_i &= \left[\dfrac{1}{\beta\Delta t^2}(u_{i+1} - u_i) - \dfrac{1}{\beta\Delta t}\dot{u}_i - \left(\dfrac{1}{2\beta} - 1\right)\ddot{u}_i\right] - \ddot{u}_i \\[2mm] &= \dfrac{1}{\beta\Delta t^2}\Delta u_i - \dfrac{1}{\beta\Delta t}\dot{u}_i - \dfrac{1}{2\beta}\ddot{u}_i \end{aligned} \tag{8.2-8}$$

以及

$$\begin{aligned} \Delta\dot{u}_i = \dot{u}_{i+1} - \dot{u}_i &= \left[\dfrac{\gamma}{\beta\Delta t}(u_{i+1} - u_i) + \left(1 - \dfrac{\gamma}{\beta}\right)\dot{u}_i + \left(1 - \dfrac{\gamma}{2\beta}\right)\ddot{u}_i\Delta t\right] - \dot{u}_i \\[2mm] &= \dfrac{\gamma}{\beta\Delta t}\Delta u_i - \dfrac{\gamma}{\beta}\dot{u}_i + \left(1 - \dfrac{\gamma}{2\beta}\right)\ddot{u}_i\Delta t \end{aligned} \tag{8.2-9}$$

可得增量形式表示的 Newmark-β 法的两个基本递推公式

$$\begin{cases} \Delta\ddot{u}_i = \dfrac{1}{\beta\Delta t^2}\Delta u_i - \dfrac{1}{\beta\Delta t}\dot{u}_i - \dfrac{1}{2\beta}\ddot{u}_i \\[2mm] \Delta\dot{u}_i = \dfrac{\gamma}{\beta\Delta t}\Delta u_i - \dfrac{\gamma}{\beta}\dot{u}_i + \left(1 - \dfrac{\gamma}{2\beta}\right)\ddot{u}_i\Delta t \end{cases} \tag{8.2-10}$$

将递推公式代入增量运动方程，可得$\Delta u$的计算方程

$$\hat{k}_i\Delta u_i = \Delta\hat{P}_i \tag{8.2-11}$$

其中

$$\hat{k}_i = k_i + \dfrac{1}{\beta\Delta t^2}m + \dfrac{\gamma}{\beta\Delta t}c \tag{8.2-12}$$

$$\Delta \hat{P}_i = \Delta P_i + \left(\frac{1}{\beta\Delta t}\dot{u}_i + \frac{1}{2\beta}\ddot{u}_i\right)m + \left[\frac{\gamma}{\beta}\dot{u}_i + \frac{\Delta t}{2}\left(\frac{\gamma}{\beta}-2\right)\ddot{u}_i\right]c$$

$$= \Delta P_i + \left(\frac{1}{\beta\Delta t}m + \frac{\gamma}{\beta}c\right)\dot{u}_i + \left[\frac{1}{2\beta}m + \Delta t\left(\frac{\gamma}{2\beta}-1\right)c\right]\ddot{u}_i \qquad (8.2\text{-}13)$$

为方便记录，可令 $AA_1 = \frac{1}{\beta\Delta t}m + \frac{\gamma}{\beta}c$，$AA_2 = \frac{1}{2\beta}m + \Delta t\left(\frac{\gamma}{2\beta}-1\right)c$。

则有：

$$\Delta \hat{P}_i = \Delta P_i + AA_1\dot{u}_i + AA_2\ddot{u}_i \qquad (8.2\text{-}14)$$

求得 $\Delta u_i$ 后，即可求得 $u_{i+1}$：

$$u_{i+1} = u_i + \Delta u_i \qquad (8.2\text{-}15)$$

将 $\Delta u_i$ 代入式(8.2-10)可得 $\Delta \dot{u}_i$ 和 $\Delta \ddot{u}_i$，进而求得 $\ddot{u}_{i+1}$ 和 $\dot{u}_{i+1}$：

$$\begin{cases} \dot{u}_{i+1} = \dot{u}_i + \Delta \dot{u}_i \\ \ddot{u}_{i+1} = \ddot{u}_i + \Delta \ddot{u}_i \end{cases} \qquad (8.2\text{-}16)$$

### 8.2.3.2    Newton-Raphson 迭代法

上述计算过程中，用 $i$ 点的切线刚度 $k_i$ 近似代替 $i$ 点和 $i+1$ 点之间的割线刚度［式 (8.2-5)］，是计算误差的主要来源，但这种误差可采用迭代的方法使其最小化。注意到，式 (8.2-11)从形式上看与静力问题的方程完全一致，因此可利用静力非线性分析的方法进行迭代求解[3,4]。图 8.2-1 和图 8.2-2 分别给出了 Newton-Raphson 法和修正的 Newton-Raphson 方法中第 $i+1$ 积分步内的非线性迭代过程图[1]。

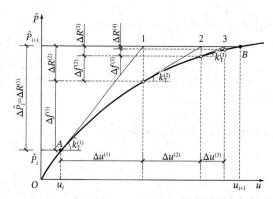
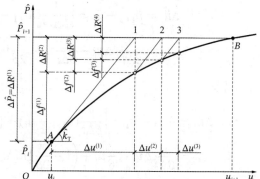

图 8.2-1    Newton-Raphson 迭代法示意        图 8.2-2    修正的 Newton-Raphson 迭代法示意

图 8.2-1 和图 8.2-2 中，变量的下标表示第 $i$ 积分步，上标则表示第 $i$ 积分步内的第 $j$ 迭代步。其中 $A$ 点表示已经收敛的第 $i$ 积分步。第 $i$ 积分步的位移、等效荷载及等效切线刚度为已知结果，分别为 $u_i$、$\hat{P}_i$ 及 $\hat{k}_i$，同时已知 $i+1$ 积分步的外荷载为 $\hat{P}_{i+1}$，相应的荷载增量为 $\Delta\hat{P}_i$，待求量为施加外荷载 $\hat{P}_{i+1}$ 后结构的位移，即 $u_{i+1}$，$B$ 点对应的位移。下面以图 8.2-1 中的 Newton-Raphson 法为例，详细介绍其迭代过程。在 Newmark-β 法每个时间步中都要求解增量平衡方程(8.2-11)，为方便表述，我们将表示积分步的下标 $i$ 去掉，以表示迭代过程适用于任意积分步。其中，将 $\hat{k}_i$ 下标 $i$ 用 $T$ 代替，表示切线刚度，$\Delta u_i$ 和 $\hat{P}_i$ 下标也去掉，则增量平衡方程(8.2-11)变为

$$\hat{k}_T\Delta u = \Delta \hat{P} \qquad (8.2\text{-}17)$$

在图 8.2-1 中的第一个迭代步中，将 $\hat{k}_T^{(1)}$ 和 $\Delta\hat{P}$（$\Delta\hat{P} = \Delta R^{(1)}$，$\Delta R^{(1)}$ 是开始迭代时的残余力）代入式(8.2-17)，即

$$\hat{k}_T^{(1)}\Delta u^{(1)} = \Delta\hat{P} \tag{8.2-18}$$

可求得 $\Delta u^{(1)}$，作为最终 $\Delta u$（$\Delta u = \sum_{j=1}^{n}\Delta u^{(j)} = u_{i+1} - u_i$）的第一次近似。位移增加 $\Delta u^{(1)}$，相应的广义抗力增量为 $\Delta f^{(1)}$，它比 $\Delta\hat{P}$ 小，此时定义第 2 迭代步的残余力 $\Delta R^{(2)} = \Delta\hat{P} - \Delta f^{(1)}$，这个残余力引起的附加位移 $\Delta u^{(2)}$ 继续由下式确定

$$\hat{k}_T^{(2)}\Delta u^{(2)} = \Delta R^{(2)} \tag{8.2-19}$$

使用新的附加位移继续寻找残余力的新值，不断迭代，当残余力趋向于 0 时，结构收敛，此时结构到达 $B$ 点。

下面列出了 Newton-Raphson 法的迭代步骤，其中下标 $i$ 表示积分步，上标 $j$ 表示积分步内的迭代步。

（1）初始化数据。

令 $u_{i+1}^{(0)} = u_i$，$f_S^{(0)} = (f_S)_i$，$\Delta R^{(1)} = \Delta\hat{P}_i$，$\hat{k}_T^{(1)} = \hat{k}_i$。

即迭代分析初始位移 $u_{i+1}^{(0)}$ 和初始恢复力 $f_S^{(0)}$ 分别等于第 $i$ 分析步的位移 $u_i$ 和恢复力 $(f_S)_i$，迭代分析的初始残余力 $\Delta R^{(1)}$ 和初始等效刚度 $\hat{k}_T^{(1)}$ 分别等于第 $i$ 分析步的等效刚度 $\hat{k}_i$ 和等效荷载增量 $\Delta\hat{P}_i$。

（2）对于每一步迭代，$j = 1,2,3,\cdots$ 进行如下计算：

1）由增量平衡方程 $\hat{k}_T^{(j)}\Delta u^{(j)} = \Delta R^{(j)}$，求得第 $j$ 迭代步的位移增量 $\Delta u^{(j)}$。

2）进而求得第 $j$ 步迭代后的位移 $u^{(j)} = u^{(j-1)} + \Delta u^{(j)}$。

3）根据状态确定函数，求得结构后构件新的恢复力 $f_S^{(j)}$ 和刚度 $k_T^{(j)}$ [按式(8.2-12)计算]，进而求得广义恢复力增量（需要注意，在静力分析中，广义恢复力增量即结构或构件的恢复力增量）。

$\Delta f^{(j)} = f_S^{(j)} - f_S^{(j-1)}$，在动力分析中，由于有质量和阻尼项的存在，广义恢复力增量为：

$\Delta f^{(j)} = f_S^{(j)} - f_S^{(j-1)} + (\hat{k}_T^{(j)} - k_T^{(j)})\Delta u^{(j)} = f_S^{(j)} - f_S^{(j-1)} + (\frac{1}{\beta\Delta t^2}m + \frac{\gamma}{\beta\Delta t}c)\Delta u^{(j)}$。

4）求新的残余力 $\Delta R^{(j+1)} = \Delta R^{(j)} - \Delta f^{(j)}$。

（3）进行下一步迭代，重复（2）中的步骤，用 $j+1$ 代替 $j$。

（4）经 $n$ 次迭代后，如果增量位移 $\Delta u^{(n)}$ 与迭代累积位移增量 $\Delta u$ 相比足够小，即 $\frac{\Delta u^{(n)}}{\Delta u} = \frac{\Delta u^{(n)}}{\sum_{j=1}^{n}\Delta u^{(j)}} \leqslant \varepsilon$，则迭代结束，$\varepsilon$ 可取一个合理的小值。此时位移 $u_{i+1} = u_i + \Delta u$ 即是所求 $B$ 点的位移。

在 Newton-Raphson 法迭代过程中，各迭代步中的等效刚度 $\hat{k}_T^{(j)}$ 通过状态确定函数获得 $k_T^{(j)}$，然后按式(8.2-12)计算，其在迭代过程中是变化的，因此 Newton-Raphson 法又称为变刚度法。图 8.2-2 所示为修正的 Newton-Raphson 法，$\hat{k}_T$ 取的是第 $i$ 迭代步的初始值，各迭代步中的等效刚度 $\hat{k}_T$ 是不变的，因此又称为常刚度法。变刚度法在每个迭代步内都要求解切线刚度，计算量大，但收敛速度快；而常刚度法在每个迭代步内刚度是不变的，每个积分步内仅需在初始迭代时求解一次切线刚度，计算量小，但收敛速度慢。

### 8.2.3.3　Newmark-β 法分析步骤

综上，采用 Newmark-β 法进行非弹性单自由度结构逐步积分计算的步骤[1]总结如下：

（1）初始计算。

1）根据初始条件确定初始加速度，$\ddot{u}_0 = [P_0 - c\dot{u}_0 - (f_S)_0]/m$。

2）根据控制参数 $\beta$、$\gamma$、$\Delta t$ 等求式(8.2-11)~式(8.2-13)中的积分常数，$AA_1 = \frac{1}{\beta\Delta t}m + \frac{\gamma}{\beta}c$，$AA_2 = \frac{\gamma}{\beta}\dot{u}_i + \Delta t(\frac{\gamma}{2\beta} - 1)\ddot{u}_i$。

（2）对时间离散化，对每个积分步 $i$ 进行计算，逐步积分。

1）根据式(8.2-12)求得等效切线刚度 $\hat{k}_i = k_i + \frac{\gamma}{\beta\Delta t}c + \frac{1}{\beta(\Delta t)^2}m$。

2）根据式(8.2-13)求等效荷载增量 $\Delta \hat{P}_i = \Delta P_i + AA_1 \cdot \dot{u}_i + AA_2 \cdot \ddot{u}_i$。

3）利用 Newton-Raphson 法的迭代过程，计算 $\Delta u_i$。

4）根据式(8.2-10)，求得速度增量 $\Delta \dot{u}_i$ 和加速度增量 $\Delta \ddot{u}_i$。

5）根据式(8.2-16)，求得速度 $\dot{u}_{i+1}$ 和加速度 $\ddot{u}_{i+1}$。

（3）对下一个时间步重复计算步骤（2），用 $i+1$ 代替 $i$。

Newmark-β 法分析中，也需要进行状态确定，以更新分析方程中的变量，与中心差分法不同的是，Newmark-β 法除了需要更新体系的恢复力，还需要更新体系刚度，而中心差分法中不需要更新体系刚度。还可以发现 Newmark-β 法在每个积分步内都需要进行迭代计算，对平衡条件进行检验，中心差分法不对平衡条件进行迭代检验，由已知的第 $i$ 步的结果通过递推公式直接求解第 $i+1$ 步的反应。

## 8.2.4　Wilson-θ 法

采用 Wilson-θ 法进行非弹性结构动力分析的求解步骤与上述 Newmark-β 法的处理方式是相同的，增量法表示的平衡方程及刚度近似方法见式(8.2-3)和式(8.2-5)，以下仅给出增量法表示的 Wilson-θ 法递推公式。

根据 Wilson-θ 法全量递推公式

$$\begin{cases} \ddot{u}(t_i + \theta\Delta t) = \dfrac{6}{(\theta\Delta t)^2}[u(t_i + \theta\Delta t) - u(t_i)] - \dfrac{6}{\theta\Delta t}\dot{u}(t_i) - 2\ddot{u}(t_i) \\ \dot{u}(t_i + \theta\Delta t) = \dfrac{3}{\theta\Delta t}[u(t_i + \theta\Delta t) - u(t_i)] - 2\dot{u}(t_i) - \dfrac{\theta\Delta t}{2}\ddot{u}(t_i) \end{cases} \tag{8.2-20}$$

则有：

$$\begin{aligned} \Delta\ddot{u}_i &= \ddot{u}_{i+1} - \ddot{u}_i = \ddot{u}(t_i + \theta\Delta t) - \ddot{u}_i \\ &= \left\{ \dfrac{6}{(\theta\Delta t)^2}[u(t_i + \theta\Delta t) - u(t_i)] - \dfrac{6}{\theta\Delta t}\dot{u}(t_i) - 2\ddot{u}(t_i) \right\} - \ddot{u}_i \\ &= \dfrac{6}{(\theta\Delta t)^2}\Delta u_i - \dfrac{6}{\theta\Delta t}\dot{u}_i - 3\ddot{u}_i \end{aligned} \tag{8.2-21}$$

以及

$$\begin{aligned} \Delta\dot{u} &= \dot{u}_{i+1} - \dot{u}_i = \dot{u}(t_i + \theta\Delta t) - \dot{u}_i \\ &= \left\{ \dfrac{3}{\theta\Delta t}[u(t_i + \theta\Delta t) - u(t_i)] - 2\dot{u}(t_i) - \dfrac{\theta\Delta t}{2}\ddot{u}(t_i) \right\} - \dot{u}_i \\ &= \dfrac{3}{\theta\Delta t}\Delta u_i - 3\dot{u}_i - \dfrac{\theta\Delta t}{2}\ddot{u}_i \end{aligned} \tag{8.2-22}$$

可得增量形式表示的 Wilson-θ 法的两个基本递推公式

$$\begin{cases} \Delta\ddot{u}_i = \dfrac{6}{(\theta\Delta t)^2}\Delta u_i - \dfrac{6}{\theta\Delta t}\dot{u}_i - 3\ddot{u}_i \\ \Delta\dot{u}_i = \dfrac{3}{\theta\Delta t}\Delta u_i - 3\dot{u}_i - \dfrac{\theta\Delta t}{2}\ddot{u}_i \end{cases} \tag{8.2-23}$$

将递推公式代入增量运动方程即可进行后续求解，同样，可以采用上述 Newton-Raphson 法或修正的 Newton-Raphson 法进行迭代。

### 8.2.5 显式求解与隐式求解

对比中心差分法、Newmark-β 法和 Wilson-θ 法可以发现，在中心差分法中，只需根据体系第 $i$ 步、第 $i-1$ 步的响应即可直接求得第 $i+1$ 步的位移响应，无需求解平衡方程，这种分析方法属于显式求解法；而在 Newmark-β 法、Wilson-θ 法中，需根据第 $i$ 步的体系响应和当前分析步的荷载条件，通过迭代求解联立方程组的方式求解当前分析步的位移响应，这种分析方法属于隐式求解法。

显式求解法不需要求解平衡方程，不存在迭代和收敛问题，其计算工作量随模型自由度数的增加而线性增加，显式求解中不进行收敛性检查，更适合于求解非线性程度较高的问题；缺点是显式分析存在误差累积问题，而且由于该方法不进行误差检查，因此对计算结果的精度评价存在一定困难，积分时间步长受数值积分稳定性的影响，不能超过体系的临界时间步长[5]。

隐式求解法需要求解联立方程组，对于非线性问题，还需要进行迭代，存在迭代收敛问题，相对显式求解法，隐式求解法可以取较大的时间步长。

## 8.3 非线性本构模型开发

### 8.3.1 概述

如前所述，在采用逐步积分法求解动力非线性方程的过程中，每个积分步和迭代步均可能需要多次获得材料的抗力及刚度等状态信息，这一过程称为结构、单元或材料的状态确定（State determination）。而由于结构、单元或材料进入非线性后，刚度不再是常数，其恢复力也不再等于 $k_0 u$，而是与位移历程相关，这使得结构、单元或材料的状态确定过程并不像弹性分析一样直接，在非线性分析过程中，往往需要根据结构、单元或材料已收敛的荷载步信息并结合当前荷载步信息，才能确定结构、单元或材料当前所处的状态，包括结构、单元或材料的抗力、刚度、加/卸载信息等。如图 8.3-1 所示，对于弹性单元而言，单元状态的确定是直接的，因为弹性单元的恢复力和位移之间是线性关系，两者在数值上一一对应，恢复力-位移时程曲线是来回摆动的直线，其斜率为单元的刚度；而对于非弹性单元，其恢复力-位移曲线往往为环形的滞回曲线，单元的状态与单元的位移历程相关，仅仅知道当前时刻的变形无法完全确定非弹性单元的状态。状态确定（State determination）属于非线性本构模型需要负责的内容，结构、单元或材料采用的非线性本构模型，直接控制其恢复力如何随位移历程变化，因此，对于结构非线性分析，非线性本构模型的开发是一个重要内容。

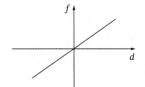

(a) 弹性单元恢复力-位移时程曲线示意　(b) 非弹性单元恢复力-位移时程曲线示意

图 8.3-1　弹性与非弹性单元的恢复力-位移时程曲线示意

　　下面以随动强化单轴本构为例，介绍非线性单元状态确定的思路，该本构编程思路大致可分为以下两步：

　　（1）获取本构基本信息，包括：初始刚度$k_0$、屈服强度$F_y$、强化系数$b$等参数。据此可以计算出初始屈服位移$D_y = F_y/k_0$、屈服后刚度$k_1 = b \times k_0$，构建初始本构曲线，如图 8.3-2 所示，两个方向的骨架曲线实际上形成了正负方向的屈服面。

　　（2）如图 8.3-3 所示，假定抗力$F_1$和位移值$D_1$为上一时刻已知的状态，当前时刻位移值为$D_2$，材料本构需要根据这些已知信息，计算当前时刻的抗力$F_2$及刚度。求解步骤大致如下：

　　1）根据$F_1$、$D_1$和$D_2$，可分别计算抗力上限值$F_b$、抗力下限值$F_a$（即屈服面的范围）以及按初始刚度不变计算出的抗力值$F_c$，具体计算过程详见式(8.3-1)。

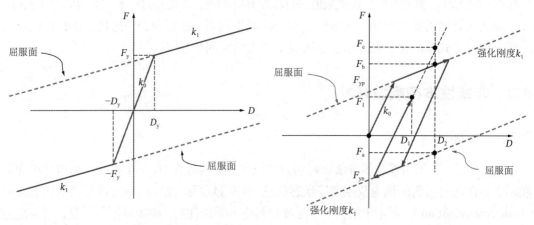

图 8.3-2　随动强化单轴本构　　　　　　图 8.3-3　本构状态确定

$$\begin{cases} F_a = -F_y + k_1(D_2 + D_y) \\ F_b = F_y + k_1(D_2 - D_y) \\ F_c = F_1 + k_1(D_2 - D_1) \end{cases} \tag{8.3-1}$$

　　2）若当前加载往正向加载，即$(D_2 - D_1) > 0$，则$F_2 = \min(F_b, F_c)$，若$F_2 < F_b$，则表明材料处于弹性加载段，当前刚度为$k_0$；反之，则表明当前加载点落在屈服面上，刚度为强化刚度$k_1$。若当前加载往负向加载，即$(D_2 - D_1) < 0$，则$F_2 = \max(F_a, F_c)$，若$F_2 > F_a$，则表明材料处于弹性加载段，当前刚度为$k_0$；反之，则表明当前加载点落在屈服面上，刚度为强化刚度$k_1$。对于图 8.3-3 的例子，$(D_2 - D_1) > 0$，材料往正向加载，此时$F_2 = F_b$，点刚好落在屈服面上，材料的切线刚度为强化刚度$k_1$。

　　由上述分析可知，求解抗力$F_2$的过程其实是一个把超出屈服面的力$F_c$拉回到屈服面的过程，这个拉回过程是许多非线性本构状态确定时共有的，在弹塑性多轴本构中，这一过程称为"应力返回映射"（Return mapping）。另外，根据当前抗力的取值情况，还可获得材料的切线刚度。当$F_2$等于$F_b$或$F_a$时，说明应力点处于材料的屈服面上，此时材料的刚度为强化刚度$k_1$，当$F_2$等于$F_c$时，说明材料处于加载或卸载阶段，此时材料的刚度为弹性刚度$k_0$。

## 8.3.2　单轴非线性本构 Python 编程

根据上节的介绍，采用面向对象的思路，通过 Python 编制了考虑随动强化的单轴非线性本构，并封装在 UMatKinematic 类中，后续相关程序需要采用 UMatKinematic 材料时，可通过 "from uniaxialMat import UMatKinematic" 语句将模块进行导入。UMatKinematic 材料类的代码如下：

```python
# --------------------------------
# File: uniaxialMat.py
# Program: uniaxialMat
# Website: www.jdcui.com
# Author: cuijidong
# Date: 20240529
# --------------------------------
class UMatKinematic:
    #
    def __init__(self, Fy, E0, Alpha):
        self.Fy = Fy
        self.E0 = E0
        self.Alpha = Alpha

    def getCurrentTangent(self):
        return self.TTangent

    def getCurrentStress(self):
        return self.TStress

    def getCurrentStrain(self):
        return self.TStrain

    def info(self):
        print(f"Fy: {self.Fy}, E0: {self.E0}, Alpha：{self.Alpha}")

    def setTrialStrain(self, strain):
        self.revertToLastCommit()
        #
        self.TStrain = strain
        # 位移增量
        dStrain = self.TStrain - self.CStrain
        # 加载方向
        if self.CDirection == 0:
            if dStrain > 0:
                self.TDirection = 1
            else:
                self.TDirection = 2
        elif self.CDirection == 1:
            if dStrain < 0:
                self.TDirection = 2
        else:
            if dStrain > 0:
                self.TDirection = 1

        # Trial State
        self.TStress = self.CStress + self.E0 * dStrain
        self.TTangent = self.E0
        Dy = self.Fy / self.E0
        K1 = self.E0 * self.Alpha
        # 屈服面检验
        if self.TDirection == 1:
            evStress = self.Fy + (self.TStrain - Dy) *K1
            if self.TStress >= evStress:
```

```
            self.TStress = evStress
            self.TTangent = K1
        else:
            evStress = -self.Fy + (self.TStrain + Dy) * K1
            if self.TStress <= evStress:
                self.TStress = evStress
                self.TTangent = K1

    def commitState(self):
        self.CStrain = self.TStrain
        self.CStress = self.TStress
        self.CTangent = self.TTangent
        self.CDirection = self.TDirection

    def revertToLastCommit(self):
        self.TStrain = self.CStrain
        self.TStress = self.CStress
        self.TTangent = self.CTangent
        self.TDirection = self.CDirection

    # Material properties
    Fy = 0   # yield strength
    E0 = 0   # initial stiffness
    Alpha = 0   # strain-hardening ratio
    # State variable
    # 收敛状态变量
    CStress = 0
    CStrain = 0
    CTangent = 0
    # 测试状态变量
    TStress = 0
    TStrain = 0
    TTangent = 0
    # Loading direciton
    TDirection = 0
    CDirection = 0
```

必须指出，当 UMatKinematic 材料的屈服后强化系数 Alpha 取值为 0 时，材料退化为理想弹塑性本构（Elastic perfectly-plastic material）。

为检验上述材料本构开发的正确性，并演示材料本构的使用，我们编写材料测试程序 MaterialTest，对材料进行往复循环加载测试。其中测试的位移加载历程如图 8.3-4 所示。UMatKinematic 材料的屈服强度、初始弹性刚度及强化系数分别为 20、1、0.05。

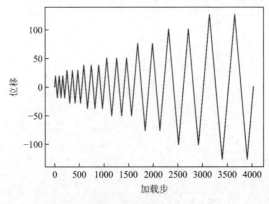

图 8.3-4　位移加载历程

编写的材料测试程序 MaterialTest 代码如下：

```
# --------------------------------
# File: MaterialTest.py
# Program: MaterialTest
# Website: www.jdcui.com
# Author: cuijidong
# Date: 20240520
# --------------------------------
from uniaxialMat import UMatKinematic
import codecs
import matplotlib.pyplot as plt

def readdisphistory(filename, displist):
    f = codecs.open(filename, mode='r', encoding='utf-8')
    line = f.readline()
    while line:
        displist.append(float(line))
        line = f.readline()
    f.close()

# 读取位移加载历程
displist = []
readdisphistory('LoadingProcess.txt', displist)
# print(displist)
steplist = []
print(steplist)
for i in range(0, len(displist)):
    steplist.append(i)
# 绘制位移加载历程
# plt.plot(steplist, displist,'-.*',color='darkblue',linewidth=0.1,markersize=2)
plt.plot(steplist, displist)
plt.xlabel('Step')
plt.ylabel('Disp')
plt.title('Disp history')
plt.tight_layout()
plt.show()
# 创建材料
mat1 = UMatKinematic(20, 1, 0.05) # 随动硬化材料
#
forcelist = []
tangentlist = []
# 循环位移历程，对材料进行加载，获得材料的抗力和刚度
for i in range(0, len(steplist)):
    mat1.setTrialStrain(displist[i])
    mat1.commitState()
    forcelist.append(mat1.getCurrentStress())
    tangentlist.append(mat1.getCurrentTangent())
# 绘制广义位移-恢复力滞回曲线
plt.plot(displist, forcelist)
plt.xlabel('Disp')
plt.ylabel('Force')
plt.title('Disp-force loop')
plt.tight_layout()
plt.show()
# 绘制广义位移-切线刚度滞回曲线
plt.plot(displist, tangentlist)
plt.xlabel('Disp')
plt.ylabel('Stiffness')
plt.title('Disp-stiffness loop')
```

```
plt.tight_layout()
plt.show()
# 绘制加载步–恢复力历程
plt.plot(steplist, forcelist)
plt.xlabel('Step')
plt.ylabel('Force')
plt.title('Force history')
plt.tight_layout()
plt.show()
# 绘制加载步–切线刚度历程
plt.plot(steplist, tangentlist)
plt.xlabel('Step')
plt.ylabel('Stiffness')
plt.title('Stiffness history')
plt.tight_layout()
plt.show()
```

程序运行结果如图 8.3-5～图 8.3-8 所示。

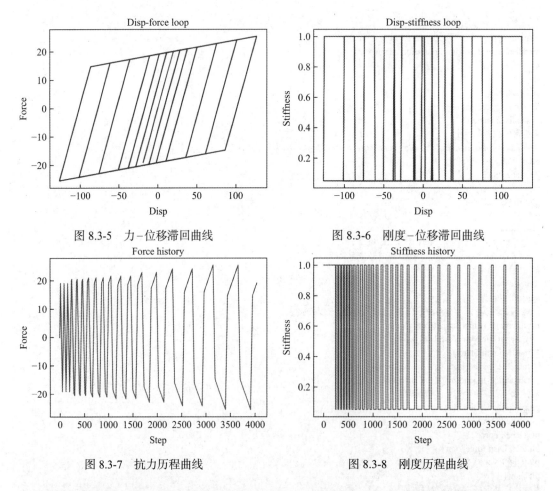

图 8.3-5　力–位移滞回曲线　　　　　　图 8.3-6　刚度–位移滞回曲线

图 8.3-7　抗力历程曲线　　　　　　　图 8.3-8　刚度历程曲线

可见，在测试位移历程下，UMatKinematic 材料的抗力、刚度、滞回曲线均符合预期，表明编写的本构正确。此外必须指出，MaterialTest 程序适用于位移型单轴非线性本构的测试，当编写其他位移型单轴本构时，依然可以利用该程序进行测试。

## 8.4 基于 Newton-Raphson 迭代的逐步积分法编程

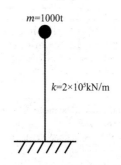

图 8.4-1 实例模型示意图

为探究非线性的引入对结构动力时程响应的影响，本节将对以下三种结构模型进行动力时程分析：（1）弹性单自由度结构体系；（2）非弹性单自由度体系，采用理想弹塑性本构（Elastic perfectly-plastic material）；（3）非弹性单自由度体系，采用随动硬化本构（Kinematic hardening material），屈服强化系数为 0.2。三种结构模型的质量、（初始）刚度及阻尼比均相同，如图 8.4-1 所示。其中体系阻尼比为 0.05。

各结构模型的抗侧力本构如图 8.4-2 所示。各本构均可采用上节编制的 UMatKinematic 材料实现。

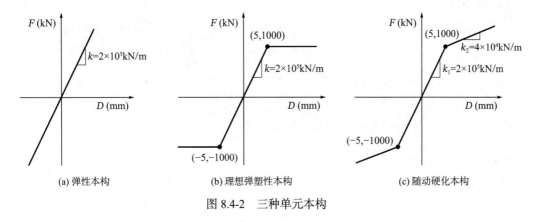

图 8.4-2 三种单元本构

分析采用的地震加速度时程曲线如图 8.4-3 所示，地震波峰值加速度为 $-0.361g$，时间步长 0.01s，共计 5279 步，总持时 52.79s。

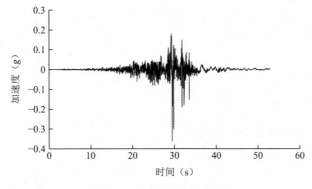

图 8.4-3 地震加速度时程

### 8.4.1 Python 编程

以下给出采用随动硬化本构的单自由度体系非线性动力时程分析 Python 程序，其中积分方法采用 Newmark-β 法，迭代采用 Newton-Raphson 法。对于弹性本构，可以将 UMatKinematic 材料的屈服强度设置为一个较大值实现，对于理想弹塑性本构，可以将 UMatKinematic 材料的屈服后强化系数取值为 0 实现。

```python
# --------------------------------
# File: NSDOF_NewtonRaphson.py
# Program: NSDOF_NewtonRaphson
# Website: www.jdcui.com
# Author: cuijidong
# Date: 20240520
# --------------------------------
from uniaxialMat import UMatKinematic
import codecs
import matplotlib.pyplot as plt
# --------------------------------

# 读取逗号分隔的地震波数据
def ReadGroundMotion(filename, timelist, acclist, accfactor):
    f = codecs.open(filename, mode='r', encoding='utf-8')
    line = f.readline()
    while line:
        strs = line.split(',')
        t = strs[0]
        acc = strs[1]
        timelist.append(float(t))
        acclist.append(float(acc) * accfactor)
        # print(t, acc)
        line = f.readline()
    f.close()

print('Structural parameters:')
# 结构参数：质量、阻尼比
m = 1000
damping = 0.05
fy = 1000  # yield strength
k0 = 2 * (10 ** 5)  # initial stiffness
b = 0.2  # strain-hardening ratio
# 自然频率
wn = (k0 / m) ** 0.5
# 阻尼系数
c = 2 * damping * m * wn
print(f"Mass: {m}")
print(f"Damping ratio: {damping}")
print(f"Yield strength: {fy}")
print(f"Initial stiffness: {k0}")
print(f"Strain-hardening ratio: {b}")
print(f"Damping coefficient: {c}")
print()
#
# Define nonlinear matrial
# mat = UMatKinematic(1000000, k0, 0)  # elastic material
# mat = UMatKinematic(fy, k0, 0)  # elastic perfectly-plastic material
mat = UMatKinematic(fy, k0, b)  # kinematic hardening material

# 读取地震波加速度时程
print('Importing ground motion')
print()
timelist = []
acclist = []
ReadGroundMotion('chichi.csv', timelist, acclist, 9.8)
# 计算时间间隔
```

```
dt = timelist[1] - timelist[0]
print('Analysis time step:')
print(str(dt) + ' sec')
print()

# 绘制加速度时程
plt.plot(timelist, acclist)
plt.xlabel('Time (s)')
plt.ylabel('Acceleration (m/s^2)')
plt.title('Ground Motion')
plt.show()

print('Calculate integral constant')
# 积分常数
gama = 0.5
beta = 0.25
a0 = 1.0 / (beta * dt ** 2)
a1 = gama / (beta * dt)
a2 = 1 / (beta * dt)
a3 = 1 / (2 * beta) - 1
a4 = gama / beta - 1
a5 = dt / 2 * (gama / beta - 2)
a6 = dt * (1 - gama)
a7 = gama * dt
#
a8 = a0 * m + a1 * c
a9 = a2 * m + a4 * c
a10 = a3 * m + a5 * c

# Define data storage variables
ulist = []  # 位移
vlist = []  # 速度
alist = []  # 加速度
rslist = []  # 恢复力
timelist2 = []
print('Initial motion conditions')
u0 = 0  # 初始位移
v0 = 0  # 初始速度
# Step 0
timelist2.append(0)
ulist.append(u0)
vlist.append(v0)
rslist.append(mat.getCurrentStress())
# 初始加速度
a00 = (-m * acclist[0] - c * vlist[0] - rslist[0]) / m
alist.append(a00)
# Analysis step and force tolerance
step = len(acclist) + 500
print('Number of steps:')
print(step)
print()
forcetol = 0.0001
print('Force convergence tolerance:')
print(forcetol)
print()
print('Beginning dynamic time analysis')
print('......')
# Run step by step analysis
for i in range(1, step):
    timelist2.append(i * dt)
    # applied force
    pi = 0
```

```
        if i < len(acclist):
            pi = -m * acclist[i]
        PPi = pi + a8 * ulist[i - 1] + a9 * vlist[i - 1] + a10 * alist[i - 1]
        # trial disp
        utrial = ulist[i - 1]
        # residual force
        R = PPi - (mat.getCurrentStress() + a8 * utrial)
        # run NR interation
        while abs(R) > forcetol:
            kkt = mat.getCurrentTangent() + a8
            du = R / kkt
            utrial += du
            mat.setTrialStrain(utrial)
            # residual force
            R = PPi - (mat.getCurrentStress() + a8 * utrial)
        # commit state
        mat.commitState()
        # record results
        # disp
        ulist.append(utrial)
        # acc
        ai = a0 * (ulist[i] - ulist[i - 1]) - a2 * vlist[i - 1] - a3 * alist[i - 1]
        alist.append(ai)
        # vel
        vi = vlist[i - 1] + a6 * alist[i - 1] + a7 * alist[i]
        vlist.append(vi)
        # rs
        rslist.append(mat.getCurrentStress())
print('End of dynamic time analysis')
print()
# 求解响应极值
umax = max(ulist)
umin = min(ulist)
vmax = max(vlist)
vmin = min(vlist)
amax = max(alist)
amin = min(alist)
rmax = max(rslist)
rmin = min(rslist)
print(f"Max disp: {umax}, Min disp: {umin}")
print(f"Max velocity: {umax}, Min velocity: {umin}")
print(f"Max acceleration: {umax}, Min acceleration: {umin}")
print(f"Max force: {rmax}, Min force: {rmin}")
print()
##
print('Beginning Plotting')
print('......')
# 绘制位移
plt.plot(timelist2, ulist)
plt.xlabel('Time (s)')
plt.ylabel('Displacement (m)')
plt.title('Displacement history')
plt.tight_layout()
plt.show()
# 绘制速度
plt.plot(timelist2, vlist)
plt.xlabel('Time (s)')
plt.ylabel('Velocity (m/s)')
plt.title('Velocity history')
plt.tight_layout()
plt.show()
```

```
# 绘制加速度
plt.plot(timelist2, alist)
plt.xlabel('Time (s)')
plt.ylabel('Acceleration (m/s^2)')
plt.title('Acceleration history')
plt.tight_layout()
plt.show()
# 绘制层剪力
plt.plot(timelist2, rslist)
plt.xlabel('Time (s)')
plt.ylabel('Shear force (N)')
plt.title('Shear force history')
plt.tight_layout()
plt.show()
# 绘制剪力-位移滞回曲线
plt.plot(ulist, rslist)
plt.xlabel('Disp (m)')
plt.ylabel('Shear force (N)')
plt.title('Hysteresis curve')
plt.tight_layout()
plt.show()
print('End of Plotting')
```

## 8.4.2　程序运行结果

　　程序运行输出以下结果：

```
Structural parameters:
Mass: 1000
Damping ratio: 0.05
Yield strength: 1000
Initial stiffness: 200000
Strain-hardening ratio: 0.2
Damping coefficient: 1414.213562373095

Importing ground motion

Analysis time step:
0.01 sec

Calculate integral constant
Initial motion conditions
Number of steps:
5779

Force convergence tolerance:
0.0001

Beginning dynamic time analysis
......
End of dynamic time analysis

Max disp: 0.021855864951394036, Min disp: -0.017574353552332424
Max velocity: 0.021855864951394036, Min velocity: -0.017574353552332424
Max acceleration: 0.021855864951394036, Min acceleration: -0.017574353552332424
Max force: 1674.2345980557614, Min force: -1502.974142093297

Beginning Plotting
......
End of Plotting
```

利用上述的代码，可求得弹性体系、理想弹塑性体系、强化系数为 0.2 的非弹性体系的动力响应，结果如图 8.4-4～图 8.4-6 所示。

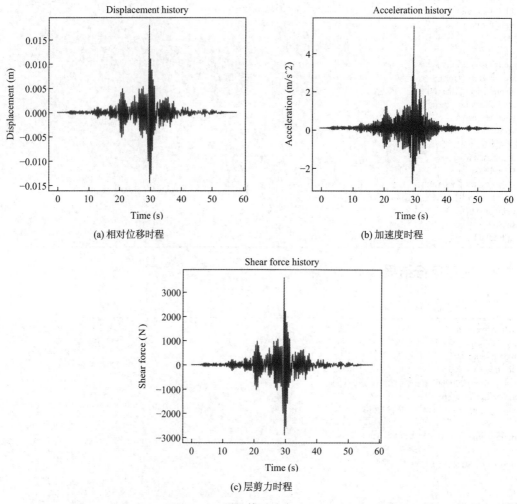

(a) 相对位移时程

(b) 加速度时程

(c) 层剪力时程

图 8.4-4    弹性体系响应（Python）

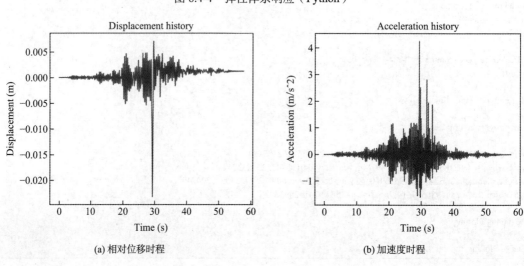

(a) 相对位移时程

(b) 加速度时程

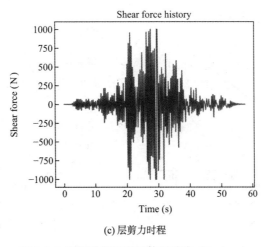

(c) 层剪力时程

图 8.4-5　理想弹塑性弹性体系响应（Python）

　　图 8.4-7 是屈服强化系数不同时，体系剪力－位移滞回曲线，由图可知，弹性体系的滞回曲线为一条直线，表明体系没有进入塑性阶段，对于非线性体系，结构单元本构不同时，其滞回曲线的形状不同。

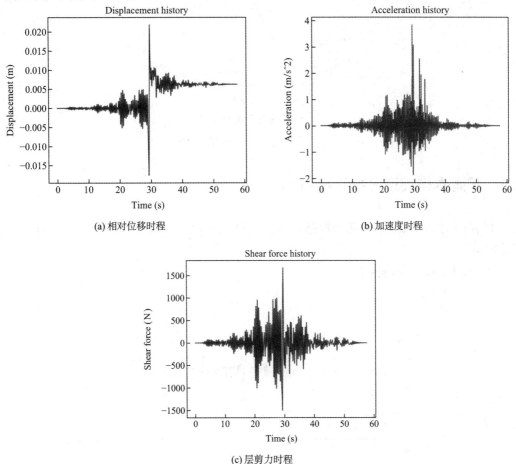

(a) 相对位移时程　　　　　　　　　　　　(b) 加速度时程

(c) 层剪力时程

图 8.4-6　强化系数为 0.2 的非弹性体系响应（Python）

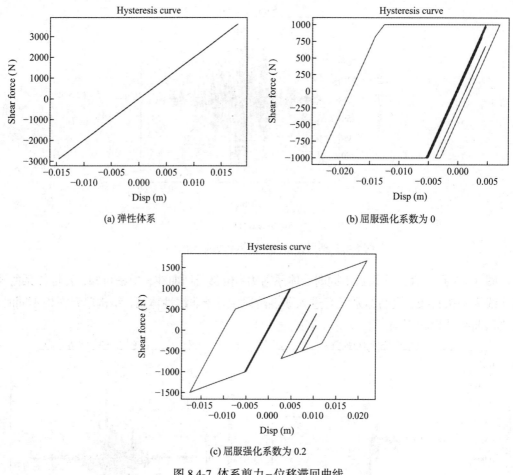

(a) 弹性体系

(b) 屈服强化系数为 0

(c) 屈服强化系数为 0.2

图 8.4-7 体系剪力–位移滞回曲线

## 8.5 不同本构模型分析结果对比

本小节将以 Python 输出的数据结果为例，分析不同本构关系对单自由度体系动力时程响应的影响。

（1）位移响应（图 8.5-1）

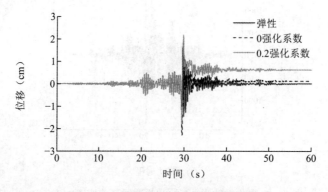

图 8.5-1 位移时程对比（不同本构）

（2）加速度响应（图 8.5-2）

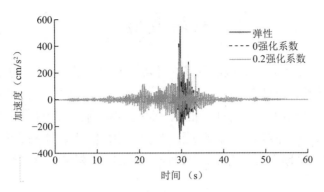

图 8.5-2  加速度时程对比（不同本构）

（3）层剪力响应（图 8.5-3）

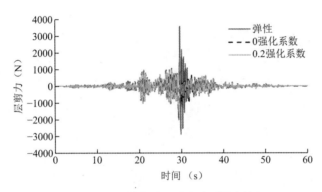

图 8.5-3  层剪力时程对比（不同本构）

由图 8.5-1～图 8.5-3 可以看出，结构在 30s 左右各结构体系的峰值位移响应明显变大，使用了非弹性本构的结构体系进入塑性状态，并在结束时存在一定的残余变形。再者，在进入塑性后，由于结构的"软化"效应，结构的加速度和层剪力幅值有一定程度的降低。

## 8.6  小结

（1）对中心差分法、Newmark-β 法、Wilson-θ 法进行非线性动力时程分析的递推公式进行介绍。

（2）结合 Newmark-β 法，对积分步内采用 Newton-Raphson 法、修正的 Newton-Raphson 法进行迭代作了详细讲解，并总结了具体的迭代步骤。

（3）对单元状态确定进行了讲解，通过 Python 编程实现非弹性单自由度体系随动硬化本构。

（4）通过 Python 编程实现基于 Newmark-β 法，积分步内采用 Newton-Raphson 法进行迭代的单自由度体系弹塑性地震动力时程分析，并对比了不同本构参数对分析结果的影响。

# 参 考 文 献

[1]    CHOPRA A K. 结构动力学理论及其在地震工程中的应用[M]. 谢礼立, 吕大刚, 等, 译. 北京: 高等教育出版社, 2016.

[2]    刘晶波, 杜修力. 结构动力学[M]. 北京: 机械工业出版社, 2011.

[3]    江见鲸, 何放龙, 何益斌, 等. 有限元法及其应用[M]. 北京:机械工业出版社, 2006.

[4]    何政, 欧进萍. 钢筋混凝土结构非线性分析[M]. 哈尔滨: 哈尔滨工业大学出版社, 2007.

[5]    陆新征, 叶列平, 缪志伟. 建筑抗震弹塑性分析——原理、模型与在 ABAQUS, MSC.MARC 和 SAP2000 上的实践[M]. 北京: 中国建筑工业出版社, 2009.

第 **9** 章

# 多自由度体系非线性动力时程分析

多自由度体系非线性动力时程分析的基本原理与单自由度体系非线性动力时程分析是一致的，第 8 章给出的单自由度体系非线性动力时程分析的代码，只需要稍作调整，便可用于多自由度体系的非线性动力时程分析。本章对多自由度体系的非线性动力时程分析进行介绍。

## 9.1　基本方程

本章以剪切层模型为例讨论多自由度体系非线性动力时程分析，体系示意如图 9.1-1 所示。非线性结构体系的层间力–变形本构关系不总是保持弹性，而是弹塑性关系。

多自由度体系非线性动力时程分析与第 8 章介绍的单自由度体系非线性动力时程分析的计算原理是一致的，区别在于多自由度体系的质量、阻尼、非弹性恢复力是以向量或矩阵的形式参与计算。非线性多自由度体系的运动方程如下

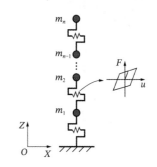

图 9.1-1　非线性多自由度体系示意

$$[M]\{\ddot{u}\} + [C]\{\dot{u}\} + \{f_S(u)\} = -[M]\{I\}\ddot{u}_g \qquad (9.1\text{-}1)$$

式中{$f_S(u)$}是体系的恢复力向量，又称结构抗力。

式(9.1-1)中比较复杂的问题是结构体系恢复力向量{$f_S(u)$}的求解。由第 8 章可知，在单自由度体系非线性动力时程分析中，可以根据前一分析步的质点位移、非弹性恢复力及当前分析步的质点位移来计算当前步的非弹性恢复力 $f_S(u)$，即状态确定过程，这个过程实际上求得的是单元的状态（单元的抗力和刚度），也是结构体系的状态（结构体系的抗力和刚度）。因为，对于单自由度体系，单元的抗力与结构体系的抗力是相等的，单元的变形也等于结构体系质点的位移。

对于多自由度体系（此处以图 9.1-2 所示的 3 自由度的剪切层模型为例），作用于结构体系质点上的非弹性恢复力并不等同于各单元的内力，结构体系各质点的位移也不等同于单元的变形。结构质点非弹性恢复力与单元内力、结构质点位移与单元变形的关系分别如

式(9.1-2)和式(9.1-3)所示。因此，对于多自由度体系的非线性动力时程分析，即结构层次和单元层次的迭代，也即涉及结构层次和单元层次状态的更新。在每一个结构层次的迭代步中，需根据结构体系的位移获得新的单元变形，基于新的单元变形，通过单元本构更新单元的抗力和刚度，并通过单元的抗力和刚度，重新获得结构体系的抗力和刚度，返回结构层次进行迭代。单元抗力叠加求解结构抗力详见式(9.1-4)。

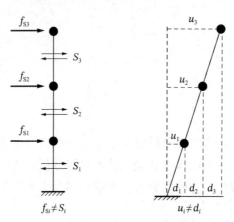

(a) 结构恢复力与单元恢复力关系　(b) 节点位移与单元变形关系

图 9.1-2　多自由度体系内力和变形关系

$$\begin{cases} S_1 = f_{S1} + f_{S2} + f_{S3} \\ S_2 = f_{S2} + f_{S3} \\ S_3 = f_{S3} \end{cases} \tag{9.1-2}$$

$$\begin{cases} d_1 = u_1 \\ d_2 = u_2 - u_1 \\ d_3 = u_3 - u_2 \end{cases} \tag{9.1-3}$$

$$\begin{cases} f'_{S1} = S'_1 - S'_2 \\ f'_{S2} = S'_2 - S'_3 \\ f'_{S3} = S'_3 \end{cases} \tag{9.1-4}$$

多自由度体系非线性动力时程分析的其余步骤与单自由度体系基本一致，只需将刚度 $k$、质量 $m$ 和阻尼系数 $c$ 替换成矩阵形式的 $[K]$、$[M]$ 和 $[C]$ 即可，读者可以对比第 8 章的相关内容进行理解，此处不再赘述。

## 9.2　基于 Newton-Raphson 迭代的逐步积分法 Python 编程

本节算例基于第 4 章中的 3 自由度剪切层模型，单元采用理想弹塑性本构，可通过第 8 章编制的 UMatKinematic 材料非线性本构实现，其中屈服位移为 5mm，屈服强化系数取 0，模型及参数如图 9.2-1 所示。模型采用瑞利阻尼，按结构第 1 周期和第 2 周期阻尼比为 0.05 进行设置，且结构阻尼矩阵在计算过程中不更新。分析采用的地震加速度时程如图 9.2-2 所示，数值积分方法为 Newmark-β 法，以下给出 Python 编程计算结果。

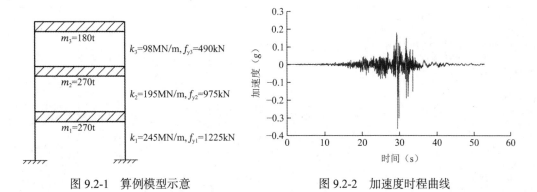

图 9.2-1　算例模型示意　　　　　图 9.2-2　加速度时程曲线

## 9.2.1　Python 编程

主程序代码如下：

```
# -------------------------------
# File: NMDOF_NewtonRaphson.py
# Program: NMDOF_NewtonRaphson
# Website: www.jdcui.com
# Author: cuijidong
# Date: 20240604
# -------------------------------
from uniaxialMat import UMatKinematic
import NMDOFCommonFun
import codecs
import numpy as np
import math
import matplotlib.pyplot as plt
import copy


# Read seismic wave data separated by commas
def ReadGroundMotion(filename, timelist, acclist, accfactor):
    f = codecs.open(filename, mode='r', encoding='utf-8')
    line = f.readline()
    while line:
        strs = line.split(',')
        t = strs[0]
        acc = strs[1]
        timelist.append(float(t))
        acclist.append(float(acc) * accfactor)
        # print(t, acc)
        line = f.readline()
    f.close()


# Get envelop results
def getEnvelopResults(umatrix):
    maxlist = []
    row = umatrix.shape[0]
    for i in range(0, row):
        maxlist.append(max(abs(umatrix[i, :])))
    return maxlist


# Input structure properties
```

```python
m = [270000, 270000, 180000]  # mass
k = [245 * 1e6, 195 * 1e6, 98 * 1e6]  # initial stiffness
b = [0, 0, 0]  # hardening ratio
fy = [1225000, 975000, 490000]  # yiled strength
print('Mass:')
print(m)
print('Stiffness:')
print(k)
print('Hardening ratio:')
print(b)
print('Yiled strength:')
print(fy)
# Damping ratio
dampingratio = 0.05
print('Dampingratio:')
print(dampingratio)
# Degrees of freedom
freedom = len(m)
print('Degrees of freedom:')
print(freedom)
print()
# Define nonlinear matrial
elelist = []
for i in range(0, freedom):
    elelist.append(UMatKinematic(fy[i], k[i], b[i]))
# Create mass matrix
M = NMDOFCommonFun.FromMMatrix(m)
print('Mass matrix:')
print(M)
print()

# Assembly initial stiffness matrix
K = NMDOFCommonFun.FromInitialKMatrix(elelist)
print('Initial stiffness matrix:')
print(K)
print()
# Mass matrix inversion
M_1 = np.linalg.inv(M)
# Square matrix[A] = M_1*K
A = np.dot(M_1, K)
# Solve standard eigenvalue problem
eig_val, eig_vec = np.linalg.eig(A)
# print(eig_val)
# print(eig_vec)
# Sort eigenvalues
x = eig_val.argsort()
print('Eigenvalues:')
print(x)
print()
# Get natural frequencies
w = np.sqrt(eig_val[x])
print('Natural frequencies:')
print(w)
print()
# Calculate structural periods
T = []
for i in range(0, freedom):
    T.append(2.0 * math.pi / w[i])
print('Periods:')
print(T)
print()
```

```python
# Rayleigh damping matrix
A0 = np.array([w[0] * w[1], 1])
# print(A0)
A = 2 * dampingratio / (w[0] + w[1]) * A0
print('Rayleigh damping factor:')
print(A)
print()
# Create damping matrix
C = A[0] * M + A[1] * K
# Reading seismic wave acceleration time history
print('Importing ground motion')
print()
timelist = []
accglist = []
ReadGroundMotion('chichi.csv', timelist, accglist, 9.8)
# 计算时间间隔
dt = timelist[1] - timelist[0]
print('Analysis time step:')
print(str(dt) + ' sec')
print()
# Draw acceleration time history
plt.plot(timelist, accglist)
plt.xlabel('Time (s)')
plt.ylabel('Acceleration (m/s^2)')
plt.title('Ground motion')
plt.show()
print('Calculate integral constant')
# Integral constant for newmark-beta method
gama = 0.5
beta = 0.25
a0 = 1.0 / (beta * dt ** 2)
a1 = gama / (beta * dt)
a2 = 1 / (beta * dt)
a3 = 1 / (2 * beta) - 1
a4 = gama / beta - 1
a5 = dt / 2 * (gama / beta - 2)
a6 = dt * (1 - gama)
a7 = gama * dt
A8 = a0 * M + a1 * C
A9 = a2 * M + a4 * C
A10 = a3 * M + a5 * C
# Initial motion conditions
u0 = np.zeros(freedom)
v0 = np.zeros(freedom)
print('Initial motion conditions')
print('Initial displacement:' + str(u0))
print('Initial velocity:' + str(v0))
# Unit vector
unitI = np.ones(freedom)
# Analysis step
step = len(accglist) + 500
print('Number of steps:')
print(step)
print()
# Create storage objects
umatrix = np.zeros((freedom, step))  # displacement
vmatrix = np.zeros((freedom, step))  # velocity
amatrix = np.zeros((freedom, step))  # acceleration
sfmatrix = np.zeros((freedom, step))  # story shear force
sdmatrix = np.zeros((freedom, step))  # story inter disp
# Initial displacement and velocity of the structure
```

```python
umatrix[:, 0] = u0
vmatrix[:, 0] = v0
sfmatrix[:, 0] = NMDOFCommonFun.FormStoryForce(elelist)
sdmatrix[:, 0] = NMDOFCommonFun.FormStoryInterDisp(elelist)
# The initial acceleration is solved through the balance equation
P0 = -accglist[0] * M @ unitI
amatrix[:, 0] = np.linalg.solve(M, P0 - C @ vmatrix[:, 0] - NMDOFCommonFun.FormRestoringForce(elelist))
# Analysis step and force tolerance
forcetol = 0.0001
print('Force convergence tolerance:')
print(forcetol)
timelist2 = [0]
print('Beginning dynamic time analysis')
print('......')
# Run step by step analysis
for i in range(1, step):
    timelist2.append(i * dt)
    # applied force
    pi = np.zeros(freedom)
    if i < len(accglist):
        pi = -accglist[i] * M @ unitI
    PPi = pi + A8 @ umatrix[:, i - 1] + A9 @ vmatrix[:, i - 1] + A10 @ amatrix[:, i - 1]
    # trial displacement
    utrial = copy.deepcopy(umatrix[:, i - 1])
    # resisting force
    rfstru = NMDOFCommonFun.FormRestoringForce(elelist)
    # residual force
    R = PPi - rfstru - A8 @ utrial
    # run NR interation
    while sum(abs(R)) > forcetol:
        kkt = NMDOFCommonFun.FromKMatrix(elelist) + A8
        du = np.linalg.solve(kkt, R)
        utrial += du
        # set trial state
        NMDOFCommonFun.setStructureTrialStrain(utrial, elelist)
        # resisting force
        rfstru = NMDOFCommonFun.FormRestoringForce(elelist)
        # residual force
        R = PPi - rfstru - A8 @ utrial
    # commit state
    NMDOFCommonFun.commitStructureState(elelist)
    # record results
    umatrix[:, i] = utrial
    deltaU = umatrix[:, i] - umatrix[:, i - 1]
    amatrix[:, i] = a0 * deltaU - a2 * vmatrix[:, i - 1] - a3 * amatrix[:, i - 1]
    # velocity step i
    vmatrix[:, i] = vmatrix[:, i - 1] + a6 * amatrix[:, i - 1] + a7 * amatrix[:, i]
    # story force
    sfmatrix[:, i] = NMDOFCommonFun.FormStoryForce(elelist)
    # story inter displacement
    sdmatrix[:, i] = NMDOFCommonFun.FormStoryInterDisp(elelist)
print('End of dynamic time analysis')
print()

## 结果整理
print('Analyze the floor response envelope value')
# 楼层位移包络
storydisp = getEnvelopResults(umatrix)
# 楼层加速度包络
storyacc = getEnvelopResults(amatrix)
# 楼层剪力包络
```

```
storyshear = getEnvelopResults(sfmatrix)

## 绘图
print('Beginning plotting')
print('......')

# 绘制楼层位移包络曲线
plt.plot(storydisp, range(1, freedom + 1))
plt.xlabel('Displacement (m)')
plt.ylabel('Story')
plt.title('Envelop story displacement')
plt.tight_layout()
plt.show()

# 绘制楼层加速度包络曲线
plt.plot(storydisp, range(1, freedom + 1))
plt.xlabel('Acceleration (m/s^2)')
plt.ylabel('Story')
plt.title('Envelop story acceleration ')
plt.tight_layout()
plt.show()
# 绘制楼层剪力包络曲线
plt.plot(storyShear, range(1, freedom + 1))
plt.xlabel('Shear force (N)')
plt.ylabel('Story')
plt.title('Envelop story shear force ')
plt.tight_layout()
plt.show()

# 绘制剪力时程
for i in range(0, freedom):
    plt.plot(timelist2, sfmatrix[i, :])
    plt.xlabel('Time (s)')
    plt.ylabel('Shear force (N)')
    plt.title('Shear force story ' + str(i + 1))
    plt.tight_layout()
    plt.show()
    sfmax = max(sfmatrix[i, :])
    sfmin = min(sfmatrix[i, :])
    print('Shear force story ' + str(i + 1))
    print('max: ' + str(sfmax) + '; min: ' + str(sfmin))

# 绘制剪力-位移滞回曲线
for i in range(0, freedom):
    plt.plot(sdmatrix[i, :], sfmatrix[i, :])
    plt.xlabel('Inter displacement (m)')
    plt.ylabel('Shear force (N)')
    plt.title('Loop story ' + str(i + 1))
    plt.tight_layout()
    plt.show()

# 绘制各层位移
for i in range(0, freedom):
    plt.plot(timelist2, umatrix[i, :])
    plt.xlabel('Time (s)')
    plt.ylabel('Displacement (m)')
    plt.title('Displacement story ' + str(i + 1))
    plt.tight_layout()
    plt.show()
    umax = max(umatrix[i, :])
    umin = min(umatrix[i, :])
```

```
print('Displacement story ' + str(i + 1))
print('max: ' + str(umax) + '; min: ' + str(umin))

# 绘制各层速度
for i in range(0, freedom):
    plt.plot(timelist2, vmatrix[i, :])
    plt.xlabel('Time (s)')
    plt.ylabel('Velocity (m/s)')
    plt.title('Velocity story ' + str(i + 1))
    plt.tight_layout()
    plt.show()
    vmax = max(vmatrix[i, :])
    vmin = min(vmatrix[i, :])
    print('Velocity story ' + str(i + 1))
    print('max: ' + str(vmax) + '; min: ' + str(vmin))

# 绘制各层加速度
for i in range(0, freedom):
    plt.plot(timelist2, amatrix[i, :])
    plt.xlabel('Time (s)')
    plt.ylabel('Acceleration (m/s^2)')
    plt.title('Acceleration story ' + str(i + 1))
    plt.tight_layout()
    plt.show()
    amax = max(amatrix[i, :])
    amin = min(amatrix[i, :])
    print('Acceleration story ' + str(i + 1))
    print('max: ' + str(amax) + '; min: ' + str(amin))

print('End of plotting')
```

其中，为方便模块复用，将多自由度体系非线性动力弹塑性分析用到的相关函数（如刚度组装、抗力组装等）封装到了 NMDOFCommonFun.py 中，NMDOFCommonFun.py 库相关代码如下：

```
# --------------------------------
# File: NMDOFCommonFun.py
# Program: NMDOFCommonFun
# Website: www.jdcui.com
# Author: cuijidong
# Date: 20240604
# --------------------------------
import numpy as np

# --------------------------------
# Assembly structural initial stiffness matrix
def FromInitialKMatrix(elelist):
    tempK = np.zeros((len(elelist), len(elelist)))
    # loop over all elements
    for i in range(0, len(elelist)):
        num1 = i - 1
        num2 = num1 + 1
        # get element initial stiffness
        elek = elelist[i].getInitialTangent()
        # assembly structural stiffness matrix
        if num1 >= 0:
            tempK[num1][num1] += elek
            tempK[num1][num2] -= elek
            tempK[num2][num1] -= elek
```

```
      tempK[num2][num2] += elek
   return tempK

# Assembly structural mass matrix
def FromMMatrix(m):
   freedom = len(m)
   M = np.zeros((freedom, freedom))
   # assembly mass matrix
   for i in range(0, freedom):
      M[i, i] = m[i]
   return M

# Assembly structural current tangent stiffness matrix
def FromKMatrix(elelist):
   tempK = np.zeros((len(elelist), len(elelist)))
   # loop over all elements
   for i in range(0, len(elelist)):
      num1 = i - 1
      num2 = num1 + 1
      # get element stiffness
      elek = elelist[i].getCurrentTangent()
      # assembly structural stiffness matrix
      if num1 >= 0:
         tempK[num1][num1] += elek
         tempK[num1][num2] -= elek
         tempK[num2][num1] -= elek
      tempK[num2][num2] += elek
   return tempK


# Assembly structrual resisting force vector
def FormRestoringForce(elelist):
   # loop over all elements
   rf = np.zeros(len(elelist))
   for i in range(0, len(elelist)):
      num1 = i - 1
      num2 = num1 + 1
      # get element resisting force
      eleforce = elelist[i].getCurrentStress()
      # assembly structural resisting force
      if num1 >= 0:
         rf[num1] -= eleforce
      rf[num2] += eleforce
   return rf


# Assembly structrual story shear force
def FormStoryForce(elelist):
   # loop over all elements
   sf = np.zeros(len(elelist))
   for i in range(0, len(elelist)):
      sf[i] = elelist[i].getCurrentStress()
   return sf


# Assembly structrual inter story displacement
def FormStoryInterDisp(elelist):
   # loop over all elements
```

```
sd = np.zeros(len(elelist))
for i in range(0, len(elelist)):
    sd[i] = elelist[i].getCurrentStrain()
return sd


# Commit structrual state
def commitStructureState(elelist):
    for i in range(0, len(elelist)):
        elelist[i].commitState()


# Set structrual trial displacement
def setStructureTrialStrain(utrial, elelist):
    for i in range(0, len(elelist)):
        num1 = i - 1
        num2 = num1 + 1
        #
        value1 = 0
        if num1 >= 0:
            value1 = utrial[num1]
        value2 = utrial[num2]
        # ele deformation
        eleu = value2 - value1
        # set element trial
        elelist[i].setTrialStrain(eleu)
```

其中，函数 FromInitialKMatrix(elelist) 通过输入单元数组，组装结构的初始刚度矩阵并返回；函数 FromMMatrix(m)通过输入楼层质量数组，组装结构的质量矩阵并返回；函数 FromKMatrix(elelist)通过输入单元数组，组装结构的当前切线刚度矩阵并返回；函数 FormRestoringForce(elelist) 通过输入单元数组，组装结构的抗力向量并返回；函数 FormStoryForce(elelist) 通过输入单元数组，获得楼层剪力向量并返回；函数 FormStoryInterDisp(elelist)通过输入单元数组，获得楼层的层间位移向量并返回；函数 commitStructureState(elelist)通过输入单元数组，并调用单元材料的 commitState()函数，实现结构状态及材料状态的传递，用于迭代收敛后，完成从测试变量到收敛变量的传递；函数 setStructureTrialStrain(utrial, elelist)用于设置结构的测试状态，通过输入结构位移向量 utrial，获得单元层次的变形，并调用单元层次的 setTrialStrain()函数，完成单元状态的更新。

## 9.2.2　程序运行结果

程序运行输出以下结果：

```
Mass:
[270000, 270000, 180000]
Stiffness:
[245000000.0, 195000000.0, 98000000.0]
Hardening ratio:
[0, 0, 0]
Yiled strength:
[1225000, 975000, 490000]
Dampingratio:
0.05
```

```
Degrees of freedom:
3
Mass matrix:
[[270000.      0.      0.]
 [    0. 270000.      0.]
 [    0.      0. 180000.]]
Initial stiffness matrix:
[[ 4.40e+08 -1.95e+08  0.00e+00]
 [-1.95e+08  2.93e+08 -9.80e+07]
 [ 0.00e+00 -9.80e+07  9.80e+07]]
Eigenvalues:
[2 1 0]
Natural frequencies:
[13.45895927 30.1232038  46.59086034]
Periods:
[0.466840353894954, 0.20858290333578575, 0.13485875257948038]
Rayleigh damping factor:
[0.93025895 0.00229452]
Importing ground motion
Analysis time step:
0.01 sec
Calculate integral constant
Initial motion conditions
Initial displacement:[0. 0. 0.]
Initial velocity:[0. 0. 0.]
Number of steps:
5779
Force convergence tolerance:
0.0001
Beginning dynamic time analysis
End of dynamic time analysis
Analyze the floor response envelope value
Beginning plotting
Shear force story 1
max: 1225000.0; min: -1225000.0
Shear force story 2
max: 975000.0; min: -892511.1329506739
Shear force story 3
max: 490000.0; min: -453432.8973094629
Displacement story 1
max: 0.009849512014624666; min: -0.011037335289113229
Displacement story 2
max: 0.016944136498998917; min: -0.015039035660724223
Displacement story 3
max: 0.025230502050526352; min: -0.019479086207557797
Velocity story 1
max: 0.12859128761581365; min: -0.0712566636880557
Velocity story 2
max: 0.2037939312834527; min: -0.1317189780009079
Velocity story 3
max: 0.27131022949919353; min: -0.16122591880669207
Acceleration story 1
max: 3.4934176727235924; min: -2.049652816645832
Acceleration story 2
max: 4.1625907156174335; min: -1.8512759528387326
Acceleration story 3
max: 4.314554208169015; min: -2.6967168410601783
End of plotting
```

图 9.2-3～图 9.2-6 为程序计算得到的结构各层的时程响应。

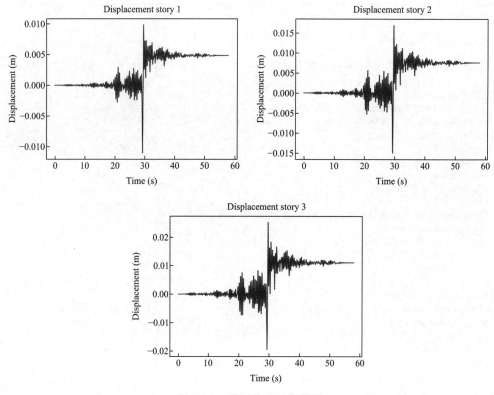

图 9.2-3　楼层位移时程曲线

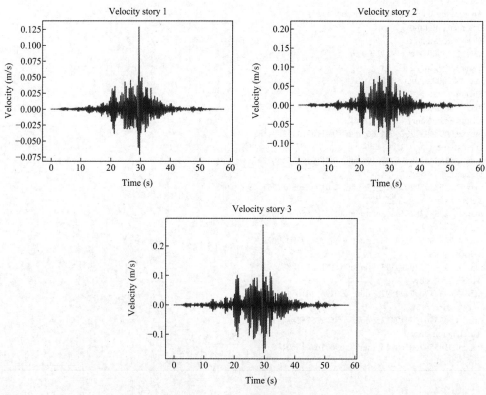

图 9.2-4　楼层速度时程曲线

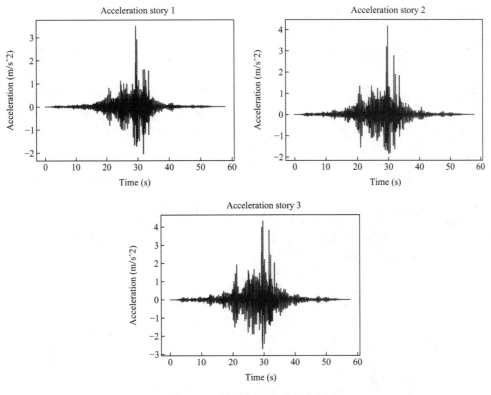

图 9.2-5　楼层加速度时程曲线

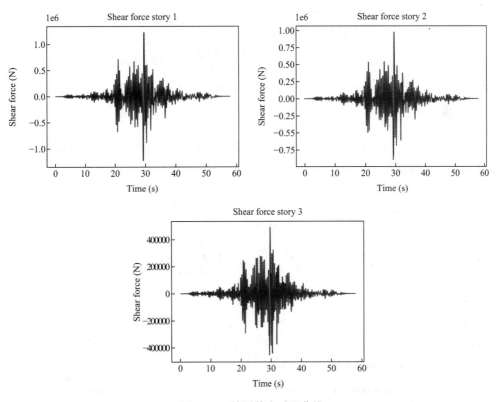

图 9.2-6　楼层剪力时程曲线

图 9.2-7 是楼层的响应包络曲线。

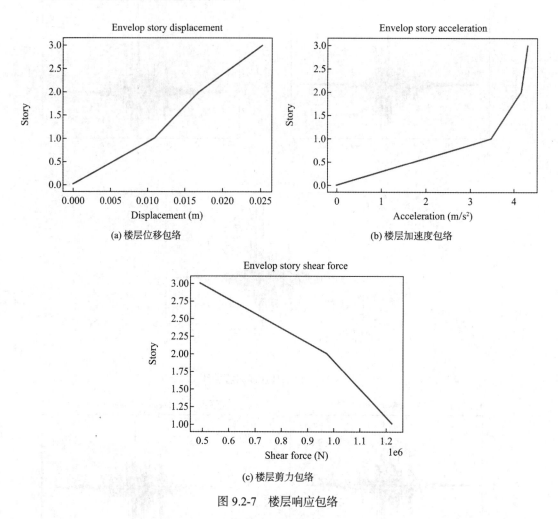

(a) 楼层位移包络　　　　　(b) 楼层加速度包络

(c) 楼层剪力包络

图 9.2-7　楼层响应包络

图 9.2-8 是计算得到的各层剪力–层间位移滞回曲线。由图可知，结构各层均出现了不同程度的非线性发展。

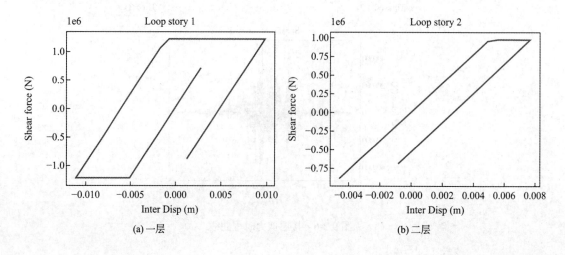

(a) 一层　　　　　　　　　(b) 二层

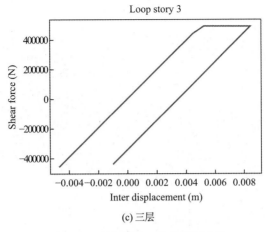

(c) 三层

图 9.2-8　楼层剪力-位移滞回曲线

## 9.3　小结

（1）对非线性多自由度体系运动方程的求解进行讲解，着重讨论了多自由度体系与单自由度体系非线性动力时程分析的异同，并给出了多自由度体系非弹性恢复力与单元内力之间的转换公式。

（2）通过 Python 编程实现基于 Newmark-β 法的多自由度体系非线性地震动力时程分析，积分步内采用 Newton-Raphson 法进行迭代。

# 第 10 章

# 消能减震结构地震动力时程分析

消能减震结构通过在结构中布置消能装置以耗散地震输入能量，从而有效保护主体结构在强震中的安全，为建筑结构抵御地震作用提供了一种行之有效的新方法，因而得到了越来越广泛的应用。目前已经研发了多种多样的减震技术和阻尼器，限于篇幅，本章主要介绍基于剪切层模型的金属阻尼器减震结构的地震动力分析的编程实现与软件应用。

## 10.1 金属阻尼（耗能）器

金属阻尼（耗能）器依靠金属材料的弹塑性变形来耗散地震动输入能量，从而减小主体结构的地震动力反应。常用的金属阻尼器材料有软钢、低屈服点钢、铅和形状记忆合金等[2,3]。

对于附加金属阻尼器的减震结构，其地震运动方程可表示为

单自由度体系

$$m\ddot{u} + c\dot{u} + ku + f_d = P(t) \tag{10.1-1}$$

多自由度体系

$$[M]\{\ddot{u}\} + [C]\{\dot{u}\} + \{f_S(u)\} + \{f_d\} = -[M]\{I\}\ddot{u}_g \tag{10.1-2}$$

当主体结构为弹性时，其地震运动方程可进一步简化为

单自由度体系

$$m\ddot{u} + c\dot{u} + f_S(u) + f_d = P(t) \tag{10.1-3}$$

多自由度体系

$$[M]\{\ddot{u}\} + [C]\{\dot{u}\} + [K]\{u\} + \{f_d\} = -[M]\{I\}\ddot{u}_g \tag{10.1-4}$$

上式中，$f_d$ 及 $\{f_d\}$ 分别表示阻尼器的恢复力及恢复力列向量，在逐步积分步内迭代时由单元的状态函数确定。金属阻尼器的恢复力与其金属材料的恢复力模型有关。常用金属阻尼器的恢复力模型有理想弹塑性模型、双线性模型（随动硬化模型）、Ramberg-Osgood 模型、Bouc-Wen 模型等[2]。本节主要对理想弹塑性模型、双线性模型进行讨论。

理想弹塑性模型是最简单的一种本构模型，主要参数有初始刚度 $k_e$、屈服力 $P_y$、屈服位移 $d_y$，初始刚度由屈服力和屈服位移确定，即 $k_e = P_y/d_y$。当阻尼器的变形值大于屈服位移

时，阻尼器的力恒等于屈服力$P_y$。理想弹塑性模型如图 10.1-1 所示。

双线性模型（随动硬化模型）将正向和反向加载的骨架曲线分别用两段直线代替，如图 10.1-2 所示。

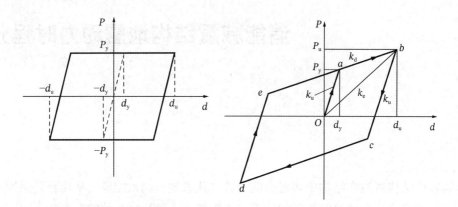

图 10.1-1　理想弹塑性模型　　　　　图 10.1-2　双线性模型

图 10.1-2 中$Oa$段斜率表示阻尼器的初始刚度$k_u$，$a$点为屈服点，与之对应的力为屈服力$P_y$，对应的位移为屈服位移$d_y$。屈服后$ab$段斜率减小，阻尼器刚度降低，屈服后刚度系数$\alpha = k_d/k_u$。$bc$段表示屈服后卸载并反向加载的工作过程，此时阻尼器保持弹性刚度$k_u$。$cd$段为反向加载屈服后的工作状态。$de$段表示反向加载卸载后再正向加载。理想弹塑性模型可以认为是双线性模型的一个特例。

当采用剪切层模型时，附加金属阻尼器的减震结构可以认为是阻尼器与主体结构的并联，当主体结构为弹性时，减震结构的层本构关系为主体结构的线弹性模型与阻尼器的双线性模型的并联，由于线弹性模型与双线性模型并联后依然是双线性模型，因此，只需要计算并联后双线性模型的参数，依然可利用第 9 章的多自由度体系非线性动力时程分析代码进行金属阻尼器减震结构的分析。这种方法的缺陷是，仅适用于主体结构为弹性的情况，且缺少面向对象思路，通用性差，扩展性也差，结果处理复杂。另一种方法是将主体结构和阻尼器分别用不同的材料本构表示，利用第 9 章给出的多自由度通用非线性分析程序框架进行求解。由于将材料封装为对象，在求解的过程中自然伴随着不同材料的状态确定等过程，可以很方便地记录主体结构及阻尼器的受力状态等参数，且主体结构既可为弹性也可以采用非线性本构，因此，这种方法处理结果简单且通用性强。本章对于设置金属阻尼器的减震结构时程分析的具体编程采用的是后面这种方法。

## 10.2　金属阻尼器减震结构分析算例

本节采用的算例主体结构模型与第 9 章相同，通过在结构中添加金属阻尼器，获得减震结构，通过 Python 编程对减震结构进行地震动力时程分析，并将计算结果与非减震结构进行对比。结构及阻尼器参数如图 10.2-1 所示。主体结构假设为弹性，金属阻尼器采用双线性本构，则减震结构的层本构关系为线弹性模型与双线性模型的并联，并联后依然是双线性模型，因此，只需对第 9 章的多自由度体系非线性动力时程分析代码进行局部调整，便可用于金属阻尼器减震结构的分析。

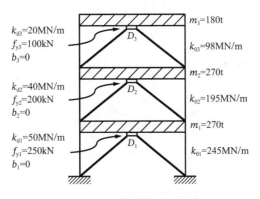

图 10.2-1　算例模型及参数

## 10.2.1　Python 编程

```
# -------------------------------
# File: NMDOF_SteelDamper_NewtonRaphson.py
# Program: NMDOF_SteelDamper_NewtonRaphson
# Website: www.jdcui.com
# Author: cuijidong
# Date: 20240609
# Description: 金属阻尼器减震结构动力时程分析

# -------------------------------
from uniaxialMat import UMatKinematic
from uniaxialMat import UMatElastic
from uniaxialMat import UMatViscoElastic
from GMDataProcess import ReadGroundMotion
import NMDOFCommonFun
import PostDataProcess
import numpy as np
import math
import matplotlib
matplotlib.use('TkAgg')
import matplotlib.pyplot as plt
import copy


# Input structure properties
m = [270000, 270000, 180000]  # mass
k = [245 * 1e6, 195 * 1e6, 98 * 1e6]  # initial stiffness
# Input steel damper properties
fyd = [250000, 200000, 100000]  # yiled strength for steel damper
kd = [50 * 1e6, 40 * 1e6, 20 * 1e6]  # stiffness for steel damper
bd = [0.05, 0.05, 0.05]  # hardening ratio for steel damper
print('Mass:')
print(m)
print('Stiffness:')
print(k)
print('Yiled strength for steel damper:')
print(fyd)
print('Stiffness for steel damper:')
print(kd)
```

```
print('Hardening ratio for steel damper:')
print(bd)
# Damping ratio
dampingratio = 0.05
print('Dampingratio:')
print(dampingratio)
# Degrees of freedom
freedom = len(m)
print('Degrees of freedom:')
print(freedom)
print()
# Define structure matrial
elestrulist = []
for i in range(0, freedom):
    elestrulist.append(UMatElastic(k[i]))
# Define vicous elastic matrial
elesdlist = []
for i in range(0, freedom):
    elesdlist.append(UMatKinematic(fyd[i], kd[i], bd[i]))

# Create mass matrix
M = NMDOFCommonFun.FromMMatrix(m)
print('Mass matrix:')
print(M)
print()

# Assembly structure stiffness matrix
Ks = NMDOFCommonFun.FromInitialKMatrix(elestrulist)
Kd = NMDOFCommonFun.FromInitialKMatrix(elesdlist)
K = Ks + Kd
print('Structure stiffness matrix:')
print(Ks)
print('VEDamper stiffness matrix:')
print(Kd)
print()
# Mass matrix inversion
M_1 = np.linalg.inv(M)
# Square matrix[A] = M_1*K
A = np.dot(M_1, K)
# Solve standard eigenvalue problem
eig_val, eig_vec = np.linalg.eig(A)
# print(eig_val)
# print(eig_vec)
# Sort eigenvalues
x = eig_val.argsort()
print('Eigenvalues:')
print(x)
print()
# Get natural frequencies
w = np.sqrt(eig_val[x])
print('Natural frequencies:')
print(w)
print()
# Calculate structural periods
T = []
for i in range(0, freedom):
    T.append(2.0 * math.pi / w[i])
print('Periods:')
print(T)
print()
# Rayleigh damping matrix
```

```
A0 = np.array([w[0] * w[1], 1])
# print(A0)
A = 2 * dampingratio / (w[0] + w[1]) * A0
print('Rayleigh damping factor:')
print(A)
print()
# Create damping matrix
C = A[0] * M + A[1] * K
# Reading seismic wave acceleration time history
print('Importing ground motion')
print()
timelist = []
accglist = []
ReadGroundMotion('chichi.csv', timelist, accglist, 9.8)
# 计算时间间隔
dt = timelist[1] - timelist[0]
print('Analysis time step:')
print(str(dt) + ' sec')
print()
# Draw acceleration time history
plt.plot(timelist, accglist)
plt.xlabel('Time (s)')
plt.ylabel('Accleration (m/s^2)')
plt.title('Ground motion')
plt.show()
print('Calculate integral constant')
# Integral constant for newmark-beta method
gama = 0.5
beta = 0.25
a0 = 1.0 / (beta * dt ** 2)
a1 = gama / (beta * dt)
a2 = 1 / (beta * dt)
a3 = 1 / (2 * beta) - 1
a4 = gama / beta - 1
a5 = dt / 2 * (gama / beta - 2)
a6 = dt * (1 - gama)
a7 = gama * dt
# A8 = a0 * M + a1 * C
# A9 = a2 * M + a4 * C
# A10 = a3 * M + a5 * C
# Initial motion conditions
u0 = np.zeros(freedom)
v0 = np.zeros(freedom)
print('Initial motion conditions')
print('Initial displacement:' + str(u0))
print('Initial velocity:' + str(v0))
# Unit vector
unitI = np.ones(freedom)
# Analysis step
step = len(accglist) + 500
print('Number of steps:')
print(step)
print()
# Create storage objects
umatrix = np.zeros((freedom, step))  # displacement
vmatrix = np.zeros((freedom, step))  # velocity
amatrix = np.zeros((freedom, step))  # acceleration
sfmatrix = np.zeros((freedom, step))  # story shear force
sdfmatrix = np.zeros((freedom, step))  # story damper shear force
ssfmatrix = np.zeros((freedom, step))  # story shear force for main structure
sdmatrix = np.zeros((freedom, step))  # story inter displacement
```

```python
# Initial displacement and velocity of the structure
umatrix[:, 0] = u0
vmatrix[:, 0] = v0
sfmatrix[:, 0] = NMDOFCommonFun.FormStoryForce(elestrulist) + NMDOFCommonFun.FormStoryForce(elesdlist)
sdfmatrix[:, 0] = NMDOFCommonFun.FormStoryForce(elesdlist)
ssfmatrix[:, 0] = NMDOFCommonFun.FormStoryForce(elestrulist)
sdmatrix[:, 0] = NMDOFCommonFun.FormStoryInterDisp(elestrulist)
# The initial acceleration is solved through the balance equation
P0 = -accglist[0] * M @ unitI
rf0 = NMDOFCommonFun.FormRestoringForce(elestrulist) + NMDOFCommonFun.FormRestoringForce(elesdlist)
amatrix[:, 0] = np.linalg.solve(M, P0 - C @ vmatrix[:, 0] - rf0)
# Analysis step and force tolerance
forcetol = 0.0001
print('Force convergence tolerance:')
print(forcetol)
timelist2 = [0]
print('Beginning dynamic time analysis')
print('......')
# Run step by step analysis
for i in range(1, step):
    timelist2.append(i * dt)
    # applied force
    pi = np.zeros(freedom)
    if i < len(accglist):
        pi = -accglist[i] * M @ unitI
    # trial displacement
    utrial = copy.deepcopy(umatrix[:, i - 1])
    deltaU = utrial - umatrix[:, i - 1]
    atrial = a0 * deltaU - a2 * vmatrix[:, i - 1] - a3 * amatrix[:, i - 1]
    vtrial = vmatrix[:, i - 1] + a6 * amatrix[:, i - 1] + a7 * atrial
    # resisting force
    rfstru = NMDOFCommonFun.FormRestoringForce(elestrulist) + NMDOFCommonFun.FormRestoringForce(elesdlist)
    # residual force
    R = pi - rfstru - C @ vtrial - M @ atrial
    # run NR interation
    while sum(abs(R)) > forcetol:
        kkele = NMDOFCommonFun.FromKMatrix(elestrulist) + NMDOFCommonFun.FromKMatrix(elesdlist)
        # kkdamp = a1 * NMDOFCommonFun.FromDampTangentMatrix(elesdlist)
        kkt = kkele + a0 * M + a1 * C
        du = np.linalg.solve(kkt, R)
        utrial += du
        deltaU = utrial - umatrix[:, i - 1]
        atrial = a0 * deltaU - a2 * vmatrix[:, i - 1] - a3 * amatrix[:, i - 1]
        vtrial = vmatrix[:, i - 1] + a6 * amatrix[:, i - 1] + a7 * atrial
        # set trial state
        NMDOFCommonFun.setStructureTrialStrain(utrial, elestrulist)
        NMDOFCommonFun.setStructureTrialStrain(utrial, elesdlist)
        # resisting force
        rfstru = NMDOFCommonFun.FormRestoringForce(elestrulist) + NMDOFCommonFun.FormRestoringForce(elesdlist)
        # residual force
        R = pi - rfstru - C @ vtrial - M @ atrial
    # commit State
    NMDOFCommonFun.commitStructureState(elestrulist)
    NMDOFCommonFun.commitStructureState(elesdlist)
    # record results
    umatrix[:, i] = utrial
    deltaU = umatrix[:, i] - umatrix[:, i - 1]
    amatrix[:, i] = a0 * deltaU - a2 * vmatrix[:, i - 1] - a3 * amatrix[:, i - 1]
    # velocity step i
    vmatrix[:, i] = vmatrix[:, i - 1] + a6 * amatrix[:, i - 1] + a7 * amatrix[:, i]
    # story force
```

```
    sfmatrix[:, i] = NMDOFCommonFun.FormStoryForce(elestrulist) + NMDOFCommonFun.FormStoryForce(elesdlist)
    # story damper force
    sdfmatrix[:, i] = NMDOFCommonFun.FormStoryForce(elesdlist)
    # story force for main structure
    ssfmatrix[:, i] = NMDOFCommonFun.FormStoryForce(elestrulist)
    # story inter displacement
    sdmatrix[:, i] = NMDOFCommonFun.FormStoryInterDisp(elestrulist)
print('End of dynamic time analysis')
print()


## 结果整理
print('Analyze the floor response envelop value')
# 楼层位移包络
storydisp = PostDataProcess.getEnvelopResults(umatrix)
# 楼层加速度包络
storyacc = PostDataProcess.getEnvelopResults(amatrix)
# 楼层剪力包络
storyShear = PostDataProcess.getEnvelopResults(sfmatrix)
# 主体结构楼层剪力包络
storyShearMainStru = PostDataProcess.getEnvelopResults(ssfmatrix)


## 绘图
print('Beginning Plotting')
print('......')


# 绘制楼层位移包络曲线
newstorydisp = [0] + storydisp[:]
plt.plot(newstorydisp, range(0, freedom + 1))
plt.xlabel('Displacement (m)')
plt.ylabel('Story')
plt.title('Envelop story displacement')
plt.tight_layout()
plt.show()


# 绘制楼层加速度包络曲线
newstoryacc = [0] + storyacc[:]
plt.plot(newstoryacc, range(0, freedom + 1))
plt.xlabel('Acceleration (m/s^2)')
plt.ylabel('Story')
plt.title('Envelop story acceleration ')
plt.tight_layout()
plt.show()


# 绘制楼层剪力包络曲线
plt.plot(storyShear, range(1, freedom + 1))
plt.xlabel('Shear force (N)')
plt.ylabel('Story')
plt.title('Envelop story shear force')
plt.tight_layout()
plt.show()


# 绘制主体结构楼层剪力包络
plt.plot(storyShearMainStru, range(1, freedom + 1))
plt.xlabel('Shear force (N)')
plt.ylabel('Story')
plt.title('Envelop story shear force (main structure)')
plt.tight_layout()
plt.show()


# 绘制剪力-位移滞回曲线
for i in range(0, freedom):
```

```
    plt.plot(sdmatrix[i, :], sfmatrix[i, :])
    plt.xlabel('Inter displacement (m)')
    plt.ylabel('Shear force (N)')
    plt.title('Loop story ' + str(i + 1))
    plt.tight_layout()
    plt.show()

# 绘制阻尼器力－位移滞回曲线
for i in range(0, freedom):
    plt.plot(sdmatrix[i, :], sdfmatrix[i, :])
    plt.xlabel('Inter displacement (m)')
    plt.ylabel('Shear force (N)')
    plt.title('Damper loop story ' + str(i + 1))
    plt.tight_layout()
    plt.show()

# 绘制剪力时程
for i in range(0, freedom):
    plt.plot(timelist2, sfmatrix[i, :])
    plt.xlabel('Time (s)')
    plt.ylabel('Shear force (N)')
    plt.title('Shear force story ' + str(i + 1))
    plt.tight_layout()
    plt.show()
    sfmax = max(sfmatrix[i, :])
    sfmin = min(sfmatrix[i, :])
    print('Shear force story ' + str(i + 1))
    print('max: ' + str(sfmax) + '; min: ' + str(sfmin))

# 绘制各层位移时程
for i in range(0, freedom):
    plt.plot(timelist2, umatrix[i, :])
    plt.xlabel('Time (s)')
    plt.ylabel('Displacement (m)')
    plt.title('Displacement story ' + str(i + 1))
    plt.tight_layout()
    plt.show()
    umax = max(umatrix[i, :])
    umin = min(umatrix[i, :])
    print('Displacement story ' + str(i + 1))
    print('max: ' + str(umax) + '; min: ' + str(umin))

# 绘制各层速度时程
for i in range(0, freedom):
    plt.plot(timelist2, vmatrix[i, :])
    plt.xlabel('Time (s)')
    plt.ylabel('Velocity (m/s)')
    plt.title('Velocity story ' + str(i + 1))
    plt.tight_layout()
    plt.show()
    vmax = max(vmatrix[i, :])
    vmin = min(vmatrix[i, :])
    print('Velocity story ' + str(i + 1))
    print('max: ' + str(vmax) + '; min: ' + str(vmin))

# 绘制各层加速度时程
for i in range(0, freedom):
    plt.plot(timelist2, amatrix[i, :])
    plt.xlabel('Time (s)')
    plt.ylabel('Acceleration (m/s^2)')
    plt.title('Acceleration story ' + str(i + 1))
```

```
plt.tight_layout()
plt.show()
amax = max(amatrix[i, :])
amin = min(amatrix[i, :])
print('Acceleration story ' + str(i + 1))
print('max: ' + str(amax) + '; min: ' + str(amin))

print('End of Plotting')
```

## 10.2.2　程序运行结果

代码运行输出以下结果：

```
Mass:
[270000, 270000, 180000]
Stiffness:
[245000000.0, 195000000.0, 98000000.0]
Yiled strength for steel damper:
[250000, 200000, 100000]
Stiffness for steel damper:
[50000000.0, 40000000.0, 20000000.0]
Hardening ratio for steel damper:
[0.05, 0.05, 0.05]
Dampingratio:
0.05
Degrees of freedom:
3
Mass matrix:
[[270000.    0.    0.]
 [   0. 270000.    0.]
 [   0.    0. 180000.]]
Structure stiffness matrix:
[[ 4.40e+08 -1.95e+08  0.00e+00]
 [-1.95e+08  2.93e+08 -9.80e+07]
 [ 0.00e+00 -9.80e+07  9.80e+07]]
VEDamper stiffness matrix:
[[ 90000000. -40000000.         0.]
 [-40000000.  60000000. -20000000.]
 [        0. -20000000.  20000000.]]
Eigenvalues:
[2 1 0]
Natural frequencies:
[14.7709453 33.0543884 51.13856185]
Periods:
[0.42537462436280943, 0.1900862672415308, 0.12286589766195832]
Rayleigh damping factor:
[1.02089107 0.00209094]
Importing ground motion
Analysis time step:
0.01 sec
Calculate integral constant
Initial motion conditions
Initial displacement:[0. 0. 0.]
Initial velocity:[0. 0. 0.]
Number of steps:
5779
Force convergence tolerance:
0.0001
Beginning dynamic time analysis
End of dynamic time analysis
```

```
Analyze the floor response envelop value
Beginning plotting
Shear force story 1
max: 2242506.202792024; min: -1607850.4325713785
Shear force story 2
max: 1771030.0144291795; min: -1334671.3277334794
Shear force story 3
max: 871338.7997972707; min: -671734.5506616087
Displacement story 1
max: 0.008101035162796056; min: -0.0055367694245308215
Displacement story 2
max: 0.016103122012802142; min: -0.011246905073269023
Displacement story 3
max: 0.023158995549005027; min: -0.017072506595103454
Velocity story 1
max: 0.1265945320286119; min: -0.08996039404408254
Velocity story 2
max: 0.1913543289668238; min: -0.18987465770318093
Velocity story 3
max: 0.2519237972903674; min: -0.3129791418955452
Acceleration story 1
max: 3.9813018188259868; min: -2.3247105204336966
Acceleration story 2
max: 4.915470127582064; min: -3.3337121215092402
Acceleration story 3
max: 6.004864420141493; min: -4.398773158735747
End of plotting
```

图 10.2-2～图 10.2-5 分别为计算得到的楼层位移时程、速度时程、加速度时程和剪力时程。

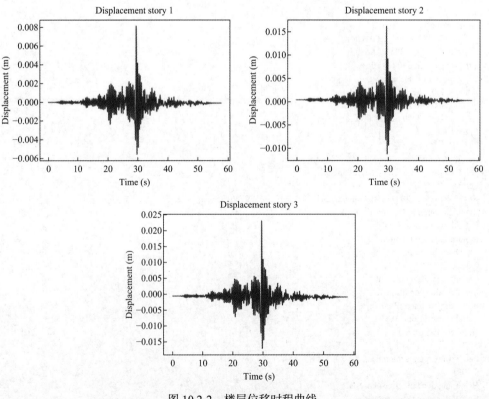

图 10.2-2 楼层位移时程曲线

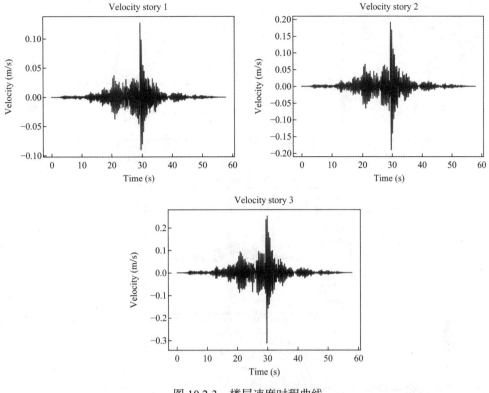

图 10.2-3　楼层速度时程曲线

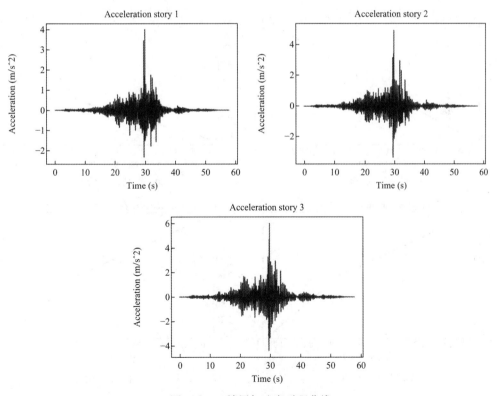

图 10.2-4　楼层加速度时程曲线

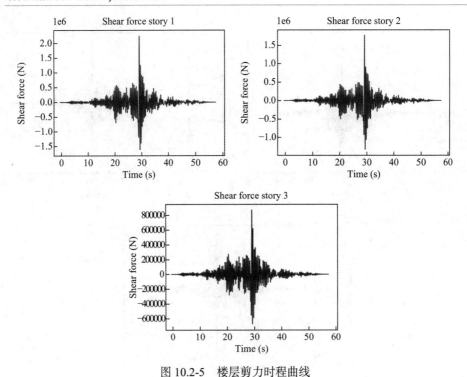

图 10.2-5 楼层剪力时程曲线

图 10.2-6 是结构各层地震响应包络曲线。

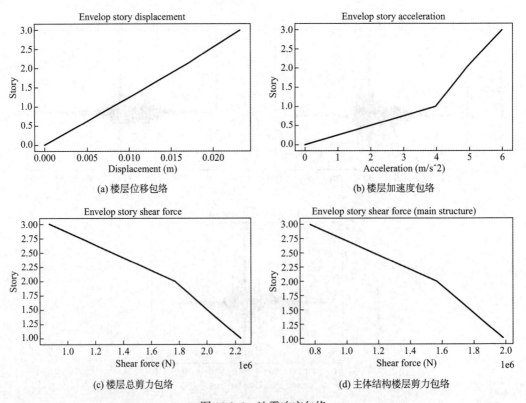

图 10.2-6 地震响应包络

图 10.2-7 是计算得到的各层剪力–位移滞回曲线。

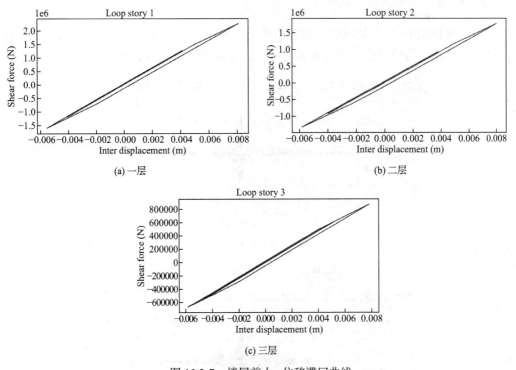

图 10.2-7　楼层剪力–位移滞回曲线

图 10.2-8 是计算得到的各层阻尼器的力–变形滞回曲线。

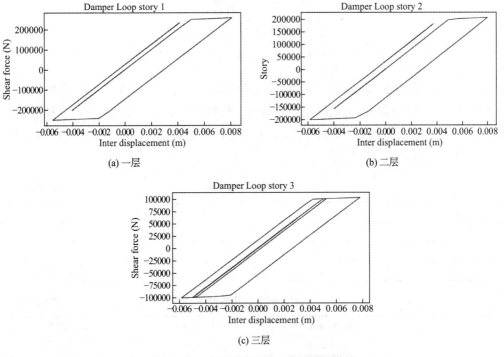

图 10.2-8　各层阻尼器力–变形滞回曲线

### 10.2.3　减震与非减震结果对比

图 10.2-9 和图 10.2-10 是减震结构与非减震结构的顶点位移及基底剪力时程曲线对比，由图可见，减震结构的顶点位移和基底剪力相比非减震结构整体有所减小。

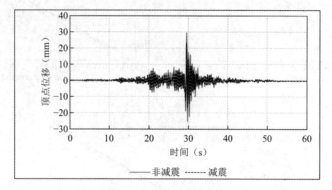

图 10.2-9　顶点位移时程对比

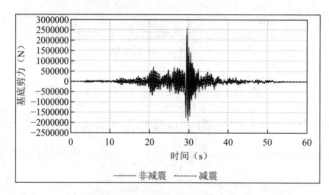

图 10.2-10　基底剪力时程对比

表 10.2-1～表 10.2-3 和图 10.2-11 是减震结构与非减震结构的楼层位移包络、楼层加速度包络以及主体结构楼层剪力包络结果的对比，根据计算结果，增设阻尼器后楼层位移减少 21%～24%，楼层剪力减少 15%～23%，可见增设阻尼器能有效减小主体结构地震响应，对保护主体结构起到一定的作用。

楼层位移包络值对比　　　　　　　　　　　　　　表 10.2-1

| 楼层 | 减震（mm） | 非减震（mm） | 增减幅度（%） |
| --- | --- | --- | --- |
| 1 | 8.1 | 10.6 | −23.5849 |
| 2 | 16.1 | 21.0 | −23.3333 |
| 3 | 23.2 | 29.5 | −21.3559 |

楼层加速度包络值对比　　　　　　　　　　　　　表 10.2-2

| 楼层 | 减震（mm/s²） | 非减震（mm/s²） | 增减幅度（%） |
| --- | --- | --- | --- |
| 1 | 3981.3 | 4065.7 | −2.0759 |
| 2 | 4915.5 | 5432.4 | −9.5151 |

续表

| 楼层 | 减震（mm/s²） | 非减震（mm/s²） | 增减幅度（%） |
|---|---|---|---|
| 3 | 6004.8 | 7721.4 | −22.2317 |

主体结构楼层剪力包络值对比　　　　　　　表 10.2-3

| 楼层 | 减震（N） | 非减震（N） | 增减幅度（%） |
|---|---|---|---|
| 1 | 1984800.0 | 2589008.2 | −23.3374 |
| 2 | 1565000.0 | 2044102.9 | −23.4383 |
| 3 | 768490.0 | 902227.0 | −14.8230 |

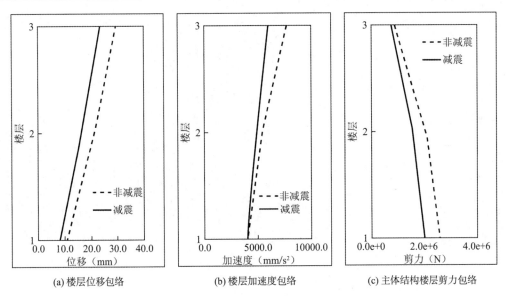

(a) 楼层位移包络　　　　　　(b) 楼层加速度包络　　　　　　(c) 主体结构楼层剪力包络

图 10.2-11　减震结构与非减震结构结果对比

## 10.3　小结

（1）以剪切层模型为例，重点讨论了金属阻尼器减震结构地震动力时程分析的基本原理及编程实现方法。

（2）通过具体算例分别给出金属阻尼器减震结构地震动力分析的 Python 代码，代码可获得减震结构的顶点位移时程、基底剪力时程、楼层结果包络以及楼层剪力–位移滞回曲线和阻尼器力–变形滞回曲线等分析结果，并对比了减震及非减震结构的分析结果。

## 参 考 文 献

[1]　周云. 黏弹性阻尼减震结构设计理论及应用[M]. 武汉: 武汉理工大学出版社, 2013.

[2]　周云. 金属耗能减震结构设计理论及应用[M]. 武汉: 武汉理工大学出版社, 2013.

[3]　黄镇, 李爱群. 建筑结构金属消能器减震设计[M]. 北京: 中国建筑工业出版社, 2015.

# 第 11 章

# 隔震结构地震动力时程分析

　　隔震结构一般是指在结构基础、底部或下部结构与上部结构之间设置由隔震支座和阻尼器等部件组成具有整体复位功能的隔震层而形成的结构体系。隔震层的设置延长了整体结构的周期，进而减小了输入上部结构的水平地震作用，当隔震层含有阻尼装置时，还可耗散一定的地震输入能量，从而进一步减小上部结构的地震作用。隔震层一般由隔震支座和阻尼器（耗能装置）组成，常见的隔震支座主要有橡胶支座、滑动支座和滚动支座等，阻尼器则包括常见的黏滞阻尼器、金属阻尼器、黏弹性阻尼器等，铅芯叠层橡胶支座则兼具隔震支座和阻尼器的作用[1]。本章以铅芯叠层橡胶支座隔震结构为例，介绍基于剪切层模型的隔震结构地震动力非线性分析的编程实现与软件应用。

## 11.1　铅芯叠层橡胶支座隔震

　　铅芯叠层橡胶支座具有塑性变形耗能能力，除了可以提供刚度，还可以通过滞回耗能提供附加阻尼，铅芯叠层橡胶支座的水平向恢复力模型可近似为一个双线性模型[2]，如图 11.1-1 所示。对于本章采用的剪切层模型，铅芯叠层橡胶支座隔震结构的分析模型示意如图 11.1-2 所示。

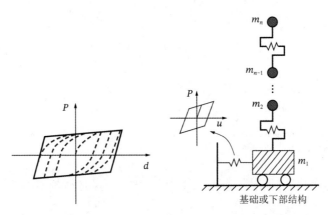

图 11.1-1　铅芯叠层橡胶支座　　图 11.1-2　铅芯叠层橡胶支座
水平向滞回曲线　　　　　　　隔震结构示意

由于铅芯叠层橡胶支座水平向荷载变形关系为非弹性，因此无论上部结构按弹性或非线性，整体结构的表现都是非线性的，本章隔震结构地震动力分析算例中，上部结构与隔震层均采用单轴二折线非线性本构，动力分析 Python 代码可参考第 9 章多自由度体系非线性动力时程分析代码。

## 11.2　铅芯橡胶支座隔震结构分析算例

本节讨论采用 Python 编程分析铅芯橡胶支座隔震结构在地震作用下的反应。采用的模型与第 9 章相同，只是隔震层采用铅芯叠层橡胶支座，模型示意图、结构参数及隔震层参数如图 11.2-1 所示。图中$k_2 \sim k_4$表示结构层初始刚度，$f_{y2} \sim f_{y4}$表示楼层屈服承载力，$k_1$表示隔震层初始刚度，$f_{y1}$表示隔震层屈服承载力，$b$表示屈服后刚度强化系数，其中上部结构按理想弹塑性本构，隔震层屈服强化系数取 0.05。分析采用的地震动加速度时程与第 10 章相同。

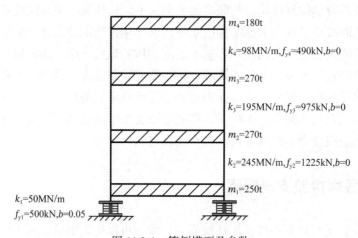

图 11.2-1　算例模型及参数

### 11.2.1　Python 编程

```
# -------------------------------
# File: NMDOF_Steel_ISO_NewtonRaphson.py
# Program: NMDOF_Steel_ISO_NewtonRaphson
# Website: www.jdcui.com
# Author: cuijidong
# Date: 20240609
# Description: 铅芯橡胶支座隔震结构分析
# -------------------------------
from uniaxialMat import UMatKinematic
import NMDOFCommonFun
from GMDataProcess import ReadGroundMotion
from PostDataProcess import getEnvelopResults
import numpy as np
import math
import matplotlib.pyplot as plt
import copy

# Input structure properties
m = [250000, 270000, 270000, 180000]  # mass
```

```python
k = [50 * 1e6, 245 * 1e6, 195 * 1e6, 98 * 1e6]  # initial stiffness
fy = [500000, 1225000, 975000, 490000]  # yiled strength
b = [0.05, 0, 0, 0]  # hardening ratio
print('Mass:')
print(m)
print('Stiffness:')
print(k)
print('Hardening ratio:')
print(b)
print('Yiled strength:')
print(fy)
# Damping ratio
dampingratio = 0.05
print('Dampingratio:')
print(dampingratio)
# Degrees of freedom
freedom = len(m)
print('Degrees of freedom:')
print(freedom)
print()
# element list
elestrulist = []
for i in range(0, len(k)):
    elestrulist.append(UMatKinematic(fy[i], k[i], b[i]))


# Create mass matrix
M = NMDOFCommonFun.FromMMatrix(m)
print('MASS Matrix:')
print(M)
print()


# Assembly structure stiffness matrix
K = NMDOFCommonFun.FromInitialKMatrix(elestrulist)
print('Structure initial stiffness matrix:')
print(K)
print()
# Mass matrix inversion
M_1 = np.linalg.inv(M)
# Square matrix[A] = M_1*K
A = np.dot(M_1, K)
# Solve standard eigenvalue problem
eig_val, eig_vec = np.linalg.eig(A)
# print(eig_val)
# print(eig_vec)
# Sort eigenvalues
x = eig_val.argsort()
print('Eigenvalues:')
print(x)
print()
# Get natural frequencies
w = np.sqrt(eig_val[x])
print('Natural frequencies:')
print(w)
print()
# Calculate structural periods
T = []
for i in range(0, freedom):
    T.append(2.0 * math.pi / w[i])
print('Periods:')
print(T)
print()
# Rayleigh damping matrix
A0 = np.array([w[0] * w[1], 1])
```

```python
# print(A0)
A = 2 * dampingratio / (w[0] + w[1]) * A0
print('Rayleigh damping factor:')
print(A)
print()
# Create damping matrix
C = A[0] * M + A[1] * K
# Reading seismic wave acceleration time history
print('Importing ground motion')
print()
timelist = []
accglistold = []
ReadGroundMotion('Northridge_01_NO_968.csv', timelist, accglistold, 1.0)
pga = max(abs(max(accglistold)), abs(min(accglistold)))
# 将加速度时程按峰值为 4m/s^2 进行缩放
scale_factor = 4 / pga
accglist = [x * scale_factor for x in accglistold]
# time step
dt = timelist[1] - timelist[0]
print('Analysis Time step:')
print(str(dt) + ' sec')
print()
# Draw acceleration time history
plt.plot(timelist, accglist)
plt.xlabel('Time (s)')
plt.ylabel('Acceleration (m/s^2)')
plt.title('Ground motion')
plt.show()
print('Calculate integral constant')
# Integral constant for newmark-beta method
gama = 0.5
beta = 0.25
a0 = 1.0 / (beta * dt ** 2)
a1 = gama / (beta * dt)
a2 = 1 / (beta * dt)
a3 = 1 / (2 * beta) - 1
a4 = gama / beta - 1
a5 = dt / 2 * (gama / beta - 2)
a6 = dt * (1 - gama)
a7 = gama * dt
# Initial motion conditions
u0 = np.zeros(freedom)
v0 = np.zeros(freedom)
print('Initial motion conditions')
print('Initial displacement:' + str(u0))
print('Initial velocity:' + str(v0))
# Unit vector
unitI = np.ones(freedom)
# Analysis step
step = len(accglist) + 1500
print('Number of steps:')
print(step)
print()
# Create storage objects
umatrix = np.zeros((freedom, step))  # displacement
vmatrix = np.zeros((freedom, step))  # velocity
amatrix = np.zeros((freedom, step))  # acceleration
sfmatrix = np.zeros((freedom, step))  # story shear force
sdmatrix = np.zeros((freedom, step))  # story inter displacement
# Initial displacement and velocity of the structure
umatrix[:, 0] = u0
```

```python
vmatrix[:, 0] = v0
sfmatrix[:, 0] = NMDOFCommonFun.FormStoryForce(elestrulist)
sdmatrix[:, 0] = NMDOFCommonFun.FormStoryInterDisp(elestrulist)
# The initial acceleration is solved through the balance equation
P0 = -accglist[0] * M @ unitI
rf0 = NMDOFCommonFun.FormRestoringForce(elestrulist)
amatrix[:, 0] = np.linalg.solve(M, P0 - C @ vmatrix[:, 0] - rf0)
# Analysis step and force tolerance
forcetol = 0.0001
print('Force convergence tolerance:')
print(forcetol)
timelist2 = [0]
print('Beginning dynamic time analysis')
print('......')
# Run step by step analysis
for i in range(1, step):
    timelist2.append(i * dt)
    # applied force
    pi = np.zeros(freedom)
    if i < len(accglist):
        pi = -accglist[i] * M @ unitI
    # trial displacement
    utrial = copy.deepcopy(umatrix[:, i - 1])
    deltaU = utrial - umatrix[:, i - 1]
    atrial = a0 * deltaU - a2 * vmatrix[:, i - 1] - a3 * amatrix[:, i - 1]
    vtrial = vmatrix[:, i - 1] + a6 * amatrix[:, i - 1] + a7 * atrial
    # resisting force
    rfstru = NMDOFCommonFun.FormRestoringForce(elestrulist)
    # residual force
    R = pi - rfstru - C @ vtrial - M @ atrial
    # run NR interation
    while sum(abs(R)) > forcetol:
        kkele = NMDOFCommonFun.FromKMatrix(elestrulist)
        kkdamp = a1 * NMDOFCommonFun.FromDampTangentMatrix(elestrulist)
        kkt = kkele + kkdamp + a0 * M + a1 * C
        du = np.linalg.solve(kkt, R)
        utrial += du
        deltaU = utrial - umatrix[:, i - 1]
        atrial = a0 * deltaU - a2 * vmatrix[:, i - 1] - a3 * amatrix[:, i - 1]
        vtrial = vmatrix[:, i - 1] + a6 * amatrix[:, i - 1] + a7 * atrial
        # set trial state
        NMDOFCommonFun.setStructureTrialStrain2(utrial, vtrial, elestrulist)
        # resisting force
        rfstru = NMDOFCommonFun.FormRestoringForce(elestrulist)
        # residual force
        R = pi - rfstru - C @ vtrial - M @ atrial
    # commit State
    NMDOFCommonFun.commitStructureState(elestrulist)
    # record results
    umatrix[:, i] = utrial
    deltaU = umatrix[:, i] - umatrix[:, i - 1]
    amatrix[:, i] = a0 * deltaU - a2 * vmatrix[:, i - 1] - a3 * amatrix[:, i - 1]
    # velocity step i
    vmatrix[:, i] = vmatrix[:, i - 1] + a6 * amatrix[:, i - 1] + a7 * amatrix[:, i]
    # story force
    sfmatrix[:, i] = NMDOFCommonFun.FormStoryForce(elestrulist)
    # story inter displacement
    sdmatrix[:, i] = NMDOFCommonFun.FormStoryInterDisp(elestrulist)
print('End of dynamic time analysis')
print()
```

## 结果整理

```
print('Analyze the floor response envelop value')
# 楼层位移包络
storydisp = getEnvelopResults(umatrix)
# 楼层加速度包络
storyacc = getEnvelopResults(amatrix)
# 楼层剪力包络
storyshear = getEnvelopResults(sfmatrix)

## 绘图
print('Beginning plotting')
print('......')

# 绘制楼层位移包络曲线
newstorydisp = [0] + storydisp[:]
plt.plot(newstorydisp, range(0, freedom + 1))
plt.xlabel('Displacement (m)')
plt.ylabel('Story')
plt.title('Envelop story displacement')
plt.tight_layout()
plt.show()

# 绘制楼层加速度包络曲线
newstoryacc = [0] + storyacc[:]
plt.plot(newstoryacc, range(0, freedom + 1))
plt.xlabel('Acceleration (m/s^2)')
plt.ylabel('Story')
plt.title('Envelop story acceleration ')
plt.tight_layout()
plt.show()

# 绘制楼层剪力包络曲线
plt.plot(storyShear, range(1, freedom + 1))
plt.xlabel('Shear force (N)')
plt.ylabel('Story')
plt.title('Envelop story shear force')
plt.tight_layout()
plt.show()

# 绘制剪力-位移滞回曲线
for i in range(0, freedom):
    plt.plot(sdmatrix[i, :], sfmatrix[i, :])
    plt.xlabel('Inter displacement (m)')
    plt.ylabel('Shear force (N)')
    plt.title('Loop story ' + str(i + 1))
    plt.tight_layout()
    plt.show()

# 绘制剪力时程
for i in range(0, freedom):
    plt.plot(timelist2, sfmatrix[i, :])
    plt.xlabel('Time (s)')
    plt.ylabel('Shear force (N)')
    plt.title('Shear force story ' + str(i + 1))
    plt.tight_layout()
    plt.show()
    sfmax = max(sfmatrix[i, :])
    sfmin = min(sfmatrix[i, :])
    print('Shear force story ' + str(i + 1))
    print('max: ' + str(sfmax) + '; min: ' + str(sfmin))

# 绘制各层位移时程
for i in range(0, freedom):
```

```python
plt.plot(timelist2, umatrix[i, :])
plt.xlabel('Time (s)')
plt.ylabel('Displacement (m)')
plt.title('Displacement story ' + str(i + 1))
plt.tight_layout()
plt.show()
umax = max(umatrix[i, :])
umin = min(umatrix[i, :])
print('Displacement story ' + str(i + 1))
print('max: ' + str(umax) + '; min: ' + str(umin))

# 绘制各层速度时程
for i in range(0, freedom):
    plt.plot(timelist2, vmatrix[i, :])
    plt.xlabel('Time (s)')
    plt.ylabel('Velocity (m/s)')
    plt.title('Velocity story ' + str(i + 1))
    plt.tight_layout()
    plt.show()
    vmax = max(vmatrix[i, :])
    vmin = min(vmatrix[i, :])
    print('Velocity story ' + str(i + 1))
    print('max: ' + str(vmax) + '; min: ' + str(vmin))

# 绘制各层加速度时程
for i in range(0, freedom):
    plt.plot(timelist2, amatrix[i, :])
    plt.xlabel('Time (s)')
    plt.ylabel('Acceleration (m/s^2)')
    plt.title('Acceleration story ' + str(i + 1))
    plt.tight_layout()
    plt.show()
    amax = max(amatrix[i, :])
    amin = min(amatrix[i, :])
    print('Acceleration story ' + str(i + 1))
    print('max: ' + str(amax) + '; min: ' + str(amin))

print('End of plotting')
```

## 11.2.2　程序运行结果

程序运行显示以下输出：

图 11.2-2～图 11.2-5 是程序计算得到的时程响应曲线。

图 11.2-6 是结构各层地震响应包络值。

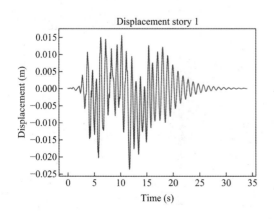
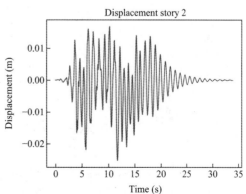

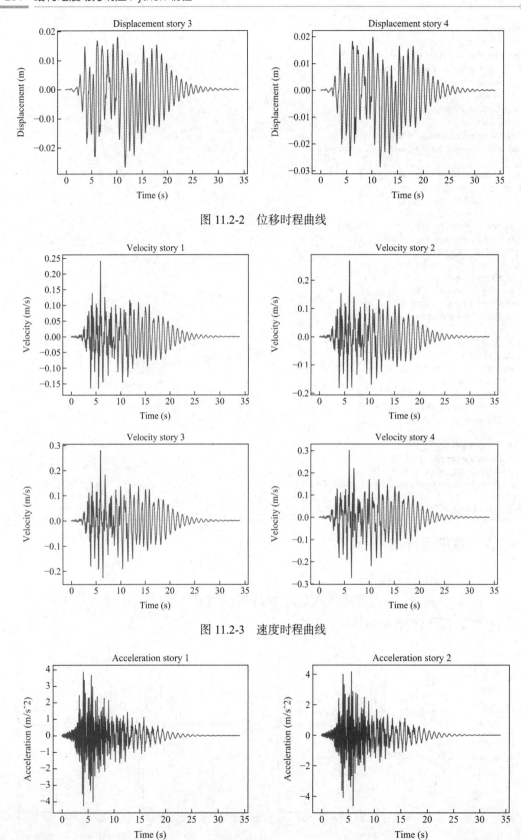

图 11.2-2 位移时程曲线

图 11.2-3 速度时程曲线

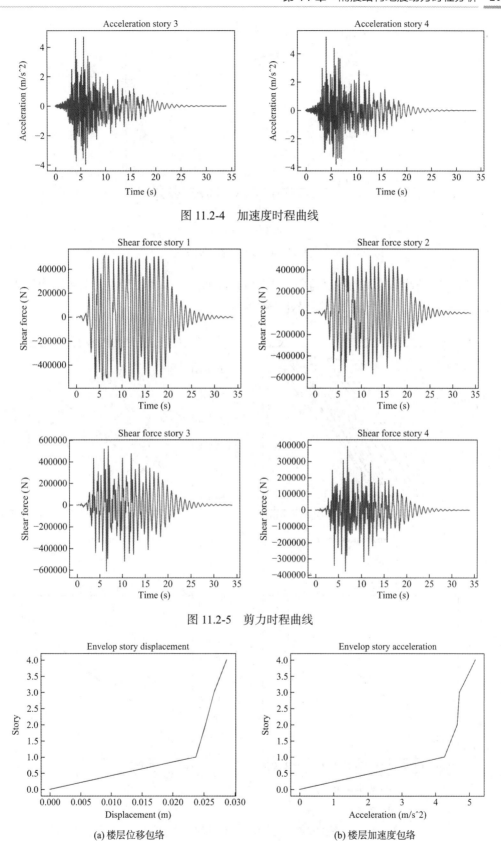

图 11.2-4 加速度时程曲线

图 11.2-5 剪力时程曲线

(a) 楼层位移包络

(b) 楼层加速度包络

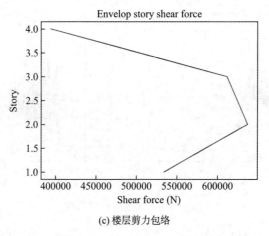

(c) 楼层剪力包络

图 11.2-6　地震响应包络

　　图 11.2-7 是计算得到的各层剪力–层间位移滞回曲线。由图可见，上部结构的滞回曲线基本是一条直线，表明上部楼层仍处于弹性阶段。

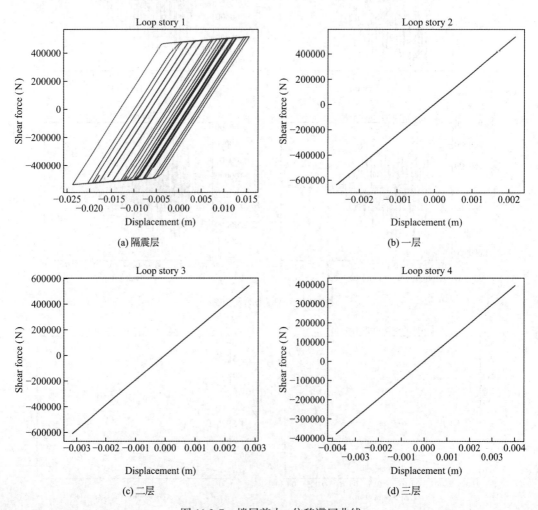

图 11.2-7　楼层剪力–位移滞回曲线

### 11.2.3 与非隔震结构对比

图 11.2-8 是隔震结构与非隔震结构的首层剪力时程曲线对比，由图可见，隔震结构的首层剪力相比非隔震结构整体减小。

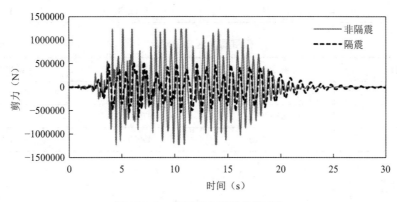

图 11.2-8 首层剪力时程曲线对比

表 11.2-1～表 11.2-3、图 11.2-9 是隔震结构与非隔震结构的层间位移包络、楼层加速度包络、楼层剪力包络结果的对比，根据计算结果，隔震结构的上述反应均有一定程度的减小。

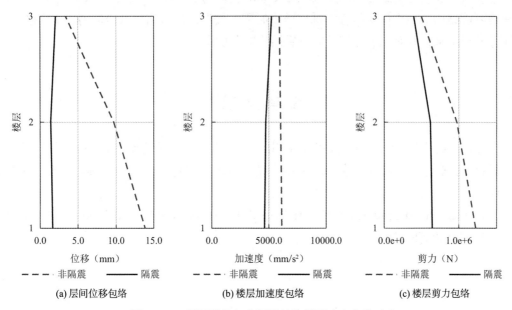

图 11.2-9 隔震结构与非隔震结构楼层响应曲线对比

**层间位移包络值对比**     表 11.2-1

| 楼层 | 隔震（mm） | 非隔震（mm） | 增减幅度（%） |
| --- | --- | --- | --- |
| 1 | 1.6 | 13.9 | −88.4892 |
| 2 | 1.4 | 9.6 | −85.4167 |
| 3 | 2.0 | 3.4 | −41.1765 |

楼层加速度包络值对比　　　　　　　　　　表 11.2-2

| 楼层 | 隔震（mm/s²） | 非隔震（mm/s²） | 增减幅度（%） |
| --- | --- | --- | --- |
| 1 | 4640.7 | 6148.9 | −24.5280 |
| 2 | 4703.3 | 6084.38 | −22.6988 |
| 3 | 5174.8 | 5942.98 | −12.9258 |

楼层剪力包络值对比　　　　　　　　　　表 11.2-3

| 楼层 | 隔震（N） | 非隔震（N） | 增减幅度（%） |
| --- | --- | --- | --- |
| 1 | 637208.2 | 1225000.0 | −47.9830 |
| 2 | 611600.7 | 975000.0 | −37.2717 |
| 3 | 394071.6 | 490000.0 | −19.5772 |

## 11.3　小结

（1）以剪切层模型为例，介绍了铅芯叠层橡胶支座隔震结构地震动力时程分析的基本原理和编程实现方法。

（2）通过算例分别给出铅芯叠层橡胶支座隔震结构地震动力分析的 Python 代码，代码可获得隔震结构的顶点位移时程、基底剪力时程、楼层结果包络以及楼层剪力–位移滞回曲线等分析结果，并对比了隔震及非隔震结构的分析结果。

参 考 文 献

[1] 薛彦涛, 常兆中, 高杰. 隔震建筑设计指南[M]. 北京: 中国建筑工业出版社, 2016.

[2] 党育, 杜永峰, 李慧. 基础隔震结构设计及施工指南[M]. 北京: 中国水利水电出版社, 2007.

[3] Computers and Structures, Inc. CSI Analysis Reference Manual for SAP2000, ETABS,SAFE and CsiBridge[R]. 2011.

第 $12$ 章

# 阻尼矩阵的构造及分析实例

根据前面的章节可知，进行有阻尼多自由度体系的直接积分动力时程分析需要建立结构的阻尼矩阵。目前发展了很多阻尼理论和阻尼矩阵构造方法，本章以最常用的经典阻尼模型为例，讨论几种常用的经典阻尼矩阵的构造方式，并通过具体算例，分析不同阻尼矩阵的构造方法对结构动力反应的影响，加深读者对阻尼的理解。

## 12.1 阻尼模型分类

第 5 章介绍有阻尼多自由度体系振型分解反应谱法时，为使体系的整体运动方程解耦为多个单自由度体系运动方程，利用了阻尼矩阵与振型正交的假定，进而引出了经典阻尼与非经典阻尼的概念。如果阻尼矩阵[$C$]能够被振型矩阵[$\Phi$]对角化，亦即振型向量满足关于阻尼矩阵正交特性，这种阻尼称为经典阻尼，经典阻尼也常称为比例阻尼，如果阻尼矩阵[$C$]不能被振型矩阵[$\Phi$]对角化，则这种阻尼称为非经典阻尼，非经典阻尼也常称为非比例阻尼[1]，即

$$\text{经典阻尼：} [\Phi]^{\mathrm{T}}[C][\Phi] \Rightarrow \text{对角矩阵}$$
$$\text{非经典阻尼：} [\Phi]^{\mathrm{T}}[C][\Phi] \Rightarrow \text{非对角矩阵}$$

经典阻尼模型是一种理想化的阻尼模型，实际结构的阻尼机理非常复杂，通常也不是经典阻尼，尽管如此，由于采用经典阻尼模型通常使结构的动力分析较为简便，现阶段许多建筑结构分析中，将结构的阻尼假定为经典阻尼依然是常用的做法。因此，第 12.2 节主要介绍几种常用的经典阻尼矩阵的构造。对于非经典阻尼矩阵的构造，读者可查阅相关文献[2-4]。

## 12.2 经典阻尼矩阵

结构阻尼的机理非常复杂，与组成结构的材料、连接属性、耗能机制等因素有关，因此往往无法直接给出阻尼矩阵，实测通常也只能测得某一振型的阻尼比。因此阻尼矩阵的构造通常讲的是如何通过振型阻尼比求解阻尼矩阵。常用的经典阻尼模型包括振型阻尼

（Modal damping）、瑞利阻尼（Rayleigh damping）、柯西阻尼（Caughey damping）。以下介绍这几种阻尼矩阵的构造方法及应用。

## 12.2.1　振型阻尼

由第 5 章的内容可知，设体系振型矩阵为$[\Phi]$，体系阻尼矩阵为$[C]$，对于经典阻尼模型，$[\Phi]^{\mathrm{T}}[C][\Phi]$为对角阵，记为

$$[\Phi]^{\mathrm{T}}[C][\Phi] = \begin{bmatrix} C_1 & & & \\ & C_2 & & \\ & & \ddots & \\ & & & C_n \end{bmatrix} = [C_n] \tag{12.2-1}$$

式中$[C_n]$是体系振型阻尼矩阵。

则体系阻尼矩阵$[C]$可表示为

$$[C] = ([\Phi]^{\mathrm{T}})^{-1}[C_n][\Phi]^{-1} \tag{12.2-2}$$

根据单自由度体系黏滞阻尼相关理论，见第 1 章式(1.1-14)，可知第$n$阶振型阻尼$C_n$为

$$C_n = 2\zeta_n\omega_n M_n \ (n = 1,2,\cdots,N) \tag{12.2-3}$$

式中$\zeta_n$、$\omega_n$和$M_n$分别是第$n$阶振型的振型阻尼比、自然频率和振型质量，根据各振型阻尼$C_n$叠加可得到振型阻尼矩阵$[C_n]$。

已知振型质量矩阵$[M_n]$

$$[M_n] = [\Phi]^{\mathrm{T}}[M][\Phi] \tag{12.2-4}$$

则将式(12.2-4)两端分别左乘$[M_n]^{-1}$、右乘$[\Phi]^{-1}$，可得

$$[M_n]^{-1}[\Phi]^{\mathrm{T}}[M] = [\Phi]^{-1} \tag{12.2-5}$$

将式(12.2-4)两端分别左乘$([\Phi]^{\mathrm{T}})^{-1}$、右乘$[M_n]^{-1}$，可得

$$[M][\Phi][M_n]^{-1} = ([\Phi]^{\mathrm{T}})^{-1} \tag{12.2-6}$$

将式(12.2-5)和式(12.2-6)及$[C_n]$代入式(12.2-2)，即可求得阻尼矩阵$[C]$

$$[C] = ([M][\Phi][M_n]^{-1})[C_n]([M_n]^{-1}[\Phi]^{\mathrm{T}}[M]) \tag{12.2-7}$$

由于$[M_n]$是对角阵，其逆矩阵$[M_n]^{-1}$很容易求得，进一步展开式(12.2-7)可得

$$[C] = [M]\left(\sum_{n=1}^{N}\frac{2\zeta_n\omega_n}{M_n}\{\phi\}_n\{\phi\}_n^{\mathrm{T}}\right)[M] \tag{12.2-8}$$

用式(12.2-8)构造的阻尼称为振型阻尼或模态阻尼[2-4]。公式中采用了体系全部$N$个振型进行叠加，在大型结构分析中，可以仅考虑部分主要振型的影响，忽略次要振型，以提高计算分析的效率。

## 12.2.2　瑞利阻尼

瑞利阻尼假定结构的阻尼矩阵是质量矩阵和刚度矩阵的线性组合，即

$$[C] = a_0[M] + a_1[K] \tag{12.2-9}$$

根据第 4 章的介绍，结构的振型关于质量矩阵$[M]$和刚度矩阵$[K]$正交，因此振型也关于阻尼矩阵$[C]$正交，将上式左乘$\{\phi\}_n^T$、右乘$\{\phi\}_n$得

$$C_n = a_0 M_n + a_1 K_n \tag{12.2-10}$$

式中$\{\phi\}_n$是第$n$阶振型的振型向量；$C_n$、$M_n$、$K_n$分别是第$n$阶振型的阻尼系数、振型质量和振型刚度，有

$$\begin{cases} C_n = \{\phi\}_n^T[C]\{\phi\}_n \\ M_n = \{\phi\}_n^T[M]\{\phi\}_n \\ K_n = \{\phi\}_n^T[K]\{\phi\}_n \end{cases} \tag{12.2-11}$$

根据第 5 章振型分解法的相关推导，有

$$\begin{cases} C_n = 2\zeta_n \omega_n M_n \\ \omega_n^2 = K_n/M_n \end{cases} \tag{12.2-12}$$

式中$\zeta_n$是第$n$阶振型的阻尼比。

将式(12.2-12)代入式(12.2-10)可得

$$\zeta_n = \frac{a_0}{2\omega_n} + \frac{a_1 \omega_n}{2} \tag{12.2-13}$$

通过给定某两个振型（圆频率$\omega_i$、$\omega_j$，$i < j$）的阻尼比$\zeta_i$、$\zeta_j$，可以得到如下求解$a_0$和$a_1$的方程组

$$\frac{1}{2}\begin{pmatrix} \dfrac{1}{\omega_i} & \omega_i \\ \dfrac{1}{\omega_j} & \omega_j \end{pmatrix}\begin{Bmatrix} a_0 \\ a_1 \end{Bmatrix} = \begin{Bmatrix} \zeta_i \\ \zeta_j \end{Bmatrix} \tag{12.2-14}$$

解方程可得待定系数$a_0$和$a_1$

$$\begin{Bmatrix} a_0 \\ a_1 \end{Bmatrix} = \frac{2\omega_i \omega_j}{\omega_j^2 - \omega_i^2}\begin{pmatrix} \omega_j & -\omega_i \\ -\dfrac{1}{\omega_j} & \dfrac{1}{\omega_i} \end{pmatrix}\begin{Bmatrix} \zeta_i \\ \zeta_j \end{Bmatrix} \tag{12.2-15}$$

当$\zeta_i = \zeta_j = \zeta$时，上式简化为

$$\begin{Bmatrix} a_0 \\ a_1 \end{Bmatrix} = \frac{2\zeta}{\omega_i + \omega_j}\begin{Bmatrix} \omega_i \omega_j \\ 1 \end{Bmatrix} \tag{12.2-16}$$

将$a_0$和$a_1$代入式(12.2-9)即可求得结构的瑞利阻尼矩阵$[C]$。

由式(12.2-9)可见，振型阻尼可分成两项，一项与质量矩阵成正比，一项与刚度矩阵成正比，相应的阻尼比［式(12.2-13)］也可以分为两项，即与质量成正比的项$\zeta_M$和与刚度成正比的项$\zeta_K$，即

$$\begin{cases} \zeta_n = \zeta_M + \zeta_K \\ \zeta_M = \dfrac{a_0}{2\omega_n}, \ \zeta_K = \dfrac{a_1 \omega_n}{2} \end{cases} \tag{12.2-17}$$

当$a_0$和$a_1$确定后，$\zeta_M$、$\zeta_K$及$\zeta_n$只与$\omega_n$有关。图 12.2-1 给出了瑞利阻尼中阻尼比随频率的变化规律曲线。由图 12.2-1 可见，刚度比例阻尼随着频率的增加而线性增加，质量比例

阻尼在频率趋于零时，变得无穷大，随着频率的增加迅速减小。

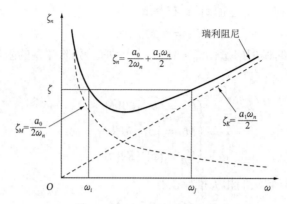

图 12.2-1　振型阻尼比与自振频率的关系

利用圆频率$\omega_n$与周期$T_n$的关系，式(12.2-17)可改写为用自振周期表示的形式

$$\begin{cases} \zeta_n = \zeta_M + \zeta_K \\ \zeta_M = \dfrac{a_0 T_n}{4\pi}, \zeta_K = \dfrac{a_1 \pi}{T_n} \end{cases} \tag{12.2-18}$$

图 12.2-2 给出了瑞利阻尼中阻尼比随周期的变化规律曲线。由图可见，质量比例阻尼随着周期的增加而线性增加，刚度比例阻尼在周期趋于零时，变得无穷大，随着周期的增加而迅速减小。

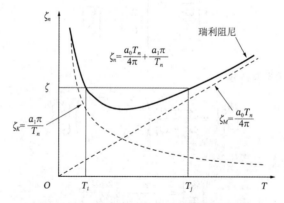

图 12.2-2　振型阻尼比与自振周期的关系

关于瑞利阻尼，还有以下几点说明：

（1）由于振型向量关于质量矩阵[M]和刚度矩阵[K]正交，因此由质量矩阵及刚度矩阵线性组合而成的瑞利阻尼也是一种正交阻尼，即经典阻尼。

（2）根据瑞利阻尼公式，结构的振型阻尼比$\zeta_n$是自振频率（周期）的函数，$\zeta_n$在点$\omega_i$（$T_i$）、$\omega_j$（$T_j$）处等于给定阻尼比$\zeta_i$、$\zeta_j$。工程中常取$\zeta_i = \zeta_j = \zeta$计算瑞利阻尼，则当振型圆频率（周期）位于$\omega_i$（$T_i$）、$\omega_j$（$T_j$）之间时，振型阻尼比$\zeta_n$接近且小于给定阻尼比$\zeta$，当振型圆频率（周期）小于$\omega_i$（$T_i$）或大于$\omega_j$（$T_j$）时，振型阻尼比大于相应的给定阻尼比$\zeta$[2]。

（3）文献[2]指出，确定瑞利阻尼系数的两个频率（周期）点$\omega_i$（$T_i$）、$\omega_j$（$T_j$）应覆盖结构分析中感兴趣的频段，而结构感兴趣频段的确定需要根据作用于结构上的外荷载的频率成分及结构的动力特性综合考虑。文献[5]指出，在动力时程分析中，一般可取 $T_i = 0.25T_1$（$T_1$ 为结构基本周期）、$T_j = 0.9T_1$、阻尼比 $\zeta_i = \zeta_j = \zeta$ 作为瑞利阻尼系数的计算依据。这样，可使振型的阻尼比在 $T_1 \sim 0.2T_1$ 周期范围内大致为常量。

（4）瑞利阻尼可通过图 12.2-3 进行更加直观的理解。图中 $\alpha$M 阻尼器连接了质量点与某一固定点，与质量点的绝对速度相关，即与系统的动能相关；$\beta$K 阻尼器与构件并联，与构件的相对变形速度相关，即与系统的应变能有关。$\alpha$M 阻尼器及 $\beta$K 阻尼器的这种布置方式显然不会引起振型的耦联。文献[4]指出，质量比例阻尼对于基底支撑结构来说在物理上是不可能的，此外刚度比例阻尼对结构高阶振型具有阻尼增加效应，也是没有经过物理论证的。

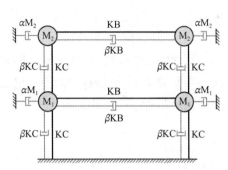

图 12.2-3　瑞利阻尼的物理意义[4]
（图中 $\alpha$ 与系数 $a_0$ 相同，$\beta$ 与系数 $a_1$ 相同）

## 12.2.3　柯西阻尼

根据 12.2.2 节介绍，瑞利阻尼仅在两个频率点（$\omega_i$、$\omega_j$）上等于给定的阻尼比，如果希望在更多的频率点上满足等于给定的阻尼比，则需要将阻尼矩阵表示为更多项的线性组合，通过给定更多频率点处的振型阻尼比求得线性组合的系数，进而求得阻尼矩阵表达式。采用如下形式构造阻尼矩阵可实现上述目的[2]：

$$[C] = a_0[M] + a_1[K] + a_2[K][M]^{-1}[K] + \cdots + [M]a_{L-1}\left([M]^{-1}[K]\right)^{L-1}$$
$$= [M]\sum_{l=0}^{L-1} a_l\left([M]^{-1}[K]\right)^l \tag{12.2-19}$$

式中 $a_0$、$a_1$、$\cdots$、$a_{L-1}$ 是待定的 $L$ 个系数，当 $L = 2$ 时，上式变为 $[C] = a_0[M] + a_1[K]$，即瑞利阻尼公式。

根据第 4 章的知识可得振型方程

$$[K]\{\phi\}_n = \omega_n^2[M]\{\phi\}_n \tag{12.2-20}$$

上式两端分别左乘 $[M]^{-1}$ 可得

$$[M]^{-1}[K]\{\phi\}_n = \omega_n^2\{\phi\}_n \tag{12.2-21}$$

将式(12.2-19)两端分别左乘 $\{\phi\}_n^{\mathrm{T}}$、右乘 $\{\phi\}_n$，可得

$$\{\phi\}_n^{\mathrm{T}}[C]\{\phi\}_n = \{\phi\}_n^{\mathrm{T}}[M]\sum_{l=0}^{L-1} a_l\left([M]^{-1}[K]\right)^l\{\phi\}_n \tag{12.2-22}$$

考虑式(12.2-21)，将上式展开得

$$C_n = M_n\sum_{l=0}^{L-1} a_l\omega_n^{2l} \tag{12.2-23}$$

又由

$$C_n = 2\zeta_n\omega_n M_n \tag{12.2-24}$$

得到

$$\zeta_n = \frac{1}{2}\sum_{l=0}^{L-1} a_l \omega_n^{2l-1} \tag{12.2-25}$$

将$L$个已知的振型阻尼比$\zeta_n$及其自振频率$\omega_n$分别代入式(12.2-25)，可得到$L$个关于系数$a_0$、$a_1$、…、$a_{L-1}$的代数方程组，求得方程组可得到待定系数$a_0 \sim a_{L-1}$，进而由式(12.2-19)求得结构的柯西阻尼矩阵$[C]$。

柯西阻尼的特性是在$L$个给定的频率点上，阻尼比精确定于给定的阻尼比，当$L$等于体系的振型数$N$时，则所有的振型阻尼比将精确满足。图 12.2-4 形象地表示了$L$取不同值时柯西阻尼比与自振频率的关系。

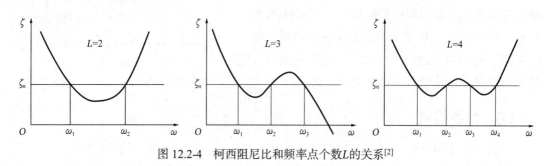

图 12.2-4　柯西阻尼比和频率点个数$L$的关系[2]

## 12.3　四层结构算例

本节算例采用 1 个四层的剪切层模型，通过构造不同形式的阻尼矩阵进行弹性时程分析，分析对比结构的楼层位移、楼层加速度和楼层剪力。楼层质量及层间刚度见表 12.3-1。

模型参数 表 12.3-1

| 楼层 | 一层 | 二层 | 三层 | 四层 |
| --- | --- | --- | --- | --- |
| 楼层质量（t） | 1920 | 1890 | 1890 | 1890 |
| 层间刚度（kN/mm） | 1050 | 900 | 850 | 800 |

考虑以下几种阻尼矩阵：

（1）采用振型阻尼，结构所有振型的阻尼比为 0.05。

（2）采用刚度比例阻尼，取第 1 阶振型阻尼比为 0.05。

（3）采用瑞利阻尼，取第 1、2 阶振型阻尼比均为 0.05。

（4）采用瑞利阻尼，取 $0.9T_1$ 和 $0.2T_1$ 对应点处的阻尼比为 0.05。

（5）采用振型阻尼，仅取第 1、2 阶振型阻尼比为 0.05。

（6）采用振型阻尼与刚度比例阻尼的组合形式，其中振型阻尼取第 1、2 阶振型阻尼比为 0.05，刚度比例阻尼取第 4 阶振型阻尼比为 0.05。

时程分析方法采用 Newmark-β 直接积分法。

用于时程分析的加速度时程如图 12.3-1 所示。时程分析时，将加速度时程曲线进行缩放，使得加速度峰值等于 350mm/s²，即《建筑抗震设计标准》GB/T 50011—2010（2024 年版）中 7 度小震对应的加速度峰值。

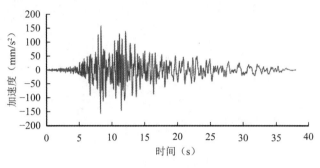

图 12.3-1　加速度时程

## 12.3.1　Python 编程

```
# -------------------------------
# File: MDOF_Nemark_E_DampingMatrix.py
# Program: MDOF_Nemark_E_DampingMatrix
# Website: www.jdcui.com
# Author: cuijidong, shenxuelong
# Date: 20240922
# -------------------------------
import numpy as np
from GMDataProcess import ReadGroundMotion
import NMDOFCommonFun
from PostDataProcess import getEnvelopResults
import matplotlib.pyplot as plt
import MDOF_Eigen
from uniaxialMat import UMatElastic
import CommonFun

# Assembly modal damping matrix
def FromModalDampingMatrix(modalMatrix, M, w, dampingratios):
    freedom = len(dampingratios)
    CoefMatrix = np.zeros((freedom, freedom))
    Mn = []
    for i in range(0, freedom):
        mn = modalMatrix[:, i].T @ M @ modalMatrix[:, i]
        Mn.append(mn)
        # print(modalMatrix[:, i].reshape(-1, 1))
        # print(modalMatrix[:, i].T)
        temp1 = np.dot(modalMatrix[:, i].reshape(-1, 1), modalMatrix[:, i].reshape(1, -1))
        temp2 = 2.0 * dampingratios[i] * w[i] / Mn[i]
        CoefMatrix += temp2 * temp1
    # print(CoefMatrix)
    CMatrix = M @ CoefMatrix @ M
    return CMatrix

# -------------------------------
# Input structure properties
# Story mass kg
m = [1920000, 1890000, 1890000, 1890000]
# Initial stiffness N/m
k = [1050 * 1e6, 900 * 1e6, 850 * 1e6, 800 * 1e6]
```

```
print('Mass:')
print(m)
print('Stiffness:')
print(k)

# Degrees of freedom
freedom = len(m)
print('Degrees of freedom:')
print(freedom)
print()
# Create mass matrix
M = NMDOFCommonFun.FromMMatrix(m)
print('Mass matrix:')
print(M)
print()
# Define structure matrial
elestrulist = []
for i in range(0, freedom):
    elestrulist.append(UMatElastic(k[i]))

# Create stiffness matrix
K = NMDOFCommonFun.FromInitialKMatrix(elestrulist)
print('Stiffness matrix:')
print(K)
print()
# 周期、频率、振型矩阵
T = []
w = []
eig_val = []
modalMatrix = np.zeros((freedom, freedom))
# Run modal analysis
MDOF_Eigen.GetModes(M, K, w, T, eig_val, modalMatrix, freedom)
Mpfs = MDOF_Eigen.GetMassParticipationFactors(M, modalMatrix, freedom)
print('Eigen values:')
print(eig_val)
print()
print('Natural frequencies:')
print(w)
print()
print('Periods:')
print(T)
print()
print('Modal matrix:')
print(modalMatrix)
print()
print('Mass participation factors:')
print(Mpfs)
print()
# Damping ratio
dampingratio = 0.05
# Create damping matrix 构造阻尼矩阵
# Method 1: Modal damping matrix
dampingratios = [0.05, 0.05, 0.05, 0.05]
CM1 = FromModalDampingMatrix(modalMatrix, M, w, dampingratios)
# Method 2: 刚度比例阻尼：取第 1 阶振型阻尼比为 0.05
CM2 = (2.0 * dampingratio / w[0]) * K
# Method 3: Rayleigh damping matrix 瑞利阻尼 1：取第 1、2 阶振型阻尼比均为 0.05
A = 2 * dampingratio / (w[0] + w[1]) * np.array([w[0] * w[1], 1])
CM3 = A[0] * M + A[1] * K  # Create damping matrix
# Method 4: Rayleigh damping matrix 瑞利阻尼 1：取 0.9T1 和 0.2T1 对应点处的阻尼比为 0.05
A = 2 * dampingratio / (1.1 * w[0] + 5 * w[0]) * np.array([1.1 * w[0] * 5 * w[0], 1])
```

```
CM4 = A[0] * M + A[1] * K  # Create damping matrix
# Method 5: Modal damping matrix，仅考虑前 2 阶模态
dampingratios = [0.05, 0.05, 0.00, 0.00]
CM5 = FromModalDampingMatrix(modalMatrix, M, w, dampingratios)
# Method 6: Modal damping matrix + 刚度比例阻尼，仅考虑前 2 阶模态
dampingratios = [0.05, 0.05, 0.00, 0.00]
CM6 = FromModalDampingMatrix(modalMatrix, M, w, dampingratios) + (2.0 * dampingratio / w[3]) * K
# Damping matrix
print('Damping matrix 1:')
print(CM1)
print()
print('Damping matrix 2:')
print(CM2)
print()
print('Damping matrix 3:')
print(CM3)
print()
print('Damping matrix 4:')
print(CM4)
print()
print('Damping matrix 5:')
print(CM5)
print()
print('Damping matrix 6:')
print(CM6)
print()
# Reading seismic wave acceleration time history
print('Importing ground motion')
print()
timelist = []
accglistold = []
ReadGroundMotion('Northridge_01_NO_968_2.csv', timelist, accglistold, 1.0)
pga = max(abs(max(accglistold)), abs(min(accglistold)))
# 将加速度时程按峰值为 0.35m/s^2 进行缩放
scale_factor = 0.35 / pga
accglist = [x * scale_factor for x in accglistold]
# Time step
dt = timelist[1] - timelist[0]
print('Analysis time step:')
print(str(dt) + ' sec')
print()
# Draw acceleration time history
plt.plot(timelist, accglist)
plt.xlabel('Time (s)')
plt.ylabel('Accleration (m/s^2)')
plt.title('Ground Motion')
plt.show()
# 设置阻尼矩阵
C = CM6
dispfiletitle = "StoryDisp6.txt"
accfiletitle = "StoryAcc6.txt"
shearfiletitle = "StoryShear6.txt"
# 积分步
step = len(accglist) + 500
print('Number of steps:')
print(step)
print()
# 积分常数 Newmark-Beta Method
gama = 0.5
beta = 0.25
a0 = 1 / (beta * dt ** 2)
```

```python
a1 = gama / (beta * dt)
a2 = 1 / (beta * dt)
a3 = 1 / (2 * beta) - 1
a4 = gama / beta - 1
a5 = dt / 2 * (gama / beta - 2)
a6 = dt * (1 - gama)
a7 = gama * dt
# Initial motion conditions
u0 = np.zeros(freedom)
v0 = np.zeros(freedom)
# Unit vector
unitI = np.ones(freedom)
# Create storage objects
umatrix = np.zeros((freedom, step))
vmatrix = np.zeros((freedom, step))
amatrix = np.zeros((freedom, step))
sfmatrix = np.zeros((freedom, step)) # story shear force
sdmatrix = np.zeros((freedom, step)) # story inter displacement
# 计算等效刚度矩阵
KK = K + a0 * M + a1 * C
# Initial displacement and velocity of the structure
umatrix[:, 0] = u0
vmatrix[:, 0] = v0
sfmatrix[:, 0] = NMDOFCommonFun.FormStoryForce(elestrulist)
sdmatrix[:, 0] = NMDOFCommonFun.FormStoryInterDisp(elestrulist)
# 通过平衡方程求解初始加速度 a0
P0 = -accglist[0] * M @ unitI
amatrix[:, 0] = np.linalg.solve(M, P0 - np.dot(C, vmatrix[:, 0]) - np.dot(K, umatrix[:, 0]))
#
timelist2 = [0]
print('Beginning dynamic time analysis')
print('......')
# 遍历积分步骤，逐步递推求解结构响应
for i in range(1, step):
    timelist2.append(i * dt)
    # 计算外荷载
    Pi = np.zeros(freedom)
    if i < len(accglist):
        Pi = -accglist[i] * M @ unitI
    # 计算等效荷载列向量

    PPi = Pi + M @ (a0 * umatrix[:, i - 1] + a2 * vmatrix[:, i - 1] + a3 * amatrix[:, i - 1]) + C @ (a1 * umatrix[:, i - 1] + a4 * vmatrix[:,
i - 1] + a5 * amatrix[:, i - 1])
    umatrix[:, i] = np.linalg.solve(KK, PPi)
    amatrix[:, i] = a0 * (umatrix[:, i] - umatrix[:, i - 1]) - a2 * vmatrix[:, i - 1] - a3 * amatrix[:, i - 1]
    vmatrix[:, i] = vmatrix[:, i - 1] + a6 * amatrix[:, i - 1] + a7 * amatrix[:, i]
    # set element state
    NMDOFCommonFun.setStructureTrialStrain2(umatrix[:, i], vmatrix[:, i], elestrulist)
    NMDOFCommonFun.commitStructureState(elestrulist)
    # story force
    sfmatrix[:, i] = NMDOFCommonFun.FormStoryForce(elestrulist)
    # story inter displacement
    sdmatrix[:, i] = NMDOFCommonFun.FormStoryInterDisp(elestrulist)

print('End of dynamic time analysis')
print()
# 结果整理
print('Analyze the floor response envelop value')
# 楼层位移包络
storydisp = getEnvelopResults(umatrix)
# 楼层加速度包络
```

```
storyacc = getEnvelopResults(amatrix)
# 楼层剪力包络
storyshear = getEnvelopResults(sfmatrix)

print('Beginning postprocess')
print('......')

# 绘制楼层位移包络曲线
listX = [x * 1000 for x in storydisp]
listY = range(1, freedom + 1)
plt.plot(listX, listY)
plt.xlabel('Displacement (mm)')
plt.ylabel('Story')
plt.title('Envelop story displacement')
plt.tight_layout()
plt.show()

CommonFun.OutPutFile(dispfiletitle, listX, listY)

# 绘制楼层加速度包络曲线
listX = [x * 1000 for x in storyacc]
plt.plot(listX, listY)
plt.xlabel('Acceleration (mm/s^2)')
plt.ylabel('Story')
plt.title('Envelop story acceleration ')
plt.tight_layout()
plt.show()

CommonFun.OutPutFile(accfiletitle, listX, listY)

# 绘制楼层剪力包络曲线
listX = storyShear
plt.plot(listX, listY)
plt.xlabel('Shear force (N)')
plt.ylabel('Story')
plt.title('Envelop story shear force')
plt.tight_layout()
plt.show()
CommonFun.OutPutFile(shearfiletitle, listX, listY)
print('End of postprocess')
```

## 12.3.2　程序运行结果

程序运行输出以下结果：

```
Mass:
[1920000, 1890000, 1890000, 1890000]
Stiffness:
[1050000000.0, 900000000.0, 850000000.0, 800000000.0]
Degrees of freedom:
4
Mass matrix:
[[1920000.      0.      0.      0.]
 [    0. 1890000.      0.      0.]
 [    0.      0. 1890000.      0.]
 [    0.      0.      0. 1890000.]]
Stiffness matrix:
[[ 1.95e+09 -9.00e+08  0.00e+00  0.00e+00]
 [-9.00e+08  1.75e+09 -8.50e+08  0.00e+00]
 [ 0.00e+00 -8.50e+08  1.65e+09 -8.00e+08]
```

```
  [ 0.00e+00  0.00e+00 -8.00e+08  8.00e+08]]
Eigen values:
[59.98874249269618, 469.6652963206702, 1081.973597947061, 1626.2195854617971]
Natural frequencies:
[7.745239989354506, 21.671762649140245, 32.89336708132904, 40.32641300018881]
Periods:
[0.8112318425014009, 0.28992497790339405, 0.1910167874162707, 0.1558081872332699]
Modal matrix:
[[ 0.29941136 -0.89245805  1.54119578 -2.93138508]
 [ 0.61040715 -1.03945842 -0.21814652  3.81842743]
 [ 0.8582766  -0.10958426 -1.55616263 -2.84194377]
 [ 1.          1.          1.          1.        ]]
Mass participation factors:
[0.8701397723390057, 0.09563903638096627, 0.026510397829247613, 0.007710793450780667]
Damping matrix 1:
[[ 5899545.99701212 -1583137.45314899 -269434.6768581  -123532.72805785]
 [-1583137.45314899  5254686.98338263 -1685682.31429981 -393162.76771666]
 [ -269434.6768581  -1685682.31429981  4967162.08741282 -1897186.12294932]
 [ -123532.72805785 -393162.76771666 -1897186.12294932  3369137.27247812]]
Damping matrix 2:
[[ 25176753.75689056 -11620040.19548795         0.                0.        ]
 [-11620040.19548795  22594522.60233768 -10974482.40684973         0.        ]
 [        0.         -10974482.40684973  21303407.02506124 -10328924.61821151]
 [        0.                 0.         -10328924.61821151  10328924.61821151]]
Damping matrix 3:
[[ 7724368.77110508 -3059455.14252452         0.                0.        ]
 [-3059455.14252452  7027371.89279978 -2889485.41238426         0.        ]
 [        0.         -2889485.41238426  6687432.43251928 -2719515.68224401]
 [        0.                 0.         -2719515.68224401  3797947.02013501]]
Damping matrix 4:
[[ 5468151.99764736 -1904924.62221114         0.                0.        ]
 [-1904924.62221114  5023885.17561831 -1799095.47653274         0.        ]
 [        0.         -1799095.47653274  4812226.88426152 -1693266.33085435]
 [        0.                 0.         -1693266.33085435  3013131.40772877]]
Damping matrix 5:
[[ 1221854.71665774  1453828.086059    313926.32350951 -1077449.3938154 ]
 [ 1453828.086059    1773103.97859638  509341.4583125  -1061219.11984699]
 [  313926.32350951  509341.4583125    507033.09356044  416315.0883867 ]
 [-1077449.3938154  -1061219.11984699  416315.0883867   2076913.18980873]]
Damping matrix 6:
[[ 6057395.13526842 -777959.79945362  313926.32350951 -1077449.3938154 ]
 [ -777959.79945362  6112691.53375981 -1598458.21133831 -1061219.11984699]
 [  313926.32350951 -1598458.21133831  4598644.21700024 -1567496.3654023 ]
 [-1077449.3938154  -1061219.11984699 -1567496.3654023   4060724.64359772]]
Importing ground motion
Analysis time step:
0.02 sec
Number of steps:
2400
Beginning dynamic time analysis
......
End of dynamic time analysis
Analyze the floor response envelop value
Beginning postprocess
......
End of postprocess
```

## 12.3.3  结构自振特性

根据计算结果，结构自振周期见表 12.3-2。

| 自振周期（单位：s） | 表 12.3-2 |
|---|---|
| $T_1$ | 0.81 |
| $T_2$ | 0.29 |
| $T_3$ | 0.19 |
| $T_4$ | 0.16 |

各阶振型的有效质量系数见表 12.3-3。

| 有效质量系数 | 表 12.3-3 |
|---|---|
| 振型 | 有效质量系数 |
| mode1 | 0.87 |
| mode2 | 0.10 |
| mode3 | 0.03 |
| mode4 | 0.01 |

### 12.3.4　不同阻尼模型分析结果对比

阻尼矩阵为第 12.3 节中的（1）采用振型阻尼，结构所有振型的阻尼比为 0.05 时，分析结果如图 12.3-2 所示。

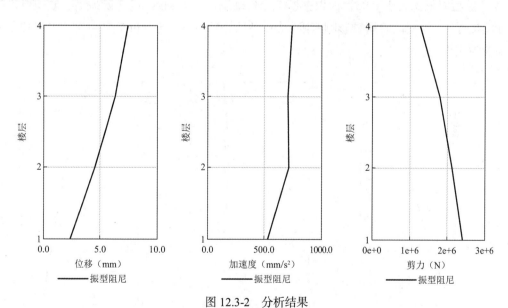

图 12.3-2　分析结果

以下分析中以（1）中的振型阻尼为参考进行对比。

当对比阻尼矩阵为（2）采用刚度比例阻尼，取第 1 阶振型阻尼比为 0.05 时，分析结果如图 12.3-3 所示。由图可知，对比阻尼模型各项指标分析结果整体小于参考阻尼模型。这是由于阻尼类型（2）是刚度比例阻尼，当取第 1 阶振型阻尼比为 0.05 时，意味着后续各高阶振型的阻尼比均大于 0.05，因此分析结果整体偏小。

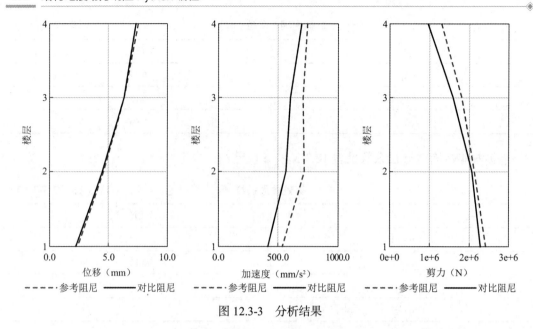

图 12.3-3　分析结果

当对比阻尼矩阵为（3）采用瑞利阻尼，取第 1、2 阶阻尼比均为 0.05 时，分析结果如图 12.3-4 所示。由图可知，对比阻尼模型各项指标分析结果整体上与参考阻尼模型分析结果接近。这是由于阻尼类型（3）是瑞利阻尼，且取第 1、2 阶振型阻尼比为 0.05，说明第 3、4 阶振型阻尼比大于 0.05，但根据模态分析结果，本算例第 1、2 阶振型有效质量系数累计已接近 1，说明高阶振型影响有限，因此阻尼类型（3）的分析结果与参考阻尼的分析结果较为接近。

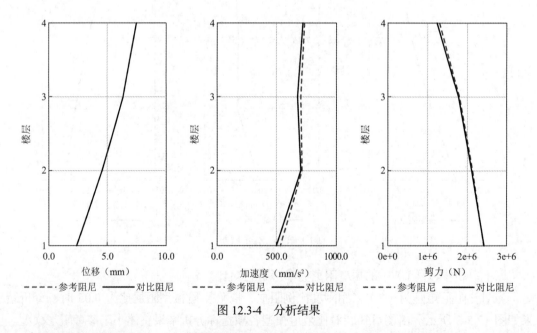

图 12.3-4　分析结果

当对比阻尼矩阵为（4）采用瑞利阻尼，取 $0.9T_1$ 和 $0.2T_1$ 对应点处的阻尼比为 0.05 时，分析结果如图 12.3-5 所示。由图可知，对比阻尼模型各项指标分析结果整体上与参考阻尼模型分析结果接近。这是由于阻尼类型（4）是瑞利阻尼，且取 $0.9T_1$（略小于 $T_1$）和 $0.2T_1$（约等于 $T_4$）处阻尼比为 0.05，说明第 1 阶振型阻尼比大于 0.05，第 2、3 阶振型阻尼比小于 0.05，第 4 阶振型阻尼比约等于 0.05，各阶振型阻尼比相对参考阻尼模型有大有小，分析结果叠加后整体上与参考阻尼模型分析结果差别不大。

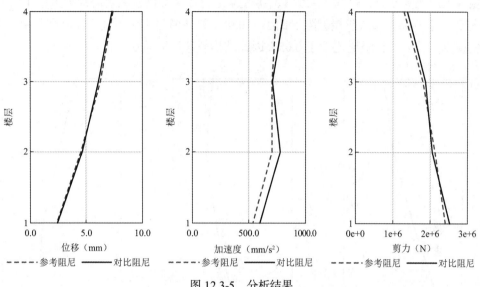

图 12.3-5　分析结果

当对比阻尼矩阵为（5）采用振型阻尼，仅取第 1、2 阶振型阻尼比为 0.05 时，分析结果如图 12.3-6 所示。由图可知，对比阻尼模型各项指标分析结果整体上比参考阻尼模型分析结果偏大。这是由于阻尼类型（5）仅考虑了第 1、2 阶振型的阻尼，未考虑第 3、4 阶振型的阻尼，导致分析结果偏大，又由于高阶部分对加速度更加敏感，因此加速度分析结果偏差更大。

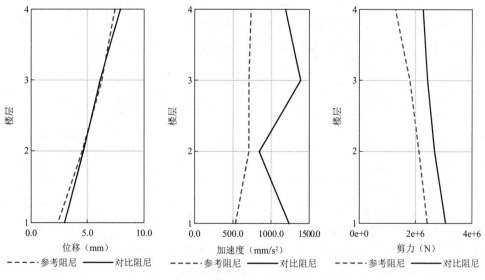

图 12.3-6　分析结果

当对比阻尼矩阵为（6）采用振型阻尼与刚度比例阻尼的组合形式时，分析结果如图 12.3-7 所示。由图可知，对比阻尼模型各项指标分析结果整体上比参考阻尼模型分析结果偏小。这是由于阻尼类型（6）考虑了振型阻尼与刚度比例阻尼的叠加，其中振型阻尼考虑第 1、2 阶振型阻尼比为 0.05，则第 3、4 阶振型阻尼比为 0，而刚度比例阻尼中考虑第 4 阶振型阻尼比为 0.05，则第 1、2、3 阶振型阻尼比小于 0.05，两者叠加导致第 1、2 阶振型阻尼比大于 0.05，第 3 阶振型阻尼比小于 0.05，第 4 阶振型阻尼比等于 0.05，由于第 1、2 阶振型贡献较大，且阻尼比大于 0.05，因此结构整体反应偏小。

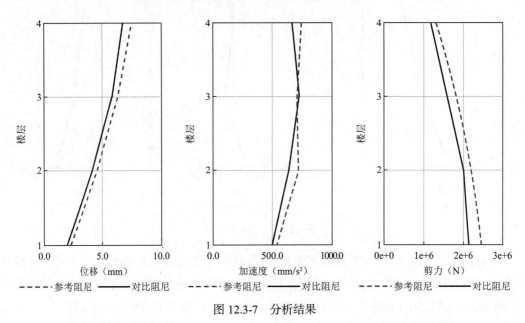

图 12.3-7　分析结果

## 12.4　十五层结构算例

本节算例采用 1 个十五层的剪切层模型，通过构造不同形式的阻尼矩阵，分析对比结构的楼层位移、楼层加速度和楼层剪力。楼层质量及层间刚度见表 12.4-1。

**模型参数**　　　　　　　　　　　　　　　　　表 12.4-1

| 楼层质量（t） | 层间刚度（kN/mm） |
| --- | --- |
| 2355 | 2800 |
| 2285 | 1600 |
| 2285 | 1300 |
| 2225 | 1100 |
| 2225 | 1100 |
| 2225 | 1000 |
| 1975 | 1000 |
| 1975 | 1000 |

续表

| 楼层质量（t） | 层间刚度（kN/mm） |
|:---:|:---:|
| 1975 | 1000 |
| 1935 | 900 |
| 1935 | 900 |
| 1935 | 900 |
| 1895 | 800 |
| 1895 | 800 |
| 1895 | 800 |

考虑以下几种阻尼矩阵：

（1）采用振型阻尼，结构所有振型的阻尼比为 0.05。

（2）采用刚度比例阻尼，取第 1 阶振型阻尼比为 0.05。

（3）采用瑞利阻尼，取第 1、2 阶振型阻尼比均为 0.05。

（4）采用瑞利阻尼，取 $0.9T_1$ 和 $0.2T_1$ 对应点处的阻尼比为 0.05。

（5）采用振型阻尼，取前 5 阶振型阻尼比为 0.05。

（6）采用振型阻尼，取前 10 阶振型阻尼比为 0.05。

（7）采用振型阻尼与刚度比例阻尼的组合形式，其中振型阻尼取前 10 阶振型阻尼比为 0.05，刚度比例阻尼取第 15 阶振型阻尼比为 0.05。

Python 代码与四层模型类似，此处不再赘述，可参考 12.3 节代码。

### 12.4.1　结构自振特性

根据计算结果，结构自振周期见表 12.4-2。

十五层结构自振周期（单位：s）　　　　　　　　　表 12.4-2

| | |
|:---:|:---:|
| $T_1$ | 2.513 |
| $T_2$ | 0.899 |
| $T_3$ | 0.549 |
| $T_4$ | 0.399 |
| $T_5$ | 0.315 |
| $T_6$ | 0.263 |
| $T_7$ | 0.229 |
| $T_8$ | 0.203 |
| $T_9$ | 0.184 |
| $T_{10}$ | 0.172 |
| $T_{11}$ | 0.163 |
| $T_{12}$ | 0.154 |

| | |
|---|---|
| $T_{13}$ | 0.149 |
| $T_{14}$ | 0.144 |
| $T_{15}$ | 0.128 |

各阶振型的有效质量系数见表 12.4-3。

十五层结构振型的有效质量系数        表 12.4-3

| 振型 | 有效质量系数 |
|---|---|
| mode1 | 0.7563 |
| mode2 | 0.1111 |
| mode3 | 0.0440 |
| mode4 | 0.0247 |
| mode5 | 0.0168 |
| mode6 | 0.0098 |
| mode7 | 0.0075 |
| mode8 | 0.0046 |
| mode9 | 0.0047 |
| mode10 | 0.0039 |
| mode11 | 0.0022 |
| mode12 | 0.0015 |
| mode13 | 0.0024 |
| mode14 | 0.0003 |
| mode15 | 0.0102 |

## 12.4.2 不同阻尼模型分析结果

阻尼矩阵为(1)采用振型阻尼，结构所有振型的阻尼比为 0.05 时，分析结果如图 12.4-1 所示。

以下分析中以（1）中的振型阻尼为参考进行对比。

当对比阻尼矩阵为（2）采用刚度比例阻尼，取第 1 阶振型阻尼比为 0.05 时，分析结果如图 12.4-2 所示。由图可知，对比阻尼模型各项指标分析结果整体小于参考阻尼模型。这是由于阻尼类型（2）是刚度比例阻尼，当取第 1 阶振型阻尼比为 0.05 时，意味着后续各高阶振型的阻尼比均大于 0.05，因此分析结果整体偏小。

当对比阻尼矩阵为（3）采用瑞利阻尼，取第 1、2 阶振型阻尼比均为 0.05 时，分析结果如图 12.4-3 所示。由图可知，对比阻尼模型各项指标分析结果整体上与参考阻尼模型分析结果接近，略偏小。这是由于阻尼类型（3）是瑞利阻尼，且取第 1、2 阶振型阻尼比为 0.05，说明后续高阶振型阻尼比大于 0.05，但根据模态分析结果，本算例第 1、2 阶振型有效质量系数累计已达 0.87，说明高阶振型影响有限，因此阻尼类型（3）的分析结果与参考阻尼的分析结果较为接近。

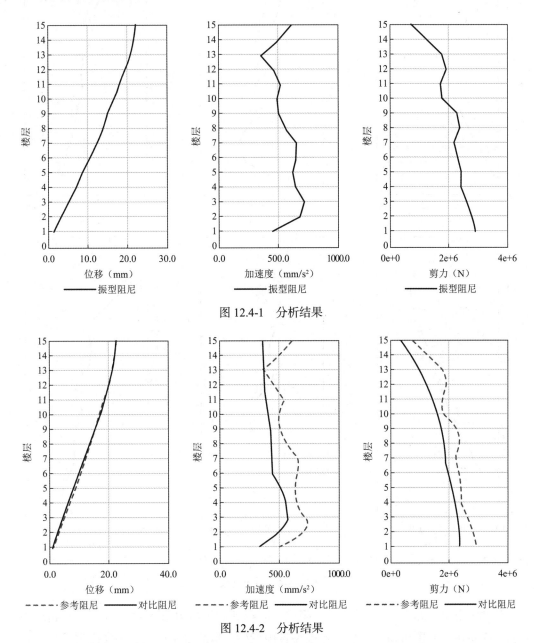

图 12.4-1　分析结果

图 12.4-2　分析结果

当对比阻尼矩阵为（4）采用瑞利阻尼，取 $0.9T_1$ 和 $0.2T_1$ 对应点处的阻尼比为 0.05 时，分析结果如图 12.4-4 所示。由图可知，对比阻尼模型各项指标分析结果整体上与参考阻尼模型分析结果接近。这是由于阻尼类型（4）是瑞利阻尼，且取 $0.9T_1$（略小于 $T_1$）和 $0.2T_1$（略小于 $T_3$）处阻尼比为 0.05，说明第 1 阶振型阻尼比大于 0.05，第 2、3 阶振型阻尼比小于 0.05，后续高阶振型阻尼比大于 0.05，各阶振型阻尼比相对参考阻尼模型有大有小，分析结果叠加后整体上与参考阻尼模型分析结果差别不大。

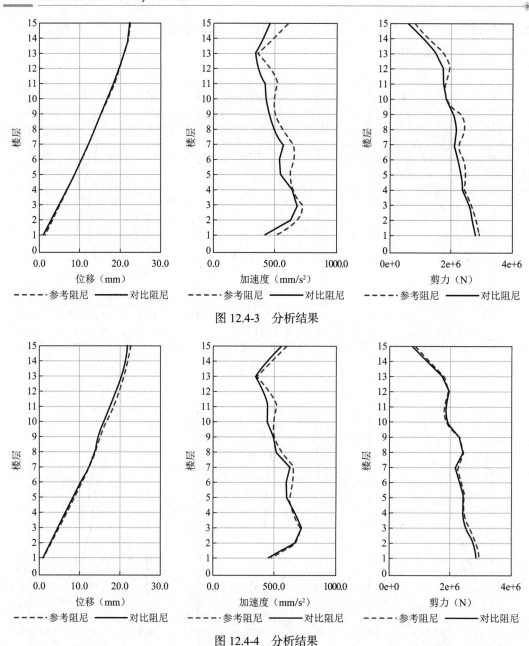

图 12.4-3　分析结果

图 12.4-4　分析结果

当对比阻尼矩阵为（5）采用振型阻尼，取前 5 阶振型阻尼比为 0.05 时，分析结果如图 12.4-5 所示。由图可知，对比阻尼模型各项指标分析结果整体上比参考阻尼模型分析结果偏大。这是由于阻尼类型（5）仅考虑了前 5 阶振型的阻尼比，未考虑后续高阶振型的阻尼比，导致分析结果偏大，又由于高阶部分对加速度更加敏感，因此加速度分析结果偏差更大。

当对比阻尼矩阵为（6）采用振型阻尼，取前 10 阶振型阻尼比为 0.05 时，分析结果如图 12.4-6 所示。由图可知，对比阻尼模型各项指标分析结果整体上比参考阻尼模型分析结果偏大，但差别比阻尼矩阵为（5）时小。这是由于阻尼类型（6）考虑了前 10 阶振型的阻尼，相对于阻尼矩阵（5）考虑了更多阶振型的阻尼。

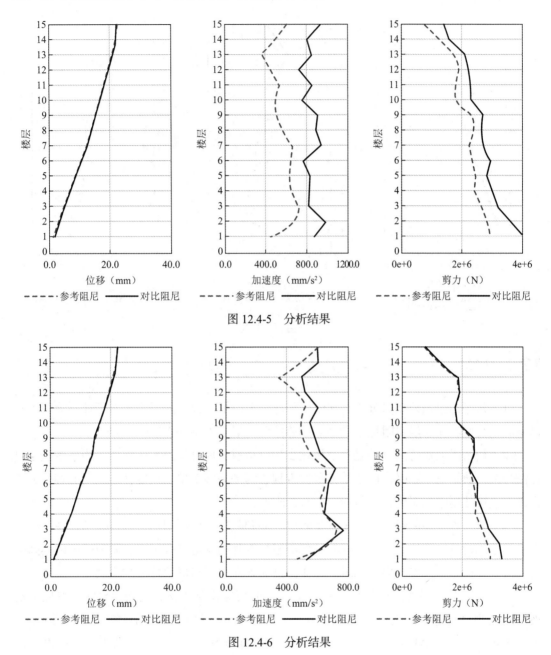

图 12.4-5　分析结果

图 12.4-6　分析结果

当对比阻尼矩阵为（7）采用振型阻尼与刚度比例阻尼的组合形式时，分析结果如图 12.4-7 所示。由图可知，对比阻尼模型各项指标分析结果整体上比参考阻尼模型分析结果偏小。这是由于阻尼类型（7）考虑了振型阻尼与刚度比例阻尼的叠加，其中振型阻尼考虑前 10 阶振型阻尼比为 0.05，则后 5 阶振型阻尼比为 0，而刚度比例阻尼中考虑第 15 阶振型阻尼比为 0.05，则前 14 阶振型阻尼比小于 0.05，两者叠加导致前 10 阶振型阻尼比大于 0.05，后 5 阶振型阻尼比小于或等于 0.05，由于低阶振型贡献较大，且阻尼比大于 0.05，因此结构整体反应偏小。

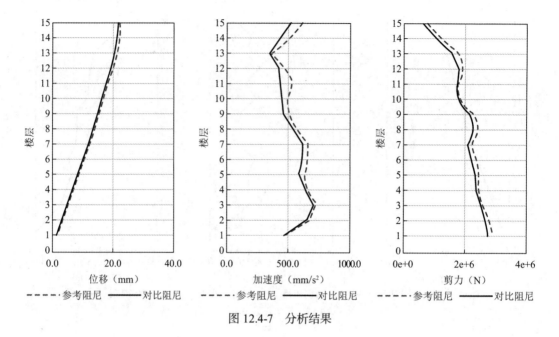

图 12.4-7  分析结果

## 12.5  小结

（1）常用的阻尼模型可分为经典阻尼与非经典阻尼。经典阻尼满足对于体系无阻尼实模态的正交性，而非经典阻尼不满足对于体系无阻尼实模态的正交性。

（2）构造阻尼矩阵的目的是在时域逐步积分法或其他分析方法中使用，当采用振型叠加法分析经典阻尼体系时，由于整体平衡方程已解耦为多个单自由度体系运动方程，分析中无需直接使用阻尼矩阵，仅需指定振型的阻尼比。

（3）对三种常用的经典阻尼（振型阻尼、瑞利阻尼、柯西阻尼）进行介绍，并给出各类阻尼矩阵的具体构造方法及公式。从各类阻尼矩阵的构造过程可见，阻尼矩阵的构造最终均演变为以单个或多个振型的阻尼比作为已知条件求解阻尼矩阵的过程。

（4）以一个四层剪切层模型和一个十五层剪切层模型为例，通过 Python 编程实现不同阻尼矩阵构造时的地震动力时程计算，并将不同阻尼矩阵下的计算结果进行对比，由结果可知，对于书中算例，位移结果对阻尼模型最不敏感，加速度结果对阻尼模型最敏感。

参 考 文 献

[1]  傅金华. 建筑抗震设计及实例——建筑结构的设计及弹塑性反应分析[M]. 北京: 中国建筑工业出版社, 2008.

[2] 刘晶波, 杜修力. 结构动力学[M]. 北京: 机械工业出版社, 2011.

[3] CHOPRA A K. 结构动力学: 理论及其在地震工程中的应用[M]. 4 版. 谢礼立, 吕大刚, 等, 译. 北京: 高等教育出版社, 2016.

[4] 爱德华·L·威尔逊. 结构静力与动力分析: 强调地震工程学的物理方法[M]. 北京: 中国建筑工业出版社, 2006.

[5] Computers and Structures, Inc. Nonlinear Analysis and Performance Assessment for 3D Structures User Guide[R]. 2006.

第 **13** 章

# 一般黏性阻尼系统的复振型理论

## 13.1 复振型分析简介

### 13.1.1 实振型简述及 Caughey-O'Kelly 条件

如果多自由度结构系统的阻尼可忽略，则可以通过坐标变换（用无阻尼固有振型矩阵作为坐标变换矩阵）把物理坐标空间中的运动方程［式(13.1-1)］变换为模态坐标空间中的多个互不耦合的单自由度运动方程，如式(13.1-2)所示。

$$[M]\{\ddot{x}\} + [K]\{x\} = -[M]\{I\}\ddot{x}_g \tag{13.1-1}$$

$$\{\ddot{z}\} + \mathrm{diag}(\omega_i^2)\{z\} = -\mathrm{diag}(\eta_{R,i})\ddot{u}_g \tag{13.1-2}$$

式(13.1-1)中[M]和[K]为系统的质量矩阵和刚度矩阵，动力荷载沿用了地震引起地面加速度$\ddot{x}_g$作用，此时方程中的位移向量$x$为系统各自由度相对地面的位移，速度向量$\dot{x}$和加速度向量$\ddot{x}$同此，且均为时间$t$的变量，在不致混淆的情况下方程中$t$予以省去；$\{I\}$是维度与结构体系自由度相同的单位列向量，一般称为地震影响向量。

式(13.1-2)中diag($\cdots$)表示以相应元素组成的对角矩阵，$\omega_i$为该无阻尼多自由度系统第$i$阶振动频率，由式(13.1-3)所示特征方程求得，$\omega_i$和第$i$阶振型列向量$\{\phi_i\}$形成一特征对，$\{z\}$为振型坐标$z_i$组成的列向量，$\eta_{R,i}$为第$i$阶振型的参与系数，如式(13.1-4)所示。

$$(\omega^2[M] - [K])\{\phi\} = \{0\} \tag{13.1-3}$$

$$\eta_{R,i} = \frac{\{\phi_i\}^{\mathrm{T}}[M]\{I\}}{\{\phi_i\}^{\mathrm{T}}[M]\{\phi_i\}} \tag{13.1-4}$$

当由特征方程式(13.1-3)求得结构所有特征对时，便得到结构完备的振型向量空间$[\Phi]$，即有$[\Phi] = [\{\phi_1\}, \{\phi_2\}, \cdots, \{\phi_n\}]$，$n$为结构自由度数。此时结构任意位移向量均可在振型向量空间内完备表达，如式(13.1-5)所示。

$$\{x\} = [\Phi]\{z\} = \sum_{i=1}^{n} z_i\{\phi_i\} \tag{13.1-5}$$

当结构为有阻尼系统时，此时运动方程由式(13.1-1)演变为式(13.1-6)。

$$[M]\{\ddot{x}\} + [C]\{\dot{x}\} + [K]\{x\} = -[M]\{I\}\ddot{x}_g \tag{13.1-6}$$

其中[C]为结构阻尼矩阵，一般情况下假定其满足 Caughey-O'Kelly 条件，如式(13.1-7)

所示，该式是结构阻尼矩阵可被振型解耦的充要条件。

$$[C][M]^{-1}[K] = [K][M]^{-1}[C] \tag{13.1-7}$$

证明如下：

不妨将式(13.1-3)所示的实振型特征方程写为矩阵形式，$[K][\Phi] = [M][\Phi][\Omega]$，其中 $[\Omega] = \text{diag}(\omega_i^2)$。可变换得到$[M]^{-1}[K] = [\Phi][\Omega][\Phi]^{-1}$，考虑系统的质量矩阵和刚度矩阵的对称性，同样可以得到$[K][M]^{-1} = [\Phi]^{-T}[\Omega][\Phi]^{T}$。将此代入 Caughey-O'Kelly 条件，得到 $[C][\Phi][\Omega][\Phi]^{-1} = [\Phi]^{-T}[\Omega][\Phi]^{T}[C]$，进而得到$[\Phi]^{T}[C][\Phi][\Omega] = [\Omega][\Phi]^{T}[C][\Phi]$，显然当$i \neq j$时，$\omega_i^2 \neq \omega_j^2$，矩阵$[\Phi]^{T}[C][\Phi]$的第$i$行和第$j$列必为 0，即结构阻尼矩阵可被实振型解耦，充分性得证。同样假定结构阻尼矩阵可被实振型解耦，即$[\Phi]^{T}[C][\Phi]$为对角阵，此时 $[\Phi]^{T}[C][\Phi][\Omega] = [\Omega][\Phi]^{T}[C][\Phi]$也一定成立，从而式(13.1-7)成立，必要性得证。

证毕。

常用的经典瑞利阻尼［式(13.1-8)］，为结构质量矩阵和刚度矩阵的线性组合，显然满足该条件。当结构质量、刚度和阻尼矩阵均被振型解耦后，一般记结构的第$i$阶振型质量$m_i^*$、振型刚度$k_i^*$和振型阻尼$c_i^*$如式(13.1-9)所示，解耦后的第$i$阶振型运动方程如式(13.1-10)所示，结合式(13.1-4)可得到更为简化的形式如式(13.1-11)所示，结构的位移仍然可按式(13.1-5)展开。瑞利阻尼假定结构的第$i$阶振型阻尼比$\zeta_i$满足式(13.1-12)。

$$[C] = \alpha[M] + \beta[K] \tag{13.1-8}$$

$$m_i^* = \{\phi_i\}^{T}[M]\{\phi_i\}, \ k_i^* = \{\phi_i\}^{T}[K]\{\phi_i\}, \ c_i^* = \{\phi_i\}^{T}[C]\{\phi_i\} \tag{13.1-9}$$

$$m_i^* \ddot{z}_i + c_i^* \dot{z}_i + k_i^* z_i = -\{\phi_i\}^{T}[M]\{I\}\ddot{u}_g \tag{13.1-10}$$

$$\ddot{z}_i + 2\zeta_i \omega_i \dot{z}_i + \omega_i^2 z_i = -\eta_{R,i} \ddot{u}_g \tag{13.1-11}$$

$$2\zeta_i \omega_i = \frac{c_i^*}{m_i^*} = \alpha + \beta \omega_i^2 \tag{13.1-12}$$

## 13.1.2 实振型分析的缺陷及复振型分析的必要性

随着减隔震结构的推广和应用，结构中可能设有较大的集中阻尼，此时结构的阻尼矩阵往往难以满足式(13.1-7)所示的 Caughey-O'Kelly 条件，因而也无法在由$[M]$和$[K]$求得的实振型空间内解耦，结构的位移响应也无法在实振型空间中按式(13.1-5)展开。

一种解法是将结构阻尼矩阵拆分为两部分$[C] = [C_0] + [C_1]$，其中$[C_0]$满足 Caughey-O'Kelly 条件，此时地震下结构的运动方程如式(13.1-13)所示。需待解决的问题是，拆分阻尼矩阵的方式并不唯一，需要寻找一种拆分方式使得拆分后的$[C_1]$尽量"小"，也即按某种范数最小。

$$[M]\{\ddot{x}\} + [C_0]\{\dot{x}\} + [K]\{x\} = -[M]\{I\}\ddot{x}_g - [C_1]\{\dot{x}\} \tag{13.1-13}$$

振型分析的最大应用是可以基于结构设计规范给出的反应谱快速计算结构最大地震响应，并广泛用于结构的抗震设计。因此，即使找到了结构阻尼矩阵合理的拆分方式，但由于式(13.1-13)所示方程的右边项含有结构的响应分量，仍难以应用到振型分解反应谱法。

因此，仍基于实振型空间在很大程度上限制了振型分解反应谱法在减隔震结构中的应用。若要对其进行解耦，则需要对$[M]$、$[C]$和$[K]$组成的特征方程进行求解得到相应的振型空间，再进行解耦求解。

为求解其振型空间，可以将式(13.1-6)中右边地震输入项设零获得特征方程［式(13.1-14)］，将结构位移向量表示为式(13.1-15)所示的正弦运动形式，代入特征方程得到方程式(13.1-16)。

$$[M]\{\ddot{x}\} + [C]\{\dot{x}\} + [K]\{x\} = \{0\} \tag{13.1-14}$$

$$\{x\} = \{\varphi\}e^{\lambda t} \tag{13.1-15}$$

$$(\lambda^2[M] + \lambda[C] + [K])\{\varphi\} = \{0\} \tag{13.1-16}$$

显然该方程具有非零解的条件是其特征方程的系数行列式为零，可求得 $2n$ 个根，从而获得系统的 $2n$ 个频率和特征向量。根据矩阵理论，该特征方程的解往往是复数，由于特征方程的系数矩阵[M]、[C]和[K]均为实数，因此其复数解呈共轭对出现。

对该特征方程的求解，以及由此展开的对结构动力方程的求解是一般黏性阻尼系统复振型理论的开始。

## 13.2　复振型基本理论

### 13.2.1　复振型特征值直接求解法

式(13.1-16)所示的特征方程以及其相应振型特征方程是典型的二次特征值问题，可基于广义特征值的 QZ 分解进行求解。假设求得其所有特征对，第 $i$ 阶记为 $\lambda_i$ 和 $\{\varphi_i\}$。对其相应特征方程进行变换，如式(13.2-1)所示。考虑结构质量矩阵、阻尼矩阵及刚度矩阵的对称性，可以得到式(13.2-2)。

$$\begin{cases} \{\varphi_j\}^T(\lambda_i^2[M] + \lambda_i[C] + [K])\{\varphi_i\} = \{0\} \\ \{\varphi_i\}^T(\lambda_j^2[M] + \lambda_j[C] + [K])\{\varphi_j\} = \{0\} \end{cases} \tag{13.2-1}$$

$$\{\varphi_j\}^T(\lambda_i^2 - \lambda_j^2)[M]\{\varphi_i\} + \{\varphi_j\}^T(\lambda_i - \lambda_j)[C]\{\varphi_i\} = \{0\} \tag{13.2-2}$$

在阻尼矩阵为零时，显然可以得到振型关于结构质量矩阵和刚度矩阵的正交性，进而可以对运动方程进行解耦。但将结构阻尼矩阵直接代入特征方程求解，显然难以直接得到振型的正交特性，也就不能直接将运动方程解耦，一般不通过该方式直接求解结构的复振型。

### 13.2.2　基于状态空间的复振型求解法

直接求解法可以求得结构的复振型，但不能直接对运动方程进行解耦，这是因为振型正交性是基于两个特征方程，但特征方程中项次却有质量、阻尼和刚度三项，如式(13.2-1)所示。一种可行的思路是将特征方程缩减为两项，比较方便的做法是利用状态方程缩减项次，利用复振型将状态方程解耦，当然也可以基于状态方程求解复振型。

在式(13.1-6)所示的有阻尼结构运动方程基础上，引入恒等式(13.2-3)。从而可以得到扩维降阶的状态空间方程，如式(13.2-4)所示。此时在状态空间下的自由度由 $n$ 扩大到 $2n$，但运动方程由二阶降低到一阶，方程的左边项也减少为两项。

$$[M]\{\dot{x}\} - [M]\{\dot{x}\} = \{0\} \tag{13.2-3}$$

$$[A]\{\dot{y}\} + [B]\{y\} = -[A]\{J\}\ddot{x}_g \tag{13.2-4}$$

式(13.2-4)中：

$$[A] = \begin{bmatrix} [C] & [M] \\ [M] & [0] \end{bmatrix}, \quad [B] = \begin{bmatrix} [K] & [0] \\ [0] & -[M] \end{bmatrix}, \quad \{J\} = \begin{Bmatrix} \{0\} \\ \{I\} \end{Bmatrix}, \quad \{y\} = \begin{Bmatrix} \{x\} \\ \{\dot{x}\} \end{Bmatrix} \tag{13.2-5}$$

先讨论自由振动，在式(13.2-4)中令 $\ddot{x}_g = 0$，得到下面的齐次状态方程，也即状态空间下的结构自由振动方程

$$[A]\{\dot{y}\} + [B]\{y\} = \{0\} \tag{13.2-6}$$

其自由振动的解仍可表达为式(13.1-15)，则有

$$\{y\} = \begin{Bmatrix} \{\varphi\} \\ \lambda\{\varphi\} \end{Bmatrix} e^{\lambda t}, \quad \{\dot{y}\} = \begin{Bmatrix} \{\varphi\} \\ \lambda\{\varphi\} \end{Bmatrix} \lambda e^{\lambda t} \tag{13.2-7}$$

将式(13.2-7)代入状态方程式(13.2-6)，得

$$(\lambda[A] + [B]) \begin{Bmatrix} \{\varphi\} \\ \lambda\{\varphi\} \end{Bmatrix} = \{0\} \tag{13.2-8}$$

其特征行列式为零，即有方程 $|\lambda[A] + [B]| = 0$，这是 $\lambda$ 的 $2n$ 阶多项式。由于该特征方程的系数是实数，它的根一定是共轭出现，假设无重根，则这 $n$ 对共轭复根可表示为

$$\lambda_1, \overline{\lambda}_1, \lambda_2, \overline{\lambda}_2, \cdots, \lambda_i, \overline{\lambda}_i, \cdots, \lambda_n, \overline{\lambda}_n \tag{13.2-9}$$

其中 $\overline{\lambda}_i$ 表示 $\lambda_i$ 的共轭复数，排序时按其模从小到大排列。将它们逐个代入特征方程可解出对应的复特征向量

$$\begin{Bmatrix} \{\varphi_1\} \\ \lambda_1\{\varphi_1\} \end{Bmatrix}, \begin{Bmatrix} \{\overline{\varphi}_1\} \\ \overline{\lambda}_1\{\overline{\varphi}_1\} \end{Bmatrix}, \begin{Bmatrix} \{\varphi_2\} \\ \lambda_2\{\varphi_2\} \end{Bmatrix}, \begin{Bmatrix} \{\overline{\varphi}_2\} \\ \overline{\lambda}_2\{\overline{\varphi}_2\} \end{Bmatrix}, \cdots,$$

$$\begin{Bmatrix} \{\varphi_i\} \\ \lambda_i\{\varphi_i\} \end{Bmatrix}, \begin{Bmatrix} \{\overline{\varphi}_i\} \\ \overline{\lambda}_i\{\overline{\varphi}_i\} \end{Bmatrix}, \cdots, \begin{Bmatrix} \{\varphi_n\} \\ \lambda_n\{\varphi_n\} \end{Bmatrix}, \begin{Bmatrix} \{\overline{\varphi}_n\} \\ \overline{\lambda}_n\{\overline{\varphi}_n\} \end{Bmatrix} \tag{13.2-10}$$

用 $\lambda_i$ 和 $\{\psi_i\}$ 以及 $\overline{\lambda}_i$ 和 $\{\overline{\psi}_i\}$ 表示这 $n$ 组共轭特征对，则将式(13.2-10)表示的 $n$ 组共轭特征向量对表示为矩阵形式，记为

$$[\Psi] = \begin{bmatrix} [\varphi] \\ [\varphi]\mathrm{diag}(\lambda_i, \overline{\lambda}_i) \end{bmatrix} \tag{13.2-11}$$

其中 $[\varphi] = [\{\varphi_1\}, \{\overline{\varphi}_1\}, \{\varphi_2\}, \{\overline{\varphi}_2\}, \cdots, \{\varphi_i\}, \{\overline{\varphi}_i\}, \cdots, \{\varphi_n\}, \{\overline{\varphi}_n\}]$ 与位移振型相联系，可称为模态振型矩阵。$[\Psi]$ 为特征向量矩阵，由于其中各阶特征向量呈共轭出现，因此振型特征值矩阵 $\mathrm{diag}(\lambda_i, \overline{\lambda}_i)$ 也是按对角共轭排序，如式(13.2-12)所示。

$$\mathrm{diag}(\lambda_i, \overline{\lambda}_i) = \begin{bmatrix} \lambda_1 & & & & & & & & \\ & \overline{\lambda}_1 & & & & & & & \\ & & \ddots & & & & & & \\ & & & \lambda_i & & & & & \\ & & & & \overline{\lambda}_i & & & & \\ & & & & & \ddots & & & \\ & & & & & & \lambda_n & & \\ & & & & & & & \overline{\lambda}_n \end{bmatrix} \tag{13.2-12}$$

也可将 $[\Psi]$ 表示为 $[\Psi] = [\{\psi_1\}, \{\overline{\psi}_1\}, \{\psi_2\}, \{\overline{\psi}_2\}, \cdots, \{\psi_i\}, \{\overline{\psi}_i\}, \cdots, \{\psi_n\}, \{\overline{\psi}_n\}]$ 的形式，其中

$$\{\psi_i\} = \begin{Bmatrix} \{\varphi_i\} \\ \{\varphi_i\}\lambda_i \end{Bmatrix}, \quad \{\overline{\psi}_i\} = \begin{Bmatrix} \{\overline{\varphi}_i\} \\ \{\overline{\varphi}_i\}\overline{\lambda}_i \end{Bmatrix} \tag{13.2-13}$$

## 13.3 复振型的一些特性和定义

### 13.3.1 复数特性

假设特征对$\lambda$和$\{\psi\}$满足式(13.2-8)所示的状态方程，则无论其是实数还是复数，均有

$$(\lambda[A] + [B])\{\psi\} = \{0\}, \quad (\overline{\lambda}[A] + [B])\{\overline{\psi}\} = \{0\} \tag{13.3-1}$$

将上面两式分别左乘$\{\overline{\psi}\}^{\mathrm{T}}$和$\{\psi\}^{\mathrm{T}}$，得到

$$\lambda\{\overline{\psi}\}^{\mathrm{T}}[A]\{\psi\} = -\{\overline{\psi}\}^{\mathrm{T}}[B]\{\psi\}, \quad \overline{\lambda}\{\psi\}^{\mathrm{T}}[A]\{\overline{\psi}\} = -\{\psi\}^{\mathrm{T}}[B]\{\overline{\psi}\} \tag{13.3-2}$$

考虑矩阵$[A]$和$[B]$的对称性，式(13.2-2)第二项可写为

$$\overline{\lambda}\{\overline{\psi}\}^{\mathrm{T}}[A]\{\psi\} = -\{\overline{\psi}\}^{\mathrm{T}}[B]\{\psi\} \tag{13.3-3}$$

因此有

$$(\lambda - \overline{\lambda})\{\overline{\psi}\}^{\mathrm{T}}[A]\{\psi\} = 0 \tag{13.3-4}$$

复振型为实数的前提是对任何特征值都需满足$\lambda - \overline{\lambda} = 0$，但根据前文状态空间的定义，式中矩阵$[A]$总是非正定，因此总是能找出矢量$\{\psi\}$使得$\{\overline{\psi}\}^{\mathrm{T}}[A]\{\psi\} = 0$，从而特征方程$|\lambda[A] + [B]| = 0$存在复数根。

### 13.3.2 复振型的加权正交特性

根据式(13.2-8)的定义，结构复振型特征值矩阵$\mathrm{diag}(\lambda_i, \overline{\lambda}_i)$和特征向量矩阵$[\Psi]$应满足

$$[A][\Psi]\mathrm{diag}(\lambda_i, \overline{\lambda}_i) = -[B][\Psi] \tag{13.3-5}$$

由上式可以证明不同特征向量之间的加权正交性。对于不同的特征对$(\lambda_i, \{\psi_i\})$、$(\lambda_j, \{\psi_j\})$，分别满足

$$\lambda_i[A]\{\psi_i\} = -[B]\{\psi_i\}, \quad \lambda_j[A]\{\psi_j\} = -[B]\{\psi_j\} \tag{13.3-6}$$

式(13.3-6)中第一式左乘$\{\psi_j\}^{\mathrm{T}}$，第二式转置后再右乘$\{\psi_i\}$，并考虑到矩阵$[A]$和$[B]$的对称性，得

$$\lambda_i\{\psi_j\}^{\mathrm{T}}[A]\{\psi_i\} = -\{\psi_j\}^{\mathrm{T}}[B]\{\psi_i\}, \quad \lambda_j\{\psi_j\}^{\mathrm{T}}[A]\{\psi_i\} = -\{\psi_j\}^{\mathrm{T}}[B]\{\psi_i\} \tag{13.3-7}$$

两式相减得

$$(\lambda_i - \lambda_j)\{\psi_j\}^{\mathrm{T}}[A]\{\psi_i\} = 0 \tag{13.3-8}$$

由于$\lambda_i \neq \lambda_j$，则必有

$$\{\psi_j\}^{\mathrm{T}}[A]\{\psi_i\} = 0, \quad \{\psi_j\}^{\mathrm{T}}[B]\{\psi_i\} = 0 \quad （\lambda_i \neq \lambda_j\text{时}） \tag{13.3-9}$$

式(13.3-9)表示特征向量之间的加权正交。需注意，式(13.3-5)对$2n$个特征向量中任意一个均需满足，因此式(13.3-9)所示的加权正交特性对$2n$个特征向量中任意两个都满足，自然也包括共轭特征向量。

当取$i = j$时，则有下述两式，分别记为第$i$阶复振型广义质量和第$i$阶复振型广义刚度

$$\{\psi_i\}^{\mathrm{T}}[A]\{\psi_i\} = a_i, \quad \{\psi_i\}^{\mathrm{T}}[B]\{\psi_i\} = b_i \tag{13.3-10}$$

显然对其共轭特征向量自然有

$$\{\overline{\psi}_i\}^{\text{T}}[A]\{\overline{\psi}_i\} = \overline{a}_i, \quad \{\overline{\psi}_i\}^{\text{T}}[B]\{\overline{\psi}_i\} = \overline{b}_i \tag{13.3-11}$$

再结合式(13.3-6)还可以看出

$$\lambda_i a_i = -b_i, \quad \overline{\lambda}_i \overline{a}_i = -\overline{b}_i \tag{13.3-12}$$

式(13.3-10)定义的第$i$阶复振型广义质量和第$i$阶复振型广义刚度结合状态参数定义，考虑式(13.2-5)和式(13.2-13)，将其展开后，可得

$$a_i = 2\lambda_i\{\varphi_i\}^{\text{T}}[M]\{\varphi_i\} + \{\varphi_i\}^{\text{T}}[C]\{\varphi_i\}, \quad b_i = \{\varphi_i\}^{\text{T}}[K]\{\varphi_i\} - \lambda_i^2\{\varphi_i\}^{\text{T}}[M]\{\varphi_i\} \tag{13.3-13}$$

### 13.3.3　复振型特征值的特点

结合状态空间的相关定义及式(13.2-5)和式(13.2-13)，将式(13.3-9)展开得到下式

$$\{\varphi_j\}^{\text{T}}\big[(\lambda_i + \lambda_j)[M] + [C]\big]\{\varphi_i\} = 0, \quad \{\varphi_j\}^{\text{T}}\big(\lambda_i\lambda_j[M] - [K]\big)\{\varphi_i\} = 0 \tag{13.3-14}$$

考虑共轭特征对$(\lambda_i, \{\psi_i\})$、$(\overline{\lambda}_i, \{\overline{\psi}_i\})$，则式(13.3-14)变为

$$\{\varphi_i\}^{\text{H}}\big[(\lambda_i + \overline{\lambda}_i)[M] + [C]\big]\{\varphi_i\} = 0, \quad \{\varphi_i\}^{\text{H}}\big(\lambda_i\overline{\lambda}_i[M] - [K]\big)\{\varphi_i\} = 0 \tag{13.3-15}$$

式中上标H表示对矩阵或向量进行共轭转置。

不妨将特征值表示为$\lambda_i = -\mu_i + iv_i$，$\overline{\lambda}_i = -\mu_i - iv_i$（此处独立变量$i$表示虚数单位，本书在不致歧义的情况下均表示虚数单位），则有

$$\lambda_i + \overline{\lambda}_i = -2\mu_i, \quad \lambda_i\overline{\lambda}_i = \mu_i^2 + v_i^2 \tag{13.3-16}$$

代入式(13.3-15)，得

$$2\mu_i = \frac{\{\varphi_i\}^{\text{H}}[C]\{\varphi_i\}}{\{\varphi_i\}^{\text{H}}[M]\{\varphi_i\}}, \quad \mu_i^2 + v_i^2 = \frac{\{\varphi_i\}^{\text{H}}[K]\{\varphi_i\}}{\{\varphi_i\}^{\text{H}}[M]\{\varphi_i\}} \tag{13.3-17}$$

由于$[M]$、$[C]$和$[K]$为实对称矩阵，且一般情况下为正定，因此式(13.3-17)的分子分母均为实数，且$\mu_i$总是负数。仿照实振型分析，可以定义复振型质量、复振型阻尼、复振型刚度以及复振型固有频率，分别记为

$$m_i^{\#} = \{\varphi_i\}^{\text{H}}[M]\{\varphi_i\}, \quad k_i^{\#} = \{\varphi_i\}^{\text{H}}[K]\{\varphi_i\}, \quad c_i^{\#} = \{\varphi_i\}^{\text{H}}[C]\{\varphi_i\}, \quad \hat{\omega}_i = \sqrt{\mu_i^2 + v_i^2} \tag{13.3-18}$$

因此，有下述关系式

$$\hat{\omega}_i^2 = \frac{k_i^{\#}}{m_i^{\#}}, \quad \mu_i = \frac{c_i^{\#}}{2m_i^{\#}} = \hat{\omega}_i\frac{c_i^{\#}}{2\sqrt{m_i^{\#}k_i^{\#}}} = \hat{\omega}_i\hat{\zeta}_i \tag{13.3-19}$$

这里为区分实振型的振型频率和振型阻尼比，在其变量上方增加符号"^"。从而可以得到复特征值的实部和虚部具有明确的物理意义，第$i$对复特征值也可表示为

$$\lambda_i = -\hat{\omega}_i\hat{\zeta}_i + i\hat{\omega}_{\text{D}i}, \quad \overline{\lambda}_i = -\hat{\omega}_i\hat{\zeta}_i - i\hat{\omega}_{\text{D}i} \tag{13.3-20}$$

其中$\hat{\omega}_{\text{D}i} = \hat{\omega}_i\sqrt{1 - \hat{\zeta}_i^2}$，暂称为复振型有阻尼振动频率。

### 13.3.4　复振型参与系数

前面对复振型的论述均是基于自由振动情况下的状态方程，对于式(13.2-4)在地震作用下状态方程的解答，其左边项可以按复振型展开，其右边项则可以仿照实振型分解定义为复振型参与系数的形式。

假设复振型分析获得结构的所有复特征值和特征向量，则状态变量可表示为式(13.3-21)，且完备。

$$\{y\} = [\Psi]\{z\} = \sum_{i=1}^{n}\{\psi_i\}z_i + \sum_{i=1}^{n}\{\overline{\psi}_i\}\overline{z}_i \tag{13.3-21}$$

不妨取第 $i$ 特征对 $(\lambda_i, \{\psi_i\})$，记此时的振型坐标为 $z_i$，将 $\{\psi_i\}^{\mathrm{T}}$ 左乘等式(13.2-4)的两边，并利用复振型的正交性，得到第 $i$ 复振型运动方程，如式(13.3-22)所示。

$$\dot{z}_i + \frac{b_i}{a_i}z_i = -\eta_i \ddot{u}_{\mathrm{g}} \tag{13.3-22}$$

考虑式(13.3-12)可进一步得到

$$\dot{z}_i - \lambda_i z_i = -\eta_i \ddot{u}_{\mathrm{g}} \tag{13.3-23}$$

式中 $\eta_i$ 为第 $i$ 复振型参与系数，按式(13.3-24)计算，也为复数。

$$\eta_i = \frac{\{\psi_i\}^{\mathrm{T}}[A]\{J\}}{\{\psi_i\}^{\mathrm{T}}[A]\{\psi_i\}} = \frac{\{\varphi_i\}^{\mathrm{T}}[M]\{I\}}{a_i} = \frac{-\lambda_i\{\varphi_i\}^{\mathrm{T}}[M]\{I\}}{\{\varphi_i\}^{\mathrm{T}}[K]\{\varphi_i\} - \lambda_i^2\{\varphi_i\}^{\mathrm{T}}[M]\{\varphi_i\}} \tag{13.3-24}$$

由于复振型与其相应共轭复振型为成对出现，因此对式(13.3-22)～式(13.3-24)也有其共轭形式，相关的复变量取共轭即可，此处不再赘述。

复振型参与系数在状态空间具有一些特性。

### 13.3.4.1　复振型地震影响向量在状态空间以复振型参与系数为坐标展开

在实振型分解中，地震影响向量 $\{I\}$ 可以在实振型空间以实参与系数 [ 式(13.1-4) ] 予以展开，如式(13.3-25)所示。

$$\{I\} = \sum_{i=1}^{n}\eta_{\mathrm{R},i}\{\phi_i\} \tag{13.3-25}$$

同样，利用复振型分析，状态空间下的地震影响系数 $\{J\}$ 也可以在复振型空间中以复振型参与系数为坐标进行展开，如式(13.3-26)所示。

$$\{J\} = \sum_{i=1}^{n}\eta_i\{\psi_i\} + \sum_{i=1}^{n}\overline{\eta}_i\{\overline{\psi}_i\} \tag{13.3-26}$$

将其展开之后可得到下式

$$\sum_{i=1}^{n}\eta_i\{\varphi_i\} + \sum_{i=1}^{n}\overline{\eta}_i\{\overline{\varphi}_i\} = \{0\}, \quad \sum_{i=1}^{n}\lambda_i\eta_i\{\varphi_i\} + \sum_{i=1}^{n}\overline{\lambda}_i\overline{\eta}_i\{\overline{\varphi}_i\} = \{I\} \tag{13.3-27}$$

证明如下：

对式(13.3-26)的右端项左乘 $[\Psi]^{\mathrm{T}}[A]$，并逐步展开：

$$[\Psi]^{\mathrm{T}}[A]\left(\sum_{i=1}^{n}\eta_i\{\psi_i\} + \sum_{i=1}^{n}\overline{\eta}_i\{\overline{\psi}_i\}\right) = \sum_{i=1}^{n}\eta_i[\Psi]^{\mathrm{T}}[A]\{\psi_i\} + \sum_{i=1}^{n}\overline{\eta}_i[\Psi]^{\mathrm{T}}[A]\{\overline{\psi}_i\}$$

$$= \sum_{i=1}^{n}\eta_i\begin{Bmatrix}0\\\vdots\\a_i\\\vdots\\0\end{Bmatrix} + \sum_{i=1}^{n}\overline{\eta}_i\begin{Bmatrix}0\\\vdots\\\overline{a}_i\\\vdots\\0\end{Bmatrix} = \sum_{i=1}^{n}\frac{\{\psi_i\}^{\mathrm{T}}[A]\{J\}}{a_i}\begin{Bmatrix}0\\\vdots\\a_i\\\vdots\\0\end{Bmatrix} + \sum_{i=1}^{n}\frac{\{\overline{\psi}_i\}^{\mathrm{T}}[A]\{J\}}{\overline{a}_i}\begin{Bmatrix}0\\\vdots\\\overline{a}_i\\\vdots\\0\end{Bmatrix} = \begin{Bmatrix}\{\psi_1\}^{\mathrm{T}}[A]\{J\}\\\{\overline{\psi}_i\}^{\mathrm{T}}[A]\{J\}\\\vdots\\\{\psi_n\}^{\mathrm{T}}[A]\{J\}\\\{\overline{\psi}_n\}^{\mathrm{T}}[A]\{J\}\end{Bmatrix}$$

$$= [\Psi]^{\mathrm{T}}[A]\{J\}$$

因此式(13.3-26)得证。

也可以如下证明：

由于结构复振型数量已计算完备，因此结构任意变形可由振型展开，假设结构变形向量为$\{J\}$，其按复振型展开，即有式(13.3-28)，其中$\varepsilon_i$和$\iota_i$为复振型展开的振型坐标。

$$\{J\} = \sum_{i=1}^{n} \varepsilon_i \{\psi_i\} + \sum_{i=1}^{n} \iota_i \{\overline{\psi_i}\}, \quad [A]\{J\} = \sum_{i=1}^{n} \varepsilon_i [A]\{\psi_i\} + \sum_{i=1}^{n} \iota_i [A]\{\overline{\psi_i}\} \tag{13.3-28}$$

对式(13.3-28)的第二式左右分别左乘$\{\psi_i\}^{\mathrm{T}}$和$\{\overline{\psi_i}\}^{\mathrm{T}}$，再利用式(13.3-9)复振型对$[A]$的正交性，可得到式(13.3-29)，该复振型展开的振型坐标正好就是复振型参与系数，再回代到式(13.3-28)的第一式，则式(13.3-26)得证。

$$\varepsilon_i = \frac{\{\psi_i\}^{\mathrm{T}}[A]\{J\}}{\{\psi_i\}^{\mathrm{T}}[A]\{\psi_i\}} = \eta_i, \quad \iota_i = \frac{\{\overline{\psi_i}\}^{\mathrm{T}}[A]\{J\}}{\{\overline{\psi_i}\}^{\mathrm{T}}[A]\{\overline{\psi_i}\}} = \overline{\eta_i} \tag{13.3-29}$$

### 13.3.4.2 复振型参与系数与复振型广义质量的一些关系

复振型参与系数$\eta_i$与复振型广义质量$a_i$在状态空间具有一些关系，如下式所示。

$$\sum_{i=1}^{n} \eta_i^2 a_i + \sum_{i=1}^{n} \overline{\eta_i}^2 \overline{a_i} = 0 \tag{13.3-30}$$

$$\sum_{i=1}^{n} \lambda_i \eta_i^2 a_i + \sum_{i=1}^{n} \overline{\lambda_i} \overline{\eta_i}^2 \overline{a_i} = \sum_{i=1}^{n} m_i \tag{13.3-31}$$

式(13.3-31)中$\sum_{i=1}^{n} m_i$即为结构的总质量。

式(13.3-30)和式(13.3-31)分别证明如下。需要说明的是，式(13.3-31)看似随着振型数取值的增多，质量逐渐接近结构总质量，但并非递增关系。

$$\begin{aligned}
\sum_{i=1}^{n} \eta_i^2 a_i + \sum_{i=1}^{n} \overline{\eta_i}^2 \overline{a_i} &= \sum_{i=1}^{n} \eta_i \frac{\{\psi_i\}^{\mathrm{T}}[A]\{J\}}{a_i} a_i + \sum_{i=1}^{n} \overline{\eta_i} \frac{\{\overline{\psi_i}\}^{\mathrm{T}}[A]\{J\}}{\overline{a_i}} \overline{a_i} \\
&= \left( \sum_{i=1}^{n} \eta_i \{\psi_i\}^{\mathrm{T}} + \sum_{i=1}^{n} \overline{\eta_i} \{\overline{\psi_i}\}^{\mathrm{T}} \right) [A]\{J\} \\
&= \{J\}^{\mathrm{T}}[A]\{J\} = 0 \\
\sum_{i=1}^{n} \lambda_i \eta_i^2 a_i + \sum_{i=1}^{n} \overline{\lambda_i} \overline{\eta_i}^2 \overline{a_i} &= \sum_{i=1}^{n} \lambda_i \eta_i \frac{\{\varphi_i\}^{\mathrm{T}}[M]\{I\}}{a_i} a_i + \sum_{i=1}^{n} \overline{\lambda_i} \overline{\eta_i} \frac{\{\overline{\varphi_i}\}^{\mathrm{T}}[M]\{I\}}{\overline{a_i}} \overline{a_i} \\
&= \left( \sum_{i=1}^{n} \lambda_i \eta_i \{\varphi_i\}^{\mathrm{T}} + \sum_{i=1}^{n} \overline{\lambda_i} \overline{\eta_i} \{\overline{\varphi_i}\}^{\mathrm{T}} \right) [M]\{I\} \\
&= \{I\}^{\mathrm{T}}[M]\{I\} = \sum_{i=1}^{n} m_i
\end{aligned}$$

不过由于基于状态空间的复振型广义质量和复振型广义刚度并无确切的物理意义，实际应用中较少用到。

## 13.4 一般黏性阻尼系统的传递函数矩阵

式(13.2-4)所示为地震作用下结构在状态空间的运动方程，假设作用在结构上的荷载

$\{F(t)\} = \{F\}e^{st}$，结构的位移响应自然为$\{x(t)\} = \{X\}e^{st}$的形式，则状态空间中的结构运动方程可表示为下式

$$[A]\{\dot{y}\} + [B]\{y\} = (s[A] + [B])\{y\} = \{P(t)\}, \quad \{P(t)\} = \begin{Bmatrix} \{F(t)\} \\ \{0\} \end{Bmatrix} \tag{13.4-1}$$

将$[\Psi]^{\mathrm{T}}$左乘等式(13.2-4)的两边，考虑结构响应的复振型展开，并结合复振型的正交性，得到

$$[s \cdot \mathrm{diag}(a_i) + \mathrm{diag}(b_i)]\{z\} = [\Psi]^{\mathrm{T}}\{P(t)\} \tag{13.4-2}$$

由此得到模态坐标$z_i$和$\bar{z}_i$

$$z_i = \frac{\{\psi_i\}^{\mathrm{T}}\{P(t)\}}{sa_i + b_i} = \frac{\{\psi_i\}^{\mathrm{T}}\{P(t)\}}{a_i(s - \lambda_i)}, \quad \bar{z}_i = \frac{\{\bar{\psi}_i\}^{\mathrm{T}}\{P(t)\}}{\bar{a}_i(s - \bar{\lambda}_i)} \tag{13.4-3}$$

将式(13.4-3)代入式(13.3-21)，得到

$$\{y\} = \sum_{i=1}^{n} \left( \frac{\{\psi_i\}\{\psi_i\}^{\mathrm{T}}}{a_i(s - \lambda_i)} + \frac{\{\bar{\psi}_i\}\{\bar{\psi}_i\}^{\mathrm{T}}}{\bar{a}_i(s - \bar{\lambda}_i)} \right)\{P(t)\} \tag{13.4-4}$$

利用式(13.2-5)的$\{y\}$表达式，即得到结构的位移响应

$$\{x\} = \sum_{i=1}^{n} \left( \frac{\{\varphi_i\}\{\varphi_i\}^{\mathrm{T}}}{a_i(s - \lambda_i)} + \frac{\{\bar{\varphi}_i\}\{\bar{\varphi}_i\}^{\mathrm{T}}}{\bar{a}_i(s - \bar{\lambda}_i)} \right)\{F(t)\} \tag{13.4-5}$$

根据传递函数的定义，得到一般黏性阻尼系统的传递函数矩阵为

$$[H(s)] = \sum_{i=1}^{n} \left( \frac{\{\varphi_i\}\{\varphi_i\}^{\mathrm{T}}}{a_i(s - \lambda_i)} + \frac{\{\bar{\varphi}_i\}\{\bar{\varphi}_i\}^{\mathrm{T}}}{\bar{a}_i(s - \bar{\lambda}_i)} \right) \tag{13.4-6}$$

在式(13.4-6)中令$s = i\omega$，就得到了系统的频域传递函数矩阵

$$[H(i\omega)] = \sum_{i=1}^{n} \left( \frac{\{\varphi_i\}\{\varphi_i\}^{\mathrm{T}}}{a_i(i\omega - \lambda_i)} + \frac{\{\bar{\varphi}_i\}\{\bar{\varphi}_i\}^{\mathrm{T}}}{\bar{a}_i(i\omega - \bar{\lambda}_i)} \right) \tag{13.4-7}$$

其中$q$点激励，$p$点位移响应的复振型频响函数可表达为

$$H_{pq}(i\omega) = \sum_{i=1}^{n} \left( \frac{\varphi_{p,i}\varphi_{q,i}}{a_i(i\omega - \lambda_i)} + \frac{\bar{\varphi}_{p,i}\bar{\varphi}_{q,i}}{\bar{a}_i(i\omega - \bar{\lambda}_i)} \right) \tag{13.4-8}$$

## 13.5  复振型理论与实振型理论的统一性

对比实振型与复振型，复振型理论所表达的振动特性更具有一般性，可以认为，实振型理论是复振型理论的一种特殊情况。实振型理论中的一些结论可以从复振型理论中推演得到。

### 13.5.1  对比无阻尼的情况

在前文式(13.1-6)所示的实振型下的特征方程中将结构的阻尼矩阵取零，则得到的是无

阻尼特征方程，演变为式(13.5-1)的第一式，对比前文式(13.1-3)所示的特征方程，也即式(13.5-1)的第二式，可以发现式(13.5-2)的结论，其中具体特征方程求解时可能求得复振型向量与实振型向量相等，但一般认为其满足式(13.5-2)的关系式，即实振型是复特征值和复特征向量均在虚轴上的特例。这从特征值和振型向量上实现实振型与复振型的等效性。

由于特征值及特征向量中的实部往往反映结构的阻尼特性，也即振动衰减特性；而虚部往往反映结构的往复振动特性，这从式(13.3-20)所示的复振型特征值表达式可以看出，当然从单自由度有阻尼振动求解（如 Duhamel 积分式）也可以反映这一点。对于无阻尼结构，自由振动时没有衰减项，只有往复振动项，因此式(13.5-2)的关系式也是合理的。

$$(\lambda^2[M] + [K])\{\varphi\} = \{0\}, \ (\omega^2[M] - [K])\{\phi\} = \{0\} \tag{13.5-1}$$

$$\lambda = i \cdot \omega, \ \{\varphi\} = i \cdot \{\phi\} \tag{13.5-2}$$

基于式(13.5-2)的定义，代入复振型相关计算公式，可以推演得到实振型相关结论，如振型正交性、模态质量等。

将式(13.5-2)的复特征值和特征向量定义代入复振型正交性式(13.3-9)可得到下式

$$\{\phi_j\}^{\mathrm{T}}\left[i \cdot (\omega_i + \omega_j)[M] + [C]\right]\{\phi_i\} = 0, \ \{\phi_j\}^{\mathrm{T}}(\omega_i\omega_j[M] + [K])\{\phi_i\} = 0 \tag{13.5-3}$$

上式的第一式虚部和实部分别等于零，因而可以得到下式，即演变得到实振型的正交性。

$$\{\phi_j\}^{\mathrm{T}}[M]\{\phi_i\} = 0, \ \{\phi_j\}^{\mathrm{T}}[C]\{\phi_i\} = 0, \ \{\phi_j\}^{\mathrm{T}}[K]\{\phi_i\} = 0 \tag{13.5-4}$$

将式(13.5-2)的复特征值和特征向量定义代入式(13.3-18)所示的复振型质量、复振型阻尼和复振型刚度，则得到式(13.1-9)所示的实振型质量、实振型阻尼和实振型刚度，即有

$$m_i^\# = \{\phi_j\}^{\mathrm{T}}[M]\{\phi_i\} = m_i^*, \ k_i^\# = \{\phi_j\}^{\mathrm{T}}[K]\{\phi_i\} = k_i^*, \ c_i^\# = \{\phi_j\}^{\mathrm{T}}[C]\{\phi_i\} = c_i^* \tag{13.5-5}$$

### 13.5.2　对比阻尼可实振型解耦的情况

由于实振型分析时的阻尼矩阵并未在振型求解时代入，因此求解得到的特征值和特征向量无法反映阻尼特性，也即第 13.5.1 节中所示的特征值和特征向量均为纯虚数。不过可以对带阻尼矩阵的复特征值问题进行演变，得到类似实振型的特征方程。

不妨假设结构的阻尼矩阵为式(13.1-8)所示的经典瑞利阻尼，此时阻尼矩阵和结构第 $i$ 阶阻尼比可表达为式(13.5-6)。而由前述复振型理论，可以得到此时结构第 $i$ 阶复特征值为式(13.5-7)。

$$[C] = \alpha[M] + \beta[K], \ 2\zeta_i\omega_i = \alpha + \beta\omega_i^2, \tag{13.5-6}$$

$$\lambda_i = -\omega_i\zeta_i + i\omega_i\sqrt{1 - \zeta_i^2}, \ \bar{\lambda}_i = -\omega_i\zeta_i - i\omega_i\sqrt{1 - \zeta_i^2} \tag{13.5-7}$$

将式(13.5-6)代入复特征方程式(13.1-16)，并进行整理可得到

$$\left[(\lambda^2 + \alpha\lambda)[M] + (\beta\lambda + 1)[K]\right]\{\varphi\} = \{0\} \tag{13.5-8}$$

进一步得到下式

$$\left[\frac{\lambda^2 + \alpha\lambda}{(\beta\lambda + 1)}[M] + [K]\right] \cdot (\beta\lambda + 1)\{\varphi\} = \{0\} \tag{13.5-9}$$

借助式(13.5-6)所示第 $i$ 阶阻尼比表达式和式(13.5-7)所示的第 $i$ 阶复特征值，代入式(13.5-9)，进一步演化得到

$$\left[\omega_i^2[M]-[K]\right]\cdot\left(1-\beta\omega_i\zeta_i+i\beta\omega_i\sqrt{1-\zeta_i^2}\right)\{\varphi_i\}=\{0\} \tag{13.5-10}$$

对比上式与实振型特征方程，可以发现第$i$阶复振型向量与$i$阶实振型向量应具有关系式(13.5-11)，若将等式右侧复振型向量前的复数模取 1 则表示复特征向量与实特征向量之间仅存在旋转关系，且不同特征向量的旋转角度不同。

$$\{\phi_i\}=\left(1-\beta\omega_i\zeta_i+i\beta\omega_i\sqrt{1-\zeta_i^2}\right)\{\varphi_i\} \tag{13.5-11}$$

至此，可以发现在实振型可解耦阻尼下复振型分析得到的结构复特征值和复振型向量与实振型下的结果是密切相关、相互统一的。复振型特征值中增加了实部反映了结构的振动衰减项，这从单自由度有阻尼振动求解式中可以得到印证；而复振型向量则是实振型向量在复平面上从虚轴向实轴进行了角度旋转，同一特征向量各自由度上的旋转角度相同，不同特征向量的旋转角度不同，也就是说此时同一阶复特征向量在每个自由度上具有相同的辐角，这在后文实例说明中也可以反映。

进一步，若结构阻尼不能被实振型解耦，也即一般黏性阻尼，此时复特征值表达式不变，复特征向量则没有式(13.5-11)所示的跟相应实振型向量在复平面上一致的旋转关系，也即同一阶复振型向量在不同自由度上的辐角不同。

综上，可以将复特征值、复特征向量与其实振型的关系在复平面上进行表达，如图 13.5-1 和图 13.5-2 所示。

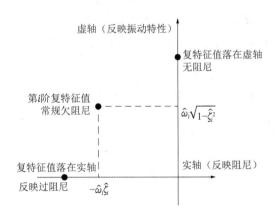

图 13.5-1　复特征值在复平面上不同位置的含义示意

在传递函数矩阵上，当阻尼可实振型解耦时，复振型的传递函数矩阵也可演化为实振型下的传递函数矩阵表达。

根据前文，阻尼可实振型解耦情况下的复特征值及特征向量可定义为式(13.5-12)，其中复振型与实振型为倍数关系，该倍数为复数，暂记为$\theta_i$。

$$\lambda_i=-\omega_i\zeta_i+i\omega_i\sqrt{1-\zeta_i^2},\ \{\varphi_i\}=\theta_i\{\phi_i\} \tag{13.5-12}$$

将式(13.5-12)代入式(13.3-13)以及式(13.4-7)所示的复振型的传递函数矩阵，逐步化简，得式(13.5-13)，显然最后复振型传递函数矩阵演化为实振型下的传递函数矩阵。

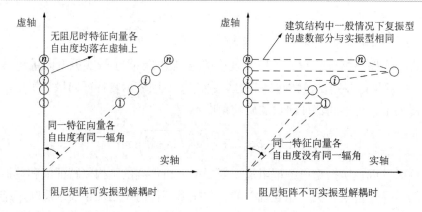

图 13.5-2  复特征向量在复平面上的分布特点

$$[H(i\omega)] = \sum_{i=1}^{n} \left( \frac{\{\varphi_i\}\{\varphi_i\}^T}{a_i(i\omega - \lambda_i)} + \frac{\{\overline{\varphi}_i\}\{\overline{\varphi}_i\}^T}{\overline{a}_i(i\omega - \overline{\lambda}_i)} \right)$$

$$= \sum_{i=1}^{n} \left( \frac{\theta_i^2\{\phi_i\}\{\phi_i\}^T}{\theta_i^2(2\lambda_i m_i^* + c_i^*)(i\omega - \lambda_i)} + \frac{\overline{\theta}_i^2\{\phi_i\}\{\phi_i\}^T}{\overline{\theta}_i^2(2\lambda_i m_i^* + c_i^*)(i\omega - \overline{\lambda}_i)} \right)$$

$$= \sum_{i=1}^{n} \frac{\{\phi_i\}\{\phi_i\}^T}{2im_i^*\omega_i\sqrt{1 - \zeta_i^2}} \left( \frac{1}{i\omega - \lambda_i} - \frac{1}{i\omega - \overline{\lambda}_i} \right) \qquad (13.5\text{-}13)$$

$$= \sum_{i=1}^{n} \frac{\{\phi_i\}\{\phi_i\}^T}{2im_i^*\omega_i\sqrt{1 - \zeta_i^2}} \frac{2i\omega_i\sqrt{1 - \zeta_i^2}}{(i\omega + \zeta_i\omega_i)^2 + \omega_i^2(1 - \zeta_i^2)}$$

$$= \sum_{i=1}^{n} \frac{\{\phi_i\}\{\phi_i\}^T}{m_i^*(\omega_i^2 - \omega^2 + 2i\zeta_i\omega_i\omega)}$$

式(13.5-13)中若取$\{\phi_i\} = \{1\}$及$m_i^* = 1$，即可得单位质量单自由度有阻尼结构的传递函数，又称频响函数，如式(13.5-14)所示。

$$H_i(i\omega) = \frac{1}{\omega_i^2 - \omega^2 + 2i\zeta_i\omega_i\omega} \qquad (13.5\text{-}14)$$

## 13.6  实例及 Python 编程

### 13.6.1  实例说明

为构建一般黏性阻尼系统，可在常规结构中增设集中阻尼，其中基础隔震结构为较常见的一般黏性阻尼系统。取图 13.6-1 所示的 3 层基础隔震结构，第 1 层为基础隔震层，各层质量、刚度以及首层附加的阻尼系数均如图所示。为便于后文描述，不妨记该实例为"标准复振型实例"。

对于该标准复振型实例，当第 1 层附加阻尼系数取零时则对应着比例阻尼系统，结构质量、刚度矩阵按下式计算

$$M = \begin{bmatrix} 15 & 0 & 0 \\ 0 & 10 & 0 \\ 0 & 0 & 10 \end{bmatrix}, \ K = \begin{bmatrix} 1200 & -1000 & 0 \\ -1000 & 2000 & -1000 \\ 0 & -1000 & 1000 \end{bmatrix} \tag{13.6-1}$$

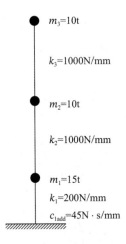

图 13.6-1 基础隔震结构简化实例模型示意

按实振型分析，算得结构 3 阶振型结果，其中振型值为按最大值归一后的结果，见表 13.6-1。

标准复振型实例对应实振型结果　　　　　　表 13.6-1

| 阶数 | | 1 阶 | 2 阶 | 3 阶 |
|---|---|---|---|---|
| 频率（Hz） | | 2.2928 | 9.4157 | 16.9141 |
| 振型值 | 1 层 | 0.8451 | −0.8737 | −0.3235 |
| | 2 层 | 0.9474 | 0.1134 | 1.0000 |
| | 3 层 | 1.0000 | 1.0000 | −0.5374 |

不妨取 1 阶和 3 阶振型阻尼比均为 0.05 来计算式(13.1-8)所示瑞利阻尼的系数，从而得到比例阻尼的阻尼矩阵为 $[C] = \alpha[M] + \beta[K]$，记标准实例在该比例阻尼下为"标准实振型实例"。

$$\alpha = 2\zeta\omega_1\omega_3/(\omega_1 + \omega_3) = 0.2019$$
$$\beta = 2\zeta/(\omega_1 + \omega_3) = 0.00521$$

## 13.6.2　复振型理论的 Python 编程与计算结果

结合图 13.6-1 所示的标准复振型实例，编写相应的 Python 程序代码，进行复振型计算。提取复振型结果，与相应实振型实例结果进行对比。输出复振型相关参数，并利用 Python 程序对计算得到的复特征值和复特征向量代入原特征方程进行验证。

此外，调整阻尼矩阵为比例阻尼，也可以利用该 Python 复振型程序计算比例阻尼下的结果，从而对比传统实振型及非比例阻尼下的复振型的结果，验证本章相关结论。

### 13.6.2.1  Python 代码

根据本章复振型相关理论，对图 13.6-1 所示的标准复振型实例编写 Python 程序代码如下。

```
import math
import numpy as np
import matplotlib.pyplot as plt
def FormMK(m,k):
    nd = len(m)
    M = np.zeros((nd,nd), dtype=float)
    K = np.zeros((nd,nd), dtype=float)
    for i in range(nd): M[i,i] = m[i]
    K[0,0] = k[0]+k[1]
    K[0,1] = -k[1]
    for i in range(1,nd-1):
        K[i,i] = k[i]+k[i+1]
        K[i,i-1] = -k[i]
        K[i,i+1] = -k[i+1]
    K[nd-1,nd-1] = k[nd-1]
    K[nd-1,nd-2] = -k[nd-1]
    return(M,K)
def Eigs(M,K,nd):
    #求实特征值问题|-w^2*M+K|=0，返回圆频率和归一化特征向量
    M_I = np.linalg.inv(M) #或 M_I = np.matrix(M).I
    M_IK = np.dot(M_I,K)
    [eigval,eigvec] = np.linalg.eig(M_IK)
    #特征值从小到大排序
    ei = eigval.argsort()
    # 获得排序后的圆频率
    eigval = np.sqrt(eigval[ei])
    # 获得排序后的特征向量，转置的原因是 numpy 默认索引操作是针对行操作，而振型向量是按列储存
    eigvec = eigvec.T[ei].T
    eigvec = np.array(eigvec)
    #特征向量归一
    for i in range(nd):
        tm = eigvec[:,i]
        cc = max(tm)
        if max(tm) < -1.0*min(tm): cc = -1.0*min(tm)
        eigvec[:,i] = tm[:] / cc
    #在归一化的特征向量基础上求后续相关结果
    phi = eigvec
    #求 phi.T*M*phi = diag(Mi); phi.T*K*phi = diag(Ki)，得到模态质量 Mi 和模态刚度 Ki
    pMp = np.dot(np.dot(phi.T, M), phi)
    pKp = np.dot(np.dot(phi.T, K), phi)
    Mi = pMp.diagonal(0)
    Ki = pKp.diagonal(0)
    #求 gamai[i] = phi[i]*M*I / Mi
    gamai = np.zeros(nd, dtype=float)
    I = np.ones(nd, dtype=float)
    for i in range(nd):
        gamai[i] = np.dot(np.dot(phi[:,i], M), I) / Mi[i]
    return(Mi,Ki,gamai,eigval,eigvec)
def FormRayleighC(M,K,ii,jj,damp_ratio,nd):
    #形成经典瑞利阻尼矩阵 C=a*M+b*K
    a = 2*damp_ratio*real_w[ii-1]*real_w[jj-1]/(real_w[ii-1]+real_w[jj-1])
    b = 2*damp_ratio/(real_w[ii-1]+real_w[jj-1])
    print('瑞利阻尼系数 a,b:')
    print("{:>20.4f}".format(a)),
    print("{:>20.4f}".format(b)),
```

```
print("\n")
C = np.zeros((nd,nd), dtype=float)
for i in range(nd):
    for j in range(nd):
        C[i,j] = a*M[i,j] + b*K[i,j]
return(C)
def Complex_eigs(M,K,C,nd):
```
*#利用状态空间法求解复特征值问题|r^2*M+r*C+K|=0，返回复特征值 r(r=-a+bj)和虚部归一化复特征向量*
*#A=[[C,M],[M,0]]; B=[[K,0],[0,-M]]*
```
A = np.zeros((2*nd,2*nd), dtype=float)
B = np.zeros((2*nd,2*nd), dtype=float)
for i in range(nd):
    for j in range(nd):
        A[i,j] = C[i,j]
        A[nd+i,j] = M[i,j]
        A[i,nd+j] = M[i,j]
        B[i,j] = K[i,j]
        B[nd+i,nd+j] = -1.0*M[i,j]
```
*#print A*
*#print B*
```
A_I = np.linalg.inv(A)
A_IB = np.dot(-1.0*A_I,B)
[eigval,eigvec] = np.linalg.eig(A_IB)
```
*#特征值从小到大排序*
```
ei = np.array([abs(i) for i in eigval]).argsort() #根据复特征值的模进行排序
```
*# 确保 n 对特征值的虚部先出现正值后出现负值*
```
for i in range(nd):
    if eigval[ei[2*i]] < eigval[ei[2*i+1]]:
        c = ei[2*i]; ei[2*i] = ei[2*i+1]; ei[2*i+1] = c
```
*# 获得排序后的复特征值 r(r=-a+bj)*
```
eigval = eigval[ei]
```
*#求频率 w，阻尼比 kesi, wd*
```
w = abs(eigval)
kesi = -1.0*eigval.real / abs(eigval)
wd =w * np.sqrt(1.0-kesi*kesi)
```
*# 获得排序后的复特征向量*
```
eigvec = eigvec.T[ei].T
eigvec = np.array(eigvec)
```
*#复特征向量按前 n 阶虚部归一*
```
eigvec1 = np.zeros((2*nd,2*nd), dtype=complex)
for i in range(2*nd):
    tm = eigvec.imag[:nd,i]
    cc = max(tm)
    if max(tm) < -1.0*min(tm): cc = -1.0*min(tm)
    eigvec1[:,i] = eigvec[:,i] / cc
```
*#在虚部归一化的复特征向量基础上求后续相关结果*
```
phi = eigvec1
```
*#求 phi.T*A*phi = diag(Ai); phi.T*B*phi = diag(Bi)*
```
pAp = np.dot(np.dot(phi.T, A), phi)
pBp = np.dot(np.dot(phi.T, B), phi)
```
*#print('pAp:')*
*#for i in range(2*nd):*
*#   for j in range(2*nd): print("{:>20.4f}".format(pAp[i,j])),*
*#   print("\n"),*
*#print('pBp:')*
*#for i in range(2*nd):*
*#   for j in range(2*nd): print("{:>20.4f}".format(pBp[i,j])),*
*#   print("\n"),*
```
Ai = pAp.diagonal(0)
Bi = pBp.diagonal(0)
```
*#求 Itai[i] = phi[i]*A*Ie / Ai*

```python
    Itai = np.zeros(2*nd, dtype=complex)
    Ie = np.zeros(2*nd, dtype=float)
    for i in range(nd): Ie[nd+i] = 1.0
    for i in range(2*nd):
        Itai[i] = np.dot(np.dot(phi[:,i], A), Ie) / Ai[i]
    #求模态质量 Mi, 模态阻尼 Ci, 模态刚度 Ki: phn.H*M*phn = diag(Mi); phn.H*C*phn = diag(Ci); phn.H*K*phn = diag(Ki)
    phn = np.zeros((nd,nd), dtype=complex)
    for i in range(nd):
        phn[:,i] = phi[:nd, 2*i]
    pMp = np.dot(np.dot(np.conjugate(phn).T, M), phn)
    pCp = np.dot(np.dot(np.conjugate(phn).T, C), phn)
    pKp = np.dot(np.dot(np.conjugate(phn).T, K), phn)
    Mi = pMp.diagonal(0).real
    Ci = pCp.diagonal(0).real
    Ki = pKp.diagonal(0).real
    return(A, B, Ai, Bi, Mi, Ci, Ki, Itai, w, kesi, wd, eigval,eigvec,eigvec1)
if __name__=='__main__':
    print('================== 剪切层模型的复振型分析  ==================')
    print('Author: Chang Lei')
    print('Date: 20240407')
    print('================== 剪切层模型的复振型分析  ==================\n')
    print('\n')
    # 质量 m，刚度 k，阻尼 c
    m=[15,10,10];        #单位 t，从底部到顶
    k=[200,1000,1000];  #单位 N/mm，从底部到顶
    c_isolator=45;       #支座的附加阻尼，单位 N*s/mm
    # 形成质量矩阵、刚度矩阵
    nd = len(m)
    [M,K] = FormMK(m,k)
    # 根据实振型求阻尼矩阵，根据第 ii 第 jj 振型阻尼比 damp_ratio 求瑞利比例阻尼 aM+bK
    [real_Mi,real_Ki,real_gamai,real_w,real_phi] = Eigs(M,K,nd)
    damp_ratio=0.05;      #阻尼比
    C = FormRayleighC(M,K,1,3,damp_ratio,nd) # ii = 1; jj = 3
    C[0,0] += c_isolator*1
    #C[1,1] += c_isolator*1
    #C[2,2] += c_isolator*1
    #C = np.zeros((nd,nd), dtype=float)
    #复振型求解
    [A, B, Ai, Bi, Mi, Ci, Ki, Itai, w, kesi, wd, cw, cphi, cphi1] = Complex_eigs(M,K,C,nd)
    print('复特征值 cw1～cw2n:')
    for i in range(2*nd): print("{:>20.4f}".format(cw[i])),
    print("\n")
    print('复特征值相应的无阻尼圆频率 w1～w2n:')
    for i in range(2*nd): print("{:>20.4f}".format(w[i])),
    print("\n")
    print('复特征值相应的振型阻尼比 kesi1～kesi2n:')
    for i in range(2*nd): print("{:>20.4f}".format(kesi[i])),
    print("\n")
    print('复特征值相应的有阻尼圆频率 wd1～wd2n:')
    for i in range(2*nd): print("{:>20.4f}".format(wd[i])),
    print("\n")
    #print('特征向量 ph1～ph2n:')
    #for i in range(2*nd):
    #   for j in range(2*nd): print("{:>20.4f}".format(cphi[i,j])),
    #   print("\n"),
    print('虚部归一特征向量 ph1～ph2n:')
    for i in range(2*nd):
        for j in range(2*nd): print("{:>20.4f}".format(cphi1[i,j])),
        print("\n"),
    print('\n 以下结果均在虚部归一特征向量基础上计算得到:')
    print('复振型影响系数 ita1～ita2n:')
```

```
for i in range(2*nd): print("{:>20.4f}".format(Itai[i])),
print("\n")
print('复振型广义质量 Ai1 ~ Ai2n:')
for i in range(2*nd): print("{:>20.4f}".format(Ai[i])),
print("\n")
print('复振型广义刚度 Bi1 ~ Bi2n:')
for i in range(2*nd): print("{:>20.4f}".format(Bi[i])),
print("\n")
#输出模态质量 Mi, 模态阻尼 Ci, 模态刚度 Ki
print('模态质量 Mi1 ~ Min:')
for i in range(nd): print("{:>20.4f}".format(Mi[i])),
print("\n")
print('模态阻尼 Ci1 ~ Cin:')
for i in range(nd): print("{:>20.4f}".format(Ci[i])),
print("\n")
print('模态刚度 Ki1 ~ Kin:')
for i in range(nd): print("{:>20.4f}".format(Ki[i])),
print("\n")
#特征值正交性校核
cw0 = cw[1]
ph0 = np.zeros((2*nd,1), dtype=complex)
ph0 = cphi1[:,1]
print('特征方程校核(lamda*A+B)phi=0:')
print np.dot(cw0*A+B,ph0) #=0, 满足特征方程
print("\n")
print('原特征方程校核(lamda^2*M+lamda*C+K)phi=0:')
print np.dot(cw0**2*M+cw0*C+K,ph0[:nd]) #=0, 满足特征方程
print("\n")
#验证 sigma:Itai*cphi1[nd] = 0; sigma:cwi*Itai*cphi1[nd] = 1;
yitaPhiLamda = np.zeros(nd, dtype=complex)
yitaPhi = np.zeros(nd, dtype=complex)
for i in range(2*nd):
    yitaPhi += Itai[i]*cphi1[:nd,i]
    yitaPhiLamda += cw[i]*Itai[i]*cphi1[:nd,i]
print('sigma:Itai*cphi1[nd]: ')
for i in range(nd): print('{:>20.4f}'.format(yitaPhi[i])),
print("\n")
print('sigma:cwi*Itai*cphi1[nd]: ')
for i in range(nd): print('{:>20.4f}'.format(yitaPhiLamda[i])),
print("\n")
#sigma:cwi*Itai*Itai*Ai = sigma(mi), 但并非递增关系
print('sigma:cwi*Itai*Itai*Ai = sigma(mi)')
Lamda_yita2_A = 0j
for i in range(nd):
    Lamda_yita2_A += cw[2*i]*Itai[2*i]*Itai[2*i]*Ai[2*i]
    Lamda_yita2_A += cw[2*i+1]*Itai[2*i+1]*Itai[2*i+1]*Ai[2*i+1]
    print('{:>20.4f}'.format(Lamda_yita2_A)),
print("\n")
# 根据圆频率计算周期
T=[]
for i in range(0,2*nd): T.append(2.0*math.pi/w[i])
# 创建用于绘图的楼层列表
floors = np.arange(0,nd+1,1)
# 循环所有振型, 绘制振型形状(实部+虚部)
showfig = 1
if showfig == 1:
    for i in range(0,nd):
        modevec0 = cphi1[:nd,2*i].real
        modevec1 = cphi1[:nd,2*i].imag
        modevec0 = np.insert(modevec0,0,0)
        modevec1 = np.insert(modevec1,0,0)
```

```
# print(modevec)
plt.figure('Mode' + str(i+1))
plt.title('Mode' + str(i+1) +', Period: ' + "{:.5f}".format(T[2*i]))
#plt.plot(modevec0, floors,marker='o')
plt.plot(modevec0, floors, 'b--', modevec1, floors, 'r-',marker='o')
plt.legend(('real', 'imaginary'))
plt.xlabel('Mode Disp')
plt.ylabel('Floor')
plt.yticks(floors)
plt.show()
```

### 13.6.2.2　计算结果

上述 Python 程序代码运行输出的主要结果如下。

```
瑞利阻尼系数 a,b:
    0.2019       0.0052
复特征值 cw1～cw2n:
 -0.6700+2.2199j  -0.6700-2.2199j  -1.1202+9.2604j  -1.1202-9.2604j  -1.0018+16.8521j  -1.0018-16.8521j
复特征值相应的无阻尼圆频率 w1～w2n:
     2.3188       2.3188       9.3279       9.3279      16.8818      16.8818
复特征值相应的振型阻尼比 kesi1～kesi2n:
     0.2890       0.2890       0.1201       0.1201       0.0593       0.0593
复特征值相应的有阻尼圆频率 wd1～wd2n:
     2.2199       2.2199       9.2604       9.2604      16.8521      16.8521
虚部归一特征向量 ph1～ph2n:
 -0.3322-0.8400j  -0.3322+0.8400j  -0.0856+0.8846j  -0.0856-0.8846j  -0.0508+0.3160j  -0.0508-0.3160j
 -0.3126-0.9459j  -0.3126+0.9459j  -0.1652-0.1226j  -0.1652+0.1226j  -0.0594-1.0000j  -0.0594+1.0000j
 -0.3018-1.0000j  -0.3018+1.0000j  -0.1210-1.0000j  -0.1210+1.0000j   0.0477+0.5387j   0.0477-0.5387j
  2.0873-0.1747j   2.0873+0.1747j  -8.0958-1.7840j  -8.0958+1.7840j  -5.2738-1.1734j  -5.2738+1.1734j
  2.3093-0.0601j   2.3093+0.0601j   1.3208-1.3925j   1.3208+1.3925j  16.9116+0.0000j  16.9116-0.0000j
  2.4221+0.0000j   2.4221-0.0000j   9.3959+0.0000j   9.3959-0.0000j  -9.1264+0.2648j  -9.1264-0.2648j
以下结果均在虚部归一特征向量基础上计算得到:
复振型影响系数 ita1～ita2n:
  0.2243+0.0766j   0.2243-0.0766j  -0.0048-0.0104j  -0.0048+0.0104j  -0.0001-0.0018j  -0.0001+0.0018j
复振型广义质量 Ai1～Ai2n:
 -88.1271-112.8399j  -88.1271+112.8399j  -11.6171-403.2544j  -11.6171+403.2544j  -41.1568-483.9083j  -41.1568+483.9083j
复振型广义刚度 Bi1～Bi2n:
 -309.5411+120.0250j  -309.5411-120.0250j  -3747.3216-344.1550j  -3747.3216+344.1550j  -8196.0841+208.7830j  -8196.0841-208.783
0j
模态质量 Mi1～Min:
    33.0758      22.4174      14.4966
模态阻尼 Ci1～Cin:
    44.3243      50.2249      29.0463
模态刚度 Ki1～Kin:
   177.8442     1950.5485     4131.4753
特征方程校核(lamda*A+B)phi=0:
[-4.68958206e-13+1.27897692e-13j  8.97060204e-14-3.05533376e-13j
  1.03028697e-13+4.68958206e-13j  1.03028697e-13-5.15143483e-14j
  3.55271368e-14+3.37507799e-14j  5.32907052e-14-9.76996262e-15j]
原特征方程校核(lamda^2*M+lamda*C+K)phi=0:
[-5.54223334e-13-1.49213975e-13j  1.77635684e-14-4.52970994e-13j  7.10542736e-15+3.51718654e-13j]
sigma:Itai*cphi1[nd]:
 -0.0000+0.0000j  -0.0000+0.0000j   0.0000+0.0000j
sigma:cwi*Itai*cphi1[nd]:
  1.0000+0.0000j   1.0000+0.0000j   1.0000+0.0000j
sigma:cwi*Itai*Itai*Ai = sigma(mi)
 35.7662+0.0000j  35.0544+0.0000j  35.0000+0.0000j
```

可以看到，Python 程序计算输出瑞利阻尼的系数与前文结果一致。对于复振型，可以看到复特征值、复特征向量均为共轭复数出现，复振型广义质量、复振型广义刚度也均为复数，而模态质量、模态刚度和模态阻尼均为实数。代码中也特别地将第 1 复特征值的共轭特征值（也即第 2 复特征值）及其相应复特征向量代入状态方程下的特征方程以及原特征方程进行了校核，其结果为零，表明求得的特征对满足特征方程。

对于比例阻尼下的标准实振型实例，同样也可以利用本章复振型求解方法进行求解，只需将上述代码中增加首层集中阻尼项（C[0,0] += c_isolator*1）注释即可。得到相应的频率和振型输出结果如下所示。

```
复特征值 cw1 ~ cw2n:
-0.1146+2.2899j  -0.1146-2.2899j  -0.3317+9.4099j  -0.3317-9.4099j  -0.8457+16.8930j  -0.8457-16.8930j
复特征值相应的无阻尼圆频率 w1 ~ w2n:
    2.2928         2.2928          9.4157          9.4157          16.9141           16.9141
复特征值相应的振型阻尼比 kesi1 ~ kesi2n:
    0.0500         0.0500          0.0352          0.0352          0.0500            0.0500
复特征值相应的有阻尼圆频率 wd1 ~ wd2n:
    2.2899         2.2899          9.4099          9.4099          16.8930           16.8930
虚部归一特征向量 ph1 ~ ph2n:
-0.0423-0.8451j  -0.0423+0.8451j   0.0308+0.8737j   0.0308-0.8737j  -0.0162-0.3235j  -0.0162+0.3235j
-0.0474-0.9474j  -0.0474+0.9474j  -0.0040-0.1134j  -0.0040+0.1134j   0.0501+1.0000j   0.0501-1.0000j
-0.0501-1.0000j  -0.0501+1.0000j  -0.0353-1.0000j  -0.0353+1.0000j  -0.0269-0.5374j  -0.0269+0.5374j
 1.9400-0.0000j   1.9400+0.0000j  -8.2316-0.0000j  -8.2316+0.0000j   5.4784-0.0000j   5.4784-0.0000j
 2.1750+0.0000j   2.1750-0.0000j   1.0688+0.0000j   1.0688-0.0000j -16.9353+0.0000j -16.9353+0.0000j
 2.2957+0.0000j   2.2957-0.0000j   9.4216+0.0000j   9.4216-0.0000j   9.1007-0.0000j   9.1007+0.0000j
```

可以看到，对于比例阻尼下的标准实振型实例，虽然复特征值与复特征向量也仍然为复数，但此时复振型固有频率结果与原实振型分析结果相同，第 1 阶振型和第 3 阶振型阻尼比为 0.05，与预设的瑞利阻尼相一致。其特征值充分反映了原实振型无阻尼振动结果以及比例阻尼的特性。

如果进一步，复振型分析时不考虑阻尼矩阵，即将 Python 程序中的阻尼矩阵设为零，即代码中：C = np.zeros((nd,nd), dtype=float)，再运行程序得到如下主要结果。

```
复特征值 cw1 ~ cw2n:
0.0000+2.2928j  0.0000-2.2928j  0.0000+9.4157j   0.0000-9.4157j  -0.0000+16.9141j -0.0000-16.9141j
复特征值相应的无阻尼圆频率 w1 ~ w2n:
    2.2928        2.2928         9.4157          9.4157           16.9141          16.9141
复特征值相应的振型阻尼比 kesi1 ~ kesi2n:
   -0.0000       -0.0000        -0.0000          -0.0000          0.0000           0.0000
复特征值相应的有阻尼圆频率 wd1 ~ wd2n:
    2.2928        2.2928         9.4157          9.4157           16.9141          16.9141
虚部归一特征向量 ph1 ~ ph2n:
-0.0000+0.8451j  -0.0000-0.8451j   0.0000+0.8737j   0.0000-0.8737j  -0.0000+0.3235j  -0.0000-0.3235j
-0.0000+0.9474j  -0.0000-0.9474j   0.0000-0.1134j   0.0000+0.1134j  -0.0000-1.0000j  -0.0000+1.0000j
-0.0000+1.0000j  -0.0000-1.0000j   0.0000-1.0000j   0.0000+1.0000j   0.0000+0.5374j   0.0000-0.5374j
-1.9375-0.0000j  -1.9375+0.0000j  -8.2264-0.0000j  -8.2264-0.0000j  -5.4715-0.0000j  -5.4715-0.0000j
-2.1723-0.0000j  -2.1723+0.0000j   1.0681+0.0000j   1.0681-0.0000j  16.9141+0.0000j  16.9141-0.0000j
-2.2928+0.0000j  -2.2928+0.0000j   9.4157+0.0000j   9.4157-0.0000j  -9.0894-0.0000j  -9.0894-0.0000j
```

可以看到，复振型分析时阻尼矩阵设为零后，得到的复特征值及复特征向量的位移部分均为纯虚数，即前文式(13.5-2)得到验证。同时，复振型固有频率结果与原实振型分析结果相同，各阶阻尼比相同，与预期相符。

表 13.6-2 给出了原实振型分析与复振型分析方法下标准复振型实例及标准实振型实例

（比例阻尼）的结果对比。其中，复振型的阶数均取相应共轭对的第 1 项，对本算例为 3 自由度，因此也只有 3 阶，与相应实振型结果一致。从表中可以看到，对于比例阻尼下的复振型分析，得到的复振型相应的无阻尼频率（也即复振型固有频率）与实振型无阻尼频率相同，阻尼比及有阻尼振动频率也一致；但对于标准实振型实例所示的非比例阻尼情况下，复振型相应的无阻尼频率与实振型无阻尼频率并不相同，两者之间并无直接的大小关系。

**实振型分析结果与复振型分析方法下标准复振型实例及**
**标准实振型实例的结果对比**　　　　　　　　表 13.6-2

| 阶数 | | | 1 阶 | 2 阶 | 3 阶 |
|---|---|---|---|---|---|
| 实振型分析 | 无阻尼频率（Hz） | | 2.2928 | 9.4157 | 16.9141 |
| 复振型分析 | 标准实振型实例 | 复振型固有频率（Hz） | 2.2928 | 9.4157 | 16.9141 |
| | | 复振型阻尼比 | 0.0500 | 0.0352 | 0.0500 |
| | | 复振型有阻尼振动频率（Hz） | 2.2899 | 9.4099 | 16.8930 |
| | 标准复振型实例 | 复振型固有频率（Hz） | 2.3188 | 9.3279 | 16.8818 |
| | | 复振型阻尼比 | 0.2890 | 0.1201 | 0.0593 |
| | | 复振型有阻尼振动频率（Hz） | 2.2199 | 9.2604 | 16.8521 |

　　对于特征向量，复振型 Python 程序计算输出结果中将其虚部进行了归一化。可以看到每一列特征向量的后半部分（对应速度项）为前半部分（对应位移项）乘以相应特征值，即满足式(13.2-13)。考虑输出的后一列特征向量均为前一列特征向量的复共轭，可以将复振型输出的复特征值结果中前半部分（对应位移项）拿出来与实振型结果进行对比，并舍弃共轭项，取虚部和实部分别与实振型进行对比，见表 13.6-3 和表 13.6-4。可以看到标准复振型实例及标准实振型实例的复振型虚部结果与实振型结果吻合较好，特别是标准实振型实例的虚部与实振型结果完全一致；而对于复振型实部结果则存在很大差异，并无直接的关系。提取复振型的虚部结果，与实振型对比如图 13.6-2 所示，曲线总体基本重合。

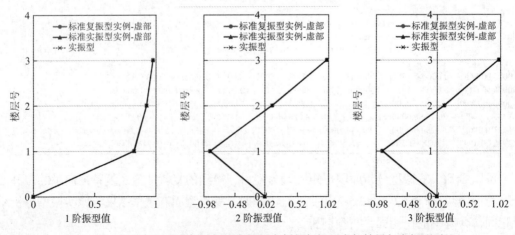

图 13.6-2　标准复振型实例及标准实振型实例的复振型虚部结果与实振型对比

**标准复振型实例、标准实振型实例的振型虚部与实振型结果对比** 表 13.6-3

| 层数 | 1 阶（复振型时取虚部） | | | 2 阶（复振型时取虚部） | | | 3 阶（复振型时取虚部） | | |
|---|---|---|---|---|---|---|---|---|---|
| | 标准复振型实例 | 标准实振型实例 | 实振型 | 标准复振型实例 | 标准实振型实例 | 实振型 | 标准复振型实例 | 标准实振型实例 | 实振型 |
| 1层 | 0.8400 | 0.8451 | 0.8451 | −0.8846 | −0.8737 | −0.8737 | −0.3160 | −0.3235 | −0.3235 |
| 2层 | 0.9459 | 0.9474 | 0.9474 | 0.1226 | 0.1134 | 0.1134 | 1.0000 | 1.0000 | 1.0000 |
| 3层 | 1.0000 | 1.0000 | 1.0000 | 1.0000 | 1.0000 | 1.0000 | −0.5387 | −0.5374 | −0.5374 |

**标准复振型实例、标准实振型实例的振型实部与实振型结果对比** 表 13.6-4

| 层数 | 1 阶（复振型时取实部） | | | 2 阶（复振型时取实部） | | | 3 阶（复振型时取实部） | | |
|---|---|---|---|---|---|---|---|---|---|
| | 标准复振型实例 | 标准实振型实例 | 实振型 | 标准复振型实例 | 标准实振型实例 | 实振型 | 标准复振型实例 | 标准实振型实例 | 实振型 |
| 1层 | 0.3322 | 0.0423 | 0.8451 | 0.0856 | −0.0308 | −0.8737 | 0.0508 | −0.0162 | −0.3235 |
| 2层 | 0.3126 | 0.0474 | 0.9474 | 0.1652 | 0.0040 | 0.1134 | 0.0594 | 0.0501 | 1.0000 |
| 3层 | 0.3018 | 0.0501 | 1.0000 | 0.1210 | 0.0353 | 1.0000 | −0.0477 | −0.0269 | −0.5374 |

对于标准复振型实例及标准实振型实例的复振型在各层的辐角关系，对比如表 13.6-5 所示，可以看到，对于同一振型，具有比例阻尼的标准实振型实例其各自由度上的辐角均相同，而具有一般阻尼特性的标准复振型实例各自由度的辐角没有直接关系。

从实例计算结果可以看到，前文关于复振型理论与实振型理论的统一性结论得到验证。

**标准复振型实例、标准实振型实例各振型各层辐角的对比** 表 13.6-5

| 层数 | 1 阶振型各层辐角（°） | | 2 阶振型各层辐角（°） | | 3 阶振型各层辐角（°） | |
|---|---|---|---|---|---|---|
| | 标准复振型实例 | 标准实振型实例 | 标准复振型实例 | 标准实振型实例 | 标准复振型实例 | 标准实振型实例 |
| 1层 | 68.4 | 87.1 | −84.5 | 88.0 | −80.9 | 87.1 |
| 2层 | 71.7 | 87.1 | 36.6 | 88.0 | 86.6 | 87.1 |
| 3层 | 73.2 | 87.1 | 83.1 | 88.0 | 84.9 | 87.1 |

# 第 14 章

## 多自由度体系动力反应的复振型分解法

### 14.1 复振型频率及复振型阻尼

根据前文介绍的复振型理论，对n自由度的结构当其阻尼为一般黏性阻尼而不能被实振型解耦时其特征值和特征向量均为复数，其有n对共轭复振型特征值。第i对特征值可写为式(13.3-20)的形式，也即如下所示。

$$\lambda_i = -\hat{\omega}_i\hat{\xi}_i + i\hat{\omega}_{\mathrm{D}i}, \quad \bar{\lambda}_i = -\hat{\omega}_i\hat{\xi}_i - i\hat{\omega}_{\mathrm{D}i} \tag{14.1-1}$$

其中$\hat{\omega}_{\mathrm{D}i} = \hat{\omega}_i\sqrt{1-\hat{\xi}_i^2}$。

这里将复振型频率和复振型阻尼比在变量上方增加符号"^"以区分实振型结果。需要注意的是，复振型下一般黏性阻尼也影响了求得的振动频率结果，导致其与实振型求得的自由振动频率并不相等，但比例阻尼下两者是相等的。前述案例计算结果也表明了这一点。所以，一般非比例阻尼情况下有下式

$$\hat{\omega}_i \neq \omega_i \tag{14.1-2}$$

### 14.2 复振型分解法原理

简单汇总前述复振型理论：对于地震作用下有阻尼运动方程式(13.1-6)，转化为状态空间方程式(13.2-4)，再利用状态变量在复振型的展开得到复振型坐标的运动方程式(13.3-23)。三个运动方程式分别如下所示。

$$[M]\{\ddot{x}\} + [C]\{\dot{x}\} + [K]\{x\} = -[M]\{I\}\ddot{x}_{\mathrm{g}}$$
$$[A]\{\dot{y}\} + [B]\{y\} = -[A]\{J\}\ddot{x}_{\mathrm{g}} \tag{14.2-1}$$
$$\dot{z}_i - \lambda_i z_i = -\eta_i\ddot{u}_{\mathrm{g}}, \quad \dot{\bar{z}}_i - \bar{\lambda}_i\bar{z}_i = -\bar{\eta}_i\ddot{u}_{\mathrm{g}}$$

其中，复振型坐标、状态变量及实际结构位移和速度的关系为

$$\{y\} = \begin{Bmatrix} \{x\} \\ \{\dot{x}\} \end{Bmatrix} = [\Psi]\{z\} = \sum_{i=1}^{n}\{\psi_i\}z_i + \sum_{i=1}^{n}\{\bar{\psi}_i\}\bar{z}_i$$
$$= \sum_{i=1}^{n}\begin{Bmatrix} \{\varphi_i\} \\ \{\varphi_i\}\lambda_i \end{Bmatrix}z_i + \sum_{i=1}^{n}\begin{Bmatrix} \{\bar{\varphi}_i\} \\ \{\bar{\varphi}_i\}\bar{\lambda}_i \end{Bmatrix}\bar{z}_i \tag{14.2-2}$$

也即有从复振型坐标到实际结构位移、速度及加速度的转换关系式

$$\{x\} = \sum_{i=1}^{n}\{\varphi_i\}z_i + \sum_{i=1}^{n}\{\overline{\varphi}_i\}\overline{z}_i$$

$$\{\dot{x}\} = \sum_{i=1}^{n}\{\varphi_i\}\dot{z}_i + \sum_{i=1}^{n}\{\overline{\varphi}_i\}\dot{\overline{z}}_i = \sum_{i=1}^{n}\lambda_i\{\varphi_i\}z_i + \sum_{i=1}^{n}\overline{\lambda}_i\{\overline{\varphi}_i\}\overline{z}_i \qquad (14.2\text{-}3)$$

$$\{\ddot{x}\} = \sum_{i=1}^{n}\{\varphi_i\}\ddot{z}_i + \sum_{i=1}^{n}\{\overline{\varphi}_i\}\ddot{\overline{z}}_i = \sum_{i=1}^{n}\lambda_i\{\varphi_i\}\dot{z}_i + \sum_{i=1}^{n}\overline{\lambda}_i\{\overline{\varphi}_i\}\dot{\overline{z}}_i$$

先对有阻尼结构进行复振型分解，再对式(14.2-1)在复振型坐标空间进行单自由度运动方程的求解，然后结合式(14.2-3)实现复振型坐标到实际结构位移的叠加和转换，这就是多自由度体系动力反应的复振型分解分析的完整流程。

实际结构的动力反应可表示为位移响应的线性组合，不妨记结构某待求动力反应为$r$，则其总可以写为如式(14.2-4)所示的表达式，其中$\{q\}$为结构响应转换向量，通常与结构自身几何、物理属性有关。

$$r = \{q\}^{\mathrm{T}}\{x\} \qquad (14.2\text{-}4)$$

假设待求的动力反应$r$为结构层间位移$r_{\mathrm{d}}$，则有第$i$层层间位移$r_{\mathrm{d},i}$及层间位移向量$\{r_{\mathrm{d}}\}$为

$$r_{\mathrm{d},i} = \{q_{\mathrm{d},i}\}^{\mathrm{T}}\{x\} = (0 \quad \cdots \quad -1 \quad 1 \quad \cdots \quad 0)\{x\}$$

$$\{r_{\mathrm{d}}\} = Q_{\mathrm{d}}\{x\} \qquad (14.2\text{-}5)$$

显然我们可以得到结构响应向量为层位移$\{x\}$、层间位移$\{d\}$、层剪力$\{v\}$、层地震力$\{f\}$时的转换矩阵分别为单位阵$[I]$、$[Q_{\mathrm{d}}]$、$[Q_{\mathrm{v}}]$和$[Q_{\mathrm{f}}]$，层模型下有

$$[Q_{\mathrm{d}}] = \begin{bmatrix} 1 & & & \\ -1 & 1 & & \\ & \ddots & \ddots & \\ & & -1 & 1 \end{bmatrix}, \quad [Q_{\mathrm{v}}] = \begin{bmatrix} k_1 & & & \\ -k_2 & k_2 & & \\ & \ddots & \ddots & \\ & & -k_n & k_n \end{bmatrix}$$

$$[Q_{\mathrm{f}}] = \begin{bmatrix} k_1 + k_2 & -k_2 & & \\ -k_2 & k_2 + k_3 & \ddots & \\ & \ddots & \ddots & -k_n \\ & & -k_n & k_n \end{bmatrix} = [K] \qquad (14.2\text{-}6)$$

其中$k_i$为第$i$层剪切刚度。

考虑结构为线性系统，不妨将式(14.2-1)中第三式调整为式(14.2-8)，则需更新振型坐标$z_i$表达为$\eta_i z_i$，结合式(14.2-3)，式(14.2-4)所表示的动力反应为$r$可以进一步表示为下式

$$r = \{q\}^{\mathrm{T}}\{x\} = \sum_{i=1}^{n}\{q\}^{\mathrm{T}}\{\varphi_i\}\eta_i z_i + \sum_{i=1}^{n}\{q\}^{\mathrm{T}}\{\overline{\varphi}_i\}\overline{\eta}_i\overline{z}_i$$

$$\triangleq \sum_{i=1}^{n}b_i z_i + \sum_{i=1}^{n}\overline{b}_i\overline{z}_i \qquad (14.2\text{-}7)$$

其中系数$b_i = \{q\}^{\mathrm{T}}\{\varphi_i\}\eta_i$也为复数，其共轭复数为$\overline{b}_i = \{q\}^{\mathrm{T}}\{\overline{\varphi}_i\}\overline{\eta}_i$，当结构阻尼为可实振型解耦的经典阻尼时，该系数为纯虚数，此时复振型坐标的运动方程为

$$\dot{z}_i - \lambda_i z_i = -\ddot{u}_{\mathrm{g}}, \quad \dot{\overline{z}}_i - \overline{\lambda}_i\overline{z}_i = -\ddot{u}_{\mathrm{g}} \qquad (14.2\text{-}8)$$

解该一阶线性微分方程，并考虑零初始条件，得到其解为

$$\begin{cases} z_i = \int_0^t -\ddot{u}_g(\tau) e^{\lambda_i(t-\tau)} \, d\tau = \int_0^t -\ddot{u}_g(\tau) e^{(-\hat{\omega}_i\hat{\xi}_i + i\hat{\omega}_{\mathrm{D}i})(t-\tau)} \, d\tau \\ \overline{z}_i = \int_0^t -\ddot{u}_g(\tau) e^{\overline{\lambda}_i(t-\tau)} \, d\tau = \int_0^t -\ddot{u}_g(\tau) e^{(-\hat{\omega}_i\hat{\xi}_i - i\hat{\omega}_{\mathrm{D}i})(t-\tau)} \, d\tau \end{cases} \tag{14.2-9}$$

结合式(14.2-7)，展开得

$$r(t) = \{q\}^{\mathrm{T}}\{x(t)\} = \sum_{i=1}^n b_i \int_0^t -\ddot{u}_g(\tau) e^{(-\hat{\omega}_i\hat{\xi}_i + i\hat{\omega}_{\mathrm{D}i})(t-\tau)} \, d\tau +$$

$$\sum_{i=1}^n \overline{b}_i \int_0^t -\ddot{u}_g(\tau) e^{(-\hat{\omega}_i\hat{\xi}_i - i\hat{\omega}_{\mathrm{D}i})(t-\tau)} \, d\tau$$

$$= 2\sum_{i=1}^n \begin{bmatrix} -\mathrm{Re}(b_i) \int_0^t \ddot{u}_g(\tau) e^{-\hat{\omega}_i\hat{\xi}_i(t-\tau)} \cos[\hat{\omega}_{\mathrm{D}i}(t-\tau)] \, d\tau \\ + \mathrm{Im}(b_i) \int_0^t \ddot{u}_g(\tau) e^{-\hat{\omega}_i\hat{\xi}_i(t-\tau)} \sin[\hat{\omega}_{\mathrm{D}i}(t-\tau)] \, d\tau \end{bmatrix} \tag{14.2-10}$$

对于单位质量单自由度结构在地震作用下的动力响应可以用 Duhamel 积分得到，有下式

$$u_i(t) = \frac{-1}{\hat{\omega}_{\mathrm{D}i}} \int_0^t \ddot{u}_g(\tau) e^{-\hat{\omega}_i\hat{\xi}_i(t-\tau)} \sin[\hat{\omega}_{\mathrm{D}i}(t-\tau)] \, d\tau \tag{14.2-11}$$

当然，也可以写为脉冲响应函数$h_i(\tau)$的卷积关系式

$$u_i(t) = \int_0^t -\ddot{x}_g(t-\tau) h_i(\tau) \, d\tau = \int_0^t -\ddot{x}_g(\tau) h_i(t-\tau) \, d\tau \tag{14.2-12}$$

脉冲响应函数$h_i(\tau)$为单位脉冲激振下单自由度结构的动力响应，其定义详见式(15.3-14)。

根据式(14.2-11)，得到

$$\dot{u}_i(t) = -\int_0^t \ddot{u}_g(\tau) e^{-\hat{\omega}_i\hat{\xi}_i(t-\tau)} \cos[\hat{\omega}_{\mathrm{D}i}(t-\tau)] \, d\tau - \hat{\omega}_i\hat{\xi}_i u_i(t) \tag{14.2-13}$$

考虑式(14.2-11)和式(14.2-13)，结构响应式(14.2-10)可表示为

$$r(t) = 2\sum_{i=1}^n \{\mathrm{Re}(b_i)[\dot{u}_i(t) + \hat{\omega}_i\hat{\xi}_i u_i(t)] - \mathrm{Im}(b_i)[\hat{\omega}_{\mathrm{D}i} u_i(t)]\} \tag{14.2-14}$$

可进一步表示为

$$\begin{aligned} r(t) &= 2\sum_{i=1}^n \{\mathrm{Re}(b_i)[\dot{u}_i(t) + \hat{\omega}_i\hat{\xi}_i u_i(t)] - \mathrm{Im}(b_i)[\hat{\omega}_{\mathrm{D}i} u_i(t)]\} \\ &= \sum_{i=1}^n 2\mathrm{Re}(b_i)\dot{u}_i(t) + \sum_{i=1}^n 2[\mathrm{Re}(b_i)(\hat{\omega}_i\hat{\xi}_i) - \mathrm{Im}(b_i)\hat{\omega}_{\mathrm{D}i}]u_i(t) \\ &= \sum_{i=1}^n 2\mathrm{Re}(b_i)\dot{u}_i(t) - \sum_{i=1}^n 2\mathrm{Re}[b_i(-\hat{\omega}_i\hat{\xi}_i - i\hat{\omega}_{\mathrm{D}i})]u_i(t) \\ &\triangleq \sum_{i=1}^n [a_i u_i(t) + c_i \dot{u}_i(t)] \end{aligned} \tag{14.2-15}$$

其中实系数$a_i$和$c_i$为

$$\begin{cases} a_i = -2\operatorname{Re}(b_i\overline{\lambda}_i) = -2\operatorname{Re}(\{q\}^{\mathrm{T}}\{\varphi_i\}\eta_i\overline{\lambda}_i) \\ c_i = 2\operatorname{Re}(b_i) = 2\operatorname{Re}(\{q\}^{\mathrm{T}}\{\varphi_i\}\eta_i) \end{cases} \tag{14.2-16}$$

而单位质量单自由度结构在地震作用下的位移响应$u_i(t)$和速度响应$\dot{u}_i(t)$可以用 Duhamel 积分等方法求得。

这样由式(14.2-13)~式(14.2-15)，并结合复振型分解，得到利用复振型分解法求得地震作用下一般黏性阻尼结构的动力响应，也即复振型分解法。

## 14.3 复振型分析法求解步骤

基于 14.2 节的复振型分解法的基本原理，得到结构复振型分解法的求解步骤，整理如下：

（1）根据结构参数求得结构质量矩阵$[M]$、刚度矩阵$[K]$和阻尼矩阵$[C]$，利用状态空间法求解结构的复振型，得到各阶复振型特征值和复振型向量，其各阶复振型特征值中含复振型下的振动频率、阻尼比等信息。

（2）给定待求的结构动力响应，得到从结构位移响应到该结构响应的转换向量，即式(14.2-4)中的$\{q\}^{\mathrm{T}}$。根据第（1）步求得的复振型结果，选定参与组合的振型数$N$，按式(14.2-16)求得实系数$a_i$和$c_i$。

（3）对选定参与组合的$N$个振型数，采用 Duhamel 积分等方法求得$N$个单自由度体系的地震动反应，即得到式(14.2-11)的时域解。

（4）将第（3）步得到的解，代入式(14.2-15)进行叠加，获得原结构的动力响应。当选定振型数$N$为结构全部复振型时，则采用该方法得到原结构的动力响应是准确的。

## 14.4 复振型分析法合理振型数量

实际工程中结构的自由度非常庞大，求得所有复振型往往是困难的，且很多时候也没有必要，只要求出一定数量的振型，考虑这些振型来计算结构某响应时，相比考虑所有振型，其差异不大，那么在实际工程意义上就是切实可行的，也是合理的。

这无论是对实振型分析还是对复振型分析都是一致的，本节对此展开讨论。

### 14.4.1 实振型分析下合理振型数量的确定

根据式(14.2-4)所示结构某响应$r$与物理坐标的转换公式，并结合式(13.1-1)~式(13.1-12)对实振型的相关回顾，可以得到结构响应$r$与其振型坐标运动方程(13.1-11)中的振型坐标关系式为式(14.4-1)，其中$z_i$为标准振型运动方程(14.4-2)的坐标。

$$r = \{q\}^{\mathrm{T}}\sum_{i=1}^{n}\{\phi_i\}\eta_{\mathrm{R},i}z_i = \sum_{i=1}^{n}r_i^{\mathrm{S}}(\omega_i^2 z_i) \tag{14.4-1}$$

$$\ddot{z}_i + 2\zeta_i\omega_i\dot{z}_i + \omega_i^2 z_i = -\ddot{u}_{\mathrm{g}} \tag{14.4-2}$$

利用经典振型分析思想，采用荷载分布确定某个振型贡献的大小，即利用静力响应来表达，则式(14.4-1)中的 $r_i^S$ 对应地震作用振型分量 $\eta_{R,i}[M]\{\phi_i\}$ 下结构的静力响应。因此，结构考虑所有振型的静力响应可以写为下式

$$r_0^S = \{q\}^T \sum_{i=1}^n \frac{\{\phi_i\}\eta_{R,i}}{\omega_i^2} = \{q\}^T \sum_{i=1}^n \frac{\{\phi_i\}\{\phi_i\}^T}{\omega_i^2 m_i^*}[M]\{I\} \tag{14.4-3}$$

可得到结构第 $i$ 阶振型对结构响应 $r$ 的贡献占比为

$$\gamma_i = \frac{\{q\}^T \dfrac{\{\phi_i\}\eta_{R,i}}{\omega_i^2}}{\{q\}^T \displaystyle\sum_{i=1}^n \dfrac{\{\phi_i\}\{\phi_i\}^T}{\omega_i^2 m_i^*}[M]\{I\}} = \eta_{R,i} \frac{\{q\}^T[K]^{-1}[M]\{\phi_i\}}{\{q\}^T \displaystyle\sum_{i=1}^n \dfrac{\{^1\phi_i\}\{^1\phi_i\}^T}{\omega_i^2}[M]\{I\}} \tag{14.4-4}$$

其中 $\{^1\phi_i\}$ 为关于振型质量归一化的振型向量，即满足 $\{^1\phi_i\}^T[M]\{^1\phi_i\} = 1$ 和 $[^1\Phi]^T[M][^1\Phi] = [I]$，$[I]$ 为单位阵。由于特征对 $(\omega_i^2, \{^1\phi_i\})$ 满足特征方程 $\omega_i^2[M]\{^1\phi_i\} = [K]\{^1\phi_i\}$ 以及振型正交性，则有下式的推导：

$$\sum_{i=1}^n \frac{\{^1\phi_i\}\{^1\phi_i\}^T}{\omega_i^2} = [K]^{-1}[M]\sum_{i=1}^n \{^1\phi_i\}\{^1\phi_i\}^T$$

$$= [K]^{-1}[M]\left( \begin{bmatrix} {}^1\phi_{1,1} & 0 & \cdots & 0 \\ {}^1\phi_{2,1} & 0 & \cdots & 0 \\ \vdots & \vdots & \cdots & \vdots \\ {}^1\phi_{n,1} & 0 & \cdots & 0 \end{bmatrix} \begin{bmatrix} {}^1\phi_{1,1} & {}^1\phi_{2,1} & \cdots & {}^1\phi_{n,1} \\ 0 & 0 & \cdots & 0 \\ \vdots & \vdots & \cdots & \vdots \\ 0 & 0 & \cdots & 0 \end{bmatrix} + \cdots \right.$$

$$\left. + \begin{bmatrix} 0 & 0 & \cdots & {}^1\phi_{1,n} \\ 0 & 0 & \cdots & {}^1\phi_{2,n} \\ \vdots & \vdots & \cdots & \vdots \\ 0 & 0 & \cdots & {}^1\phi_{n,n} \end{bmatrix} \begin{bmatrix} 0 & 0 & \cdots & 0 \\ \vdots & \vdots & \cdots & \vdots \\ 0 & 0 & \cdots & 0 \\ {}^1\phi_{1,n} & {}^1\phi_{2,n} & \cdots & {}^1\phi_{n,n} \end{bmatrix} \right)$$

$$= [K]^{-1}[M][^1\Phi][^1\Phi]^T = [K]^{-1}[^1\Phi]^{-T}[I][^1\Phi]^T = [K]^{-1}$$

因此式(14.4-4)所示结构第 $i$ 阶振型对结构响应 $r$ 的贡献占比可以进一步表达为

$$\gamma_i = \eta_{R,i} \frac{\{q\}^T[K]^{-1}[M]\{\phi_i\}}{\{q\}^T[K]^{-1}[M]\{I\}} \tag{14.4-5}$$

式(14.4-5)所示为对结构任意响应的表达，实际建筑结构中地震作用下结构的基底剪力是个非常重要的指标，一般利用它来衡量结构地震力计算是否充分，因此式(14.4-5)中令 $\{q\} = [K]\{I\}$，则得到第 $i$ 阶振型的贡献占比计算式为

$$\gamma_i = \eta_{R,i} \frac{\{\phi_i\}^T[M]\{I\}}{\{I\}^T[M]\{I\}} = \frac{\eta_{R,i}^2 m_i^*}{\{I\}^T[M]\{I\}} \tag{14.4-6}$$

上式即实振型分析中所熟知的振型质量占比计算式，满足 $\sum_{i=1}^n \gamma_i = 1$，式中分母为结构总质量，分子为第 $i$ 阶有效振型质量，即有

$$m_{\text{eff},i} = \eta_{R,i}^2 m_i^* \tag{14.4-7}$$

根据上式可以看出，经典阻尼体系下各阶有效振型质量总是恒大于零，累计振型有效质量单调递增，最终趋于结构总质量。

### 14.4.2　复振型分析下合理振型数量的确定

式(14.2-1)汇总了地震作用下结构物理坐标下的运动方程、状态空间运动方程以及复振型坐标的运动方程，在线弹性体系下当复振型数为结构的所有复振型时三者是等价的。

根据前述复振型分析相关结论，当复振型坐标的运动方程写成式(14.2-8)时［即式(14.4-8)］，结构某响应$r$与其振型坐标的关系如式(14.2-7)所示，将其写为与扩展后的结构复振型$\{\psi_i\}$、$\{\overline{\psi_i}\}$的关系，为式(14.4-9)。

$$\dot{z}_i - \lambda_i z_i = -\ddot{u}_g, \quad \dot{\overline{z}}_i - \overline{\lambda}_i \overline{z}_i = -\ddot{u}_g \tag{14.4-8}$$

$$r = \{p\}^T \sum_{i=1}^{n} \{\psi_i\} \eta_i z_i + \{p\}^T \sum_{i=1}^{n} \{\overline{\psi_i}\} \overline{\eta}_i \overline{z}_i \tag{14.4-9}$$

利用式(13.3-24)所示振型参与系数$\eta_i$的表达式，式(14.4-9)也可展开为下式

$$r = \{p\}^T \sum_{i=1}^{n} \frac{\{\psi_i\}\{\psi_i\}^T}{a_i \lambda_i} [A]\{J\}(\lambda_i z_i) + \{p\}^T \sum_{i=1}^{n} \frac{\{\overline{\psi_i}\}\{\overline{\psi_i}\}^T}{\overline{a}_i \overline{\lambda}_i} [A]\{J\}(\overline{\lambda}_i \overline{z})$$
$$\triangleq \sum_{i=1}^{n} r_{i,\mathrm{Re}}^S (\lambda_i z_i) + \sum_{i=1}^{n} r_{i,\mathrm{Im}}^S (\overline{\lambda}_i \overline{z}) \tag{14.4-10}$$

同样利用静力响应来表达，则上式左右两项中的$r_{i,\mathrm{Re}}^s$和$r_{i,\mathrm{Im}}^s$分别对应地震作用振型分量$\eta_i [A]\{\psi_i\}$和$\overline{\eta}_i [A]\{\overline{\psi_i}\}$下结构的静力响应。因此，结构考虑所有振型的静力响应可以写为下式

$$r_0^S = \{p\}^T \sum_{i=1}^{n} \left( \frac{\{\psi_i\}\{\psi_i\}^T}{a_i \lambda_i} + \frac{\{\overline{\psi_i}\}\{\overline{\psi_i}\}^T}{\overline{a}_i \overline{\lambda}_i} \right) [A]\{J\} \tag{14.4-11}$$

根据特征对$(\lambda_i, \{\psi_i\})$满足特征方程$\lambda_i [A]\{\psi_i\} = -[B]\{\psi_i\}$以及振型的正交性，可推导出

$$\sum_{i=1}^{n} \left( \frac{\{\psi_i\}\{\psi_i\}^T}{a_i \lambda_i} + \frac{\{\overline{\psi_i}\}\{\overline{\psi_i}\}^T}{\overline{a}_i \overline{\lambda}_i} \right) = -[B]^{-1}[A] \sum_{i=1}^{n} \left( \frac{\{\psi_i\}\{\psi_i\}^T}{a_i} + \frac{\{\overline{\psi_i}\}\{\overline{\psi_i}\}^T}{\overline{a}_i} \right)$$

$$= -[B]^{-1}[A] \left( \begin{bmatrix} \psi_{1,1} & 0 & \cdots & 0 \\ \psi_{2,1} & 0 & \cdots & 0 \\ \vdots & \vdots & \cdots & \vdots \\ \psi_{2n,1} & 0 & \cdots & 0 \end{bmatrix} \begin{bmatrix} \psi_{1,1} & \psi_{2,1} & \cdots & \psi_{2n,1} \\ 0 & 0 & \cdots & 0 \\ \vdots & \vdots & \cdots & \vdots \\ 0 & 0 & \cdots & 0 \end{bmatrix} \frac{1}{a_1} + \cdots \right.$$
$$\left. + \begin{bmatrix} 0 & 0 & \cdots & \overline{\psi}_{1,n} \\ 0 & 0 & \cdots & \overline{\psi}_{2,n} \\ \vdots & \vdots & \cdots & \vdots \\ 0 & 0 & \cdots & \overline{\psi}_{2n,n} \end{bmatrix} \begin{bmatrix} 0 & 0 & \cdots & 0 \\ 0 & 0 & \cdots & 0 \\ \vdots & \vdots & \cdots & \vdots \\ \psi_{1,n} & \psi_{2,n} & \cdots & \psi_{2n,n} \end{bmatrix} \frac{1}{\overline{a}_n} \right)$$

$$= -[B]^{-1}[A][\Psi]\mathrm{diag}(1/a)[\Psi]^T = -[B]^{-1}[\Psi]^{-T}\mathrm{diag}(a)\mathrm{diag}(1/a)[\Psi]^T$$
$$= -[B]^{-1}$$

代入式(14.4-11)，得到结构考虑所有振型的静力响应可以写为下式

$$r_0^S = -\{p\}^T [B]^{-1}[A]\{J\} = -\{q\}^T [K]^{-1}[M]\{I\} \tag{14.4-12}$$

对于第 $i$ 对共轭振型下的静力响应也即式(14.4-11)中的第 $i$ 项，即

$$r_i^S = \{p\}^T \left( \frac{\{\psi_i\}\{\psi_i\}^T}{a_i \lambda_i} + \frac{\{\overline{\psi}_i\}\{\overline{\psi}_i\}^T}{\overline{a}_i \overline{\lambda}_i} \right) [A]\{J\}$$

$$= 2\mathrm{Re}\left( \frac{\{q\}^T\{\varphi_i\}}{a_i \lambda_i}\{\varphi_i\}^T[M]\{I\} \right)$$

(14.4-13)

当然也可以利用 $\{J\}$ 在复振型的展开 $\{J\} = \sum_{i=1}^{n}\eta_i\{\psi_i\} + \sum_{i=1}^{n}\overline{\eta}_i\{\overline{\psi}_i\}$，也即式(13.3-26)，得到第 $i$ 对共轭振型下的静力响应为

$$r_i^S = -\{p\}^T[B]^{-1}\left( \eta_i[A]\{\psi_i\} + \overline{\eta}_i[A]\{\overline{\psi}_i\} \right)$$

$$= -2\mathrm{Re}\left[ \eta_i\left( \lambda_i\{q\}^T[K]^{-1}[M]\{\varphi_i\} + \{q\}^T[K]^{-1}[C]\{\varphi_i\} \right) \right]$$

(14.4-14)

根据复振型特征方程及相关参数的定义，式(14.4-13)和式(14.4-14)计算结果是相等的，不再赘述。根据此定义，可以得到第 $i$ 对共轭复振型在静力响应 $r_0^S$ 中的贡献比例，如式(14.4-15)所示，由于该静力响应实为地震作用下结构动响应的等效静荷载响应，所以该贡献比例也可以表示结构动响应下第 $i$ 对共轭复振型的贡献比例，显然若全部复振型均参与计算，则 $\sum_{i=1}^{n}\gamma_i = 1$。

$$\gamma_i = \frac{r_i^S}{r_0^S} = \frac{2\mathrm{Re}\left[ \eta_i\left( \lambda_i\{q\}^T[K]^{-1}[M]\{\varphi_i\} + \{q\}^T[K]^{-1}[C]\{\varphi_i\} \right) \right]}{\{q\}^T[K]^{-1}[M]\{I\}}$$

$$= \frac{-2\mathrm{Re}\left( \dfrac{\{q\}^T\{\varphi_i\}}{a_i \lambda_i}\{\varphi_i\}^T[M]\{I\} \right)}{\{q\}^T[K]^{-1}[M]\{I\}}$$

(14.4-15)

式(14.4-15)所示为对结构任意响应的表达，同样令 $\{q\} = [K]\{I\}$，则得到第 $i$ 对共轭复振型在结构的基底剪力响应上的贡献比例计算式为

$$\gamma_i = \frac{2\mathrm{Re}\left[ \dfrac{\lambda_i\left( \{\varphi_i\}^T[M]\{I\} \right)^2}{a_i} + \eta_i\{\varphi_i\}^T[C]\{I\} \right]}{\{I\}^T[M]\{I\}}$$

$$= \frac{-2\mathrm{Re}\left( \dfrac{\{\varphi_i\}^T[K]\{I\}}{a_i \lambda_i}\{\varphi_i\}^T[M]\{I\} \right)}{\{I\}^T[M]\{I\}}$$

(14.4-16)

由于式(14.4-16)中分母为结构总质量，所以分子可以视为第 $i$ 对共轭复振型对应的有效振型质量，即有

$$m_{\mathrm{eff},i} = 2\mathrm{Re}\left[ \frac{\lambda_i\left( \{\varphi_i\}^T[M]\{I\} \right)^2}{a_i} + \eta_i\{\varphi_i\}^T[C]\{I\} \right]$$

$$= -2\mathrm{Re}\left( \frac{\{\varphi_i\}^T[K]\{I\}}{a_i \lambda_i}\{\varphi_i\}^T[M]\{I\} \right)$$

(14.4-17)

因此式(14.4-16)也可以称为第 $i$ 对共轭复振型的有效振型质量参与系数。不过，与经典阻尼体系下的有效振型质量不同的是，复振型有效质量可正可负，这意味着累计复振型有效质量并非单调递增，但最终会趋于结构总质量。

### 14.4.3 实、复振型振型质量参与系数的统一

根据式(13.5-12)所示的复振型下的特征值、特征向量与比例阻尼下实振型特征值和特征向量的关系，以及式(13.1-4)所示的实振型下的振型参与系数，即有式(14.4-18)，其中$\theta_i$为第$i$复振型与实振型的转换复系数。

$$\lambda_i = -\omega_i \zeta_i + i\omega_i\sqrt{1-\zeta_i^2} = -\omega_i \zeta_i + i\omega_{Di}, \ \{\varphi_i\} = \theta_i\{\phi_i\}, \ \eta_{R,i} = \frac{\{\phi_i\}^T[M]\{I\}}{\{\phi_i\}^T[M]\{\phi_i\}} \tag{14.4-18}$$

将式(14.4-18)代入式(13.3-24)计算相应的复振型参与系数为

$$\eta_i = \frac{\theta_i\{\phi_i\}^T[M]\{I\}}{2\theta_i^2 i\omega_{Di}\{\phi_i\}^T[M]\{\phi_i\}} = \frac{\eta_{R,i}}{2\theta_i i\omega_{Di}} \tag{14.4-19}$$

将式(14.4-18)、式(14.4-19)代入式(14.4-15)，按复振型方法计算得到第$i$阶振型对结构任意响应的表达，其结果与式(14.4-5)所示实振型下的表达式一致。

$$
\begin{aligned}
\gamma_i &= \frac{2\mathrm{Re}\big[\eta_i(\lambda_i\{q\}^T[K]^{-1}[M]\{\varphi_i\} + \{q\}^T[K]^{-1}[C]\{\varphi_i\})\big]}{\{q\}^T[K]^{-1}[M]\{I\}} \\
&= \frac{2\mathrm{Re}\left[\dfrac{\eta_i^R}{2\theta_i i\omega_{Di}}\big((-\omega_i\zeta_i + i\omega_{Di})\theta_i\{q\}^T[K]^{-1}[M]\{\phi_i\} + \theta_i\{q\}^T[K]^{-1}[C]\{\phi_i\}\big)\right]}{\{q\}^T[K]^{-1}[M]\{I\}} \\
&= \eta_i^R\frac{\{q\}^T[K]^{-1}[M]\{\phi_i\}}{\{q\}^T[K]^{-1}[M]\{I\}}
\end{aligned}
\tag{14.4-20}
$$

## 14.5 实例及 Python 编程

### 14.5.1 实例说明

分析实例仍取图 13.6-1 所示的标准复振型实例，但为考虑本章相关结论，在第 13 章 Python 程序的复振型分析基础上增加复振型质量的计算。

此外，为验证复振型分解法的可靠性，给定地震激励，编写 Python 程序利用本章的复振型分解法计算该地震激励下标准复振型实例的动力响应，并与时域逐步积分法的结果进行对比验证。

给定地震激励时程如图 14.5-1 所示。

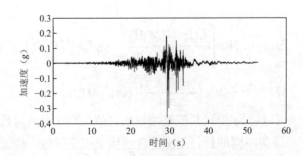

图 14.5-1 地震激励加速度时程

## 14.5.2　复振型分解法的 Python 编程与计算结果

相比第 13 章复振型分析的 Python 程序，本节 Python 程序在复振型分析中增加了复振型质量的计算。同时，增加了基于复振型分解法的时程分析，复振型分解后的单自由度时程分析采用了 Newmark-β 法。

### 14.5.2.1　Python 代码

根据本章复振型分解法流程，对图 13.6-1 所示的标准复振型实例编写 Python 程序代码如下。其中地震激励时程如图 14.5-1 所示，由于标准复振型实例的量纲系统为 "t、N、mm、s"，而图 14.5-1 所示地震记录量纲为重力加速度，因此读入地震记录时放大系数取 9800。

```python
import numpy as np
import matplotlib.pyplot as plt
def FormMK(m,k):
    nd = len(m)
    M = np.zeros((nd,nd), dtype=float)
    K = np.zeros((nd,nd), dtype=float)
    for i in range(nd): M[i,i] = m[i]
    K[0,0] = k[0]+k[1]
    K[0,1] = -k[1]
    for i in range(1,nd-1):
        K[i,i] = k[i]+k[i+1]
        K[i,i-1] = -k[i]
        K[i,i+1] = -k[i+1]
    K[nd-1,nd-1] = k[nd-1]
    K[nd-1,nd-2] = -k[nd-1]
    return(M,K)
def Eigs(M,K,nd):
    #求实特征值问题-w^2*M+K|=0，返回圆频率和归一化特征向量
    M_I = np.linalg.inv(M) #或 M_I = np.matrix(M).I
    M_IK = np.dot(M_I,K)
    [eigval,eigvec] = np.linalg.eig(M_IK)
    #特征值从小到大排序
    ei = eigval.argsort()
    # 获得排序后的圆频率
    eigval = np.sqrt(eigval[ei])
    # 获得排序后的特征向量，转置的原因是 numpy 默认索引操作是针对行操作，而振型向量是按列储存
    eigvec = eigvec.T[ei].T
    eigvec = np.array(eigvec)
    #特征向量归一
    for i in range(nd):
        tm = eigvec[:,i]
        cc = max(tm)
        if max(tm) < -1.0*min(tm): cc = -1.0*min(tm)
        eigvec[:,i] = tm[:] / cc
    #在归一化的特征向量基础上求后续相关结果
    phi = eigvec
    #求 phi.T*M*phi = diag(Mi); phi.T*K*phi = diag(Ki)，得到模态质量 Mi 和模态刚度 Ki
    pMp = np.dot(np.dot(phi.T, M), phi)
    pKp = np.dot(np.dot(phi.T, K), phi)
    Mi = pMp.diagonal(0)
    Ki = pKp.diagonal(0)
    #求 gamai[i] = phi[i]*M*I / Mi
    gamai = np.zeros(nd, dtype=float)
    I = np.ones(nd, dtype=float)
```

```
    for i in range(nd):
        gamai[i] = np.dot(np.dot(phi[:,i], M), I) / Mi[i]
    return(Mi,Ki,gamai,eigval,eigvec)
def FormRayleighC(M,K,ii,jj,damp_ratio,nd):
    #形成经典瑞利阻尼矩阵 C=a*M+b*K
    a = 2*damp_ratio*real_w[ii-1]*real_w[jj-1]/(real_w[ii-1]+real_w[jj-1])
    b = 2*damp_ratio/(real_w[ii-1]+real_w[jj-1])
    #print('瑞利阻尼系数 a,b:')
    #print("{:>20.4f}".format(a)),
    #print("{:>20.4f}".format(b)),
    #print("\n")
    C = np.zeros((nd,nd), dtype=float)
    for i in range(nd):
        for j in range(nd):
            C[i,j] = a*M[i,j] + b*K[i,j]
    return(C)
def Complex_eigs(M,K,C,nd):
    #利用状态空间法求解复特征值问题|r^2*M+r*C+K|=0，返回复特征值 r(r=-a+bj)和虚部归一化复特征向量
    #A=[[C,M],[M,0]]; B=[[K,0],[0,−M]]
    A = np.zeros((2*nd,2*nd), dtype=float)
    B = np.zeros((2*nd,2*nd), dtype=float)
    for i in range(nd):
        for j in range(nd):
            A[i,j] = C[i,j]
            A[nd+i,j] = M[i,j]
            A[i,nd+j] = M[i,j]
            B[i,j] = K[i,j]
            B[nd+i,nd+j] = -1.0*M[i,j]
    A_I = np.linalg.inv(A)
    A_IB = np.dot(-1.0*A_I,B)
    [eigval,eigvec] = np.linalg.eig(A_IB)
    #特征值从小到大排序
    ei = np.array([abs(i) for i in eigval]).argsort() #根据复特征值的模进行排序
    # 确保n 对特征值的虚部先出现正值后出现负值
    for i in range(nd):
        if eigval[ei[2*i]] < eigval[ei[2*i+1]]:
            c = ei[2*i]; ei[2*i] = ei[2*i+1]; ei[2*i+1] = c
    # 获得排序后的复特征值 r(r=-a+bj)
    eigval = eigval[ei]
    #求频率 w，阻尼比 kesi, wd
    w = abs(eigval)
    kesi = -1.0*eigval.real / abs(eigval)
    wd =w * np.sqrt(1.0-kesi*kesi)
    # 获得排序后的复特征向量
    eigvec = eigvec.T[ei].T
    eigvec = np.array(eigvec)
    #复特征向量按前 n 阶虚部归一
    eigvec1 = np.zeros((2*nd,2*nd), dtype=complex)
    for i in range(2*nd):
        tm = eigvec.imag[:nd,i]
        cc = max(tm)
        if max(tm) < -1.0*min(tm): cc = -1.0*min(tm)
        eigvec1[:,i] = eigvec[:,i] / cc
    #在虚部归一化的复特征向量基础上求后续相关结果
    phi = eigvec1
    #求 phi.T*A*phi = diag(Ai); phi.T*B*phi = diag(Bi)
    pAp = np.dot(np.dot(phi.T, A), phi)
    pBp = np.dot(np.dot(phi.T, B), phi)
    Ai = pAp.diagonal(0)
    Bi = pBp.diagonal(0)
    #求 Itai[i] = phi[i]*A*I / Ai
```

```
    Itai = np.zeros(2*nd, dtype=complex)
    I = np.zeros(2*nd, dtype=float)
    for i in range(nd): I[nd+i] = 1.0
    for i in range(2*nd):
        Itai[i] = np.dot(np.dot(phi[:,i], A), I) / Ai[i]
    #求模态质量 Mi, 模态阻尼 Ci, 模态刚度 Ki: phn.H*M*phn = diag(Mi); phn.H*C*phn = diag(Ci); phn.H*K*phn = diag(Ki)
    phn = np.zeros((nd,nd), dtype=complex)
    for i in range(nd):
        phn[:,i] = phi[:nd, 2*i]
    pMp = np.dot(np.dot(np.conjugate(phn).T, M), phn)
    pCp = np.dot(np.dot(np.conjugate(phn).T, C), phn)
    pKp = np.dot(np.dot(np.conjugate(phn).T, K), phn)
    Mi = pMp.diagonal(0).real
    Ci = pCp.diagonal(0).real
    Ki = pKp.diagonal(0).real
    #各阶振型有效质量 Eff_Mi
    Eff_Mi = np.zeros(nd, dtype=float)
    I = np.ones(nd, dtype=float)
    for i in range(nd):
        tp1 = np.dot(np.dot(phi[:nd, 2*i], K), I) * np.dot(np.dot(phi[:nd, 2*i], M), I)
        tp1 = -2.0 * tp1/Ai[2*i]/eigval[2*i]
        Eff_Mi[i] = tp1.real
    return(A, B, Ai, Bi, Eff_Mi, Mi, Ci, Ki, Itai, w, kesi, wd, eigval,eigvec,eigvec1)
def ReadEathAcc(dt, ugfile, scale, addtime):
    #读取地震波，单列加速度，时间间隔 dt
    fin = open(ugfile,'r')
    lines = fin.readlines()
    fin.close()
    ug = []
    for a in lines:
        if len(a.strip()) == 0: break
        ug.append(scale*float(a))
    n1 = len(ug)
    n2 = n1 + int(addtime/dt)
    time = []
    for i in range(n2):
        time.append(dt*i)
        if i >= n1: ug.append(0.0)
    #plt.plot(time, ug, 'b-')
    #plt.show()
    return(time, ug)
def THA_ComplexModeSuperpositionMethod_Newmark(CM,CK, cphi,cw,cItai, w,kesi,  nd,gama,beta,dt,ug,nt):
    #复振型叠加法求地震加速度 ug 作用下的结构弹性时程响应 AVD
    #CM*y. + CK*y = -CM*Ie*ug
    D=np.zeros((nd,nt))
    V=np.zeros((nd,nt))
    A=np.zeros((nd,nt))
    Y=np.zeros((2*nd,nt))
    Ydot=np.zeros((2*nd,nt))
    for i in range(nd): #复频率按-a1+b1i, -a1-b1i, -a2+b2i, -a2-b2i, ... 排列, 取虚部为正的计算
        [a1, v1, d1] = THA1D_Newmark(w[2*i],kesi[2*i],gama,beta,dt,ug,nt)
        cv = cphi[:,2*i]*cItai[2*i]
        cd = cv*cw[2*i].conjugate()
        cv = 2.0*cv.real
        cd = -2.0*cd.real
        for j in range(nt):
            Y[:, j] += cd * d1[j] + cv * v1[j]
    I = np.zeros(2*nd)
    for i in range(nd): I[nd+i] = 1.0
    CM_ICK = np.dot(np.linalg.inv(CM),CK)
    for j in range(nt):
```

```
          Ydot[:, j] = -1.0*I*ug[j] - np.dot(CM_ICK, Y[:, j])
      D=Y[:nd, :]
      V=Y[nd:, :]
      A=Ydot[nd:, :]
      return(A, V, D)
def THA1D_Newmark(w,kesi,gama,beta,dt,ug,nt):
      #利用 Newmark-beta 逐步积分法求 ug 地震加速度激励下的振型自由度的弹性时程响应 AVD
      D0=0.0 #初位移
      V0=0.0 #初速度
      D=np.zeros(nt)
      V=np.zeros(nt)
      A=np.zeros(nt)
      P=np.zeros(nt)
      PP=np.zeros(nt)
      #积分常数
      a0=1/(beta*dt**2)
      a1=gama/(beta*dt)
      a2=1/(beta*dt)
      a3=1/(2*beta)-1
      a4=gama/beta-1
      a5=dt/2*(gama/beta-2)
      a6=dt*(1-gama)
      a7=gama*dt
      K = w*w
      C = 2*kesi*w
      KK = K+a0+a1*C
      KK_I = 1.0/KK
      D[0]=D0
      V[0]=V0
      P[0]=-ug[0]
      A[0]=P[0]-C*V[0]-K*D[0]
      for j in range(1,nt):
          P[j]=-ug[j]
          PP[j]=P[j]+(a0*D[j-1]+a2*V[j-1]+a3*A[j-1])+C*(a1*D[j-1]+a4*V[j-1]+a5*A[j-1])
          D[j]=KK_I*PP[j]
          A[j]=a0*(D[j]-D[j-1])-a2*V[j-1]-a3*A[j-1]
          V[j]=V[j-1]+a6*A[j-1]+a7*A[j]
      return(A, V, D)
if __name__=='__main__':
      print('═══════════════ 剪切层模型在地震作用下弹性时程分析(复振型叠加法求解) ═══════════════')
      print('Author: Chang Lei')
      print('Date: 20240412')
      print('═══════════════ 剪切层模型在地震作用下弹性时程分析(复振型叠加法求解) ═══════════════')
      print('\n')
      # 质量 m，刚度 k，阻尼 c
      m=[15,10,10];        #单位 t，从底部到顶
      k=[200,1000,1000];   #单位 N/mm，从底部到顶
      #m=[15,10,10,15,10,15,10];        #单位 t，从底部到顶
      #k=[200,1000,1000,1000,1000,1000,1000];  #单位 N/mm，从底部到顶
      c_isolator=45;       #支座的附加阻尼，N*s/mm
      # 结构质量、刚度及阻尼 M,K,C
      nd = len(m)
      [M,K] = FormMK(m,k)
      # 求实振型，根据第 ii 第 jj 振型阻尼比 damp_ratio 求瑞利比例阻尼 aM+bK
      [real_Mi,real_Ki,real_gamai,real_w,real_phi] = Eigs(M,K,nd)
      damp_ratio=0.05;     #阻尼比
      C = FormRayleighC(M,K,1,3,damp_ratio,nd) # ii = 1; jj = 3
      C[0,0] += c_isolator*1
      #C[1,1] += c_isolator*1
      #C[2,2] += c_isolator*1
      #C = np.zeros((nd,nd), dtype=float)
```

```
#读取地震波，单列加速度，时间间隔 dt
dt = 0.01
scale = 9800 #放大系数，地震记录由 g 转为 mm/s^2
addtime = 10.0 #后面增加自由振动的时间
ugfile = 'chichi.txt'
[time, ug] = ReadEathAcc(dt, ugfile, scale, addtime)
nt = len(ug)
#复振型求解
[A, B, Ai, Bi, Eff_Mi, Mi, Ci, Ki, Itai, w, kesi, wd, cw, cphi, cphi1] = Complex_eigs(M,K,C,nd)
#输出各阶累计复振型质量
print('各阶累计振型质量(sigma: Eff_Mi)及占比:')
sigmaEff_Mi = 0
for i in range(nd):
    sigmaEff_Mi += Eff_Mi[i]
    print("第{:d}对复振型{:>20.4f}{:>20.4f}".format(i+1, sigmaEff_Mi, sigmaEff_Mi/sum(m)))
#复振型叠加法求地震加速度 ug 作用下结构响应
gama = 0.5
beta = 0.25

[A, V, D] = THA_ComplexModeSuperpositionMethod_Newmark(A,B,cphi1,cw,Itai,w,kesi,nd,gama,beta,dt,ug,nt) #AVD: array: nd,
nt
fo = open('AVD_PMSMNewmark.out','w')
outi = 2 #输出的楼层号
fo.write('Time, Dis, Vel, Acc\n')
for i in range(nt): fo.write('%20.4f,%20.4f,%20.4f,%20.4f\n' %(time[i], D[outi-1, i], V[outi-1, i], A[outi-1, i]));
fo.close()
# 绘制所有质点位移时程
showfig = 0
if showfig == 1:
    for i in range(0,nd):
        dis = D[i,:]
        plt.figure('Floor Disp' + str(i+1))
        plt.title('Displacement Response For Degree ' + str(i+1))
        #plt.plot(modevec0, floors, 'b--', modevec1, floors, 'r-',marker='o')
        plt.plot(time, dis, 'b-')
        plt.xlabel('Time(s)')
        plt.ylabel('Displacement(mm)')
        plt.show()
plt.figure('Floor Displacement Response')
plt.plot(time, D[0,:], 'b-', time, D[1,:], 'r-', time, D[2,:], 'g-')
plt.legend(('Floor1', 'Floor2', 'Floor3'))
plt.xlabel('Time(s)')
plt.ylabel('Displacement(mm)')
plt.show()
```

#### 14.5.2.2　计算结果

　　上述 Python 程序代码运行后输出了如图 14.5-2 所示的各层位移时程图，同时窗口输出了复振型累计振型质量及占比，也输出了楼层号 2 的加速度、速度和位移时程文本结果。

　　从窗口输出的复振型累计振型质量及占比可以看到，考虑 3 对复振型后累计振型质量就是结构的总质量，但累计振型质量并非单调递增，考虑前 2 对复振型累计振型质量超过了 35t，也即第 3 对复振型质量为负数。

各阶累计振型质量(sigma: Eff_Mi)及占比:

| | | |
|---|---|---|
| 第 1 对复振型 | 34.8096 | 0.9946 |
| 第 2 对复振型 | 35.0006 | 1.0000 |
| 第 3 对复振型 | 35.0000 | 1.0000 |

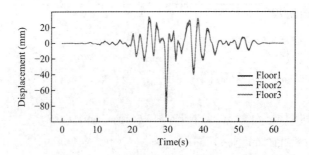

图 14.5-2　Python 程序输出的各层位移时程

　　对于复振型分解法的时程分析结果，不妨采用逐步积分的时程分析方法对该标准复振型实例在地震激励下进行分析，对比 2 层的加速度、速度及位移时程，结果如图 14.5-3～图 14.5-5 所示，两种方法计算得到的时程曲线完全重合，表明复振型分解法是正确的。

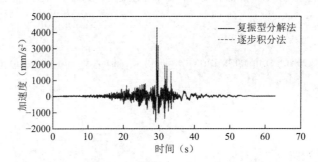

图 14.5-3　复振型分解法 Python 程序得到的 2 层加速度时程与逐步积分法结果对比

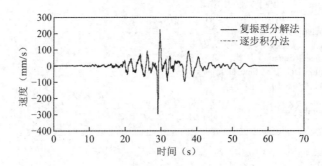

图 14.5-4　复振型分解法 Python 程序得到的 2 层速度时程与逐步积分法结果对比

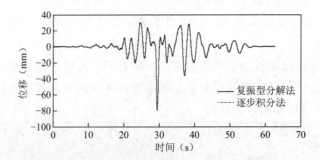

图 14.5-5　复振型分解法 Python 程序得到的 2 层位移时程与逐步积分法结果对比

# 第 15 章

# 多自由度体系动力反应的复振型分解反应谱法

## 15.1 复振型分解法反应谱法及主要假定

对于线性结构体系，振型叠加方法是进行动力分析的有效方法之一，其与反应谱理论相结合形成的振型分解反应谱方法是目前抗震设计所采用的主要方法。

近十几年，随着隔减震技术的发展，隔减震工程应用日益增多，与传统结构相比，由于耗能装置的布置，隔减震结构属于典型的非经典阻尼体系，这导致传统的基于实振型叠加的分析方法不再适用。前述章节对考虑一般黏性阻尼系统的复振型理论进行了分析和阐述，也给出了复振型分解法在时程分析中的应用。反应谱法是当前工程设计中所采用的主要抗震及隔减震设计方法，而复振型分解反应谱在国内的应用还不成熟，只有一定的学术研究成果，周锡元等给出了解析形式的复振型相关系数表达式，其形式简洁明了，是对经典 CQC（完全平方组合，complete quadratic combination）中振型相关系数的一种推广，称为 CCQC（复振型完全平方组合，complex complete quadratic combination），该组合针对一般的非经典阻尼系统而提出，所以对隔减震结构的设计具有非常重要的实用价值。不过复振型分解反应谱法的完整推导涉及基于随机过程的随机振动分析，目前还未见系统性的介绍。

因此本章拟对随机振动进行较为系统的说明，从随机过程的基本数字特征出发，逐步推导，最终基于白噪声假定得到复振型分解反应谱法的完整表达。最后基于平稳高斯过程的峰值响应与响应标准差的关系，并假定结构地震响应的峰值系数与各阶振型响应的峰值系数相等，得到结构任意响应峰值的复振型分解反应谱法。

## 15.2 随机过程的主要数字特征

### 15.2.1 一般随机过程的主要数字特征

对随机过程 $X(t)$，记其一维概率密度函数为 $f(x, t)$，则其一维概率分布函数 $F(x, t)$ 为

$$F(x, t) = \int_{-\infty}^{x} f(x, t) \, dx \tag{15.2-1}$$

若$n$维概率密度函数为$f(x_1, x_2, \cdots, x_n; t_1, t_2, \cdots, t_n)$，则其相应$n$维概率分布函数$F(x_1, x_2, \cdots, x_n; t_1, t_2, \cdots, t_n)$为

$$F(x_1, x_2, \cdots, x_n; t_1, t_2, \cdots, t_n)$$
$$= \int_{-\infty}^{x_1} \int_{-\infty}^{x_2} \cdots \int_{-\infty}^{x_n} f(x_1, x_2, \cdots, x_n; t_1, t_2, \cdots, t_n) \, \mathrm{d}x_1 \, \mathrm{d}x_2 \cdots \mathrm{d}x_n \quad (15.2\text{-}2)$$

随机过程$X(t)$的数学期望$E_X(t)$为

$$E_X(t) = \int_{-\infty}^{+\infty} x f(x, t) \, \mathrm{d}x \quad (15.2\text{-}3)$$

随机过程$X(t)$的方差函数$D_X(t)$为

$$D_X(t) = E[x(t) - E_X(t)]^2 = E_{X^2}(t) - E_X^2(t) \quad (15.2\text{-}4)$$

随机过程$X(t)$的协方差函数$C_{XX}(s, t)$为

$$\begin{aligned} C_{XX}(s, t) &= \mathrm{cov}[x(s), x(t)] \\ &= E[x(s) - E_X(s)]E[x(t) - E_X(t)] \\ &= E[x(s)x(t)] - E_X(s)E_X(t) \end{aligned} \quad (15.2\text{-}5)$$

随机过程$X(t)$的自相关函数$R_{XX}(s, t)$为

$$\begin{aligned} R_{XX}(s, t) &= E[x(s)x(t)] \\ &= C_{XX}(s, t) + E_X(s)E_X(t) \end{aligned} \quad (15.2\text{-}6)$$

特别地，当$s = t$时，得

$$R_{XX}(t, t) = D_X(t) + E_X^2(t) \quad (15.2\text{-}7)$$

对两随机过程$X(t)$和$Y(t)$，其互协方差函数$C_{XY}(s, t)$定义为

$$\begin{aligned} C_{XY}(s, t) &= \mathrm{cov}[x(s), y(t)] \\ &= E[x(s) - E_X(s)]E[y(t) - E_Y(t)] \end{aligned} \quad (15.2\text{-}8)$$

两随机过程$X(t)$和$Y(t)$的互相关函数$R_{XY}(s, t)$为

$$R_{XY}(s, t) = E[x(s)y(t)] \quad (15.2\text{-}9)$$

### 15.2.2　平稳随机过程的主要性质

在实际应用中，随机过程的时间分布若是具有一般性，则其数字特征也往往没有规律可循，对其进行统计分析是很困难的，实际应用也困难。当随机过程具有某些特性时，数字特征也就具有某些特征，实际应用也更具有可行性，其中平稳随机过程则是最为常见的一种随机过程。

若随机过程$X(t)$的分布函数对任意时刻$t_i$满足下式

$$F(x_1, x_2, \cdots, x_n; t_1, t_2, \cdots, t_n) = F(x_1, x_2, \cdots, x_n; t_1 + \tau, t_2 + \tau, \cdots, t_n + \tau) \quad (15.2\text{-}10)$$

则称随机过程$X(t)$为严平稳过程。这种定义是较为严格的，实际应用时往往只要求随机过程的统计特性和概率特征不随时间变化就可以较为方便地应用，因此满足下式定义的随机过程称为宽平稳过程，一般情况下提到的平稳过程均指宽平稳过程。

$$\begin{cases} E_X(t) = \mu \ (\text{常数}) \\ R_{XX}(t, t + \tau) = R_{XX}(\tau) \end{cases} \quad (15.2\text{-}11)$$

对于实平稳过程，其自相关函数为偶函数而互相关函数不是偶函数，满足式(15.2-12)。

一般情况下所指的平稳随机过程$X(t)$均是实平稳过程。

$$R_{XX}(\tau) = R_{XX}(-\tau), \ R_{XY}(\tau) = R_{YX}(-\tau) \tag{15.2-12}$$

若随机过程$X(t)$满足

$$\begin{cases} E_X = \lim_{T \to \infty} \frac{1}{T} \int_{-T/2}^{T/2} x(t) \, \mathrm{d}t \\ R_{XX}(\tau) = \lim_{T \to \infty} \frac{1}{T} \int_{-T/2}^{T/2} x(t) x(t + \tau) \, \mathrm{d}t \end{cases} \tag{15.2-13}$$

则称随机过程$X(t)$具有均方遍历性，也可称为各态历经性。

根据傅里叶变换定义，可得到随机过程$X(t)$及其傅里叶变换$X(i\omega)$的关系式

$$\begin{cases} X(i\omega) = \int_{-\infty}^{+\infty} x(t) \mathrm{e}^{-i\omega t} \, \mathrm{d}t \\ x(t) = \frac{1}{2\pi} \int_{-\infty}^{+\infty} X(i\omega) \mathrm{e}^{i\omega t} \, \mathrm{d}\omega \end{cases} \tag{15.2-14}$$

现在考虑随机过程$X(t)$的均方值，即

$$\begin{aligned} E_{X^2} &= \lim_{T \to \infty} \frac{1}{T} \int_{-T/2}^{T/2} x(t) x(t) \, \mathrm{d}t \\ &= \lim_{T \to \infty} \frac{1}{2\pi} \frac{1}{T} \int_{-T/2}^{T/2} x(t) \int_{-\infty}^{+\infty} X(i\omega) \mathrm{e}^{i\omega t} \, \mathrm{d}\omega \, \mathrm{d}t \\ &= \int_{-\infty}^{+\infty} X(i\omega) \left[ \lim_{T \to \infty} \frac{1}{2\pi} \frac{1}{T} \int_{-T/2}^{T/2} x(t) \mathrm{e}^{i\omega t} \, \mathrm{d}t \right] \mathrm{d}\omega \end{aligned} \tag{15.2-15}$$

注意到上式右端方括号内的积分是$X(t)$的共轭离散傅里叶变换$\overline{X}(i\omega)$，当$T \to \infty$时，其也趋于连续的共轭傅里叶变换，因此上式可以写成

$$\begin{aligned} E_{X^2} &= \frac{1}{2\pi} \lim_{T \to \infty} \frac{1}{T} \int_{-\infty}^{+\infty} X(i\omega) \overline{X}(i\omega) \, \mathrm{d}\omega \\ &= \frac{1}{2\pi} \lim_{T \to \infty} \frac{1}{T} \int_{-\infty}^{+\infty} |X(i\omega)|^2 \, \mathrm{d}\omega \\ &= \frac{1}{2\pi} \int_{-\infty}^{+\infty} \left( \lim_{T \to \infty} \frac{1}{T} |X(i\omega)|^2 \right) \mathrm{d}\omega \end{aligned} \tag{15.2-16}$$

式中右端括号内的项称为该随机过程$X(t)$的功率谱密度函数，简称为谱密度函数或谱密度，即

$$S_{XX}(\omega) = \lim_{T \to \infty} \frac{1}{T} |X(i\omega)|^2 \tag{15.2-17}$$

功率谱密度函数$S_{XX}(\omega)$可以理解为频率$\omega$对$E_{X^2}$的贡献，类似具有连续变化的傅里叶级数的系数，也即傅里叶变换在给定频率上的幅值或傅里叶谱，这样除了常系数外，傅里叶谱的平方的期望值即为谱密度函数，由于式(15.2-17)是在很长时间内的平均，因此已不再具有随机性，也不再是复数，这是谱密度与傅里叶谱的不同之处。

考察随机过程$X(t)$的自相关函数定义，即式(15.2-13)，结合傅里叶变换予以展开，得到

$$
\begin{aligned}
R_{XX}(\tau) &= \lim_{T \to \infty} \frac{1}{T} \int_{-T/2}^{T/2} x(t) \frac{1}{2\pi} \int_{-\infty}^{+\infty} X(i\omega) e^{i\omega(t+\tau)} \, d\omega \, dt \\
&= \frac{1}{2\pi} \int_{-\infty}^{+\infty} \lim_{T \to \infty} \frac{1}{T} \left[ X(i\omega) \int_{-T/2}^{T/2} x(t) e^{i\omega t} \, dt \right] e^{i\omega\tau} \, d\omega \\
&= \frac{1}{2\pi} \int_{-\infty}^{+\infty} \lim_{T \to \infty} \frac{1}{T} X(i\omega) \overline{X}(i\omega) e^{i\omega\tau} \, d\omega \\
&= \frac{1}{2\pi} \int_{-\infty}^{+\infty} S_{XX}(\omega) e^{i\omega\tau} \, d\omega
\end{aligned}
\tag{15.2-18}
$$

这说明随机过程$X(t)$的自相关函数和其谱密度是一傅里叶变换对，有式(15.2-19)，这个公式也叫作维纳–辛钦（Weiner-Khichin）公式，由于谱密度也是偶函数，因此也常常取单边谱，得到式(15.2-20)所示的傅里叶变换对。

$$
\begin{cases}
S_{XX}(\omega) = \int_{-\infty}^{+\infty} R_{XX}(\tau) e^{-i\omega\tau} \, d\tau \\
R_{XX}(\tau) = \frac{1}{2\pi} \int_{-\infty}^{+\infty} S_{XX}(\omega) e^{i\omega\tau} \, d\omega
\end{cases}
\tag{15.2-19}
$$

$$
\begin{cases}
G_{XX}(\omega) = 2 \int_{0}^{+\infty} R_{XX}(\tau) e^{-i\omega\tau} \, d\tau \\
R_{XX}(\tau) = \frac{1}{\pi} \int_{0}^{+\infty} G_{XX}(\omega) e^{i\omega\tau} \, d\omega
\end{cases}
\tag{15.2-20}
$$

特别地，当$\tau$等于 0，$E_X(t) = \mu = 0$时，有

$$
R_{XX}(0) = \frac{1}{2\pi} \int_{-\infty}^{+\infty} S_{XX}(\omega) \, d\omega = D_X = \sigma_X^2
\tag{15.2-21}
$$

这就是说，均值为零的平稳过程其均方值是功率谱密度曲线下的面积除以$2\pi$。

同样，对于两个随机过程$X(t)$和$Y(t)$也给出互谱密度$S_{XY}(i\omega)$的定义，其与互相关函数$R_{XY}(s,t)$为一傅里叶变换对，有

$$
\begin{cases}
S_{XY}(i\omega) = \int_{-\infty}^{+\infty} R_{XY}(\tau) e^{-i\omega\tau} \, d\tau \\
R_{XY}(\tau) = \frac{1}{2\pi} \int_{-\infty}^{+\infty} S_{XY}(i\omega) e^{i\omega\tau} \, d\omega
\end{cases}
\tag{15.2-22}
$$

但与谱密度不同的是，互谱密度$S_{XY}(i\omega)$一般为复数，满足式(15.2-23)，且其实部$\mathrm{Re}[S_{XY}(i\omega)]$为$\omega$的偶函数，虚部$\mathrm{Im}[S_{XY}(i\omega)]$为$\omega$的奇函数。

$$
S_{XY}(i\omega) = \overline{S}_{YX}(i\omega)
\tag{15.2-23}
$$

### 15.2.3  平稳随机过程导数的主要性质

第 15.2.2 节讨论中我们已经知道随机过程$X(t)$的统计特性可以用相关函数$R_{XX}(\tau)$和谱密度$S_{XX}(\omega)$来表示，现在考察$X(t)$的一阶、二阶导数的统计特性。

先考虑自相关函数对时间的导数，得到

$$\frac{\mathrm{d}R_{XX}(\tau)}{\mathrm{d}\tau} = \lim_{T\to\infty} \frac{1}{T} \int_{-T/2}^{T/2} x(t) \frac{\mathrm{d}x(t+\tau)}{\mathrm{d}\tau} \mathrm{d}t$$

$$= \lim_{T\to\infty} \frac{1}{T} \int_{-T/2}^{T/2} x(t) \frac{\mathrm{d}x(t+\tau)}{\mathrm{d}(t+\tau)} \frac{\mathrm{d}(t+\tau)}{\mathrm{d}\tau} \mathrm{d}t \qquad (15.2\text{-}24)$$

$$= \lim_{T\to\infty} \frac{1}{T} \int_{-T/2}^{T/2} x(t)\dot{x}(t+\tau) \mathrm{d}t$$

由于是平稳过程，因此也可以得到

$$\frac{\mathrm{d}R_{XX}(\tau)}{\mathrm{d}\tau} = \lim_{T\to\infty} \frac{1}{T} \int_{-T/2}^{T/2} x(t-\tau)\dot{x}(t) \mathrm{d}t \qquad (15.2\text{-}25)$$

对上式再次求导，得到

$$\frac{\mathrm{d}^2 R_{XX}(\tau)}{\mathrm{d}\tau^2} = -\lim_{T\to\infty} \frac{1}{T} \int_{-T/2}^{T/2} \dot{x}(t-\tau)\dot{x}(t) \mathrm{d}t = -R_{\dot{X}\dot{X}}(\tau) \qquad (15.2\text{-}26)$$

根据自相关函数 $R_{XX}(\tau)$ 和谱密度 $S_{XX}(\omega)$ 之间的维纳–辛钦关系，可以得到

$$\frac{\mathrm{d}^2 R_{XX}(\tau)}{\mathrm{d}\tau^2} = -\frac{1}{2\pi} \int_{-\infty}^{+\infty} \omega^2 S_{XX}(\omega)\mathrm{e}^{i\omega\tau} \mathrm{d}\omega \qquad (15.2\text{-}27)$$

对比式(15.2-26)和式(15.2-27)，得到

$$R_{\dot{X}\dot{X}}(\tau) = \frac{1}{2\pi} \int_{-\infty}^{+\infty} \omega^2 S_{XX}(\omega)\mathrm{e}^{i\omega\tau} \mathrm{d}\omega \qquad (15.2\text{-}28)$$

因此，有 $S_{\dot{X}\dot{X}}(\omega) = \omega^2 S_{XX}(\omega)$。可以证得，对随机过程 $X(t)$ 的第 $n$ 阶导数 $X^{(n)}(t)$ 的自相关函数和谱密度分别可表示为

$$\begin{cases} R_{XX}^{(n)}(\tau) = R_{X^{(n)}X^{(n)}}(\tau) = (-1)^n \dfrac{\mathrm{d}^{2n}}{\mathrm{d}\tau^{2n}} R_{XX}(\tau) \\ S_{XX}^{(n)}(\tau) = S_{X^{(n)}X^{(n)}}(\omega) = \omega^{2n} S_{XX}(\omega) \end{cases} \qquad (15.2\text{-}29)$$

## 15.3 单自由度线弹性体系的随机地震反应分析

### 15.3.1 单自由度线弹性体系的地震反应

地震引起地面加速度 $\ddot{x}_\mathrm{g}$ 作用下单自由度线弹性体系的动力方程如式(15.3-1)所示。

$$m\ddot{x} + c\dot{x} + kx = -m\ddot{x}_\mathrm{g} \qquad (15.3\text{-}1)$$

对等式两边分别进行傅里叶变换，得到

$$\left[ m(i\omega)^2 + c(i\omega) + k \right] X(i\omega) = -m\ddot{X}_\mathrm{g}(i\omega) \qquad (15.3\text{-}2)$$

其中 $X(i\omega)$ 和 $\ddot{X}_\mathrm{g}(i\omega)$ 分别为结构动力响应 $x$ 和地面加速度 $\ddot{x}_\mathrm{g}$ 的傅里叶变换

$$\begin{cases} X(i\omega) = \displaystyle\int_{-\infty}^{+\infty} x(t)\mathrm{e}^{-i\omega t} \mathrm{d}t \\ \ddot{X}_\mathrm{g}(i\omega) = \displaystyle\int_{-\infty}^{+\infty} \ddot{x}_\mathrm{g}(t)\mathrm{e}^{-i\omega t} \mathrm{d}\omega \end{cases} \qquad (15.3\text{-}3)$$

则可以得到动力方程式(15.3-1)在频域的方程

$$X(i\omega) = H(i\omega) \cdot \left[-\ddot{X}_g(i\omega)\right] \qquad (15.3\text{-}4)$$

显然结构在时域的微分方程演变为频域的代数方程，极大简化了计算，其中$H(i\omega)$也称为传递函数或频响函数，如式(15.3-5)的第一式所示，若记结构的自振频率为$\omega_0$，阻尼比为$\zeta_0$，则也可表示为式(15.3-5)的第二式，显然跟前文式(13.5-14)介绍的频响函数定义一致。

$$H(i\omega) = \frac{m}{-m\omega^2 + ic\omega + k}, \quad H_0(i\omega) = \frac{1}{\omega_0^2 - \omega^2 + 2i\zeta_0\omega_0\omega} \qquad (15.3\text{-}5)$$

### 15.3.2 单位脉冲激振

假设单自由度线弹性体系（质量为$m$、自振频率为$\omega_0$、阻尼比为$\zeta_0$）在某个时刻$t_0$开始受到一个冲击力$F(t)$作用，该冲击力持续时间$\Delta t$很短，在时段$\Delta t$内里$F$的大小保持不变，则该冲击力的冲量为

$$I_F = \int_{t_0}^{t_0+\Delta t} F \, dt \qquad (15.3\text{-}6)$$

在上式中，令$\Delta t \to 0$，则$F \to \infty$，保持$I_F = 1$，这时称这个冲量$I_F$为单位脉冲，这个力函数$F(t)$为单位脉冲函数，也称为 Dirac 函数或$\delta$函数，用$\delta(t - t_0)$表示，如图 15.3-1 所示。

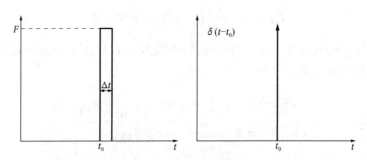

图 15.3-1 单位脉冲函数示意

$\delta$函数有如下基本性质：

$$\delta(t - t_0) = \begin{cases} 0 & (t \neq t_0) \\ \infty & (t = t_0) \end{cases} \qquad (15.3\text{-}7)$$

$$\int_{-\infty}^{+\infty} \delta(t - t_0) \, dt = 1 \qquad (15.3\text{-}8)$$

$$\int_{-\infty}^{+\infty} f(t)\delta(t - t_0) \, dt = f(t_0) \qquad (15.3\text{-}9)$$

假设单自由度结构在 0 时刻受到单位脉冲作用$\delta(t)$，现在求解其动力响应。此时的运动方程为

$$\ddot{x} + 2\zeta_0\omega_0\dot{x} + \omega_0^2 x = \frac{\delta(t)}{m} \qquad (15.3\text{-}10)$$

根据冲量定理，冲量结束后，系统获得的动量等于作用在系统上的冲量，此时系统还

来不及产生初位移，即有

$$m\dot{x}_0 = I_F = 1, \quad 或\dot{x}_0 = 1/m, \quad 或x_0 = 0 \tag{15.3-11}$$

当然也可以这样来说明，即由于在脉冲作用的瞬间（$t = 0 \to 0^+$），质量块产生了加速度$\ddot{x} = \delta(t)/m$，可用积分来求脉冲结束后的速度$\dot{x}_0$和位移$x_0$，根据$\delta$函数的性质，有式(15.3-12)，显然与式(15.3-11)结果一致。

$$\dot{x}_0 = \int_0^{0^+} \ddot{x}(t)\,\mathrm{d}t = \int_0^{0^+} \frac{\delta(t)}{m}\,\mathrm{d}t = \frac{1}{m}, \quad x_0 = \int_0^{0^+} \dot{x}(t)\,\mathrm{d}t = \int_0^{0^+} \frac{1}{m}\,\mathrm{d}t = 0 \tag{15.3-12}$$

将式(15.3-11)的初始条件代入单自由度有阻尼自由振动的解，可得式(15.3-13)。

$$x(t) = \frac{1}{m\omega_0\sqrt{1-\zeta_0^2}}\mathrm{e}^{-\zeta_0\omega_0 t}\sin\left(\omega_0\sqrt{1-\zeta_0^2}\,t\right) \tag{15.3-13}$$

这便是质量为$m$、自振频率为$\omega_0$、阻尼比为$\zeta_0$的单自由度结构的响应，称为单位脉冲响应函数，并记为$h_0(t)$，其完整表达为

$$h_0(t) = \begin{cases} 0 & (t < 0) \\ \dfrac{1}{m\omega_0\sqrt{1-\zeta_0^2}}\mathrm{e}^{-\zeta_0\omega_0 t}\sin\left(\omega_0\sqrt{1-\zeta_0^2}\,t\right) & (t \geqslant 0) \end{cases} \tag{15.3-14}$$

不难得到，当单位脉冲作用在时刻$\tau$时，引起的单位脉冲响应$h_0(t-\tau)$为

$$h_0(t-\tau) = \begin{cases} 0 & (t < \tau) \\ \dfrac{1}{m\omega_0\sqrt{1-\zeta_0^2}}\mathrm{e}^{-\zeta_0\omega_0(t-\tau)}\sin\left[\omega_0\sqrt{(1-\zeta_0^2)}(t-\tau)\right] & (t \geqslant \tau) \end{cases} \tag{15.3-15}$$

## 15.3.3　频响函数和脉冲响应函数的关系

式(15.3-5)所示的频响函数的傅里叶逆变换也即脉冲响应函数$h_0(t)$，与频响函数构成傅里叶变换对，如下式所示：

$$\begin{cases} H_0(i\omega) = \displaystyle\int_{-\infty}^{+\infty} h_0(t)\mathrm{e}^{-i\omega t}\,\mathrm{d}t \\ h_0(t) = \dfrac{1}{2\pi}\displaystyle\int_{-\infty}^{+\infty} H_0(i\omega)\mathrm{e}^{i\omega t}\,\mathrm{d}\omega \end{cases} \tag{15.3-16}$$

这可从单自由度线弹性体系在地震作用为单位脉冲函数下的频域解得到，即令$\ddot{x}_g = -\delta(t)$。根据式(15.3-10)～式(15.3-14)得到此时结构的动力响应为式(15.3-14)所示的单位脉冲响应函数$x(t) = h_0(t)$。这里可以根据$\delta$函数性质，以及式(15.3-3)和式(15.3-4)，得到下式

$$\ddot{X}_g(i\omega) = -1, \quad X(i\omega) = H_0(i\omega) \tag{15.3-17}$$

而$x(t)$和$X(i\omega)$为一傅里叶变换对，因此$h_0(t)$和$H_0(i\omega)$也为一傅里叶变换对，所以式(15.3-16)成立。

那么在地震作用$\ddot{x}_g$下，可由卷积定理得到自振频率$\omega_0$、阻尼比$\zeta_0$的单自由度结构的响应，如下式所示：

$$x(t) = \int_{-\infty}^{+\infty} -\ddot{x}_g(t-\tau)h_0(\tau)\,\mathrm{d}\tau = \int_{-\infty}^{+\infty} -\ddot{x}_g(\tau)h_0(t-\tau)\,\mathrm{d}\tau \tag{15.3-18}$$

### 15.3.4　单自由度线弹性体系的随机地震反应分析

假定地震下地面加速度 $\ddot{x}_g$ 为平稳随机过程，其均值为 $\mu_g$，自相关函数为 $R_g(\tau)$，谱密度为 $S_g(\omega)$，由随机过程理论可得到自振频率 $\omega_0$、阻尼比 $\zeta_0$ 的单自由度结构，其随机地震反应 $x(t)$ 仍为平稳随机过程。其统计数字特征如下：

均值为

$$E_X = -\mu_g \int_{-\infty}^{+\infty} h_0(\tau)\,d\tau = -\mu_g H_0(0) \tag{15.3-19}$$

自相关函数为

$$
\begin{aligned}
R_{XX}(\tau) &= \lim_{T\to\infty} \frac{1}{T} \int_{-T/2}^{T/2} x(t)x(t+\tau)\,dt \\
&= \lim_{T\to\infty} \frac{1}{T} \int_{-T/2}^{T/2} \left[ \int_{-\infty}^{+\infty} -\ddot{x}_g(t-\tau_1)h_0(\tau_1)\,d\tau_1 \int_{-\infty}^{+\infty} -\ddot{x}_g(t+\tau-\tau_2)h_0(\tau_2)\,d\tau_2 \right] dt \\
&= \int_{-\infty}^{+\infty} \int_{-\infty}^{+\infty} \left[ \lim_{T\to\infty} \frac{1}{T} \int_{-T/2}^{T/2} \ddot{x}_g(t-\tau_1)\ddot{x}_g(t+\tau-\tau_2)\,dt \right] h_0(\tau_1)h_0(\tau_2)\,d\tau_1\,d\tau_2 \\
&= \int_{-\infty}^{+\infty} \int_{-\infty}^{+\infty} R_g(\tau+\tau_1-\tau_2)h_0(\tau_1)h_0(\tau_2)\,d\tau_1\,d\tau_2
\end{aligned}
\tag{15.3-20}
$$

方差为

$$\sigma_X^2 = D_X = R_{XX}(0) - E_X^2 \tag{15.3-21}$$

谱密度为

$$
\begin{aligned}
S_{XX}(\omega) &= \int_{-\infty}^{+\infty} R_{XX}(\tau)e^{-i\omega\tau}\,d\tau \\
&= \int_{-\infty}^{+\infty} e^{-i\omega\tau} \left[ \int_{-\infty}^{+\infty} \int_{-\infty}^{+\infty} R_g(\tau+\tau_1-\tau_2)h_0(\tau_1)h_0(\tau_2)\,d\tau_1\,d\tau_2 \right] d\tau \\
&= \int_{-\infty}^{+\infty} \int_{-\infty}^{+\infty} \left[ \int_{-\infty}^{+\infty} e^{-i\omega(\tau+\tau_1-\tau_2)} R_g(\tau+\tau_1-\tau_2)\,d\tau \right] \\
&\qquad e^{i\omega\tau_1}h_0(\tau_1)e^{-i\omega\tau_2}h_0(\tau_2)\,d\tau_1\,d\tau_2 \\
&= S_g(\omega) \int_{-\infty}^{+\infty} e^{i\omega\tau_1}h_0(\tau_1)\,d\tau_1 \int_{-\infty}^{+\infty} e^{-i\omega\tau_2}h_0(\tau_2)\,d\tau_2 \\
&= S_g(\omega)\overline{H_0(i\omega)}H_0(i\omega) \\
&= |H_0(i\omega)|^2 S_g(\omega)
\end{aligned}
\tag{15.3-22}
$$

而结构响应 $x(t)$ 与地面加速度作用 $\ddot{x}_g$ 的互相关函数为

$$
\begin{aligned}
R_{Xg}(\tau) &= E\big[\ddot{x}_g(t)x(t+\tau)\big] = -\int_{-\infty}^{+\infty} E\big[\ddot{x}_g(t)\ddot{x}_g(t+\tau-\tau_1)\big]h_0(\tau_1)\,d\tau_1 \\
&= -\int_{-\infty}^{+\infty} R_g(\tau-\tau_1)h_0(\tau_1)\,d\tau_1
\end{aligned}
\tag{15.3-23}
$$

结构响应 $x(t)$ 与地面加速度作用 $\ddot{x}_g$ 的互谱密度为

$$
\begin{aligned}
S_{Xg}(i\omega) &= \int_{-\infty}^{+\infty} R_{Xg}(\tau) e^{-i\omega\tau}\, d\tau \\
&= -\int_{-\infty}^{+\infty} h_0(\tau_1) \int_{-\infty}^{+\infty} R_g(\tau-\tau_1) e^{-i\omega\tau}\, d\tau\, d\tau_1 \\
&= -\int_{-\infty}^{+\infty} h_0(\tau_1) \int_{-\infty}^{+\infty} R_g(\tau_2) e^{-i\omega(\tau_1+\tau_2)}\, d(\tau_1+\tau_2)\, d\tau_1 \\
&= -\int_{-\infty}^{+\infty} h_0(\tau_1) \int_{-\infty}^{+\infty} R_g(\tau_2) e^{-i\omega\tau_2}\, d\tau_2\, e^{-i\omega\tau_1}\, d\tau_1 \\
&= -\int_{-\infty}^{+\infty} h_0(\tau_1) S_g(\omega) e^{-i\omega\tau_1}\, d\tau_1 \\
&= -S_g(\omega) H_0(i\omega)
\end{aligned}
\tag{15.3-24}
$$

进一步考察两个线弹性单自由度结构，其自振频率分别为 $\omega_i$ 和 $\omega_j$，阻尼比分别为 $\zeta_i$ 和 $\zeta_j$，根据前述定义，其传递函数如下式所示：

$$
H_i(i\omega) = \frac{1}{\omega_i^2 - \omega^2 + 2i\zeta_i\omega_i\omega}, \quad H_j(i\omega) = \frac{1}{\omega_j^2 - \omega^2 + 2i\zeta_j\omega_j\omega}
\tag{15.3-25}
$$

此时，其结构位移响应 $x_i(t)$ 和结构位移响应 $x_j(t)$ 之间的互相关函数为 $R_{ij}(\tau)$，互谱密度记为 $S_{ij}(i\omega)$，可推导得

$$
R_{ij}(\tau) = \int_{-\infty}^{+\infty} \int_{-\infty}^{+\infty} R_g(\tau+\tau_1-\tau_2)\, h_i(\tau_1) h_j(\tau_2)\, d\tau_1\, d\tau_2
\tag{15.3-26}
$$

$$
S_{ij}(i\omega) = S_g(\omega) \overline{H}_i(i\omega) H_j(i\omega)
\tag{15.3-27}
$$

同样根据前述定义，我们也可以推导得到结构位移响应 $x_i(t)$ 和结构速度响应 $\dot{x}_j(t)$ 之间的互相关函数为式(15.3-28)所示的 $R'_{ij}(\tau)$，其互谱密度也即 $R'_{ij}(\tau)$ 的傅里叶变换为 $i\omega S_{ij}(i\omega) = i\omega S_g(\omega) \overline{H}_i(i\omega) H_j(i\omega)$，读者可自行证明。

$$
\begin{aligned}
R'_{ij}(\tau) &= E\big[x_i(t)\dot{x}_j(t+\tau)\big] = -E\big[\dot{x}_i(t-\tau)x_j(t)\big] = -E\big[\dot{x}_i(t)x_j(t+\tau)\big] \\
&= \lim_{T\to\infty} \frac{1}{T} \int_{-T/2}^{T/2} x_i(t)\dot{x}_j(t+\tau)\, dt \\
&= \lim_{T\to\infty} \frac{1}{T} \int_{-T/2}^{T/2} \left[ \int_{-\infty}^{+\infty} -\ddot{x}_g(t-\tau_1)h_i(\tau_1)\, d\tau_1 \int_{-\infty}^{+\infty} -\ddot{x}_g(\tau_2)\dot{h}_j(t+\tau-\tau_2)\, d\tau_2 \right] dt \\
&= \lim_{T\to\infty} \frac{1}{T} \int_{-T/2}^{T/2} \left[ \int_{-\infty}^{+\infty} \ddot{x}_g(t-\tau_1)h_i(\tau_1)\, d\tau_1 \int_{-\infty}^{+\infty} \ddot{x}_g(t+\tau-\tau_2)\dot{h}_j(\tau_2)\, d\tau_2 \right] dt \\
&= \int_{-\infty}^{+\infty} \int_{-\infty}^{+\infty} \left[ \lim_{T\to\infty} \frac{1}{T} \int_{-T/2}^{T/2} \ddot{x}_g(t-\tau_1)\ddot{x}_g(t+\tau-\tau_2)\, dt \right] h_i(\tau_1)\dot{h}_j(\tau_2)\, d\tau_1\, d\tau_2 \\
&= \int_{-\infty}^{+\infty} \int_{-\infty}^{+\infty} R_g(\tau+\tau_1-\tau_2)h_i(\tau_1)\dot{h}_j(\tau_2)\, d\tau_1\, d\tau_2
\end{aligned}
\tag{15.3-28}
$$

根据式(15.2-26)，当然也可以参照式(15.3-28)的推导，可以得到结构速度响应$\dot{x}_i(t)$和结构速度响应$\dot{x}_j(t)$之间的互相关函数为$-R''_{ij}(\tau)$，互谱密度也即$-R''_{ij}(\tau)$的傅里叶变换为$\omega^2 S_{ij}(i\omega) = \omega^2 S_g(\omega)\overline{H}_i(i\omega)H_j(i\omega)$。

## 15.3.5　谱矩及谱参数

### 15.3.5.1　谱矩及谱参数定义

设$X(t)$过程为一平稳随机过程，均值为零，方差为$\sigma_X^2$，自相关函数为$R_{XX}(\tau)$，自谱密度为$S_{XX}(\omega)$，单边谱密度为$G_{XX}(\omega) = 2S_{XX}(\omega)$。现定义谱矩

$$\lambda_i = \frac{1}{2\pi}\int_{-\infty}^{+\infty}\omega^i S_{XX}(\omega)\,\mathrm{d}\omega \quad (i = 0,1,2,\cdots) \tag{15.3-29}$$

最常用的前三个谱矩为$\lambda_0$、$\lambda_1$和$\lambda_2$。

显然由式(15.2-21)，可知

$$\sigma_X^2 = R_{XX}(0) = \frac{1}{2\pi}\int_{-\infty}^{+\infty}S_{XX}(\omega)\,\mathrm{d}\omega = \lambda_0 \tag{15.3-30}$$

基于谱矩可以定义一些谱参数用于随机振动分析，其中最简单的谱参数为$\lambda_1/\lambda_0$，用于计算单边谱对轴所包围面积重心处的频率，也即中心频率或特征频率，表达式为

$$\lambda_1/\lambda_0 = \frac{\int_{-\infty}^{+\infty}\omega S_{XX}(\omega)\,\mathrm{d}\omega}{\int_{-\infty}^{+\infty}S_{XX}(\omega)\,\mathrm{d}\omega} = \frac{\int_0^{+\infty}\omega G_{XX}(\omega)\,\mathrm{d}\omega}{\int_0^{+\infty}G_{XX}(\omega)\,\mathrm{d}\omega} \tag{15.3-31}$$

而谱矩$\lambda_2$则表示$\dot{X}(t)$的方差，表达式为

$$\lambda_2 = \frac{1}{2\pi}\int_{-\infty}^{+\infty}\omega^2 S_{XX}(\omega)\,\mathrm{d}\omega = \frac{1}{2\pi}\int_{-\infty}^{+\infty}S_{\dot{X}\dot{X}}(\omega)\,\mathrm{d}\omega = \sigma_{\dot{X}}^2 \tag{15.3-32}$$

### 15.3.5.2　地面运动为白噪声模型下单自由度结构响应的常见谱矩

假设地震引起地面加速度$\ddot{x}_g$为一白噪声过程，其均值为零，自相关函数$R_g(\tau)$可表示为$E[\ddot{x}_g(t)\ddot{x}_g(t+\tau)] = 2\pi S_0\delta(\tau)$，即其自谱密度为常数$S_0$。

根据前述相关定义，对两个线弹性单自由度结构，自振频率分别为$\omega_i$和$\omega_j$，阻尼比分别为$\zeta_i$和$\zeta_j$，在白噪声地面加速度激励下，两结构位移响应$x_i(t)$和$x_j(t)$互谱密度$S_{ij}(i\omega)$的谱矩记为$\lambda_{m,ij}$，如下式所示：

$$\lambda_{m,ij} = \frac{1}{2\pi}\int_{-\infty}^{+\infty}\omega^m S_{ij}(i\omega)\,\mathrm{d}\omega = \frac{S_0}{2\pi}\int_{-\infty}^{+\infty}\omega^m\overline{H}_i(i\omega)H_j(i\omega)\,\mathrm{d}\omega \quad (m = 0,1,2) \tag{15.3-33}$$

采用文献[1]的围道积分（也即积分路径为闭合曲线的环路积分）方法，可以得到式(15.3-33)的常用谱矩结果如下所示。

当$i = j$时，式(15.3-33)积分结果为实数，如下式所示：

$$\begin{cases} \lambda_{0,ii} = \dfrac{S_0}{8\zeta_i\omega_i^3} \\[3mm] \lambda_{1,ii} = \dfrac{S_0}{4\zeta_i\omega_i^2} \dfrac{\sqrt{1-\zeta_i^2}}{\pi} \tan^{-1}\dfrac{\sqrt{1-\zeta_i^2}}{\zeta_i} \\[3mm] \lambda_{2,ii} = \dfrac{S_0}{8\zeta_i\omega_i} \end{cases} \tag{15.3-34}$$

当$i \neq j$时，式(15.3-33)积分结果为复数，实际应用时经常用到其实部，其结果如下式所示：

$$\begin{cases} \text{Re}(\lambda_{0,ij}) = (\zeta_i\omega_i + \zeta_j\omega_j)\dfrac{S_0}{K_{ij}} \\[3mm] \text{Re}(\lambda_{1,ij}) = \left[ \dfrac{(\omega_i^2 + \omega_j^2)\zeta_i + 2\omega_i\omega_j\zeta_j}{\sqrt{1-\zeta_i^2}} \tan^{-1}\dfrac{\sqrt{1-\zeta_i^2}}{\zeta_i} + \right. \\[3mm] \qquad\qquad \left. \dfrac{(\omega_i^2 + \omega_j^2)\zeta_j + 2\omega_i\omega_j\zeta_i}{\sqrt{1-\zeta_j^2}} \tan^{-1}\dfrac{\sqrt{1-\zeta_j^2}}{\zeta_j} - (\omega_i^2 - \omega_j^2)\lg\dfrac{\omega_i}{\omega_j} \right]\dfrac{S_0}{K_{ij}} \\[3mm] \text{Re}(\lambda_{2,ij}) = (\zeta_i\omega_j + \zeta_j\omega_i)\omega_i\omega_j\dfrac{S_0}{K_{ij}} \end{cases} \tag{15.3-35}$$

其中$K_{ij} = (\omega_i^2 - \omega_j^2)^2 + 4\omega_i\omega_j(\zeta_i\omega_i + \zeta_j\omega_j)(\zeta_i\omega_j + \zeta_j\omega_i)$。当$m = 1$时其谱矩的虚部也较常用，为

$$\text{Im}(\lambda_{1,ij}) = (\omega_i^2 - \omega_j^2)\dfrac{S_0}{2K_{ij}} \tag{15.3-36}$$

## 15.4　多自由度体系动力反应的复振型分解反应谱法

根据前述章节结论，利用复振型分解法可以求解结构在地震引起地面加速度$\ddot{x}_g$作用下的动力响应$r$，假设取的振型数为前$N$对复振型，则式(14.2-15)写为

$$r(t) = \sum_{i=1}^{N}[a_i u_i(t) + c_i \dot{u}_i(t)] \tag{15.4-1}$$

其中实系数$a_i$和$c_i$按式(14.2-16)求解，$u_i(t)$和$\dot{u}_i(t)$分别为单位质量单自由度结构在$\ddot{x}_g$下的位移响应时程和速度响应时程。

所谓反应谱法则是给定地面加速度$\ddot{x}_g$的谱特征（一般为基于统计意义获得的加速度反应谱），求出结构响应在相应统计意义下的结果，因此式(15.4-1)所示的结构响应此时也是一种随机过程。

响应$r$的自相关函数为

$$R_{rr}(\tau) = E[r(t) \cdot r(t + \tau)] \tag{15.4-2}$$

将式(15.4-1)代入式(15.4-2)，并考虑互相关函数定义式(15.2-28)，得到响应$r$的自相关函数可进一步表示为

$$\begin{aligned}
R_{rr}(\tau) &= E[r(t) \cdot r(t+\tau)] \\
&= E\left\{ \sum_{i=1}^{N} [a_i u_i(t) + c_i \dot{u}_i(t)] \cdot \sum_{i=1}^{N} [a_i u_i(t+\tau) + c_i \dot{u}_i(t+\tau)] \right\} \\
&= \sum_{i=1}^{N}\sum_{j=1}^{N} \left\{ \begin{array}{l} a_i a_j E[u_i(t) \cdot u_j(t+\tau)] + a_i c_j E[u_i(t) \cdot \dot{u}_j(t+\tau)] \\ + a_j c_i E[u_j(t) \cdot \dot{u}_i(t+\tau)] + c_i c_j E[\dot{u}_i(t) \cdot \dot{u}_j(t+\tau)] \end{array} \right\} \\
&= \sum_{i=1}^{N}\sum_{j=1}^{N} \left[ a_i a_j R_{ij}(\tau) + a_i c_j R'_{ij}(\tau) - a_j c_i R'_{ij}(\tau) - c_i c_j R''_{ij}(\tau) \right] \\
&= \sum_{i=1}^{N}\sum_{j=1}^{N} \left[ a_i a_j R_{ij}(\tau) + a_i c_j R'_{ij}(\tau) - c_i c_j R''_{ij}(\tau) \right] - \sum_{i=1}^{N}\sum_{j=1}^{N} \left[ a_j c_i R'_{ij}(\tau) \right] \\
&= \sum_{i=1}^{N}\sum_{j=1}^{N} \left[ a_i a_j R_{ij}(\tau) + a_i c_j R'_{ij}(\tau) - c_i c_j R''_{ij}(\tau) \right] + \sum_{j=1}^{N}\sum_{i=1}^{N} \left[ a_i c_j R'_{ij}(\tau) \right] \\
&= \sum_{i=1}^{N}\sum_{j=1}^{N} \left[ a_i a_j R_{ij}(\tau) + 2 a_i c_j R'_{ij}(\tau) - c_i c_j R''_{ij}(\tau) \right]
\end{aligned} \tag{15.4-3}$$

一般来说认为地面加速度 $\ddot{x}_g$ 的均值为零，那么式(15.4-1)所示结构响应的期望也应为零，即 $E[r(t)] = E_r = 0$。此时根据式(15.2-21)，当 $\tau$ 取 0 时则可得到响应 $r$ 的均方值，根据自相关函数与功率谱的关系，则响应 $r$ 的均方值可表示为

$$\sigma_r^2 = D_r + E_r^2 = R_{rr}(0) = \frac{1}{2\pi} \int_{-\infty}^{+\infty} S_{rr}(\omega)\, d\omega \tag{15.4-4}$$

考虑式(15.4-4)和式(15.4-3)，并根据前文单自由度线弹性结构的随机响应结论，结构响应互相关函数 $R'_{ij}(\tau)$ 的互谱密度为 $i\omega S_{ij}(i\omega)$，而互相关函数 $R''_{ij}(\tau)$ 的互谱密度为 $-\omega^2 S_{ij}(i\omega)$，它们之间分别互为傅里叶变换对，结构响应 $r$ 的均方值可表达为

$$\begin{aligned}
\sigma_r^2 &= \sum_{i=1}^{N}\sum_{j=1}^{N} \left[ a_i a_j R_{ij}(0) + 2 a_i c_j R'_{ij}(0) - c_i c_j R''_{ij}(0) \right] \\
&= \sum_{i=1}^{N}\sum_{j=1}^{N} \left\{ \begin{array}{l} a_i a_j \left[ \dfrac{1}{2\pi} \displaystyle\int_{-\infty}^{+\infty} S_{ij}(\omega)\, d\omega \right] + 2 a_i c_j i \left[ \dfrac{1}{2\pi} \displaystyle\int_{-\infty}^{+\infty} \omega S_{ij}(i\omega)\, d\omega \right] + \\ c_i c_j \left[ \dfrac{1}{2\pi} \displaystyle\int_{-\infty}^{+\infty} \omega^2 S_{ij}(\omega)\, d\omega \right] \end{array} \right\}
\end{aligned} \tag{15.4-5}$$

根据式(15.3-27)的定义，显然有 $S_{ij}(i\omega) = \overline{S}_{ji}(i\omega)$，因此式(15.4-5)计算时 $ij$ 项和 $ji$ 也互为复共轭，而 $ii$ 项为实数，因此式(15.4-5)计算结果为实数，再结合式(15.3-33)谱矩 $\lambda_{m,ij}$ 的定义，响应 $r$ 的均方值可进一步表达为

$$\sigma_r^2 = \sum_{i=1}^{N}\sum_{j=1}^{N} \left[ a_i a_j \operatorname{Re}(\lambda_{0,ij}) - 2 a_i c_j \operatorname{Im}(\lambda_{1,ij}) + c_i c_j \operatorname{Re}(\lambda_{2,ij}) \right] \tag{15.4-6}$$

定义 $i$、$j$ 振型间的相关系数，如下式

$$\rho_{0,ij} = \frac{\operatorname{Re}(\lambda_{0,ij})}{\sqrt{\lambda_{0,ii}\lambda_{0,jj}}}, \quad \rho_{1,ij} = \frac{\operatorname{Im}(\lambda_{1,ij})}{\sqrt{\lambda_{0,ii}\lambda_{2,jj}}}, \quad \rho_{2,ij} = \frac{\operatorname{Re}(\lambda_{2,ij})}{\sqrt{\lambda_{2,ii}\lambda_{2,jj}}} \tag{15.4-7}$$

考虑式(15.3-34)、式(15.3-35)和式(15.3-36)，$i$、$j$ 振型间的相关系数可进一步表达为式

(15.4-8)，其中 $\lambda_\omega = \hat{\omega}_i / \hat{\omega}_j$。

$$
\begin{cases}
\rho_{0,ij} = \dfrac{8\sqrt{\hat{\xi}_i\hat{\xi}_j}(\hat{\xi}_i\lambda_\omega + \hat{\xi}_j)\lambda_\omega^{3/2}}{(1-\lambda_\omega^2)^2 + 4\lambda_\omega(\hat{\xi}_i\lambda_\omega + \hat{\xi}_j)(\hat{\xi}_i + \hat{\xi}_j\lambda_\omega)} \\[4mm]
\rho_{1,ij} = \dfrac{4\sqrt{\hat{\xi}_i\hat{\xi}_j}(\lambda_\omega^2 - 1)\lambda_\omega^{3/2}}{(1-\lambda_\omega^2)^2 + 4\lambda_\omega(\hat{\xi}_i\lambda_\omega + \hat{\xi}_j)(\hat{\xi}_i + \hat{\xi}_j\lambda_\omega)} \\[4mm]
\rho_{2,ij} = \dfrac{8\sqrt{\hat{\xi}_i\hat{\xi}_j}(\hat{\xi}_i + \hat{\xi}_j\lambda_\omega)\lambda_\omega^{3/2}}{(1-\lambda_\omega^2)^2 + 4\lambda_\omega(\hat{\xi}_i\lambda_\omega + \hat{\xi}_j)(\hat{\xi}_i + \hat{\xi}_j\lambda_\omega)}
\end{cases} \tag{15.4-8}
$$

利用随机振动的极值理论，对于平稳高斯过程，响应峰值 $R_{\max}$ 及其标准差 $\sigma_{R_{\max}}$ 可表示为峰值系数与响应标准差 $\sigma_r$ 的乘积，即有式(15.4-9)，其中 $p$、$q$ 均为峰值系数。

$$
\begin{cases}
R_{\max} = p\sigma_r \\
\sigma_{R_{\max}} = q\sigma_r
\end{cases} \tag{15.4-9}
$$

注意到 $\lambda_{0,ii}$ 和 $\lambda_{2,ii}$ 分别表示 $R_{ii}(0)$ 和 $R_{ii}''(0)$，即分别为单自由度结构在地震作用下的位移响应均方值和速度响应均方值，记单自由度结构在地震作用下的位移响应最大值和速度响应最大值分别为 $D_i$ 和 $V_i$，且有 $V_i = \hat{\omega}_i D_i$。假设式(15.4-9)所示的结构地震响应的峰值系数与各阶振型响应的峰值系数相等，考虑到式(15.4-7)和式(15.4-8)，在式(15.4-6)基础上，可得到结构响应 $r$ 的峰值 $R_{\max}$ 可表达为

$$
\begin{aligned}
R_{\max} &= \left[\sum_{i=1}^N \sum_{j=1}^N (a_i a_j \rho_{0,ij} D_i D_j - 2a_i c_j \rho_{1,ij} D_i V_j + c_i c_j \rho_{2,ij} V_i V_j)\right]^{1/2} \\
&= \left[\sum_{i=1}^N \sum_{j=1}^N (a_i a_j \rho_{0,ij} - 2a_i c_j \hat{\omega}_j \rho_{1,ij} + c_i c_j \hat{\omega}_i \hat{\omega}_j \rho_{2,ij})(D_i D_j)\right]^{1/2}
\end{aligned} \tag{15.4-10}
$$

式(15.4-10)结合振型相关系数式(15.4-8)便形成了多自由度体系动力反应的复振型分解反应谱法，其中 $D_i$ 和 $D_j$ 为参照给定第 $i$ 振型和第 $j$ 振型的位移反应谱。

注意到式(15.4-10)中 $\rho_{1,ij}$ 前系数为负号。其实，根据式(15.4-3)～式(15.4-5)，式(15.4-6)也可以改写为式(15.4-11)，从而将该系数转为正号。

$$
\begin{aligned}
\sigma_r^2 &= \sum_{i=1}^N \sum_{j=1}^N \left\{ a_i a_j \left[\frac{1}{2\pi}\int_{-\infty}^{+\infty} S_{ij}(\omega)\,d\omega\right] - 2a_i c_j i\left[\frac{1}{2\pi}\int_{-\infty}^{+\infty} \omega S_{ji}(i\omega)\,d\omega\right] + \right. \\
&\qquad\left. c_i c_j \left[\frac{1}{2\pi}\int_{-\infty}^{+\infty} \omega^2 S_{ij}(\omega)\,d\omega\right]\right\} \\
&= \sum_{i=1}^N \sum_{j=1}^N \left[a_i a_j \mathrm{Re}(\lambda_{0,ij}) + 2a_i c_j \mathrm{Im}(\lambda_{1,ji}) + c_i c_j \mathrm{Re}(\lambda_{2,ij})\right]
\end{aligned} \tag{15.4-11}
$$

此时上式中 $i$、$j$ 振型间的相关系数按式(15.4-12)计算，其中 $\rho_{0,ij}$ 和 $\rho_{2,ij}$ 表达式不变。

$$
\rho_{0,ij} = \frac{\mathrm{Re}(\lambda_{0,ij})}{\sqrt{\lambda_{0,ii}\lambda_{0,jj}}}, \quad \rho_{1,ji} = \frac{\mathrm{Im}(\lambda_{1,ji})}{\sqrt{\lambda_{0,jj}\lambda_{2,ii}}}, \quad \rho_{2,ij} = \frac{\mathrm{Re}(\lambda_{2,ij})}{\sqrt{\lambda_{2,ii}\lambda_{2,jj}}} \tag{15.4-12}
$$

式(15.4-12)可以仿照式(15.4-8)展开，并对分母项予以改写，得到$i$、$j$振型间的相关系数的展开式(15.4-13)，其中$\lambda_\omega = \hat{\omega}_i/\hat{\omega}_j$，这样与文献[2]表达一致。

$$\begin{cases} \rho_{0,ij} = \dfrac{8\sqrt{\hat{\xi}_i\hat{\xi}_j}(\hat{\xi}_i\lambda_\omega + \hat{\xi}_j)\lambda_\omega^{3/2}}{(1-\lambda_\omega^2)^2 + 4\hat{\xi}_i\hat{\xi}_j\lambda_\omega(1+\lambda_\omega^2) + 4(\hat{\xi}_i^2+\hat{\xi}_j^2)\lambda_\omega^2} \\[4mm] \rho_{1,ji} = \dfrac{4\sqrt{\hat{\xi}_i\hat{\xi}_j}(1-\lambda_\omega^2)\lambda_\omega^{1/2}}{(1-\lambda_\omega^2)^2 + 4\hat{\xi}_i\hat{\xi}_j\lambda_\omega(1+\lambda_\omega^2) + 4(\hat{\xi}_i^2+\hat{\xi}_j^2)\lambda_\omega^2} \\[4mm] \rho_{2,ij} = \dfrac{8\sqrt{\hat{\xi}_i\hat{\xi}_j}(\hat{\xi}_i + \hat{\xi}_j\lambda_\omega)\lambda_\omega^{3/2}}{(1-\lambda_\omega^2)^2 + 4\hat{\xi}_i\hat{\xi}_j\lambda_\omega(1+\lambda_\omega^2) + 4(\hat{\xi}_i^2+\hat{\xi}_j^2)\lambda_\omega^2} \end{cases} \quad (15.4\text{-}13)$$

而结构响应$r$的峰值$R_{\max}$可改写为下式

$$\begin{aligned} R_{\max} &= \left[\sum_{i=1}^N\sum_{j=1}^N (a_ia_j\rho_{0,ij}D_iD_j + 2a_ic_j\rho_{1,ji}D_jV_i + c_ic_j\rho_{2,ij}V_iV_j)\right]^{1/2} \\ &= \left[\sum_{i=1}^N\sum_{j=1}^N (a_ia_j\rho_{0,ij} + 2a_ic_j\hat{\omega}_i\rho_{1,ji} + c_ic_j\hat{\omega}_i\hat{\omega}_j\rho_{2,ij})(D_iD_j)\right]^{1/2} \end{aligned} \quad (15.4\text{-}14)$$

考虑到位移谱$D_i$与基于拟加速度谱的地震影响系数$\alpha_i$的关系式

$$D_i = \alpha_i g/\hat{\omega}_i^2 \quad (15.4\text{-}15)$$

式(15.4-14)所示的结构响应$r$的峰值$R_{\max}$可以改写为基于地震影响系数的表达式

$$R_{\max} = \left[\sum_{i=1}^N\sum_{j=1}^N (a_ia_j\rho_{0,ij} + 2a_ic_j\hat{\omega}_i\rho_{1,ji} + c_ic_j\hat{\omega}_i\hat{\omega}_j\rho_{2,ij})\left(\frac{\alpha_ig}{\hat{\omega}_i^2}\frac{\alpha_jg}{\hat{\omega}_j^2}\right)\right]^{1/2} \quad (15.4\text{-}16)$$

其中实系数$a_i$和$c_i$按式(14.2-16)计算。

基于式(15.4-14)或式(15.4-16)的结构响应峰值表达，结合式(15.4-13)所示的振型相关系数，在给定设计反应谱的情况下，便可求出结构任意响应$r$的预期峰值，也即多自由度体系动力反应的复振型分解反应谱法。需要指出的是，由于式(15.4-16)中地震影响系数$\alpha_i$为拟加速度反应谱，所以即便振型阻尼比很大，式(15.4-15)所示的位移谱与拟加速度谱之间的关系也是精确的，但若地震影响系数$\alpha_i$为加速度反应谱，则对较大阻尼比的振型，计算会有较大误差。

对式(15.4-13)所示的振型相关系数有以下关系式：

$$\begin{cases} \rho_{0,ii} = \rho_{2,ii} = 1, & \rho_{1,ii} = 0 \\ \rho_{0,ij} = \rho_{0,ji} > 0, & \rho_{2,ij} = \rho_{2,ji} > 0 \\ \rho_{1,ij} = -\rho_{1,ji}\hat{\omega}_i/\hat{\omega}_j \end{cases} \quad (15.4\text{-}17)$$

式(15.4-14)或式(15.4-16)所示的结构响应峰值表达为完全复振型组合形式，即复振型间交叉项均有考虑，也即 CCQC 组合，对应于实振型的 CQC 组合。若不考虑复振型的交叉项，即当$i \neq j$时令$\rho_{0,ij} = \rho_{1,ij} = \rho_{2,ij} = 0$，且考虑到式(15.4-17)，结构响应峰值表达式(15.4-16)可精简为式(15.4-18)，此即基于复振型的 SRSS 组合，也即 CSRSS(complex squared root of the sum of squares)组合。

$$R_{\max} = \left[ \sum_{i=1}^{N} \left( a_i^2 + c_i^2 \hat{\omega}_i^2 \right) \left( \frac{\alpha_i^2 g^2}{\hat{\omega}_i^4} \right) \right]^{1/2} \tag{15.4-18}$$

式(15.4-13)所示的振型相关系数是对应谱矩阶数分别取$m = 0$、$m = 1$、$m = 2$所得，其分别对应振型位移相关系数、振型速度位移相关系数以及振型速度相关系数，可分别记为$\rho_{ij}^{DD}$、$\rho_{ij}^{VD}$和$\rho_{ij}^{VV}$。图 15.4-1 给出了$\hat{\xi}_i = 0.05$时，由式(15.4-13)计算得到的振型位移相关系数、振型速度位移相关系数和振型速度相关系数随着振型频率比$\hat{\omega}_i/\hat{\omega}_j$（即$\lambda_\omega$）以及振型阻尼比比值$\hat{\xi}_i/\hat{\xi}_j$的变化图，可以看到相关系数在频率比为 1 附近衰减非常快。若将频率比转换为对数坐标，如图 15.4-2 所示，可以看到$\rho_{ij}^{DD}$和$\rho_{ij}^{VV}$关于对数频率比具有对称性而$\rho_{ij}^{VD}$具有近似反对称性，也验证了式(15.4-17)的成立。

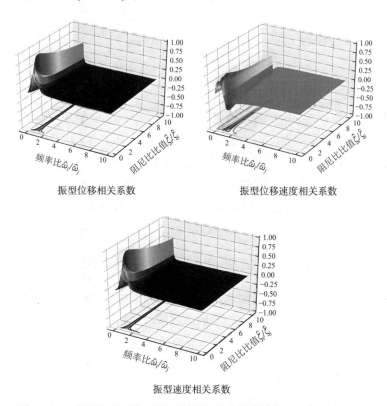

图 15.4-1　振型相关系数随着振型频率比、振型阻尼比比值的变化图

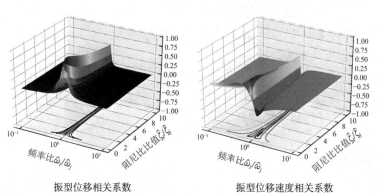

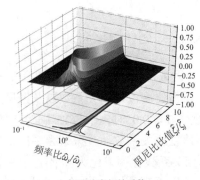

振型速度相关系数

图 15.4-2　振型相关系数随着振型频率比、振型阻尼比比值的变化图（振型频率比为对数坐标）

## 15.5　实例及 Python 编程

### 15.5.1　实例说明

分析实例仍取图 13.6-1 所示的标准复振型实例，但由于要采用反应谱法，需要指定结构设计反应谱。该标准复振型实例为基础隔震结构，不妨假设结构为 8 度设防、第一设计地震分组、Ⅱ类场地条件，按《建筑隔震设计标准》GB/T 51408—2021 进行设防地震设计，地震影响系数最大值为 0.45，根据现行《建筑抗震设计标准》得到场地特征周期为 0.35s。在此基础上，采用式(15.4-14)或式(15.4-16)所示的完全复振型组合（CCQC），对标准复振型实例的地震响应峰值进行分析。

### 15.5.2　复振型分解反应谱法的 Python 编程与计算结果

Python 程序中的复振型理论跟前文相同，但增加了设计反应谱谱值计算、振型影响系数计算及 CCQC 组合。在结构响应上，考虑了常用的结构位移响应、层间位移响应、层剪力响应及层地震力响应，也即式(14.2-6)所示的结构响应转换矩阵。

#### 15.5.2.1　Python 代码

根据本章复振型分解反应谱法的求解，对图 13.6-1 所示的标准复振型实例编写 Python 程序代码如下。由于标准复振型实例的量纲系统为"t、N、mm、s"，因此按规范得到设计反应谱后，除了按式(15.4-15)进行地震影响系数到位移谱、速度谱的换算之外，还需放大 1000 倍，将量纲 m 换算到实例的 mm。

```python
import numpy as np
import matplotlib.pyplot as plt
def FormMK(m,k):
    nd = len(m)
    M = np.zeros((nd,nd), dtype=float)
    K = np.zeros((nd,nd), dtype=float)
    for i in range(nd): M[i,i] = m[i]
    K[0,0] = k[0]+k[1]
    K[0,1] = -k[1]
```

```
    for i in range(1,nd-1):
        K[i,i] = k[i]+k[i+1]
        K[i,i-1] = -k[i]
        K[i,i+1] = -k[i+1]
    K[nd-1,nd-1] = k[nd-1]
    K[nd-1,nd-2] = -k[nd-1]
    return(M,K)
def Eigs(M,K,nd):
    #求实特征值问题-w^2*M+K|=0，返回圆频率和归一化特征向量
    M_I = np.linalg.inv(M) #或 M_I = np.matrix(M).I
    M_IK = np.dot(M_I,K)
    [eigval,eigvec] = np.linalg.eig(M_IK)
    #特征值从小到大排序
    ei = eigval.argsort()
    # 获得排序后的圆频率
    eigval = np.sqrt(eigval[ei])
    # 获得排序后的特征向量，转置的原因是 numpy 默认索引操作是针对行操作，而振型向量是按列储存
    eigvec = eigvec.T[ei].T
    eigvec = np.array(eigvec)
    #特征向量归一
    for i in range(nd):
        tm = eigvec[:,i]
        cc = max(tm)
        if max(tm) < -1.0*min(tm): cc = -1.0*min(tm)
        eigvec[:,i] = tm[:] / cc
    #在归一化的特征向量基础上求后续相关结果
    phi = eigvec
    #求 phi.T*M*phi = diag(Mi); phi.T*K*phi = diag(Ki)，得到模态质量 Mi 和模态刚度 Ki
    pMp = np.dot(np.dot(phi.T, M), phi)
    pKp = np.dot(np.dot(phi.T, K), phi)
    Mi = pMp.diagonal(0)
    Ki = pKp.diagonal(0)
    #求 gamai[i] = phi[i]*M*I / Mi
    gamai = np.zeros(nd, dtype=float)
    I = np.ones(nd, dtype=float)
    for i in range(nd):
        gamai[i] = np.dot(np.dot(phi[:,i], M), I) / Mi[i]
    return(Mi,Ki,gamai,eigval,eigvec)
def FormRayleighC(M,K,ii,jj,damp_ratio,nd):
    #形成经典瑞利阻尼矩阵 C=a*M+b*K
    a = 2*damp_ratio*real_w[ii-1]*real_w[jj-1]/(real_w[ii-1]+real_w[jj-1])
    b = 2*damp_ratio/(real_w[ii-1]+real_w[jj-1])
    #print('瑞利阻尼系数 a,b:')
    #print("{:>20.4f}".format(a)),
    #print("{:>20.4f}".format(b)),
    #print("\n")
    C = np.zeros((nd,nd), dtype=float)
    for i in range(nd):
        for j in range(nd):
            C[i,j] = a*M[i,j] + b*K[i,j]
    return(C)
def Complex_eigs(M,K,C,nd):
    #利用状态空间法求解复特征值问题|r^2*M+r*C+K|=0，返回复特征值 r(r=-a+bj)和虚部归一化复特征向量
    #A=[[C,M],[M,0]]; B=[[K,0],[0,-M]]
    A = np.zeros((2*nd,2*nd), dtype=float)
    B = np.zeros((2*nd,2*nd), dtype=float)
    for i in range(nd):
        for j in range(nd):
            A[i,j] = C[i,j]
            A[nd+i,j] = M[i,j]
            A[i,nd+j] = M[i,j]
```

```
        B[i,j] = K[i,j]
        B[nd+i,nd+j] = -1.0*M[i,j]
    A_I = np.linalg.inv(A)
    A_IB = np.dot(-1.0*A_I,B)
    [eigval,eigvec] = np.linalg.eig(A_IB)
    #特征值从小到大排序
    ei = np.array([abs(i) for i in eigval]).argsort() #根据复特征值的模进行排序
    # 确保n对特征值的虚部先出现正值后出现负值
    for i in range(nd):
        if eigval[ei[2*i]] < eigval[ei[2*i+1]]:
            c = ei[2*i]; ei[2*i] = ei[2*i+1]; ei[2*i+1] = c
    # 获得排序后的复特征值r(r=-a+bj)
    eigval = eigval[ei]
    #求频率w，阻尼比kesi, wd
    w = abs(eigval)
    kesi = -1.0*eigval.real / abs(eigval)
    wd =w * np.sqrt(1.0-kesi*kesi)
    # 获得排序后的复特征向量
    eigvec = eigvec.T[ei].T
    eigvec = np.array(eigvec)
    #复特征向量按前n阶虚部归一
    eigvec1 = np.zeros((2*nd,2*nd), dtype=complex)
    for i in range(2*nd):
        tm = eigvec.imag[:nd,i]
        cc = max(tm)
        if max(tm) < -1.0*min(tm): cc = -1.0*min(tm)
        eigvec1[:,i] = eigvec[:,i] / cc
    #在虚部归一化的复特征向量基础上求后续相关结果
    phi = eigvec1
    #求phi.T*A*phi = diag(Ai); phi.T*B*phi = diag(Bi)
    pAp = np.dot(np.dot(phi.T, A), phi)
    pBp = np.dot(np.dot(phi.T, B), phi)
    Ai = pAp.diagonal(0)
    Bi = pBp.diagonal(0)
    #求Itai[i] = phi[i]*A*I / Ai
    Itai = np.zeros(2*nd, dtype=complex)
    I = np.zeros(2*nd, dtype=float)
    for i in range(nd): I[nd+i] = 1.0
    for i in range(2*nd):
        Itai[i] = np.dot(np.dot(phi[:,i], A), I) / Ai[i]
    #求模态质量Mi, 模态阻尼Ci, 模态刚度Ki: phn.H*M*phn = diag(Mi); phn.H*C*phn = diag(Ci); phn.H*K*phn = diag(Ki)
    phn = np.zeros((nd,nd), dtype=complex)
    for i in range(nd):
        phn[:,i] = phi[:nd, 2*i]
    pMp = np.dot(np.dot(np.conjugate(phn).T, M), phn)
    pCp = np.dot(np.dot(np.conjugate(phn).T, C), phn)
    pKp = np.dot(np.dot(np.conjugate(phn).T, K), phn)
    Mi = pMp.diagonal(0).real
    Ci = pCp.diagonal(0).real
    Ki = pKp.diagonal(0).real
    #各阶振型有效质量Eff_Mi
    Eff_Mi = np.zeros(nd, dtype=float)
    I = np.ones(nd, dtype=float)
    for i in range(nd):
        tp1 = np.dot(np.dot(phi[:nd, 2*i], K), I) * np.dot(np.dot(phi[:nd, 2*i], M), I)
        tp1 = -2.0 * tp1/Ai[2*i]/eigval[2*i]
        Eff_Mi[i] = tp1.real
    return(A, B, Ai, Bi, Eff_Mi, Mi, Ci, Ki, Itai, w, kesi, wd, eigval,eigvec,eigvec1)
def Code_Response_Spectrum(T,kesi, Tg,alpha_max):
    #2021 版隔标
    #eta=1+(0.05-kesi)/(0.08+1.6*kesi)
```

```python
    eta=max(1+(0.05-kesi)/(0.08+1.6*kesi), 0.55)
    gamma=0.9+(0.05-kesi)/(0.3+6.0*kesi)
    alpha=0.0
    if 0 <= T < 0.1:
        alpha=((eta-0.45)/0.1)*T+0.45
    elif 0.1 <= T < Tg:
        alpha=eta
    elif Tg <= T:
        alpha=(Tg/T)**gamma*eta
    return alpha*alpha_max
def Formqmat(nd,k,kindRS):
    #求层模型结构响应的类别，kindRS，1 为位移，2 为层间位移，3 为层剪力；k 从底到顶的层刚度列表
    #nd*nd 方阵，qmat*Dis 得到结构响应，单位阵时则得到结构位移
    qmat= np.eye(nd, dtype=float)
    if kindRS == 1: return qmat #求层模型结构响应的类别，1 为位移，2 为层间位移，3 为层剪力
    if kindRS == 2: #层间位移
        for i in range(nd):
            if i == 0:
                pass
            else:
                qmat[i,i-1] = -1
                qmat[i,i] = 1
    if kindRS == 3: #层剪力
        for i in range(nd):
            if i == 0:
                qmat[i,i] = k[i]
            else:
                qmat[i,i-1] = -1.0*k[i]
                qmat[i,i] = 1.0*k[i]
    if kindRS == 4: #层地震力，此时 qmat = K
        qmat[0,0] = k[0]+k[1]
        qmat[0,1] = -k[1]
        for i in range(1,nd-1):
            qmat[i,i] = k[i]+k[i+1]
            qmat[i,i-1] = -k[i]
            qmat[i,i+1] = -k[i+1]
        qmat[nd-1,nd-1] = k[nd-1]
        qmat[nd-1,nd-2] = -k[nd-1]
    return qmat
def ForCorrelationDVs(w,kesi,nd):
    #白噪声下的结构谱相关系数阵
    RowDD=np.zeros((nd,nd))
    RowVD=np.zeros((nd,nd))
    RowVV=np.zeros((nd,nd))
    for i in range(nd):
        for j in range(nd):
            r = w[i]/w[j]
            kk = (1-r**2)**2 + 4*kesi[i]*kesi[j]*r*(1+r**2) + 4*(kesi[i]**2+kesi[j]**2)*r**2
            sijkesi = np.sqrt(kesi[i]*kesi[j])
            RowDD[i,j] = 8*sijkesi*(r*kesi[i]+kesi[j])*r**1.5 / kk
            RowVV[i,j] = 8*sijkesi*(kesi[i]+r*kesi[j])*r**1.5 / kk
            RowVD[i,j] = 4*sijkesi*(1-r**2)*r**0.5 / kk
    return(RowDD, RowVD, RowVV)
def RSP_ComplexModeMethod(lengthscale,qmat, Tg,alpha_max, cphi,cw,cItai, w,kesi,nd):
    #基于复振型反应谱法求地震作用下的结构响应 Rs[nd] = qmat[nd,nd]*D[nd]
    wreal=np.zeros(nd)
    kesireal=np.zeros(nd)
    T=np.zeros(nd)
    for i in range(nd):
        wreal[i] = w[2*i]
        kesireal[i] = kesi[2*i]
```

```python
      T[i] = 2.0*np.pi/w[2*i]
   [RowDD, RowVD, RowVV] = ForCorrelationDVs(wreal,kesireal,nd)
   #print RowDD
   #print RowVD
   #print RowVV
   Rs=np.zeros(nd)
   for qi in range(nd):
      qvec = qmat[qi]
      #print qvec
      for i in range(nd): #复频率按-a1+b1i, -a1-b1i, -a2+b2i, -a2-b2i, ... 排列, 取虚部为正的计算
         sia = lengthscale*9.8*Code_Response_Spectrum(T[i],kesireal[i], Tg,alpha_max)
         siv = sia / wreal[i] #sia 为伪加速度谱下, 利用伪速度谱来代替复振型求解时速度谱的贡献
         sid = siv / wreal[i]
         #print('SASVSD: %f, %f, %f'%(sia,siv,sid))
         cvi = cphi[:nd,2*i]*cItai[2*i]
         cdi = cvi*cw[2*i].conjugate()
         cvi = 2.0*np.dot(qvec,cvi.real)
         cdi = -2.0*np.dot(qvec,cdi.real)
         for j in range(nd):
            sja = lengthscale*9.8*Code_Response_Spectrum(T[j],kesireal[j], Tg,alpha_max)
            sjv = sja / wreal[j]
            sjd = sjv / wreal[j]
            cvj = cphi[:nd,2*j]*cItai[2*j]
            cdj = cvj*cw[2*j].conjugate()
            cvj = 2.0*np.dot(qvec,cvj.real)
            cdj = -2.0*np.dot(qvec,cdj.real)
            rsVV = cvi*cvj*RowVV[i,j]*siv*sjv
            rsDD = cdi*cdj*RowDD[i,j]*sid*sjd
            rsVD = 2.0*cvi*cdj*RowVD[i,j]*siv*sjd
            Rs[qi] += rsVV+rsDD+rsVD
   Rs = np.sqrt(Rs)
   return(Rs)
if __name__=='__main__':
   print('=================== 剪切层模型在地震反应谱下的弹性响应(复振型反应谱法) ===================')
   print('Author: Chang Lei')
   print('Date: 20240414')
   print('=================== 剪切层模型在地震反应谱下的弹性响应(复振型反应谱法) ===================')
   print('\n')
   # 质量m, 刚度k, 阻尼c
   m=[15,10,10];        #单位t, 从底部到顶
   k=[200,1000,1000];   #单位N/mm, 从底部到顶
   #m=[15,10,10,15,10,15,10];        #单位t, 从底部到顶
   #k=[200,1000,1000,1000,1000,1000,1000];   #单位N/mm, 从底部到顶
   #m =[1.0e3*i for i in m] #单位转kg
   #k =[1.0e3*i for i in k] #单位转N/m
   c_isolator=45;       #支座的附加阻尼, 单位N*s/mm
   # 结构质量M、刚度K 及阻尼C
   nd = len(m)
   [M,K] = FormMK(m,k)
   # 求实振型, 根据第ii 第jj 振型阻尼比damp_ratio 求瑞利比例阻尼aM+bK
   [real_Mi,real_Ki,real_gamai,real_w,real_phi] = Eigs(M,K,nd)
   damp_ratio=0.05;     #阻尼比
   C = FormRayleighC(M,K,1,3,damp_ratio,nd) # ii = 1; jj = 3
   C[0,0] += c_isolator*1
   #C[1,1] += c_isolator*1
   #C[2,2] += c_isolator*1
   #C = np.zeros((nd,nd), dtype=float)
   #反应谱基本参数
   lengthscale = 1000 #反应谱计算时的长度调整系数, 即由m 调整到输出量纲的系数, 1000 则输出mm; 与k 相吻合
   Tg= 0.35
   alpha_max = 0.45
```

```
#复振型求解
[A, B, Ai, Bi, Eff_Mi, Mi, Ci, Ki, Itai, w, kesi, wd, cw, cphi, cphi1] = Complex_eigs(M,K,C,nd)
#基于复振型反应谱法求地震作用下结构响应
#求层模型结构响应的类别，kindi：1 为位移，2 为层间位移，3 为层剪力，4 为层地震力
for kindi in range(1,5):
    qmat = Formqmat(nd,k,kindi)
    RS = RSP_ComplexModeMethod(lengthscale,qmat, Tg,alpha_max, cphi1,cw,Itai, w,kesi,nd)
    if kindi == 1:
        print('复振型反应谱法求得层位移:')
        for i in range(nd): print("{:>20.4f}".format(RS[i])),
        print("\n")
    elif kindi == 2:
        print('复振型反应谱法求得层间位移:')
        for i in range(nd): print("{:>20.4f}".format(RS[i])),
        print("\n")
    elif kindi == 3:
        print('复振型反应谱法求得层剪力:')
        for i in range(nd): print("{:>20.4f}".format(RS[i])),
        print("\n")
    elif kindi == 4:
        print('复振型反应谱法求得层地震力:')
        for i in range(nd): print("{:>20.4f}".format(RS[i])),
        print("\n")
```

### 15.5.2.2　计算结果

上述 Python 程序代码运行后窗口输出了复振型累计振型质量及占比，也输出了各层结构位移响应、层间位移响应、层剪力响应及层地震力响应，如下所示。

可以看到除了首层外，层位移之差的反应谱结果往往比层间位移的反应谱结果要小；除顶层外，层剪力的反应谱结果往往比从上到下的层地震力反应谱结果累加值要小；但层剪力反应谱结果则正是层间位移结果与层刚度的乘积。这些均与传统的基于实振型 CQC 的结论一致。

| 复振型反应谱法求得层位移: | | |
|---|---|---|
| 86.4275 | 97.2573 | 103.0893 |
| 复振型反应谱法求得层间位移: | | |
| 86.4275 | 12.7006 | 7.4078 |
| 复振型反应谱法求得层剪力: | | |
| 17285.5083 | 12700.5983 | 7407.7733 |
| 复振型反应谱法求得层地震力: | | |
| 9721.2970 | 6222.4198 | 7407.7733 |

## 15.5.3　基础隔震结构复振型分解反应谱迭代法的 Python 编程与计算结果

对于设置黏滞阻尼器的减振结构，结构的层间刚度往往不会变化，按 15.4 节进行复振型分解反应谱计算即可满足。但对于基础隔震结构这种层等效刚度与预估位移相关的结构，进行复振型分解反应谱法计算时需先预设等效刚度，再得到预估位移，而预估位移显然与预设刚度不吻合，需要反复迭代，也即根据第 $i-1$ 次迭代得到的位移响应更新预设刚度 $k_{i-1} \rightarrow k_i$（实际上也需要更新相应阻尼），再得到第 $i$ 次迭代的位移响应，如图 15.5-1 所示。如此迭代，直到预设刚度与反应谱求得位移响应更新刚度差异满足要求。

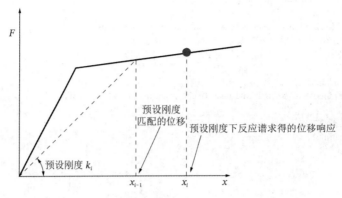

图 15.5-1　基础隔震层位移–力的迭代示意

因此本节给出复振型分解反应谱迭代法的 Python 编程及计算结果，对首层为基础隔震结构的标准复振型实例，这里简化采用 R&H 法，其中等效刚度$k_e$与阻尼$c_e$按下式计算：

$$k_e = F_d/x_d$$
$$c_e = \frac{E_H}{\pi\omega x_d^2} = \frac{4(x_d - x_y)(1-\alpha)F_y}{\pi\omega x_d^2} \tag{15.5-1}$$

其中$F_d$和$x_d$分别为隔震层最大剪力和最大位移，$F_y$和$x_y$分别为隔震层屈服剪力和屈服位移，而$\alpha$和$\omega$分别为屈服后刚度与初始刚度比及振动圆频率。由于基础隔震结构主要受 1 阶振型控制，因此$\omega$一般取复振型计算得到的 1 阶固有频率。对本算例，基础隔震层初始刚度暂取 200N/mm，屈服力取 5000N，屈服后刚度与初始刚度比取 0.2。

### 15.5.3.1　Python 代码

基于 15.5.2 节复振型分解反应谱法的 Python 程序，增设迭代流程，编写 Python 程序代码如下，迭代控制为预设隔震层刚度差异比在 1e-3 之内满足要求，停止迭代。

```python
import numpy as np
import matplotlib.pyplot as plt
def FormMK(m,k):
    nd = len(m)
    M = np.zeros((nd,nd), dtype=float)
    K = np.zeros((nd,nd), dtype=float)
    for i in range(nd): M[i,i] = m[i]
    K[0,0] = k[0]+k[1]
    K[0,1] = -k[1]
    for i in range(1,nd-1):
        K[i,i] = k[i]+k[i+1]
        K[i,i-1] = -k[i]
        K[i,i+1] = -k[i+1]
    K[nd-1,nd-1] = k[nd-1]
    K[nd-1,nd-2] = -k[nd-1]
    return(M,K)
def Eigs(M,K,nd):
    #求实特征值问题-w^2*M+K|=0，返回圆频率和归一化特征向量
    M_I = np.linalg.inv(M) #或 M_I = np.matrix(M).I
    M_IK = np.dot(M_I,K)
    [eigval,eigvec] = np.linalg.eig(M_IK)
    #特征值从小到大排序
```

```
    ei = eigval.argsort()
    # 获得排序后的圆频率
    eigval = np.sqrt(eigval[ei])
    # 获得排序后的特征向量，转置的原因是 numpy 默认索引操作是针对行操作，而振型向量是按列储存
    eigvec = eigvec.T[ei].T
    eigvec = np.array(eigvec)
    #特征向量归一
    for i in range(nd):
        tm = eigvec[:,i]
        cc = max(tm)
        if max(tm) < -1.0*min(tm): cc = -1.0*min(tm)
        eigvec[:,i] = tm[:] / cc
    #在归一化的特征向量基础上求后续相关结果
    phi = eigvec
    #求 phi.T*M*phi = diag(Mi); phi.T*K*phi = diag(Ki)，得到模态质量 Mi 和模态刚度 Ki
    pMp = np.dot(np.dot(phi.T, M), phi)
    pKp = np.dot(np.dot(phi.T, K), phi)
    Mi = pMp.diagonal(0)
    Ki = pKp.diagonal(0)
    #求 gamai[i] = phi[i]*M*I / Mi
    gamai = np.zeros(nd, dtype=float)
    I = np.ones(nd, dtype=float)
    for i in range(nd):
        gamai[i] = np.dot(np.dot(phi[:,i], M), I) / Mi[i]
    return(Mi,Ki,gamai,eigval,eigvec)
def FormRayleighC(M,K,ii,jj,damp_ratio,nd):
    #形成经典瑞利阻尼矩阵 C=a*M+b*K
    a = 2*damp_ratio*real_w[ii-1]*real_w[jj-1]/(real_w[ii-1]+real_w[jj-1])
    b = 2*damp_ratio/(real_w[ii-1]+real_w[jj-1])
    #print('瑞利阻尼系数 a,b:')
    #print("{:>16.4f}".format(a)),
    #print("{:>16.4f}".format(b)),
    #print("\n")
    C = np.zeros((nd,nd), dtype=float)
    for i in range(nd):
        for j in range(nd):
            C[i,j] = a*M[i,j] + b*K[i,j]
    return(C)
def Complex_eigs(M,K,C,nd):
    #利用状态空间法求解复特征值问题 r^2*M+r*C+K|=0，返回复特征值 r(r=-a+bj) 和虚部归一化复特征向量
    #A=[[C,M],[M,0]]; B=[[K,0],[0,-M]]
    A = np.zeros((2*nd,2*nd), dtype=float)
    B = np.zeros((2*nd,2*nd), dtype=float)
    for i in range(nd):
        for j in range(nd):
            A[i,j] = C[i,j]
            A[nd+i,j] = M[i,j]
            A[i,nd+j] = M[i,j]
            B[i,j] = K[i,j]
            B[nd+i,nd+j] = -1.0*M[i,j]
    A_I = np.linalg.inv(A)
    A_IB = np.dot(-1.0*A_I,B)
    [eigval,eigvec] = np.linalg.eig(A_IB)
    #特征值从小到大排序
    ei = np.array([abs(i) for i in eigval]).argsort() #根据复特征值的模进行排序
    # 确保 n 对特征值的虚部先出现正值后出现负值
    for i in range(nd):
        if eigval[ei[2*i]] < eigval[ei[2*i+1]]:
            c = ei[2*i]; ei[2*i] = ei[2*i+1]; ei[2*i+1] = c
    # 获得排序后的复特征值 r(r=-a+bj)
    eigval = eigval[ei]
```

```python
    #求频率 w, 阻尼比 kesi, wd
    w = abs(eigval)
    kesi = -1.0*eigval.real / abs(eigval)
    wd =w * np.sqrt(1.0-kesi*kesi)
    # 获得排序后的复特征向量
    eigvec = eigvec.T[ei].T
    eigvec = np.array(eigvec)
    #复特征向量按前 n 阶虚部归一
    eigvec1 = np.zeros((2*nd,2*nd), dtype=complex)
    for i in range(2*nd):
        tm = eigvec.imag[:nd,i]
        cc = max(tm)
        if max(tm) < -1.0*min(tm): cc = -1.0*min(tm)
        eigvec1[:,i] = eigvec[:,i] / cc
    #在虚部归一化的复特征向量基础上求后续相关结果
    phi = eigvec1
    #求 phi.T*A*phi = diag(Ai);  phi.T*B*phi = diag(Bi)
    pAp = np.dot(np.dot(phi.T, A), phi)
    pBp = np.dot(np.dot(phi.T, B), phi)
    Ai = pAp.diagonal(0)
    Bi = pBp.diagonal(0)
    #求 Itai[i] = phi[i]*A*I / Ai
    Itai = np.zeros(2*nd, dtype=complex)
    I = np.zeros(2*nd, dtype=float)
    for i in range(nd): I[nd+i] = 1.0
    for i in range(2*nd):
        Itai[i] = np.dot(np.dot(phi[:,i], A), I) / Ai[i]
    #求模态质量 Mi, 模态阻尼 Ci, 模态刚度 Ki: phn.H*M*phn = diag(Mi);  phn.H*C*phn = diag(Ci);  phn.H*K*phn = diag(Ki)
    phn = np.zeros((nd,nd), dtype=complex)
    for i in range(nd):
        phn[:,i] = phi[:nd, 2*i]
    pMp = np.dot(np.dot(np.conjugate(phn).T, M), phn)
    pCp = np.dot(np.dot(np.conjugate(phn).T, C), phn)
    pKp = np.dot(np.dot(np.conjugate(phn).T, K), phn)
    Mi = pMp.diagonal(0).real
    Ci = pCp.diagonal(0).real
    Ki = pKp.diagonal(0).real
    #各阶振型有效质量 Eff_Mi
    Eff_Mi = np.zeros(nd, dtype=float)
    I = np.ones(nd, dtype=float)
    for i in range(nd):
        tp1 = np.dot(np.dot(phi[:nd, 2*i], K), I) * np.dot(np.dot(phi[:nd, 2*i], M), I)
        tp1 = -2.0 * tp1/Ai[2*i]/eigval[2*i]
        Eff_Mi[i] = tp1.real
    return(A, B, Ai, Bi, Eff_Mi, Mi, Ci, Ki, Itai, w, kesi, wd, eigval,eigvec,eigvec1)
def Code_Response_Spectrum(T,kesi, Tg,alpha_max):
    #2021 版隔标
    #eta=1+(0.05-kesi)/(0.08+1.6*kesi)
    eta=max(1+(0.05-kesi)/(0.08+1.6*kesi), 0.55)
    gamma=0.9+(0.05-kesi)/(0.3+6.0*kesi)
    alpha=0.0
    if 0 <= T < 0.1:
        alpha=((eta-0.45)/0.1)*T+0.45
    elif 0.1 <= T < Tg:
        alpha=eta
    elif Tg <= T:
        alpha=(Tg/T)**gamma*eta
    return alpha*alpha_max
def Formqmat(nd,k,kindRS):
    #对层模型结构响应的类别, kindRS, 1 为位移, 2 为层间位移, 3 为层剪力; k 从底到顶的层刚度列表
    #nd*nd 方阵, qmat*Dis 得到结构响应, 单位阵时则得到结构位移
```

```
        qmat= np.eye(nd, dtype=float)
    if kindRS == 1: return qmat #求层模型结构响应的类别，1 为位移，2 为层间位移，3 为层剪力
    if kindRS == 2: #层间位移
        for i in range(nd):
            if i == 0:
                pass
            else:
                qmat[i,i-1] = -1
                qmat[i,i] = 1
    if kindRS == 3: #层剪力
        for i in range(nd):
            if i == 0:
                qmat[i,i] = k[i]
            else:
                qmat[i,i-1] = -1.0*k[i]
                qmat[i,i] = 1.0*k[i]
    return qmat
def ForCorrelationDVs(w,kesi,nd):
    #白噪声下的结构谱相关系数阵
    RowDD=np.zeros((nd,nd))
    RowVD=np.zeros((nd,nd))
    RowVV=np.zeros((nd,nd))
    for i in range(nd):
        for j in range(nd):
            r = w[i]/w[j]
            kk = (1-r**2)**2 + 4*kesi[i]*kesi[j]*r*(1+r**2) + 4*(kesi[i]**2+kesi[j]**2)*r**2
            sijkesi = np.sqrt(kesi[i]*kesi[j])
            RowDD[i,j] = 8*sijkesi*(r*kesi[i]+kesi[j])*r**1.5 / kk
            RowVV[i,j] = 8*sijkesi*(kesi[i]+r*kesi[j])*r**1.5 / kk
            RowVD[i,j] = 4*sijkesi*(1-r**2)*r**0.5 / kk
    return(RowDD, RowVD, RowVV)
def RSP_ComplexModeMethod(qmat, Tg,alpha_max, cphi,cw,cItai, w,kesi,nd):
    #基于复振型反应谱法求地震作用下的结构响应 Rs[nd] = qmat[nd,nd]*D[nd]
    wreal=np.zeros(nd)
    kesireal=np.zeros(nd)
    T=np.zeros(nd)
    for i in range(nd):
        wreal[i] = w[2*i]
        kesireal[i] = kesi[2*i]
        T[i] = 2.0*np.pi/w[2*i]
    [RowDD, RowVD, RowVV] = ForCorrelationDVs(wreal,kesireal,nd)
    #print RowDD
    #print RowVD
    #print RowVV
    Rs=np.zeros(nd)
    for qi in range(nd):
        qvec = qmat[qi]
        #print qvec
        for i in range(nd): #复频率按-a1+b1i, -a1-b1i, -a2+b2i, -a2-b2i, ... 排列，取虚部为正的计算
            sia = lengthscale*9.8*Code_Response_Spectrum(T[i],kesireal[i], Tg,alpha_max)
            siv = sia / wreal[i] #sia 为伪加速度谱下，利用伪速度谱来代替复振型求解时速度谱的贡献
            sid = siv / wreal[i]
            #print('SASVSD: %f, %f, %f'%(sia,siv,sid))
            cvi = cphi[:nd,2*i]*cItai[2*i]
            cdi = cvi*cw[2*i].conjugate()
            cvi = 2.0*np.dot(qvec,cvi.real)
            cdi = -2.0*np.dot(qvec,cdi.real)
            for j in range(nd):
                sja = lengthscale*9.8*Code_Response_Spectrum(T[j],kesireal[j], Tg,alpha_max)
                sjv = sja / wreal[j]
                sjd = sjv / wreal[j]
```

```
            cvj = cphi[:nd,2*j]*cItai[2*j]
            cdj = cvj*cw[2*j].conjugate()
            cvj = 2.0*np.dot(qvec,cvj.real)
            cdj = -2.0*np.dot(qvec,cdj.real)
            rsVV = cvi*cvj*RowVV[i,j]*siv*sjv
            rsDD = cdi*cdj*RowDD[i,j]*sid*sjd
            rsVD = 2.0*cvi*cdj*RowVD[i,j]*siv*sjd
            Rs[qi] += rsVV+rsDD+rsVD
    Rs = np.sqrt(Rs)
    return(Rs)
if __name__=='__main__':
    print('================ 剪切层模型首层隔振结构复振型反应谱迭代法求解 ================')
    print('Author: Chang Lei')
    print('Date: 20240417')
    print('================ 剪切层模型首层隔振结构复振型反应谱迭代法求解 ================')
    print('\n')
    #反应谱基本参数
    lengthscale = 1000 #反应谱计算时的长度调整系数，即由 m 调整到输出量纲的系数，1000 则输出 mm；与 k 相吻合
    Tg= 0.35
    alpha_max = 0.45
    damp_ratio=0.05;        #结构初始阻尼比
    # 质量 m，刚度 k，阻尼 c
    m=[15,10,10];           #单位 t，从底部到顶
    k=[200,1000,1000];      #单位 N/mm，从底部到顶，第一个为隔震层刚度
    nd = len(m)
    #m =[1.0e3*i for i in m] #单位转 kg
    #k =[1.0e3*i for i in k] #单位转 N/m
    #首层为隔震层，假设为双线性本构
    c_isolator0=0           #隔震层支座初始附加阻尼，单位 N*s/mm
    k_isolator=200          #隔震层支座的初始弹性刚度，单位 N/mm
    beta_isolator=0.2       #隔震层屈服后刚度和初始刚度比
    Fy_isolator=5000        #隔震层屈服力，单位 N
    Dis_RSP = [0]*nd  #反应谱求解最后的位移
    V_RSP = [0]*nd  #反应谱求解最后的层剪力
    F_RSP = [0]*nd  #反应谱求解最后的层地震力
    C_isolator_RSP = 0  #反应谱求解最后得到的隔震层附加阻尼
    Dy_isolator=Fy_isolator/k_isolator          #隔震层屈服位移
    #设置迭代信息
    iteraN = 0
    Kiter_isolator = k_isolator
    Ktri_isolator = k_isolator*2
    citer_isolator = c_isolator0
    while abs((Kiter_isolator-Ktri_isolator)/Kiter_isolator) > 1e-3:
        iteraN += 1
        # 结构质量 M、刚度 K 及阻尼 C
        k[0] = Kiter_isolator
        [M,K] = FormMK(m,k)
        # 求实振型，根据第 ii 第 jj 振型阻尼比 damp_ratio 求瑞利比例阻尼 aM+bK
        [real_Mi,real_Ki,real_gamai,real_w,real_phi] = Eigs(M,K,nd)
        C = FormRayleighC(M,K,1,3,damp_ratio,nd)
        C[0,0] += citer_isolator
        #复振型求解
        [A, B, Ai, Bi, Eff_Mi, Mi, Ci, Ki, Itai, w, kesi, wd, cw, cphi, cphi1] = Complex_eigs(M,K,C,nd)
        #基于复振型反应谱法求地震反应谱下结构位移和剪力响应
        qmat = Formqmat(nd,k,1)
        RS = RSP_ComplexModeMethod(qmat, Tg,alpha_max, cphi1,cw,Itai, w,kesi,nd)
        Dis_RSP = list(RS)
        qmat = Formqmat(nd,k,3)
        RS = RSP_ComplexModeMethod(qmat, Tg,alpha_max, cphi1,cw,Itai, w,kesi,nd)
        V_RSP = list(RS)
        RS = RSP_ComplexModeMethod(K, Tg,alpha_max, cphi1,cw,Itai, w,kesi,nd)
```

```
F_RSP = list(RS)
#复核隔震层状态
D1 = Dis_RSP[0]
Kiter_isolator = Ktri_isolator
if D1 > Dy_isolator:
    F1 = Fy_isolator+beta_isolator*k_isolator*(D1-Dy_isolator)
    Ktri_isolator = F1/D1
    citer_isolator = 4*(D1-Dy_isolator)*(1-beta_isolator)*Fy_isolator/np.pi/D1**2/real_w[0] #取无阻尼第1阶振动频率按R-H法
计算
else:
    Ktri_isolator = k_isolator
    citer_isolator = 0.0
print('第%i 次迭代：隔震层等效刚度 K=%f，等效位移 D=%f，等效阻尼 C=%f'%(iteraN, Kiter_isolator, D1, citer_isolator))
print("\n 迭代最终结果： ")
print('隔震层：等效刚度 K=%f，等效位移 D=%f，等效阻尼 C=%f'%(Kiter_isolator, D1, citer_isolator))
print('\n 复特征值 cw1 ~ cw2n:')
for i in range(2*nd): print("{:>16.4f}".format(cw[i])),
print("\n")
print('复特征值相应的无阻尼圆频率 w1 ~ w2n:')
for i in range(2*nd): print("{:>16.4f}".format(w[i])),
print("\n")
print('复特征值相应的振型阻尼比 kesi1 ~ kesi2n:')
for i in range(2*nd): print("{:>16.4f}".format(kesi[i])),
print("\n")
print('复特征值相应的有阻尼圆频率 wd1 ~ wd2n:')
for i in range(2*nd): print("{:>16.4f}".format(wd[i])),
print("\n")
print('复振型反应谱迭代法求得层位移:')
for i in range(nd): print("{:>16.4f}".format(Dis_RSP[i])),
print("\n")
print('复振型反应谱迭代法求得层剪力:')
for i in range(nd): print("{:>16.4f}".format(V_RSP[i])),
print("\n")
print('复振型反应谱迭代法求得层地震力:')
for i in range(nd): print("{:>16.4f}".format(F_RSP[i])),
print("\n")
```

### 15.5.3.2　计算结果

上述 Python 程序代码运行后窗口输出了迭代过程，以及迭代结束后结构复振型分析结果、复振型反应谱法结果，如下所示。可以看到最后复振型反应谱法算得的首层位移与预设刚度是匹配的。

```
第 1 次迭代：隔震层等效刚度 K=400.000000，等效位移 D=120.483742，等效阻尼 C=14.610883
第 2 次迭代：隔震层等效刚度 K=73.199500，等效位移 D=68.666260，等效阻尼 C=15.182314
第 3 次迭代：隔震层等效刚度 K=98.252772，等效位移 D=174.688591，等效阻尼 C=17.537024
第 4 次迭代：隔震层等效刚度 K=62.897889，等效位移 D=146.176929，等效阻尼 C=17.591598
第 5 次迭代：隔震层等效刚度 K=67.364099，等效位移 D=185.761665，等效阻尼 C=17.929767
第 6 次迭代：隔震层等效刚度 K=61.532968，等效位移 D=178.542797，等效阻尼 C=17.928955
第 7 次迭代：隔震层等效刚度 K=62.403592，等效位移 D=187.481638，等效阻尼 C=17.981771
第 8 次迭代：隔震层等效刚度 K=61.335423，等效位移 D=185.989406，等效阻尼 C=17.980178
第 9 次迭代：隔震层等效刚度 K=61.506601，等效位移 D=187.733410，等效阻尼 C=17.989526
第 10 次迭代：隔震层等效刚度 K=61.306809，等效位移 D=187.437665，等效阻尼 C=17.989097
迭代最终结果：
隔震层：等效刚度 K=61.306809，等效位移 D=187.437665，等效阻尼 C=17.989097
复特征值 cw1 ~ cw2n:
 -0.3108+1.2741j  -0.3108-1.2741j  -0.5856+9.1282j  -0.5856-9.1282j  -0.9044+16.8565j  -0.9044-16.8565j
复特征值相应的无阻尼圆频率 w1 ~ w2n:
    1.3114    1.3114    9.1470    9.1470    16.8807    16.8807
```

复特征值相应的振型阻尼比 kesi1～kesi2n:
    0.2370       0.2370       0.0640       0.0640       0.0536       0.0536
复特征值相应的有阻尼圆频率 wd1～wd2n:
    1.2741       1.2741       9.1282       9.1282      16.8565     16.8565
复振型反应谱迭代法求得层位移:
   187.4377    194.2158    197.6702
复振型反应谱迭代法求得层剪力:
  11528.6537   7552.0511   4137.0379
复振型反应谱迭代法求得层地震力:
  5859.9579   3709.9832   4137.0379

# 参 考 文 献

[1]   ELISHAKAFF I, LYON R H. Random vibration-status recent developments[M]. Elsevier, 1986.

[2]   周锡元, 俞瑞芳. 非比例阻尼线性体系基于规范反应谱的 CCQC 法[J]. 工程力学, 2006(2): 10-17+9.

# 第16章

# 基础隔震结构复振型分解的规范表达

## 16.1 振型分解反应谱法规范表达及本章主要假定

在比例阻尼体系假定下，线性结构的振型叠加反应谱方法是目前结构抗震设计所采用的主要方法。现行《建筑抗震设计标准》对于建筑结构中，结构第 $j$ 振型第 $i$ 层的水平地震作用标准值 $F_{ji}$ 按下式表达：

$$F_{ji} = \alpha_j \gamma_j X_{ji} G_i \quad (i = 1, 2, \cdots, n; j = 1, 2, \cdots, m) \tag{16.1-1}$$

式中 $n$ 为结构总层数；$m$ 为考虑的振型数；$G_i$ 为第 $i$ 层的重力荷载代表值，可表示为该层质量与重力加速度的乘积，即 $G_i = M_i g$；$\alpha_j$ 为相应于第 $j$ 振型自振周期（或自振频率 $\omega_j$）的地震影响系数；$X_{ji}$ 为第 $j$ 振型第 $i$ 层质心的水平相对位移；$\gamma_j$ 为第 $j$ 振型的参与系数，其定义与式(13.1-4)所示的 $\eta_{R,i}$ 一致，在相应第 $j$ 振型用 $\{X_j\}$ 表示的情况下，有 $\gamma_j = \dfrac{\{X_j\}^{\mathrm{T}}[M]\{I\}}{\{X_j\}^{\mathrm{T}}[M]\{X_j\}} = \dfrac{\{X_j\}^{\mathrm{T}}[G]\{I\}}{\{X_j\}^{\mathrm{T}}[G]\{X_j\}} = \dfrac{\sum\limits_{i=1}^{n} X_{ji} G_i}{\sum\limits_{i=1}^{n} X_{ji}^2 G_i}$。

式(16.1-1)所示方法暂且称为实振型分解反应谱法的规范表达，虽然该式只是结构地震标准值的表示，对于更为常用的层剪力或层位移，规范并未给出表达，但基于该式可以对地震作用的大小及影响规律有较为深入的了解，所以在结构相关设计规范或相关文献中均多次提及，工程师对其印象也最为深刻。

对于比例阻尼下的水平地震作用标准值，可以较好地由式(16.1-1)来表示。但对于复振型，前述章节已经将一般黏性阻尼系统下，结构的复振型分析理论、复振型分解法以及复振型叠加反应谱法进行了展开论述。根据式(14.2-5)、式(14.2-6)、式(14.2-15)及式(14.2-16)，结构楼层地震力向量 $\{f\}$ 可表示为

$$\{f\} = -\sum_{j=1}^{m} \left[ \mathrm{Re}\left(2\eta_j \bar{\lambda}_j [K] \{\varphi_j\}\right) u_j(t) - \mathrm{Re}\left(2\eta_j [K] \{\varphi_j\}\right) \dot{u}_j(t) \right] \tag{16.1-2}$$

其中 $u_j(t)$ 为单位质量单自由度结构在地震作用下的动力响应，根据前述反应谱理论相关定义，设位移谱为 $D_j$，则根据其与速度谱 $V_j$、拟加速度谱 $A_j$ 之间的关系，并假定式(16.1-1)的地震影响系数可与拟加速度谱相对应，则有关系式

$$\alpha_j = \hat{\omega}_j^2 D_j / g = \hat{\omega}_j V_j / g = A_j / g \tag{16.1-3}$$

此时，结构第 $j$ 振型（实际上应为第 $j$ 对共轭复振型）第 $i$ 层的水平地震作用标准值 $F_{ji}$ 可表达为下述位移分量和速度分量两者之和的形式：

$$F_{ji}^{\mathrm{D}} = -\mathrm{Re}\big[2\eta_j \bar{\lambda}_j \{K(i,:)\}^{\mathrm{T}} \{\varphi_j\}\big] D_j \tag{16.1-4}$$

$$F_{ji}^{\mathrm{V}} = \mathrm{Re}\big[2\eta_j \{K(i,:)\}^{\mathrm{T}} \{\varphi_j\}\big] V_j \tag{16.1-5}$$

$$F_{ji} = F_{ji}^{\mathrm{D}} + F_{ji}^{\mathrm{V}} \tag{16.1-6}$$

上述式(16.1-4)和式(16.1-5)中 $K(i,:)$ 为结构刚度矩阵第 $i$ 行，这里将其视为列向量 $\{K(i,:)\}$，因此右上角添加了转置符号"T"。有了结构单振型下的地震作用标准值的表达后，再根据前述章节的 CQCC 或 CSRSS 法进行组合即可。

式(16.1-4)和式(16.1-5)是根据复振型理论准确推导得到的，具有较强的普适性，但与式(16.1-1)的规范表达还是有很大差异。

虽然可以通过表达式的转换，得到与式(16.1-1)相似的规范表达。但转换表达式中部分系数还需进行刚度矩阵的乘积计算，较为复杂，因而不够直观。对于基础隔震结构，考虑以下假定之后，复振型地震力的表达方式会更为直观，相关系数的计算也相对容易。

主要假定如下：

（1）待分析结构为基础隔震的建筑结构，非比例阻尼的特性主要集中在首层，而上部结构满足比例阻尼特性。

（2）由于是建筑结构，所以无论是结构质量矩阵、刚度矩阵或阻尼矩阵，还是结构的振型表示，均按层模型描述。

（3）在推导上部非隔震层地震力表达时，基于假定（1）可进一步假定系统的阻尼为比例阻尼，且原非比例阻尼下得到的结构复特征值和复特征向量也可近似满足比例阻尼下的特征方程。

## 16.2 基础隔震结构复振型分解法的规范表达

### 16.2.1 实数形式的复振型参与系数表达

根据式(13.3-25)，地震影响向量 $\{I\}$ 可以在实振型空间以实参与系数展开，也即考虑所有实振型后式(16.1-1)所示的实振型下的振型参与系数 $\gamma_j$ 累积为 1，即有下式：

$$\{I\} = \sum_{j=1}^{n} \gamma_j \{X_j\} \tag{16.2-1}$$

同样，根据式(13.3-26)和式(13.3-27)，复振型下的振型参与系数 $\eta_i$ 也可以定义实数形式表达的复振型参与系数 $\gamma_j$ 及相应的振型向量 $\{X_j\}$，如下所示：

$$\gamma_j = 2\,\mathrm{Re}\big(\eta_j \{\varphi_j\}\big), \quad \{X_j\} = 2\,\mathrm{Re}\left(\frac{\lambda_j \eta_j \{\varphi_j\}}{\gamma_j}\right) \tag{16.2-2}$$

## 16.2.2　一般意义上的复振型分解的规范表达

采用式(16.2-2)的定义后，复振型参与系数 $\gamma_j$ 及相应的振型向量 $\{X_j\}$ 也均为实数，式(16.1-4)和式(16.1-5)所示的第 $j$ 振型第 $i$ 层的水平地震作用标准值的位移部分和速度部分均可以按其表达。

对式(16.1-4)和式(16.1-5)所示的位移部分 $F_{ji}^{\mathrm{D}}$ 和速度部分 $F_{ji}^{\mathrm{V}}$ 可以进一步推导如下：

$$
\begin{aligned}
F_{ji}^{\mathrm{D}} &= -\mathrm{Re}\big[2\eta_j\overline{\lambda}_j\{K(i,:)\}^{\mathrm{T}}\{\varphi_j\}\big]D_j \\
&= -\mathrm{Re}\left[2\eta_j\lambda_j\{\varphi_j\}^{\mathrm{T}}\frac{\overline{\lambda}_j}{\lambda_j}\frac{\{K(i,:)\}}{M_i\hat{\omega}_j^2}\right]M_i\hat{\omega}_j^2 D_j \\
&= \mathrm{Re}\left[2\eta_j\lambda_j\{\varphi_j\}^{\mathrm{T}}\Big(1-2\hat{\zeta}_j^2-i\cdot 2\hat{\zeta}_j\sqrt{1-\hat{\zeta}_j^2}\Big)\frac{\{K(i,:)\}}{M_i\hat{\omega}_j^2}\right]M_i\hat{\omega}_j^2 D_j \\
&= \alpha_j\gamma_j\{X_j\}^{\mathrm{T}}\circ\{\theta_j^{\mathrm{D}}\}^{\mathrm{T}}\frac{\{K(i,:)\}}{M_i\hat{\omega}_j^2}G_i \\
&= \alpha_j\gamma_j\frac{\{K(i,:)\}^{\mathrm{T}}}{M_i\hat{\omega}_j^2}\big(\{X_j\}\circ\{\theta_j^{\mathrm{D}}\}\big)G_i
\end{aligned}
\tag{16.2-3}
$$

$$
\begin{aligned}
F_{ji}^{\mathrm{V}} &= \mathrm{Re}\big[2\eta_j\{K(i,:)\}^{\mathrm{T}}\{\varphi_j\}\big]V_j \\
&= \mathrm{Re}\left[2\eta_j\lambda_j\{\varphi_j\}^{\mathrm{T}}\frac{1}{\lambda_j}\frac{\{K(i,:)\}}{M_i\hat{\omega}_j}\right]M_i\hat{\omega}_j V_j \\
&= \mathrm{Re}\left[2\eta_j\lambda_j\{\varphi_j\}^{\mathrm{T}}\Big(-\hat{\zeta}_j-i\cdot\sqrt{1-\hat{\zeta}_j^2}\Big)\frac{\{K(i,:)\}}{M_i\hat{\omega}_j^2}\right]M_i\hat{\omega}_j V_j \\
&= \alpha_j\gamma_j\{X_j\}^{\mathrm{T}}\circ\{\theta_j^{\mathrm{V}}\}^{\mathrm{T}}\frac{\{K(i,:)\}}{M_i\hat{\omega}_j^2}G_i \\
&= \alpha_j\gamma_j\frac{\{K(i,:)\}^{\mathrm{T}}}{M_i\hat{\omega}_j^2}\big(\{X_j\}\circ\{\theta_j^{\mathrm{V}}\}\big)G_i
\end{aligned}
\tag{16.2-4}
$$

式中，转换向量 $\{\theta_j^{\mathrm{D}}\}$ 的元素为 $\theta_{ji}^{\mathrm{D}}=1-2\hat{\zeta}_j^2+2\hat{\zeta}_j\sqrt{1-\hat{\zeta}_j^2}\dfrac{\mathrm{Im}(\lambda_j\eta_j\varphi_{ji})}{\mathrm{Re}(\lambda_j\eta_j\varphi_{ji})}$；转换向量 $\{\theta_j^{\mathrm{V}}\}$ 的元素为 $\theta_{ji}^{\mathrm{V}}=-\hat{\zeta}_j+\sqrt{1-\hat{\zeta}_j^2}\dfrac{\mathrm{Im}(\lambda_j\eta_j\varphi_{ji})}{\mathrm{Re}(\lambda_j\eta_j\varphi_{ji})}$；符号"∘"表示哈达玛积（Hadamard product），也即其两侧向量对应元素乘积。

最终得到结构第 $j$ 振型第 $i$ 层的水平地震作用标准值 $F_{ji}=F_{ji}^{\mathrm{D}}+F_{ji}^{\mathrm{V}}$，其位移部分 $F_{ji}^{\mathrm{D}}$ 和速度部分 $F_{ji}^{\mathrm{V}}$ 表达式分别如式(16.2-5)和式(16.2-6)所示。

$$
F_{ji}^{\mathrm{D}}=\alpha_j\gamma_j X_{ji}^{\mathrm{D}}G_i
\tag{16.2-5}
$$

$$
F_{ji}^{\mathrm{V}}=\alpha_j\gamma_j X_{ji}^{\mathrm{V}}G_i
\tag{16.2-6}
$$

其中换算振型 $X_{ji}^{\mathrm{D}}=\dfrac{\{K(i,:)\}^{\mathrm{T}}}{M_i\hat{\omega}_j^2}\big(\{X_j\}\circ\{\theta_j^{\mathrm{D}}\}\big)$，$X_{ji}^{\mathrm{V}}=\dfrac{\{K(i,:)\}^{\mathrm{T}}}{M_i\hat{\omega}_j^2}\big(\{X_j\}\circ\{\theta_j^{\mathrm{V}}\}\big)$。

式(16.2-5)、式(16.2-6)的表达式与16.1节介绍的振型分解反应谱法得到的式(16.1-4)和式(16.1-5)是一致的。虽然式(16.2-5)、式(16.2-6)的表达式与式(16.1-1)所示实振型下水平地震作用标准值的规范表达式相似，但在计算换算振型 $X_{ji}^{\mathrm{D}}$ 和 $X_{ji}^{\mathrm{V}}$ 时，含有刚度矩阵与振型向量的乘积，不够直观。

### 16.2.3　基础隔震结构复振型分解的规范表达

前述式(16.1-4)和式(16.1-5)为结构第 $j$ 振型第 $i$ 层的水平地震作用标准值位移部分 $F_{ji}^{\mathrm{D}}$ 和速度部分 $F_{ji}^{\mathrm{V}}$ 的准确表达式。对于基础隔震结构，结构的非比例阻尼特性主要是由于基础隔震层导致的，而上部结构仍然可以假定为比例阻尼，因此可将上部结构和基础隔振层分开求解。

#### 16.2.3.1　隔震层上部结构

隔震层非比例阻尼特性较强，而隔震层上部结构比较接近比例阻尼，因此在求上部结构的地震力时可设其阻尼阵为比例阻尼形式，但是结构振型及频率、阻尼比等均按原复振型求得的结果计算，这样虽然不够严谨且对计算结果会带来一点差异，后续算例也表明了其与准确结果的差异，但是可以避免振型系数中出现刚度矩阵与振型向量的乘积。

不妨设结构的阻尼矩阵为经典瑞利阻尼 $[C] = \alpha[M] + \beta[K]$，根据式(13.5-8)和式(13.5-9)，对 $j$ 振型有

$$\left[ \frac{\lambda_j^2 + \alpha\lambda_j}{(1 + \beta\lambda_j)}[M] + [K] \right] \cdot (\beta\lambda_j + 1)\{\varphi_j\} = \{0\} \tag{16.2-7}$$

得到

$$\begin{aligned}
\{K(i,:)\}^{\mathrm{T}}\{\varphi_j\} &= -\frac{\lambda_j^2 + \alpha\lambda_j}{(1 + \beta\lambda_j)\hat{\omega}_j^2}\hat{\omega}_j^2\{M(i,:)\}^{\mathrm{T}}\{\varphi_j\} \\
&\triangleq -c_{j,\mathrm{Up}}^0\hat{\omega}_j^2\{M(i,:)\}^{\mathrm{T}}\{\varphi_j\} \\
&= -c_{j,\mathrm{Up}}^0\hat{\omega}_j^2 M_i\varphi_{ji}
\end{aligned} \tag{16.2-8}$$

式中，系数 $c_{j,\mathrm{Up}}^0 = \frac{\lambda_j^2 + \alpha\lambda_j}{1 + \beta\lambda_j}\frac{1}{\hat{\omega}_j^2}$。

将式(16.2-8)代入式(16.1-4)和式(16.1-5)，可得到隔震层上部结构第 $i$ 层在第 $j$ 振型下水平地震作用标准值的位移部分 $F_{ji,\mathrm{Up}}^{\mathrm{D}}$ 和速度部分 $F_{ji,\mathrm{Up}}^{\mathrm{V}}$ 的近似表达式，这样避免了系数中出现刚度矩阵与向量的乘积计算。

$$F_{ji,\mathrm{Up}}^{\mathrm{D}} = \mathrm{Re}\left[2\eta_j\bar{\lambda}_j c_{j,\mathrm{Up}}^0\varphi_{ji}\right]M_i\hat{\omega}_j^2 D_j \tag{16.2-9}$$

$$F_{ji,\mathrm{Up}}^{\mathrm{V}} = -\mathrm{Re}\left[2\eta_j\bar{\lambda}_j c_{j,\mathrm{Up}}^0\varphi_{ji}\frac{\hat{\omega}_j}{\bar{\lambda}_j}\right]M_i\hat{\omega}_j V_j \tag{16.2-10}$$

#### 16.2.3.2　隔震层

隔震层非比例阻尼特性强，由于隔震层上部结构的地震力已由式(16.2-9)和式(16.2-10)近似表示，所以隔震层的地震力可写为隔震层弹性恢复力和上部结构地震力差的形式，而

隔震层弹性恢复力可表示为隔震层刚度和隔震层位移相乘。因此得到其位移分量 $F_{ji,\mathrm{B}}^{\mathrm{D}}$ 可表示为

$$F_{ji,\mathrm{B}}^{\mathrm{D}} = \mathrm{Re}\Big[2\eta_j\bar{\lambda}_j k_{\mathrm{B}}\varphi_{j\mathrm{B}}\Big]D_j - \sum_{i=2}^{n}F_{ji,\mathrm{Up}}^{\mathrm{D}}$$

$$\triangleq -\mathrm{Re}\left[2\eta_j\bar{\lambda}_j\frac{1+\mu_{\mathrm{B}}}{\mu_{\mathrm{B}}}\frac{\omega_{\mathrm{B}}^2}{\hat{\omega}_j^2}\varphi_{j\mathrm{B}}\right]M_{\mathrm{B}}\hat{\omega}_j^2 D_j - \left(\mathrm{Re}\left[2\eta_j\bar{\lambda}_j c_{j,\mathrm{Up}}^0\varphi_{j\mathrm{B}}\frac{\sum\limits_{i=2}^{n}M_i\varphi_{ji}}{M_{\mathrm{B}}\varphi_{j\mathrm{B}}}\right]\right)M_{\mathrm{B}}\hat{\omega}_j^2 D_j \qquad (16.2\text{-}11)$$

$$\triangleq \mathrm{Re}\Big[2\eta_j\bar{\lambda}_j c_{j,\mathrm{B}}^0\varphi_{j\mathrm{B}}\Big]M_{\mathrm{B}}\hat{\omega}_j^2 D_j$$

式(16.2-11)中，相关参数和系数如下：

隔震层质量与上部结构质量比 $\mu_{\mathrm{B}} = M_{\mathrm{B}}/\sum\limits_{i=2}^{n}M_i$；

隔震层圆频率 $\omega_{\mathrm{B}} = \sqrt{k_{\mathrm{B}}/\left(M_{\mathrm{B}}+\sum\limits_{i=2}^{n}M_i\right)} = \sqrt{k_{\mathrm{B}}/\sum\limits_{i=1}^{n}M_i}$；

系数 $c_{j,\mathrm{B}}^0 = -\dfrac{1+\mu_{\mathrm{B}}}{\mu_{\mathrm{B}}}\dfrac{\omega_{\mathrm{B}}^2}{\hat{\omega}_j^2} - c_{j,\mathrm{Up}}^0\dfrac{\sum\limits_{i=2}^{n}M_i\varphi_{ji}}{M_{\mathrm{B}}\varphi_{j\mathrm{B}}}$。

同样可以推导得到速度分量 $F_{ji,\mathrm{B}}^{\mathrm{V}}$，可表示为

$$F_{ji,\mathrm{B}}^{\mathrm{V}} = -\mathrm{Re}\left[2\eta_j\bar{\lambda}_j c_{j,\mathrm{B}}^0\varphi_{j\mathrm{B}}\frac{\hat{\omega}_j}{\lambda_j}\right]M_{\mathrm{B}}\hat{\omega}_j V_j \qquad (16.2\text{-}12)$$

#### 16.2.3.3　基础隔震结构复振型地震作用的规范表达

仿照式(16.1-1)所示实振型下水平地震作用标准值的规范表达式，记复振型下基础隔震结构第 $j$ 振型第 $i$ 层的水平地震作用标准值的位移部分 $F_{ji}^{\mathrm{D}}$ 为

$$F_{ji}^{\mathrm{D}} = \alpha_j\gamma_j X_{ji}^{\mathrm{D}} G_i \qquad (16.2\text{-}13)$$

其中振型参与系数 $\gamma_j$ 仍沿用式(16.2-2)的表达，地震影响系数 $\alpha_j$ 与速度谱、拟加速度谱之间的关系按式(16.1-3)，但振型向量则结合式(16.2-2)以及式(16.2-9)、式(16.2-11)来表示，其元素

$$X_{ji}^{\mathrm{D}} = \mathrm{Re}(c_{ji}\varphi_{ji}) \qquad (16.2\text{-}14)$$

式中复系数 $c_{ji}$ 为

$$c_{ji} = c_{ji}^0\frac{2\eta_j\bar{\lambda}_j}{\gamma_j} = c_{ji}^0\frac{\eta_j\bar{\lambda}_j}{\mathrm{Re}(\eta_j\lambda_j)} \qquad (16.2\text{-}15)$$

复系数 $c_{ji}^0$ 为

$$c_{ji}^0 = \begin{cases} c_{j,\mathrm{Up}}^0 = \dfrac{\lambda_j^2+\alpha\lambda_j}{1+\beta\lambda_j}\dfrac{1}{\hat{\omega}_j^2} & (i>1) \\[4mm] c_{j,\mathrm{B}}^0 = -\dfrac{1+\mu_{\mathrm{B}}}{\mu_{\mathrm{B}}}\dfrac{\omega_{\mathrm{B}}^2}{\hat{\omega}_j^2} - c_{j,\mathrm{Up}}^0\dfrac{\sum\limits_{i=2}^{n}M_i\varphi_{ji}}{M_{\mathrm{B}}\varphi_{j\mathrm{B}}} & (i=1) \end{cases}$$

式中$\eta_j$为第$j$复振型参与系数，按式(13.3-24)计算；$(\lambda_j, \{\varphi_j\})$为第$j$复振型特征对；$\hat{\omega}_j$为计算得到的复振型固有频率，其对应的振型阻尼比为$\hat{\xi}_j$，均按前述复振型理论计算得到，计算式汇总如下，其中复振型有阻尼振动频率$\hat{\omega}_{Dj} = \hat{\omega}_j\sqrt{1-\hat{\xi}_j^2}$。

$$\eta_j = \frac{-\lambda_j\{\varphi_j\}^T[M]\{I\}}{\{\varphi_j\}^T[K]\{\varphi_j\} - \lambda_j^2\{\varphi_j\}^T[M]\{\varphi_j\}}, \quad \lambda_j = -\hat{\omega}_j\hat{\xi}_j + i\hat{\omega}_{Dj}, \quad \bar{\lambda}_j = -\hat{\omega}_j\hat{\xi}_j - i\hat{\omega}_{Dj} \quad (16.2\text{-}16)$$

这样便得到规范表达式下的复振型水平地震作用标准值的位移部分。对于速度部分，对比式(16.2-10)与式(16.2-9)，以及式(16.2-12)与式(16.2-11)，可以推导出其与位移部分存在比值关系，有

$$F_{ji}^V = c_{ji}^{VD} F_{ji}^D \quad (16.2\text{-}17)$$

比值系数$c_{ji}^{VD} = \hat{\xi}_j + \sqrt{1-\hat{\xi}_i^2}\frac{\text{Im}(c_{ji}\varphi_{ji})}{\text{Re}(c_{ji}\varphi_{ji})}$，代入式(16.2-13)，得到速度部分$F_{ji}^V$的规范表达式

$$F_{ji}^V = \alpha_j\gamma_j X_{ji}^V G_i \quad (16.2\text{-}18)$$

式中，振型向量元素$X_{ji}^V = \text{Re}\left[\left(\hat{\xi}_j - i\sqrt{1-\hat{\xi}_i^2}\right)(c_{ji}\varphi_{ji})\right]$。

汇总位移部分和速度部分得到基础隔震结构第$j$振型第$i$层的水平地震作用标准值$F_{ji}$的最终表达式为

$$F_{ji} = \alpha_j\gamma_j X_{ji} G_i \quad (16.2\text{-}19)$$

式中$\{X_j\}$为换算振型，其元素为$X_{ji} = \text{Re}\left[\left(1+\hat{\xi}_j - i\sqrt{1-\hat{\xi}_i^2}\right)(c_{ji}\varphi_{ji})\right]$。

式(16.2-13)、式(16.2-18)及式(16.2-19)即是在基础隔震结构下，复振型分解水平地震作用的规范表达式。其与《建筑隔震设计标准》GB/T 51408—2021 附录 B 中的公式是一致的，只是该附录中系数$c_{ji}^0$表达式是将本书相应公式中的$\omega_j^2$替换成了$\lambda_j^2$。

## 16.3　实例及 Python 编程

本章主要针对基础隔震结构复振型分解反应谱按规范表达的地震力求解。根据前文，对于某复振型下结构某层地震力，按式(16.2-5)和式(16.2-6)进行一般意义上的复振型分解的规范表达，其结果与 16.1 节介绍的振型分解反应谱法得到的计算式(16.1-2)或者式(16.1-4)和式(16.1-5)是一致的，因此，此表达式下的地震力结果与第 15 章多自由度体系动力反应的复振型分解反应谱法结果相同。

本节主要对式(16.2-13)、式(16.2-18)及式(16.2-19)所示复振型分解水平地震作用的规范表达式进行 Python 编程，对比该方法下结构地震力 CCQC 的结果与第 15 章按式(15.4-14)或式(15.4-16)所示一般意义上的复振型分解反应谱法求得的地震力 CCQC 结果进行对比。

### 16.3.1　实例说明

分析实例仍取图 13.6-1 所示的标准复振型实例，也即基础隔震结构，可按本章式(16.2-13)、式(16.2-18)及式(16.2-19)所示复振型分解水平地震作用的规范表达式进行求解。由于在推导式(16.2-13)、式(16.2-18)及式(16.2-19)时是带有假定的，即推导上部非隔震层地

震力表达时假定"系统的阻尼为比例阻尼，且原非比例阻尼下得到的结构复特征值和复特征向量也可近似满足比例阻尼下的特征方程"，因此在标准复振型实例基础上将层数由原 3 层增加为 7 层，得到 7 层下的基础隔震实例，其底部 3 层质量、刚度及首层集中阻尼均不变，上部各层的刚度和质量均分别为 1000N/mm、10t。

## 16.3.2　基础隔震结构复振型分解规范表达的 Python 编程与计算结果

以图 13.6-1 所示的标准复振型实例及增加层数后的 7 层基础隔震实例为例，按本章式 (16.2-13)及式(16.2-18)所示复振型分解水平地震作用的规范表达式求解单振型下的楼层地震力，振型间再按 CCQC 进行组合。

### 16.3.2.1　Python 代码

对图 13.6-1 所示的标准复振型实例编写 Python 程序代码如下。

```python
import numpy as np
import matplotlib.pyplot as plt
def FormMK(m,k):
    nd = len(m)
    M = np.zeros((nd,nd), dtype=float)
    K = np.zeros((nd,nd), dtype=float)
    for i in range(nd): M[i,i] = m[i]
    K[0,0] = k[0]+k[1]
    K[0,1] = -k[1]
    for i in range(1,nd-1):
        K[i,i] = k[i]+k[i+1]
        K[i,i-1] = -k[i]
        K[i,i+1] = -k[i+1]
    K[nd-1,nd-1] = k[nd-1]
    K[nd-1,nd-2] = -k[nd-1]
    return(M,K)
def Eigs(M,K,nd):
    #求实特征值问题|-w^2*M+K|=0，返回圆频率和归一化特征向量
    M_I = np.linalg.inv(M) #或 M_I = np.matrix(M).I
    M_IK = np.dot(M_I,K)
    [eigval,eigvec] = np.linalg.eig(M_IK)
    #特征值从小到大排序
    ei = eigval.argsort()
    # 获得排序后的圆频率
    eigval = np.sqrt(eigval[ei])
    # 获得排序后的特征向量，转置的原因是 numpy 默认索引操作是针对行操作，而振型向量是按列储存
    eigvec = eigvec.T[ei].T
    eigvec = np.array(eigvec)
    #特征向量归一
    for i in range(nd):
        tm = eigvec[:,i]
        cc = max(tm)
        if max(tm) < -1.0*min(tm): cc = -1.0*min(tm)
        eigvec[:,i] = tm[:] / cc
    #在归一化的特征向量基础上求后续相关结果
    phi = eigvec
    #求 phi.T*M*phi = diag(Mi); phi.T*K*phi = diag(Ki)，得到模态质量 Mi 和模态刚度 Ki
    pMp = np.dot(np.dot(phi.T, M), phi)
    pKp = np.dot(np.dot(phi.T, K), phi)
    Mi = pMp.diagonal(0)
    Ki = pKp.diagonal(0)
```

```python
    #求 gamai[i] = phi[i]*M*I / Mi
    gamai = np.zeros(nd, dtype=float)
    I = np.ones(nd, dtype=float)
    for i in range(nd):
        gamai[i] = np.dot(np.dot(phi[:,i], M), I) / Mi[i]
    return(Mi,Ki,gamai,eigval,eigvec)
def FormRayleighC(M,K,ii,jj,damp_ratio,nd):
    #形成经典瑞利阻尼矩阵 C=a*M+b*K
    a = 2*damp_ratio*real_w[ii-1]*real_w[jj-1]/(real_w[ii-1]+real_w[jj-1])
    b = 2*damp_ratio/(real_w[ii-1]+real_w[jj-1])
    #print('瑞利阻尼系数 a,b:')
    #print("{:>20.4f}".format(a)),
    #print("{:>20.4f}".format(b)),
    #print("\n")
    C = np.zeros((nd,nd), dtype=float)
    for i in range(nd):
        for j in range(nd):
            C[i,j] = a*M[i,j] + b*K[i,j]
    return(a,b,C)
def Complex_eigs(M,K,C,nd):
    #利用状态空间法求解复特征值问题 r^2*M+r*C+K|=0，返回复特征值 r(r=-a+bj)和虚部归一化复特征向量
    #A=[[C,M],[M,0]]; B=[[K,0],[0,-M]]
    A = np.zeros((2*nd,2*nd), dtype=float)
    B = np.zeros((2*nd,2*nd), dtype=float)
    for i in range(nd):
        for j in range(nd):
            A[i,j] = C[i,j]
            A[nd+i,j] = M[i,j]
            A[i,nd+j] = M[i,j]
            B[i,j] = K[i,j]
            B[nd+i,nd+j] = -1.0*M[i,j]
    A_I = np.linalg.inv(A)
    A_IB = np.dot(-1.0*A_I,B)
    [eigval,eigvec] = np.linalg.eig(A_IB)
    #特征值从小到大排序
    ei = np.array([abs(i) for i in eigval]).argsort() #根据复特征值的模进行排序
    # 确保 n 对特征值的虚部先出现正值后出现负值
    for i in range(nd):
        if eigval[ei[2*i]] < eigval[ei[2*i+1]]:
            c = ei[2*i]; ei[2*i] = ei[2*i+1]; ei[2*i+1] = c
    # 获得排序后的复特征值 r(r=-a+bj)
    eigval = eigval[ei]
    #求频率 w，阻尼比 kesi, wd
    w = abs(eigval)
    kesi = -1.0*eigval.real / abs(eigval)
    wd =w * np.sqrt(1.0-kesi*kesi)
    # 获得排序后的复特征向量
    eigvec = eigvec.T[ei].T
    eigvec = np.array(eigvec)
    #复特征向量按前 n 阶虚部归一
    eigvec1 = np.zeros((2*nd,2*nd), dtype=complex)
    for i in range(2*nd):
        tm = eigvec.imag[:nd,i]
        cc = max(tm)
        if max(tm) < -1.0*min(tm): cc = -1.0*min(tm)
        eigvec1[:,i] = eigvec[:,i] / cc
    #在虚部归一化的复特征向量基础上求后续相关结果
    phi = eigvec1
    #求 phi.T*A*phi = diag(Ai);  phi.T*B*phi = diag(Bi)
    pAp = np.dot(np.dot(phi.T, A), phi)
    pBp = np.dot(np.dot(phi.T, B), phi)
```

```
    Ai = pAp.diagonal(0)
    Bi = pBp.diagonal(0)
    #求 Itai[i] = phi[i]*A*I / Ai
    Itai = np.zeros(2*nd, dtype=complex)
    I = np.zeros(2*nd, dtype=float)
    for i in range(nd): I[nd+i] = 1.0
    for i in range(2*nd):
        Itai[i] = np.dot(np.dot(phi[:,i], A), I) / Ai[i]
    #求模态质量 Mi, 模态阻尼 Ci, 模态刚度 Ki: phn.H*M*phn = diag(Mi);  phn.H*C*phn = diag(Ci);  phn.H*K*phn = diag(Ki)
    phn = np.zeros((nd,nd), dtype=complex)
    for i in range(nd):
        phn[:,i] = phi[:nd, 2*i]
    pMp = np.dot(np.dot(np.conjugate(phn).T, M), phn)
    pCp = np.dot(np.dot(np.conjugate(phn).T, C), phn)
    pKp = np.dot(np.dot(np.conjugate(phn).T, K), phn)
    Mi = pMp.diagonal(0).real
    Ci = pCp.diagonal(0).real
    Ki = pKp.diagonal(0).real
    #各阶振型有效质量 Eff_Mi
    Eff_Mi = np.zeros(nd, dtype=float)
    I = np.ones(nd, dtype=float)
    for i in range(nd):
        tp1 = np.dot(np.dot(phi[:nd, 2*i], K), I) * np.dot(np.dot(phi[:nd, 2*i], M), I)
        tp1 = -2.0 * tp1/Ai[2*i]/eigval[2*i]
        Eff_Mi[i] = tp1.real
    return(A, B, Ai, Bi, Eff_Mi, Mi, Ci, Ki, Itai, w, kesi, wd, eigval,eigvec,eigvec1)
def Code_Response_Spectrum(T,kesi, Tg,alpha_max):
    #2021 版隔标
    #eta=1+(0.05-kesi)/(0.08+1.6*kesi)
    eta=max(1+(0.05-kesi)/(0.08+1.6*kesi), 0.55)
    gamma=0.9+(0.05-kesi)/(0.3+6.0*kesi)
    alpha=0.0
    if 0 <= T < 0.1:
        alpha=((eta-0.45)/0.1)*T+0.45
    elif 0.1 <= T < Tg:
        alpha=eta
    elif Tg <= T:
        alpha=(Tg/T)**gamma*eta
    return alpha*alpha_max
def ForCorrelationDVs(w,kesi,nd):
    #白噪声下的结构谱相关系数阵
    RowDD=np.zeros((nd,nd))
    RowVD=np.zeros((nd,nd))
    RowVV=np.zeros((nd,nd))
    for i in range(nd):
        for j in range(nd):
            r = w[i]/w[j]
            kk = (1-r**2)**2 + 4*kesi[i]*kesi[j]*r*(1+r**2) + 4*(kesi[i]**2+kesi[j]**2)*r**2
            sijkesi = np.sqrt(kesi[i]*kesi[j])
            RowDD[i,j] = 8*sijkesi*(r*kesi[i]+kesi[j])*r**1.5 / kk
            RowVV[i,j] = 8*sijkesi*(kesi[i]+r*kesi[j])*r**1.5 / kk
            RowVD[i,j] = 4*sijkesi*(1-r**2)*r**0.5 / kk
    return(RowDD, RowVD, RowVV)
def RSP_CODE_ComplexModeMethod(lengthscale,Tg,alpha_max, cphi,cw,cItai, w,kesi,nd, a,b,m,k):
    #基于隔震规范附录 B 复振型反应谱法求地震作用下的结构地震力作用 RF[nd]
    wreal=np.zeros(nd)
    kesireal=np.zeros(nd)
    T=np.zeros(nd)
    for i in range(nd):
        wreal[i] = w[2*i]
        kesireal[i] = kesi[2*i]
```

```
        T[i] = 2.0*np.pi/w[2*i]
    [RowDD, RowVD, RowVV] = ForCorrelationDVs(wreal,kesireal,nd)
    #复振型参与系数
    gama = np.zeros(nd)
    for i in range(nd):
        tp1 = cItai[2*i] * cw[2*i]
        gama[i] = 2.0*tp1.real
    #复振型参与系数-修改后的振型向量 X 及振型力 Fji_u，Fji_v
    X = np.zeros((nd,nd))
    cji_v = np.zeros((nd,nd))
    Fji_u = np.zeros((nd,nd))
    Fji_v = np.zeros((nd,nd))
    cjb0 = np.zeros(nd, dtype=complex)
    cju0 = np.zeros(nd, dtype=complex)
    miub = 1.0*m[0]/sum(m[1:]) #m[0]为隔震层质量
    wb2 = 1.0*k[0]/sum(m) #k[0]为隔震层刚度
    for j in range(nd):
        cju0[j] = (cw[2*j]**2+a*cw[2*j])/(1.0+b*cw[2*j])/w[2*j]**2
        phij = cphi[:nd,2*j]
        tp1 = 0
        for i in range(1,nd): tp1 += m[i]*phij[i]
        cjb0[j] = -(1.0+miub)/miub*wb2/w[2*j]**2 - cju0[j]*tp1/m[0]/phij[0]
        for i in range(nd):
            cj0 = cju0[j]
            if i == 0: cj0 = cjb0[j]
            cj = 2.0*cItai[2*j]*cw[2*j].conjugate() / gama[j] * cj0
            tp1 = cj*phij[i]
            X[i,j] = tp1.real
            cji_v[i,j] = kesi[2*j] + np.sqrt(1-kesi[2*j]**2) * tp1.imag/tp1.real
    for j in range(nd):
        alfaj = Code_Response_Spectrum(T[j],kesireal[j], Tg,alpha_max)
        for i in range(nd):
            Fji_u[i,j] = alfaj * gama[j] * X[i,j] * m[i] * 9.8 * lengthscale
            Fji_v[i,j] = cji_v[i,j] * Fji_u[i,j]
    #print Fji_u
    #print Fji_v
    #CQC 振型组合
    RF=np.zeros(nd)
    for qi in range(nd):
        for i in range(nd):
            for j in range(nd):
                rsVV = RowVV[i,j]*Fji_v[qi,i]*Fji_v[qi,j]
                rsDD = RowDD[i,j]*Fji_u[qi,i]*Fji_u[qi,j]
                rsVD = RowVD[i,j]*Fji_v[qi,i]*Fji_u[qi,j]
                RF[qi] += rsVV+rsDD+rsVD
    RF = np.sqrt(RF)
    return(RF)
if __name__ =='__main__':
    print('================== 剪切层模型在地震反应谱下的弹性响应(复振型规范反应谱法) ==================')
    print('Author: Chang Lei')
    print('Date: 20240422')
    print('================== 剪切层模型在地震反应谱下的弹性响应(复振型规范反应谱法) ==================')
    print('\n')
    # 质量 m，刚度 k，阻尼 c
    m=[15,10,10];        #单位 t，从底部到顶
    k=[200,1000,1000];   #单位 N/mm，从底部到顶
    #m=[15,10,10,10,10,10,10];           #单位 t，从底部到顶
    #k=[200,1000,1000,1000,1000,1000,1000];  #单位 N/mm，从底部到顶
    c_isolator=45;       #支座的附加阻尼，单位 N*s/mm
    # 结构质量 M，刚度 K 及阻尼 C
    nd = len(m)
```

```
[M,K] = FormMK(m,k)
# 求实振型，根据第 ii 第 jj 振型阻尼比 damp_ratio 求瑞利比例阻尼 aM+bK
[real_Mi,real_Ki,real_gamai,real_w,real_phi] = Eigs(M,K,nd)
damp_ratio=0.05;        #阻尼比
[a,b,C] = FormRayleighC(M,K,1,3,damp_ratio,nd)
C[0,0] += c_isolator*1
#C[1,1] += c_isolator*1
#C[2,2] += c_isolator*1
#C = np.zeros((nd,nd), dtype=float)
#反应谱基本参数
lengthscale = 1000 #反应谱计算时的长度调整系数，即由 m 调整到输出量纲的系数，1000 则输出 mm；与 k 相吻合
Tg= 0.35
alpha_max = 0.45
#复振型求解
[A, B, Ai, Bi, Eff_Mi, Mi, Ci, Ki, Itai, w, kesi, wd, cw, cphi, cphi1] = Complex_eigs(M,K,C,nd)
#基于隔震规范附录 B 复振型反应谱法求地震作用下结构地震力作用
RS = RSP_CODE_ComplexModeMethod(lengthscale,Tg,alpha_max, cphi1,cw,Itai, w,kesi,nd, a,b,m,k)
print('采用复振型规范表达式(隔标)求得的层地震力:')
for i in range(nd): print("{:>16.4f}".format(RS[i])),
print("\n")
```

对于增加层数后的 7 层基础隔震实例的计算，则将下段代码中前两行代码注释掉，后两行代码取消注释进行运算即可。

```
m=[15,10,10];            #单位 t，从底部到顶
k=[200,1000,1000];       #单位 N/mm，从底部到顶
#m=[15,10,10,10,10,10,10];        #单位 t，从底部到顶
#k=[200,1000,1000,1000,1000,1000,1000];   #单位 N/mm，从底部到顶
```

### 16.3.2.2　计算结果

上述 Python 程序代码运行结果相应于标准复振型实例，运行后窗口输出了各层地震力，如下所示。

```
采用复振型规范表达式(隔标)求得的层地震力:
10274.9769  6285.6284  7409.4151
```

7 层基础隔震实例的计算结果如下所示。

```
采用复振型规范表达式(隔标)求得的层地震力:
10532.2082  4952.2267  4856.9012  4858.0763  4933.6628  5176.5180  5975.6816
```

将程序计算结果，与第 15 章一般意义上的复振型分解反应谱法［式(15.4-14)或式(15.4-16)］求得的地震力 CCQC 结果进行对比，如表 16.3-1 和表 16.3-2 所示。可见，相比一般性的复振型分解反应谱法结果，利用基于规范表达式的振型分解反应谱法求得的楼层剪力结果在底部楼层差异较大，顶部差异较小。

由于在规范表达式的推导过程中，为消除振型中的刚度矩阵项，假定了"系统的阻尼为比例阻尼，且原非比例阻尼下得到的结构复特征值和复特征向量也可近似满足比例阻尼下的特征方程"，虽然这一假定是在推导上部非隔震层地震力表达时采用的，但后续推导基础隔震层地震力时则是基于隔震层弹性恢复力和上部结构地震力的差求得，所以求得的结果反而对隔震层影响最大。因此，实际项目计算时，建议仍采用式(15.4-14)或式(15.4-16)所示的一般意义上的复振型分解反应谱法，其求解结构振型响应过程中未进行简化，结果更准确。

**标准复振型实例下基于规范表达式和一般复振型分解反应谱法
求得层地震力对比（单位：N）** 表 16.3-1

| 楼层 | 基于规范表达式的振型分解反应谱法 | 一般的复振型分解反应谱法 | 差异（占比） |
|---|---|---|---|
| 1层 | 10275.0 | 9721.3 | 553.7（6%） |
| 2层 | 6285.6 | 6222.4 | 63.2（1%） |
| 3层 | 7409.4 | 7407.8 | 1.6（0%） |

**7层基础隔震实例下基于规范表达式和一般复振型分解反应谱法
求得层地震力对比（单位：N）** 表 16.3-2

| 楼层 | 基于规范表达式的振型分解反应谱法 | 一般的复振型分解反应谱法 | 差异（占比） |
|---|---|---|---|
| 1层 | 10532.2 | 9152.9 | 1379.3（15%） |
| 2层 | 4952.2 | 4747.8 | 204.4（4%） |
| 3层 | 4856.9 | 4723.8 | 133.1（3%） |
| 4层 | 4858.1 | 4780.6 | 77.5（2%） |
| 5层 | 4933.7 | 4893.7 | 40.0（1%） |
| 6层 | 5176.5 | 5169.2 | 7.3（0%） |
| 7层 | 5975.7 | 5996.7 | −21.0（0%） |

# 附 录

## 附录 1：振型参与质量系数相关公式证明

考虑一般性，已知第 $j$ 阶振型质量 $M_j = \{\phi\}_j^{\mathrm{T}}[M]\{\phi\}_j$，第 $j$ 阶振型参与系数 $\gamma_j = \dfrac{\{\phi\}_j^{\mathrm{T}}[M]\{R\}}{\{\phi\}_j^{\mathrm{T}}[M]\{\phi\}_j} = \dfrac{\{\phi\}_j^{\mathrm{T}}[M]\{R\}}{M_j}$，其中 $\{\phi\}_j$ 是第 $j$ 阶振型向量，$\{R\}$ 是荷载指示向量。

定义第 $j$ 阶振型参与质量 $m_{\mathrm{E}j} = \gamma_j^2 M_j = \dfrac{\left(\{\phi\}_j^{\mathrm{T}}[M]\{R\}\right)^2}{\{\phi\}_j^{\mathrm{T}}[M]\{\phi\}_j}$

则各振型总的参与质量

$$\sum_{j=1}^{N} m_{\mathrm{E}j} = \sum_{j=1}^{N} \gamma_j^2 M_j = \sum_{j=1}^{N} \gamma_j \frac{\{\phi\}_j^{\mathrm{T}}[M]\{R\}}{M_j} M_j = \sum_{j=1}^{N} \gamma_j \{\phi\}_j^{\mathrm{T}}[M]\{R\}$$

$$= \sum_{j=1}^{N} \{R\}^{\mathrm{T}}[M]\gamma_j\{\phi\}_j = \{R\}^{\mathrm{T}}[M] \sum_{j=1}^{N} \gamma_j\{\phi\}_j = \{R\}^{\mathrm{T}}[M]\{R\}$$

上式推导过程中用到了 $\{R\} = \sum\limits_{j=1}^{N} \gamma_j\{\phi\}_j$，有关该公式的证明见附录 2。

定义第 $j$ 阶振型参与质量系数

$$r_j = \frac{m_{\mathrm{E}j}}{\sum\limits_{i=1}^{N} m_{\mathrm{E}j}} = \frac{\gamma_j^2 M_j}{\{R\}^{\mathrm{T}}[M]\{R\}}$$

可得 $\sum\limits_{j=1}^{N} r_j = 1$

对于剪切层模型，有 $[M] = \begin{bmatrix} m_1 & & & \\ & m_2 & & \\ & & \ddots & \\ & & & m_N \end{bmatrix}$，此时地震波为单向加载，$\{R\}_{N \times 1} = \{1, 1, \cdots, 1\}^{\mathrm{T}}$，此时各振型总的参与质量为

$$\sum_{j=1}^{N} m_{\mathrm{E}j} = \{R\}^{\mathrm{T}}[M]\{R\} = \{1 \quad 1 \quad \cdots \quad 1\} \begin{bmatrix} m_1 & & & \\ & m_2 & & \\ & & \ddots & \\ & & & m_N \end{bmatrix} \begin{Bmatrix} 1 \\ 1 \\ \vdots \\ 1 \end{Bmatrix} = \sum_{j=1}^{N} m_j$$

即有 $\sum\limits_{j=1}^{N} m_{\mathrm{E}j} = \sum\limits_{j=1}^{N} \gamma_j^2 M_j = \sum\limits_{j=1}^{N} m_j$。

第 $j$ 阶振型的振型参与系数

$$\gamma_j = \frac{\{\phi\}_j^T[M]\{I\}}{\{\phi\}_j^T[M]\{\phi\}_j} = \frac{\{\phi_{j1} \quad \phi_{j2} \quad \cdots \quad \phi_{jN}\} \begin{bmatrix} m_1 & & & \\ & m_2 & & \\ & & \ddots & \\ & & & m_N \end{bmatrix} \begin{Bmatrix} 1 \\ 1 \\ \vdots \\ 1 \end{Bmatrix}}{\{\phi_{j1} \quad \phi_{j2} \quad \cdots \quad \phi_{jN}\} \begin{bmatrix} m_1 & & & \\ & m_2 & & \\ & & \ddots & \\ & & & m_N \end{bmatrix} \begin{Bmatrix} \phi_{j1} \\ \phi_{j2} \\ \vdots \\ \phi_{jN} \end{Bmatrix}} = \frac{\sum\limits_{i=1}^{N} \phi_{ji} m_i}{\sum\limits_{i=1}^{N} \phi_{ji}^2 m_i}$$

则第 $j$ 阶振型参与质量

$$m_{Ej} = \gamma_j^2 M_j = \gamma_j \frac{\{\phi\}_j^T[M]\{I\}}{M_j} M_j = \gamma_j \{\phi\}_j^T[M]\{I\} = \gamma_j \sum_{i=1}^{N} \phi_{ji} m_i = \frac{\left(\sum\limits_{i=1}^{N} \phi_{ji} m_i\right)^2}{\sum\limits_{i=1}^{N} \phi_{ji}^2 m_i}$$

## 附录2：公式 $\sum\limits_{n=1}^{N} \gamma_n\{\phi\}_n = \{I\}$ 的证明

考虑一般性，第 $n$ 阶振型参与系数 $\gamma_n = \dfrac{\{\phi\}_n^T[M]\{R\}}{\{\phi\}_n^T[M]\{\phi\}_n}$，其中 $\{\phi\}_n$ 是第 $n$ 阶振型向量，$\{R\}$ 是荷载指示向量。则有

$$[\Phi]^T[M]\sum_{n=1}^{N}\gamma_n\{\phi\}_n = [\Phi]^T[M]\sum_{n=1}^{N}\frac{\{\phi\}_n^T[M]\{R\}}{\{\phi\}_n^T[M]\{\phi\}_n}\{\phi\}_n = \sum_{n=1}^{N}\frac{\{\phi\}_n^T[M]\{R\}}{\{\phi\}_n^T[M]\{\phi\}_n}[\Phi]^T[M]\{\phi\}_n$$

$$= \sum_{n=1}^{N}\frac{\{\phi\}_n^T[M]\{R\}}{\{\phi\}_n^T[M]\{\phi\}_n}\begin{Bmatrix}\{\phi\}_1^T[M]\{\phi\}_n \\ \{\phi\}_2^T[M]\{\phi\}_n \\ \vdots \\ \{\phi\}_n^T[M]\{\phi\}_n\end{Bmatrix}$$

进一步利用振型的正交性，上式可转换为

$$[\Phi]^T[M]\sum_{n=1}^{N}\gamma_n\{\phi\}_n = \sum_{n=1}^{N}\frac{\{\phi\}_n^T[M]\{R\}}{\{\phi\}_n^T[M]\{\phi\}_n}\begin{Bmatrix}\{\phi\}_1^T[M]\{\phi\}_n \\ \{\phi\}_2^T[M]\{\phi\}_n \\ \vdots \\ \{\phi\}_n^T[M]\{\phi\}_n\end{Bmatrix} = \sum_{n=1}^{N}\frac{\{\phi\}_n^T[M]\{R\}}{\{\phi\}_n^T[M]\{\phi\}_n}\begin{Bmatrix}0 \\ \vdots \\ \{\phi\}_n^T[M]\{\phi\}_n \\ \vdots \\ 0\end{Bmatrix}$$

$$= \begin{Bmatrix}\{\phi\}_1^T[M]\{R\} \\ \{\phi\}_2^T[M]\{R\} \\ \vdots \\ \{\phi\}_n^T[M]\{R\}\end{Bmatrix} = [\Phi]^T[M]\{R\}$$

对比上式左右两端可得

$$\sum_{n=1}^{N}\gamma_j\{\phi\}_j = \{R\}$$

对于剪切层模型，地震波单向加载，此时 $\{R\}_{N\times 1} = \{1,1,\cdots,1\}^T$，相应有

$$\sum_{n=1}^{N}\gamma_n\{\phi\}_n = \{I\}$$

$$[\Phi]^T[M]\sum_{n=1}^{N}\gamma_n\{\phi\} = [\Phi]^T[M]\sum_{n=1}^{N}\frac{\{\phi\}_n^T[M]\{I\}}{\{\phi\}_n^T[M]\{\phi\}_n}\{\phi\}_n$$

$$= \sum_{n=1}^{N}\frac{\{\phi\}_n^T[M]\{I\}}{\{\phi\}_n^T[M]\{\phi\}_n}[\Phi]^T[M]\{\phi\}_n$$

$$= \sum_{n=1}^{N} \frac{\{\phi\}_n^T [M] \{I\}}{\{\phi\}_n^T [M] \{\phi\}_n} \begin{Bmatrix} \{\phi\}_1^T [M] \{\phi\}_n \\ \{\phi\}_2^T [M] \{\phi\}_n \\ \vdots \\ \{\phi\}_N^T [M] \{\phi\}_n \end{Bmatrix}$$

$$= \sum_{n=1}^{N} \frac{\{\phi\}_n^T [M] \{I\}}{\{\phi\}_n^T [M] \{\phi\}_n} \begin{Bmatrix} 0 \\ \vdots \\ \{\phi\}_n^T [M] \{\phi\}_n \\ \vdots \\ 0 \end{Bmatrix}$$

$$= \begin{Bmatrix} \{\phi\}_1^T [M] \{I\} \\ \{\phi\}_2^T [M] \{I\} \\ \vdots \\ \{\phi\}_N^T [M] \{I\} \end{Bmatrix}$$

$$= [\Phi]^T [M] \{I\}$$

则有

$$\sum_{n=1}^{N} \gamma_n \{\phi\}_n = \{I\}$$

# 附录 3：MDOF_Eigen.py 振型分析相关函数模块

```
# ------------------------------
# File: MDOF_Eigen.py
# Program: MDOF_Eigen
# Website: www.jdcui.com
# Author: cuijidong
# Date: 20240920
# Description: 振型分析相关函数模块
# ------------------------------
import numpy as np
import math

# 输入质量矩阵和刚度矩阵，求振型和频率
def GetModes(M, K, ws, Ts, E_val, modalMatrix, freedom):
    # 计算自由度数
    # 质量矩阵求逆
    M_1 = np.linalg.inv(M)
    # 获得方阵[A] = M_1*K
    M_1K = np.dot(M_1, K)
    # 求解标准特征值问题
    eig_val, eig_vec = np.linalg.eig(M_1K)
    #print(eig_val)
    #print(eig_vec)
    # 对特征值按从小到大排序
    x = eig_val.argsort()
    #print(eig_val)
    #print(x)
    # 排序后特征值
    eig_valsort = eig_val[x]
    for i in range(0, freedom):
        E_val.append(eig_valsort[i])
    # 获得排序后的圆频率
    ws_temp = np.sqrt(eig_val[x])
    for i in range(0, freedom):
        ws.append(ws_temp[i])
    # 获得排序后的特征向量，存放于 eig_vec_new
    # 转置的原因是 numpy 默认索引操作是针对行操作，而振型向量是按列储存
    eig_vec_new_temp = eig_vec.T[x].T
    for i in range(0, freedom):
        modalMatrix[:, i] = eig_vec_new_temp[:, i]
    # 振型归一化
    for i in range(0, freedom):
        for j in range(0, freedom):
            modalMatrix[i, j] = modalMatrix[i, j] / modalMatrix[freedom - 1, j]
    for i in range(0, freedom):
        Ts.append(2.0 * math.pi / ws[i])

# 输入质量矩阵、振型向量矩阵，求振型参与系数
def GetModalParticipationFactors(M, modalMatrix, freedom):
    gammas = []
    R = np.ones(freedom)
    for i in range(0, freedom):
        phi = modalMatrix[:, i]
        mi = phi.T @ M @ phi
```

```
    gamma = phi.T @ M @ R / mi
    gammas.append(gamma)
  return gammas

# 输入质量矩阵、振型向量矩阵，求振型质量参与系数
def GetMassParticipationFactors(M, modalMatrix, freedom):
  mpfs = []
  R = np.ones(freedom)
  sumMe = R.T @ M @ R
  for i in range(0, freedom):
    phi = modalMatrix[:, i]
    mi = phi.T @ M @ phi
    gamma = phi.T @ M @ R / mi
    Me = gamma * gamma * mi
    mpf = Me / sumMe
    mpfs.append(mpf)
  return mpfs
```

# 附录 4：GMDataProcess.py 地震波数据处理模块

```
# -------------------------------
# File: GMDataProcess.py
# Program: GMDataProcess
# Website: www.jdcui.com
# Authors: cuijidong
# Date: 20240609
# Description: 地震波数据处理
# -------------------------------
import codecs

# Read seismic wave data separated by commas
def ReadGroundMotion(filename, timelist, acclist, accfactor, skipline = 0):
    f = codecs.open(filename, mode='r', encoding='utf-8')
    # skip lines
    for i in range(skipline):
        next(f)

    line = f.readline()
    while line:
        strs = line.split(',')
        t = strs[0]
        acc = strs[1]
        timelist.append(float(t))
        acclist.append(float(acc) * accfactor)
        line = f.readline()
    f.close()

# Read seismic wave data separated by space
def ReadGroundMotion2(filename, timelist, acclist, factor, skipline = 0 ):
    f = codecs.open(filename, mode='r', encoding='utf-8')
    # skip lines
    for i in range(skipline):
        next(f)

    line = f.readline()
    while line:
        strs = line.split()
        t = strs[0]  # 时间
        acc = strs[1]  # 加速度
        timelist.append(float(t))
        acclist.append(float(acc) * factor)
        line = f.readline()
    f.close()
```

# 附录 5：CommonFun.py 公用的数据处理函数库

```
# --------------------------------
# File: CommonFun.py
# Program: CommonFun
# Website: www.jdcui.com
# Author: cuijidongs
# Date: 20240920
# Description: 一些公用的数据处理函数
# --------------------------------
import matplotlib.pyplot as plt

# 通过缩放系数对列表进行缩放
def ScaleValueList(valuelist, scalefactor):
    scalevaluelist = []
    for i in range(len(valuelist)):
        scalevaluelist.append(scalefactor * valuelist[i])
    return scalevaluelist

# 输入列表进行绘图
def PlotShow(plt, xlist, ylist, title, xlabel, ylabel):
    plt.figure(title)
    plt.title(title)
    plt.plot(xlist, ylist)
    plt.xlabel(xlabel)
    plt.ylabel(ylabel)
    plt.tight_layout()
    plt.show()

# 将两列数据输出到文件
def OutPutFile(filename, xlist, ylist):
    with open(filename, 'w') as file:
        for item1, item2 in zip(xlist, ylist):
            file.write(f'{item1}\t{item2}\n')
```

## 附录6：NDOFCommonFun.py 单自由度体系动力时程分析公用函数库

```python
# -------------------------------
# File: NDOFCommonFun.py
# Program: NDOFCommonFun
# Website: www.jdcui.com
# Authors: cuijidong
# Date: 20240609
# Description: 单自由度动力时程分析公用函数库
# -------------------------------
import math

# 生成离散荷载点与时间点列表
def gen_sin_force(forcelist, timelist, dt, step, pmax, T):
    for i in range(step + 1):
        t = i * dt
        pt = pmax * math.sin(2 * math.pi * t / T)
        forcelist.append(pt)
        timelist.append(t)


# 生成分析荷载步和时间点
def gen_force(forcelist1, forcelist2, step):
    for i in range(step):
        if i < len(forcelist1):
            forcelist2.append(forcelist1[i])
        else:
            forcelist2.append(0.0)

# 生成等效荷载时程
def gen_Effectiveforce(m, acclist, forcelist2, step2):
    for i in range(step2):
        if i < len(acclist):
            forcelist2.append(-m * acclist[i])
        else:
            forcelist2.append(0.0)

# 生成等效荷载时程
def gen_Effectiveforce2(m, acclist, forcelist):
    step2 = len(acclist)
    for i in range(step2):
        forcelist.append(-m * acclist[i])

# 生成扩充加速度列表
def gen_AccList(acclist, acclist2, step2):
    for i in range(step2):
        if i < len(acclist):
            acclist2.append(acclist[i])
        else:
            acclist2.append(0.0)
```

# 附录 7：uniaxialMat.py 单轴材料本构模块

```python
# ------------------------------
# File: uniaxialMat.py
# Program: uniaxialMat
# Website: www.jdcui.com
# Author: cuijidong
# Date: 20240608
# Description: 单轴材料本构模块，包括材料基类、弹性材料、二折线随动硬化材料
# ------------------------------
from abc import abstractmethod

# Description: 材料基类
class UMat:

    @abstractmethod
    def getInitialTangent(self):
        pass

    @abstractmethod
    def getCurrentTangent(self):
        pass

    def getDampTangent(self):
        return 0.0

    @abstractmethod
    def getCurrentStress(self):
        pass

    @abstractmethod
    def getCurrentStrain(self):
        pass

    def info(self):
        pass

    @abstractmethod
    def setTrialStrain(self, strain, strainrate = 0.0):
        pass

    @abstractmethod
    def commitState(self):
        pass

    @abstractmethod
    def revertToLastCommit(self):
        pass

# Description: 弹性材料
class UMatElastic(UMat):

    def __init__(self, e0):
        self.E0 = e0
        self.CStress = 0
        self.TStress = 0
```

```python
        self.TStrain = 0
        self.CStrain = 0

    def getInitialTangent(self):
        return self.E0

    def getCurrentTangent(self):
        return self.E0

    def getCurrentStress(self):
        return self.TStress

    def getCurrentStrain(self):
        return self.CStrain

    def info(self):
        print(f"E0: {self.E0}")

    def setTrialStrain(self, strain, strainrate = 0.0):
        self.TStrain = strain
        self.TStress = strain * self.E0

    def commitState(self):
        self.CStrain = self.TStrain
        self.CStress = self.TStress


    def revertToLastCommit(self):
        self.TStrain = self.CStrain
        self.TStress = self.CStress

# Description: 二折线随动硬化材料
class UMatKinematic(UMat):
    #
    def __init__(self):
        # material properties
        self.Fy = 0 # yield strength
        self.E0 = 0 # initial stiffness
        self.Alpha = 0 # strain-hardening ratio
        # State variable
        # 收敛状态变量
        self.CStress = 0
        self.CStrain = 0
        self.CTangent = 0
        # 测试状态变量
        self.TStress = 0
        self.TStrain = 0
        self.TTangent = 0
        # loaidng direciton
        self.TDirection = 0
        self.CDirection = 0

    def __init__(self, fy, e0, alpha):
        self.Fy = fy
        self.E0 = e0
        self.Alpha = alpha
        # State variable
        # 收敛状态变量
        self.CStress = 0
        self.CStrain = 0
        self.CTangent = 0
```

```python
        # 测试状态变量
        self.TStress = 0
        self.TStrain = 0
        self.TTangent = 0
        # loaidng direciton
        self.TDirection = 0
        self.CDirection = 0

    def getInitialTangent(self):
        return self.E0

    def getCurrentTangent(self):
        return self.TTangent

    def getCurrentStress(self):
        return self.TStress

    def getCurrentStrain(self):
        return self.TStrain

    def info(self):
        print(f"Fy: {self.Fy}, E0: {self.E0}, Alpha: {self.Alpha}")

    def setTrialStrain(self, strain, strainrate = 0.0):
        self.revertToLastCommit()
        #
        self.TStrain = strain
        # 位移增量
        dStrain = self.TStrain - self.CStrain
        # 加载方向
        if self.CDirection == 0:
            if dStrain > 0:
                self.TDirection = 1
            else:
                self.TDirection = 2
        elif self.CDirection == 1:
            if dStrain < 0:
                self.TDirection = 2
        else:
            if dStrain > 0:
                self.TDirection = 1

        # Trial State
        self.TStress = self.CStress + self.E0 * dStrain
        self.TTangent = self.E0
        Dy = self.Fy / self.E0
        K1 = self.E0 * self.Alpha
        # 屈服面检验
        if self.TDirection == 1:
            evStress = self.Fy + (self.TStrain - Dy) * K1
            if self.TStress >= evStress:
                self.TStress = evStress
                self.TTangent = K1
        else:
            evStress = -self.Fy + (self.TStrain + Dy) * K1
            if self.TStress <= evStress:
                self.TStress = evStress
                self.TTangent = K1

    def commitState(self):
        self.CStrain = self.TStrain
```

```python
            self.CStress = self.TStress
            self.CTangent = self.TTangent
            self.CDirection = self.TDirection

        def revertToLastCommit(self):
            self.TStrain = self.CStrain
            self.TStress = self.CStress
            self.TTangent = self.CTangent
            self.TDirection = self.CDirection

# Description: 黏弹性材料
class UMatViscoElastic(UMat):

    def __init__(self, kd, cd):
        self.Kd = kd
        self.Cd = cd
        self.CStress = 0
        self.TStress = 0
        self.TStrain = 0
        self.CStrain = 0
        self.TStrainrate = 0
        self.CStrainrate = 0

    def getInitialTangent(self):
        return self.Kd

    def getCurrentTangent(self):
        return self.Kd

    def getDampTangent(self):
        return self.Cd

    def getCurrentStress(self):
        return self.TStress

    def getCurrentStrain(self):
        return self.CStrain

    def info(self):
        print(f"Kd: {self.Kd}, Cd: {self.Cd}")

    def setTrialStrain(self, strain, strainrate = 0.0):
        self.TStrain = strain
        self.TStrainrate = strainrate
        self.TStress = strain * self.Kd + strainrate *self.Cd

    def commitState(self):
        self.CStrain = self.TStrain
        self.CStress = self.TStress
        self.CStrainrate = self.TStrainrate

    def revertToLastCommit(self):
        self.TStrain = self.CStrain
        self.TStress = self.CStress
        self.TStrainrate = self.CStrainrate
```

## 附录 8：NMDOFCommonFun.py 多自由度体系动力非线性分析公用函数库

```python
# -------------------------------
# File: NMDOFCommonFun.py
# Program: NMDOFCommonFun
# Website: www.jdcui.com
# Author: cuijidong
# Date: 20240604
# Description: 多自由度体系动力非线性分析公用函数库
# -------------------------------
import numpy as np


# -------------------------------
# Assembly structural initial stiffness matrix
def FromInitialKMatrix(elelist):
    tempK = np.zeros((len(elelist), len(elelist)))
    # loop over all elements
    for i in range(0, len(elelist)):
        num1 = i - 1
        num2 = num1 + 1
        # get element initial stiffness
        elek = elelist[i].getInitialTangent()
        # assembly structural stiffness matrix
        if num1 >= 0:
            tempK[num1][num1] += elek
            tempK[num1][num2] -= elek
            tempK[num2][num1] -= elek
        tempK[num2][num2] += elek
    return tempK


# Assembly structural mass matrix
def FromMMatrix(m):
    freedom = len(m)
    M = np.zeros((freedom, freedom))
    # Assembly Mass Matrix
    for i in range(0, freedom):
        M[i, i] = m[i]
    return M


# Assembly structural current tangent stiffness matrix
def FromKMatrix(elelist):
    tempK = np.zeros((len(elelist), len(elelist)))
    # loop over all elements
    for i in range(0, len(elelist)):
        num1 = i - 1
        num2 = num1 + 1
        # get element stiffness
        elek = elelist[i].getCurrentTangent()
        # assembly structural stiffness matrix
        if num1 >= 0:
            tempK[num1][num1] += elek
            tempK[num1][num2] -= elek
            tempK[num2][num1] -= elek
```

```
        tempK[num2][num2] += elek
    return tempK


# Assembly structural current tangent stiffness matrix
def FromDampTangentMatrix(elelist):
    tempC = np.zeros((len(elelist), len(elelist)))
    # loop over all elements
    for i in range(0, len(elelist)):
        num1 = i - 1
        num2 = num1 + 1
        # get element DampTangent
        eleC = elelist[i].getDampTangent()
        # assembly structural DampTangent matrix
        if num1 >= 0:
            tempC[num1][num1] += eleC
            tempC[num1][num2] -= eleC
            tempC[num2][num1] -= eleC
        tempC[num2][num2] += eleC
    return tempC


# Assembly structrual resisting force vector
def FormRestoringForce(elelist):
    # loop over all elements
    rf = np.zeros(len(elelist))
    for i in range(0, len(elelist)):
        num1 = i - 1
        num2 = num1 + 1
        # get element resisting force
        eleforce = elelist[i].getCurrentStress()
        # assembly structural resisting force
        if num1 >= 0:
            rf[num1] -= eleforce
        rf[num2] += eleforce
    return rf



# Assembly structrual story shear force
def FormStoryForce(elelist):
    # loop over all elements
    sf = np.zeros(len(elelist))
    for i in range(0, len(elelist)):
        sf[i] = elelist[i].getCurrentStress()
    return sf



# Assembly structrual inter story displacement
def FormStoryInterDisp(elelist):
    # loop over all elements
    sd = np.zeros(len(elelist))
    for i in range(0, len(elelist)):
        sd[i] = elelist[i].getCurrentStrain()
    return sd



# Commit structrual state
def commitStructureState(elelist):
    for i in range(0, len(elelist)):
        elelist[i].commitState()



# Set structrual trial disp
```

```python
def setStructureTrialStrain(utrial, elelist):
    for i in range(0, len(elelist)):
        num1 = i - 1
        num2 = num1 + 1
        #
        value1 = 0
        if num1 >= 0:
            value1 = utrial[num1]
        value2 = utrial[num2]
        # ele deformation
        eleu = value2 - value1
        # set element trial
        elelist[i].setTrialStrain(eleu)


# Set structrual trial displacement and velocity
def setStructureTrialStrain2(utrial, vtrial, elelist):
    for i in range(0, len(elelist)):
        num1 = i - 1
        num2 = num1 + 1
        #
        dvalue1 = 0
        vvalue1 = 0
        if num1 >= 0:
            dvalue1 = utrial[num1]
            vvalue1 = vtrial[num1]
        dvalue2 = utrial[num2]
        vvalue2 = vtrial[num2]
        # ele deformation
        eleu = dvalue2 - dvalue1
        elev = vvalue2 - vvalue1
        # set element trial
        elelist[i].setTrialStrain(eleu, elev)
```

# 附录 9：PostDataProcess.py 数据后处理模块

```
# -------------------------------
# File: PostDataProcess.py
# Program: PostDataProcess
# Website: www.jdcui.com
# Author: cuijidong
# Date: 20240609
# Description: 后处理相关的函数
# -------------------------------
# Get envelop results
# 获得响应的包络结果
def getEnvelopResults(umatrix):
    maxlist = []
    row = umatrix.shape[0]
    for i in range(0, row):
        maxlist.append(max(abs(umatrix[i, :])))
    return maxlist
```